电网金属材料的腐蚀与防护

DIANWANG JINSHU CAILIAO DE
FUSHI YU FANGHU

朱志平　　喻林萍　　胡家元　　编著

U0243735

化学工业出版社
·北京·

内容简介

本书概述了电网基本组成与电网常用金属材料，从土壤腐蚀特性、土壤腐蚀评价方法、杂散电流腐蚀等方面阐述了接地网材料的腐蚀与防护问题；从变电站接地网三维拓扑结构检测及重构、接地网腐蚀成像诊断装置研发与现场应用等方面给出了接地网实际腐蚀程度诊断方法与成果，从大气腐蚀影响因素出发，描述了变电站、输电杆塔的大气腐蚀机理与防护方法；同时，叙述了超高压直流输电系统的腐蚀过程与防护对策，以及输配电系统绝缘子的污闪原理与防治方法等。

本书适合电网的运行、研究及管理人员，以及高等院校相关专业师生参阅。

图书在版编目（CIP）数据

电网金属材料的腐蚀与防护/朱志平，喻林萍，胡家元编著. —北京：化学工业出版社，2023.3
ISBN 978-7-122-42640-6

Ⅰ.①电… Ⅱ.①朱… ②喻… ③胡 Ⅲ.①电网-电力设备-金属材料-防腐 Ⅳ.①TM241

中国版本图书馆 CIP 数据核字（2022）第 234194 号

责任编辑：刘丽宏
文字编辑：吴开亮
责任校对：宋 玮
装帧设计：王晓宇

出版发行：化学工业出版社
　　　　　（北京市东城区青年湖南街 13 号　邮政编码 100011）
印　　装：北京虎彩文化传播有限公司
787mm×1092mm　1/16　印张 19¾　字数 491 千字
2023 年 9 月北京第 1 版第 1 次印刷

购书咨询：010-64518888
售后服务：010-64518899
网　　址：http://www.cip.com.cn
凡购买本书，如有缺损质量问题，本社销售中心负责调换。

定　　价：108.00 元　　　　　　　　　　版权所有　违者必究

前　言

电力工业是国民经济和社会发展的重要基础产业，是现代工业、现代生活的基础，是表征一个国家工业化、现代化的标志。截至 2022 年底，全国发电总装机容量 25.6 亿千瓦、全国总发电量 8.39 万亿千瓦·时。

电网是电力系统中联系发电和用电的设施和设备的统称，属于输送和分配电能的中间环节，它主要由连接成网的送电线路、变电站、配电站和配电线路组成；通常把由输电、变电、配电设备及相应的辅助系统组成的联系发电与用电的统一整体称为电网。截至 2022 年底，全国 220kV 及以上变电设备容量为 477144 万千伏·安，220kV 及以上输电线路回路长度为 82.63 万千米；全国跨区、跨省送电量分别达到 6876 亿千瓦·时和 1.60 亿千瓦·时；尤其是特高压线路建设取得了重要进展，至 2020 年底，我国已建成"14 交 16 直"、在建"2 交 3 直"共 35 个特高压工程，在运在建特高压线路总长度 4.8 万千米。2019 年 9 月，全长 3324km、输送容量 1200 万千瓦的准东-皖南±1100kV 高压直流输电工程正式投入运行，是国际高压输电领域的重大技术跨越和重要里程碑。

构成电网的导线、塔架、设备等都是由金属材料组成的，金属腐蚀是一个自发的、不可逆的过程，因此电网材料面临着大气腐蚀、土壤腐蚀、杂散电流腐蚀等各种类型的腐蚀，腐蚀范围涵盖了主变压器、隔离开关、电流互感器、紧固件、电力金具、输电线路导线、户外端子箱、线路杆塔等所有设施，材质涉及钢、铝、铜、锌及其合金等。因此，对电网材料腐蚀与防护的研究意义重大。

长沙理工大学电网腐蚀与防护技术课题组从 20 世纪 90 年代开始涉足变电站接地网方面的腐蚀与防护技术研究工作，主持完成了湖南省自然科学基金"电力接地网腐蚀机理研究（05JJ30198）"、湖南省科技攻关项目"接地网阴极保护-导电涂料联合保护（04GK3028）"、湖南省科技计划重点项目"TiO$_2$/CNTs-FEVE 氟碳防污闪杂化涂层材料研究（2013GK2006）"；作为项目主要参与单位，完成国家电网公司重大研究项目"重工业污染区输电线路杆塔和接地网腐蚀防治技术研究与示范（2012—2014）"、湖南省重大科技专项"电网智能化监控关键技术研究及应用（2012—2015）"中"接地网金属材料电化学参数实时监控与专家系统"等项目研究。同时，课题组得到省级电力、电网公司及其他单位的大力协作与支持，完成了宁夏电力公司"变电站土壤腐蚀性评价及地网金属腐蚀与防护研究""宁夏电网变电站主接地网状态评估及治理研究"，江西电力公司"接地网腐蚀状态的电化学方法诊断""土壤试验盒及加速腐蚀实验台试制"，河北电力公司"大气环境中输变电设施腐蚀评价与诊断研究""大气腐蚀模拟试验装置开发"，浙江电力公司"阀冷系统腐蚀机理研究及防腐技术开发"，湖南电力公司"新型长效氟碳防腐涂层研究"，内蒙古电力公司"变压器油复合抗氧化剂的筛选及其电化学检测方法研究""变压器油质检验、在线监测关键技术研究"，广东电网公司"改性氟碳涂料在高压绝缘子防污闪中应用研究""防污闪氟碳涂料的理化电气试验与施工工艺研究"，广西电网公司"快速测定变压器油中抗氧化剂含量的电化学研究"，以及广州市技术监督局"石墨烯改性导电涂料的研制及其应用研究"等项目研究工作。课题组培养电网化学方面的研究生 40 余名、获得国家授权发明专利 18 项；同时，课题组成员参与制定了《接地网腐蚀诊断技术导则》（DL/T 1532—2016）、《接地网土壤腐蚀性评价导则》（DL/T 1554—2016）等电力行业标准。

本书主要内容包括：电网基本组成与电网常用金属材料、接地网材料的腐蚀与防护、变电站接地网三维拓扑结构检测与腐蚀成像诊断装置研发、变电站与输配电杆塔的大气腐蚀机理与防护方法、超高压直流输电系统的腐蚀过程与防护对策，以及输配电系统绝缘子的污闪原理与防治方法等。

本书得到长沙理工大学"十三五"校级专业综合改革项目（应用化学），及长沙理工大学"应用化学"国家一流专业建设项目的资助，在此表示衷心感谢！

本书适合电网的运行、研究及管理人员参阅，也可供高等院校相关专业师生参阅。

因水平有限，书中难免存在不足之处，恳请读者批评指正。

编著者

目　录

105　第3章

大型接地网三维拓扑结构检测及重构

160　第4章

大型接地网腐蚀成像诊断及装置研发

205　第5章
输电杆塔的
腐蚀与防护

第1章
电网及常用金属材料概述

1.1
电网基本组成

电力系统是发电厂电力部分、用电系统与电网所构成的一体化系统。在电力系统中，联系发电和用电的设施和设备，即变（配）电站（所）和输配电线路组成的整体，称为电网。电网属于输送和分配电能的中间环节，主要由输电、变电、配电设备及相应的辅助系统组成。电网按照产权和管理范围不同，分为地方电网、省级电网、区域电网和国家电网。如图 1-1 所示是电网、电力系统、动力系统构成示意图。

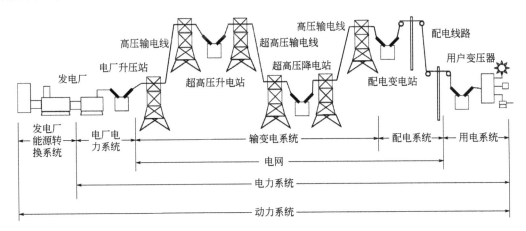

图 1-1 电网、电力系统、动力系统构成示意图

当前我国电网产业居世界第一，尤其是特高压输电技术和建设稳居世界第一，在全国形成东北电网、华北电网、华中电网、华东电网、西北电网、南方电网 6 个跨省大型区域电网。中国幅员辽阔，用电主要分布在东部和东南沿海地带，但水资源与煤炭等主要分布在中西部

地区。国家提出了"碳达峰"和"碳中和"目标，新能源的开发日益重要，但风能、太阳能等新能源主要在内陆，需要就地发电再输送至各地，电网建设必不可少。例如，从新疆昌吉到安徽宣城（古泉）的±1100kV特高压直流输电线路全长3324km，是所有线路中最长的，也是35个特高压工程中功率最大的，可达到1200万千瓦，输电能力世界第一。

1.1.1 送电线路

送电线路的任务是输送电能，联络各发电厂、变电站（所）使之并列运行，实现电力系统联网，并能实现电力系统间的功率传递。高压输电线路是电力工业的大动脉，是电力系统的重要组成部分。我国输电线路的电压等级有：35kV、66kV、110kV、（154kV）、220kV、330kV、500kV、750kV、±800kV、1000kV、±1100kV等。降压变压器的电力线路和用电单位的35kV及以上的高压电力线路称为送电线路。如表1-1所示是电网电压等级分类及适用距离，输电电压按照等级分为中压、高压、超高压和特高压输电。

表1-1 电压等级分类及适用距离

电压等级	电压值/kV	适用距离
中压	6、10、20、35、66	短距离配电系统
高压	110、220	长距离或大容量输变电系统
超高压	330、500、750	跨区域、超长距离和超大容量输电系统
特高压	直流800、交流1000、直流1100	跨区域、特长距离和特大容量输电系统

按照结构形式，输电线路分为架空输电线路和电缆线路。

架空输电线路由线路杆塔、导线、绝缘子、线路金具、拉线、杆塔基础、接地装置等构成，架设在地面之上。按照输送电流的性质，输电分为交流输电和直流输电。19世纪80年代人们首先成功地实现了直流输电，但由于直流输电的电压在当时技术条件下难以继续提高，以致输电能力和效益受到限制。19世纪末，直流输电逐步为交流输电所代替。交流输电的成功，迎来了20世纪电气化社会的大发展。但三相交流电需要三根电线，而直流输电只需要两根，加之交流电的幅值、频率和相位等因素使交流电不适用于远程输电。实施西电东输工程启动以来，我国将直流输电应用于工程中，直流电通过逆变器转变为交流电后升压，再通过整流器变成高压直流电，实现直流电的间接升压，从而实现了超远距离的低耗输电。

电缆线路是由电缆及附属设备构成的传输系统，主要应用于海上输送电。随着国家加快海上能源体系建设、近海岛屿的开发，海上风电场陆续投产建成，输电线路海底电缆作为跨海送电的主要技术手段将海上风电源源不断地传输到陆地。我国从20世纪60年代就开始了海底电缆的敷设，电压等级集中在35kV，高电压、大容量的海底电缆屈指可数，主要集中在福建厦门高崎—集美220kV及广东—海南联网500kV工程。随着海洋风资源的持续开发、多个千万千瓦海上风电基地的规划及建设，输电线路海底电缆将会大量应用。

架空输电线路主要包括线路杆塔、导线和绝缘子，结构较为简单，因此以下主要讲述架空输电线路的组成。

1.1.1.1　线路杆塔

杆塔是架设输电导线的刚性支撑结构。为避免电晕放电以及感应静电场对人的危害，高压和超高压输电线路所用杆塔必须有足够的高度，杆塔上架设的每根输电线之间还须隔开相当的距离。

因为输电线路沿线水文地质条件变化很大，因地制宜选用杆塔建设的基础类型非常重要。基础类型有两大类：现场浇制和预制。浇制基础按塔型、地下水位、地质和施工方法又分为原状土基础（有岩石基础和掏挖基础）、爆扩桩和灌注桩基础，以及普通混凝土或钢筋混凝土基础。

特高压输电将安全稳定性放在首位，其中最重要的自然因素是雷电，因此防雷工作十分关键。雷害事故的形成过程一般为输电线路杆塔遭到雷击，且雷电流幅值超出线路的耐雷水平，绝缘子串发生闪络，冲击闪络转变成持续的稳定工频电弧燃烧，从而引起线路跳闸。在线路跳闸后，没有迅速恢复正常运行状态，就将导致供电中断。这将对电力系统的稳定运行造成影响，甚至危及附近人员的人身安全。

(1) 防雷措施　根据雷击引起线路跳闸的过程可知，可通过实施一系列措施以达到防雷的目的[1]。首先保证输电线路不受直击雷；但如果发生雷击，则应该保证绝缘不发生闪络；若绝缘子串发生闪络，则避免使闪络发展为稳定的工频电弧。

输电线路常见雷击类型与其他建筑物常见的雷击类型相同，主要有感应雷与直击雷两种。直击雷根据不同雷击部位，又分为反击与绕击。电力输电线路较长，并且暴露在旷野中，雷击现象较为常见。因此，为达到最好的治理效果，应根据不同雷击类型，采取针对性防雷策略。

① 直击雷防护　雷击于线路杆塔或避雷线，在杆塔侧引起强烈的瞬间电压抬升，引起线路绝缘击穿，从而发生跳闸，称为反击故障。对于反击故障来说，最主要影响因素为雷电流幅值、绝缘配置、接地电阻值等因素，其余影响因素还包括线路电压等级、防雷措施、绝缘配置、地形地貌等。诸多因素中，人为可控因素为接地电阻值、绝缘配置和防雷措施。电压等级越高，绝缘配置越高，反击故障发生的可能性就越小。反击故障主要集中在 110kV 和 35kV 线路上。主要措施为加装避雷线、耦合地线、避雷器、避雷针、并联间隙，降低接地电阻值等。其次是做好雷电绕击的防护。雷电绕过避雷线而击于导线，在导线侧引起强烈的瞬间电压抬升，引起线路绝缘击穿，从而发生跳闸，称为绕击故障。对于绕击故障来说，主要影响因素是线路电压等级、地形地貌、最小保护角、塔高等。绕击发生的决定性因素为导线暴露弧电压，等级越高的线路，越容易在小电流雷击作用下引发避雷线屏蔽失效，位于山坡地形的塔杆外侧绝缘子绕击概率大大增加，杆塔越高，保护角越大，越容易发生绕击。

② 感应雷防护　感应雷故障是落雷并非击中线路杆塔本体，而是击于杆塔附近地面，在线路杆塔上形成瞬时抬升的感应电压而击穿绝缘，从而引起跳闸的故障。因该类型雷击时，感应电压抬升相对不大，110kV 级以上线路绝缘配置较高，能耐受该电压，因此 110kV 级以上线路极少有感应雷故障发生。该类故障主要发生在 35kV 线路上，主要防雷措施为加装避雷器、并联间隙、降低接地电阻等。

防雷的具体方法[2]有架设避雷线、降低杆塔接地电阻、架设耦合地线、采用不平衡绝缘方式、采用消弧线圈接地方式、装设自动重合闸、架设排气式避雷器与加强绝缘等。

① 架设避雷线　输电线路杆塔在顶部架设避雷线是防雷的基本措施。避雷线的作用首先

是使雷电优先击中避雷线，保护下方导线。其次，分流部分雷电流使流入杆塔的雷电流减少，使塔顶电位下降。再者，避雷线与导线之间有耦合作用，可以降低雷击杆塔时绝缘子串上的电压。同时，避雷线对导线有屏蔽作用，导线上的感应电压被降低。

我国对避雷线架设的规定如表 1-2 所示。

表 1-2　线路避雷线架设规定

330kV 及以上	220kV	110kV	35kV 及以下
全线架设双避雷线	全线架设双避雷线	全线架设避雷线	不沿全线架设避雷线

② 降低杆塔接地电阻　雷电流经过避雷线及接地装置流入大地中，从而保护导线免受雷击而正常运行。因此接地装置如果不合要求，接地电阻值偏大，避雷线将产生高电位，致使塔顶电位升高，形成雷电反击。所以，降低杆塔接地电阻是最方便有效的措施。我国对于有避雷线的输电线路，杆塔（不连避雷线）的工频接地电阻值，规定在雷季干燥时不宜超过表 1-3 中数值。

表 1-3　有避雷线输电线路杆塔的工频接地电阻

土壤电阻率/Ω·m	100 及以下	100～500	500～1000	1000～2000	2000 以上
接地电阻/Ω	10	15	20	25	30

③ 架设耦合地线　在导线下方架设地线，以增加导线间的耦合作用，从而使绝缘子串上的电压下降而不致闪络。耦合地线同时可以促进对雷电流的分流。但是架设耦合地线的施工难度较大，变相增加了成本。

④ 采用不平衡绝缘方式　目前，采用架设双回线路的杆塔逐渐增多。采用不平衡绝缘方式指的是安装在双回线路上的绝缘子串的片数不同。发生雷击时，绝缘子串片数少的闪络电压低，先发生闪络，闪络后，这条导线就相当于地线，增大了与另外一回路导线的耦合作用，从而增大另一回路的耐雷水平，使其继续稳定运行，不会闪络，不会中断供电。两条回路的不平衡绝缘宜为倍相电压（峰值），如差异过大，线路总故障率增加。

⑤ 采用消弧线圈接地方式　对于 35kV 及以下的线路，利用中性点不接地或经消弧线圈接地。单相故障发生概率较大，而单相接地发生故障时，流过接地点的电流较小，不能构成接地回路，不会发展为相间短路，因此线路不会跳闸。而在两相或三相遭雷击时，其中第一相发生闪络但不会造成跳闸，闪络后的导线相当于地线，增加了耦合作用，使未闪络相的绝缘子串上的电压下降，从而提高了耐雷水平。

⑥ 装设自动重合闸　由于雷击造成的闪络大多能在跳闸后自行恢复绝缘性能，所以重合闸成功率较高。据统计，我国 110kV 及以上高压线路重合闸成功率为 75%～90%；35kV 及以下线路约为 50%～80%。因此，各级电压的线路应尽量装设自动重合闸。

⑦ 架设排气式避雷器与加强绝缘　在线路的交叉处和在杆塔上可以架设排气式避雷器，可以限制过电压。杆塔可以采用木横担来提高耐雷水平和降低建弧率。但是受大气等条件约束，木绝缘不适用于我国实际情况。对于高杆塔，可以增加绝缘子串片数，杆塔的等值电感大，感应过电压大，绕击率也随高度而增加，因此规程规定，全高超过 40m 有避雷线的杆塔，

每增高 10m 应增加一片绝缘子，全高超过 10m 的杆塔，绝缘子数量应结合运行经验通过计算确定。

(2) 防雷性能指标　防雷性能主要是指耐雷水平和雷击跳闸率两个指标。根据雷电过电压，将雷电直击分为反击和绕击两种形式。其中，反击耐雷水平与雷电流、杆塔高度、绝缘水平、接地电阻等有关。绕击耐雷水平主要与雷电流、线路保护角、绝缘水平等有关，与接地电阻无关。反击耐雷水平的分析方法主要有规程法、蒙特卡洛法、行波法、EMTP（电磁暂态分析程序）。

① 规程法是将理论研究与多年的运行经验相结合，统计总结得出的方法。我国输电线路的防雷计算目前是用规程法。计算反击耐雷水平时，规程法用电感模型来代表杆塔，模拟雷电流通过杆塔的过程，考虑了避雷线上的分流，以及避雷线和导线之间的耦合作用，但是雷电流在杆塔上传播过程中的波过程被忽略。规程法虽然计算简单、使用方便，但是得到的反击耐雷水平比雷击杆塔时的实际情况要高，一定程度上造成投资的浪费。

② 蒙特卡洛法即模拟试验法。计算机产生随机数来模拟实际的雷电流、不同雷击部位和线电压，是以概率和统计理论方法为基础的数学方法来计算线路绝缘水平和耐雷水平。此方法更符合实际模型，但是无法确定雷击部位和雷击部位闪络。

③ 行波法以贝杰龙模型为基础，考虑了雷电流在杆塔中传播的波过程，以及反射波对杆塔各节点电位的影响。首先把杆塔分为若干段，各段均看作线路段，将线路段的分布参数模型转换为集中参数模型。然后，分析集中参数电路模型，算出杆塔的各节点电压。通过比较绝缘子串两端电位差与绝缘子串伏秒特性来判断绝缘子串闪络情况。行波法考虑了波过程的影响，但是如何选择杆塔波阻抗还没有统一的结论。

④ EMTP（电磁暂态分析程序）是一种计算电磁暂态过程的通用程序，可以直接利用软件中自带的模块建立杆塔、线路、绝缘子闪络模型，对雷电过电压进行仿真，进而计算反击耐雷水平。

(3) 检查方法　送电线路的质量检测需要采用正确的检查方法进行逐项检查。正确的检查方法是如实反映线路质量优劣及改进施工质量的必要依据，因此采用正确的质量检查方法是非常必要的。以下简要介绍几种检查方法。

① 铁塔结构倾斜检查　用经纬仪在铁塔的正面、侧面检查铁塔的倾斜，经计算而得出该塔的正面、侧面结构倾斜。要求每个铁塔正、侧面经纬仪观测点必须打上控制桩，以保证能在同一位置观测铁塔的结构倾斜。

② 螺栓与构件面接触及出扣情况检查　目测螺杆应与构件面垂直，螺栓头平面和螺帽平面与构件间不应有空隙。螺杆露出螺母的长度，对单螺母不应小于两个螺矩，对双帽者可以平帽。

③ 螺栓防松罩检查　防松罩的检查首先应检查使用防松罩的部位螺栓紧固情况是否达到规范要求，只有螺栓紧固符合规范要求，即铁塔必须在架线后经过二次紧固符合规范要求后方可加装防松罩。防松罩用手检查，没有松动即为合格。

④ 防盗螺栓检查　按设计和省集团公司对杆塔防盗安装高度要求，500kV 大厂线路杆塔以地面高（以最高腿地面为准）6m 以下部分全部使用防盗螺栓（保护帽内螺栓除外）。首先应检查使用防盗螺栓的部分紧固情况是否达到规范要求，只有螺栓紧固符合要求，即铁塔必须在架线后经过二次紧固符合规范要求后方可加装防盗销钉或防盗螺母。

⑤ 采用防盗螺母的要求　内侧螺帽必须符合螺栓紧固要求，外侧防盗螺母以并紧为原

则。防盗螺栓的检查包括防盗螺栓使用范围内的脚钉部分。

⑥ 螺栓紧固检查　螺栓紧固的检查，是采用扭力扳手检查螺栓的扭矩值是否达到规范要求范围内的扭矩值。将扭力扳手调整到欲要检查之螺栓相对应规格螺栓的紧固扭矩标准值上，然后逐个检查螺栓的螺母是否在规定的扭矩值前尚可转动，若扭矩值已达到而螺母未动，即听到扳手的响声（一种已达到该规定扭矩值的信号）或指针已达到规定的位置，则该螺栓的紧固扭矩值认为合格。

⑦ 螺栓穿向检查　目测其螺栓穿向是否符合以下规定：

a. 立体结构：水平方向由内向外。如塔身四个面，铁塔导线横担大小号两个面，猫头、酒杯塔的地线支架四个面。垂直方向由下向上（包括倾斜面）。如铁塔导线横担上、下平面，塔身内水平横隔面；猫头及酒杯塔的上下曲臂的上下斜面；"干"字塔导线边横担的上平面，地线支架的下平面；塔腿正侧面人字铁上的交叉铁斜面。

b. 平面结构：单独垂直隔面上的螺栓由左向右。正中两紧临隔面上的螺栓应背向穿出。如猫头、酒杯塔的中导线横担内部的交叉铁隔面上的螺栓，顺线路者由送电侧穿入或按统一方向穿入。

c. 横线路者：两侧由内向外，中间由左向右或按统一方向穿入。

1.1.1.2　导线

高压输电导线被称为国家电力的血管，直接关系到国家的经济建设及国防建设。近年，随着国民经济的快速发展，现代电力工业不断向着大机组、大容量和高电压的方向迅速发展，对电力系统安全运行的要求也越来越高，这也就对输电导线提出了更高的要求。

（1）电晕问题　世界上超高压直流线路的导线最大表面场强大部分控制在 20～25kV/cm。我国葛上、天广和三常直流线路分别采用 $4×300mm^2$、$4×400mm^2$ 和 $4×720mm^2$ 导线，当极导线高度为 12.5m、极间距为 14m 时，导线最大表面场强分别为 28.62kV/cm、26.04kV/cm 和 20.56kV/cm。对于特高压直流线路，由于其导线尺寸比超高压的大，若导线表面场强与超高压的相同，离子量较大，电磁环境将较差，因此应适当减小导线表面场强。

目前，降雨量对高压（HV）和特高压（UHV）输电线路的影响主要集中在电晕损失和电晕放电强度上[4]。

带电体表面在气体或液体介质中发生局部放电的现象叫电晕。电晕常发生在高压导线的周围和带电体的尖端附近，能产生臭氧、氧化氮等物质。在 110kV 以上的变电所和线路上，时常出现与日晕相似的光层，发出"嘶嘶"和"哔哩"的声音。电晕能消耗电能，并干扰无线电波。电晕是极不均匀电场中所特有的电子崩——流注形式的稳定放电。电晕的影响因素有以下 5 个：

① 与海拔高度有关　海拔越高，空气越稀薄，则起晕放电电压越低。

② 与湿度有关　湿度增加，表面电阻率降低，起晕电压下降。

③ 端部高阻防晕层与温度有关　如常温下高阻防晕层阻值高，则温度升高其起晕电压也提高。常温下如高阻防晕层阻值偏低，起晕电压随温度升高而下降。

④ 槽部电晕与槽壁间隙有关　线棒与铁芯线槽壁的间隙会使槽部防晕层和铁芯间产生电火花放电。环氧粉云母绝缘最易产生局部放电的危险间隙在 0.2～0.3mm。我国高压大电机采用的环氧粉云母绝缘的线膨胀系数很小，在正常运行条件下，环氧粉云母绝缘线棒的膨胀

量不能填充线棒和铁芯的间隙。这是与黑绝缘区别比较大的地方。

⑤ 与线棒所处部位的电位和电场分布有关　电位越高越易起晕，电场分布越不均匀越易起晕[3]。

自然条件下，输电线路的电晕性能主要取决于线路的设计和环境的天气条件，两者都通过改变导体表面电场的大小和空间变化来影响电晕性能。导体的表面电场强度作为影响电晕产生的最重要因素，可以用来确定电晕放电的发生、性质和强度。因此，成束导体的电晕起始电压梯度（COG）是输电工程设计中需要考虑的重要参数之一。通过研究成束导体的COG，合理设计导体表面电场强度裕度，不仅可以减少电晕损耗以及可闻噪声和电磁干扰的影响，还可以减少空间和成本的浪费，实现更高的经济性。

随着能源互联网战略的实施，输电线路不可避免地要经过高海拔地区。在高海拔地区，空气密度的降低增加了电子的平均自由程，电子倾向于在相邻碰撞之间获得更大的动能，输电线路中更容易发生电晕现象。恶劣天气条件下，高海拔地区的日冕现象比平原地区更为强烈；阴雨天时水滴增加了导体表面电场的畸变和不均匀性，恶化了输电线路的电晕特性。因此，保障高海拔地区输电线路安全运行，减少能源损失，研究不同降雨率对高海拔地区成束导体电晕发生特性的影响具有重要意义。

（2）导线翻转问题　受覆冰和风力等的影响，500kV超高压输电线路导线经常出现翻转问题。导线上覆盖了大量的冰雪，当温度上升后，冰雪逐渐融化，加之大风的影响，使得导线和风向形成了横向夹角，由于导线的迎风面存在着较多的冰雪，使其外表面形状被改变，在风力的作用下，产生了一定的升力以及扭矩，并且导线张力松弛，两端受到风力的影响，出现了较大程度的振荡，然而间隔棒以及防震器未能有效消纳风力所产生的能量，受到升力和扭矩作用，导线出现了反向扭转。在此情况下，柔性导线类似于皮筋，产生频繁跳动，形成舞动，使得导线出现翻转，无法回到原有的位置。

早期多采取停电落线的处理方式。在实际处理的过程中，将两边相导线按照一定的次序，分别降落到地面上进行处理。为了避免两塔出现变形，在塔身上设置两根临时拉线，跨越通信线以及电力线位置，搭设临时跨越架。提升导线和绝缘子串，当提升脱离到一定高度后，在地面的人员使用棕绳，将导线翻转过来。在处理的过程中，要注重检查导线是否存在破损情况，并且检查间隔棒的变形情况，若没有出现问题，可以不作处理。通过采取临时措施，做好间隔棒次档距的合理处理，适当增加间隔棒，可避免再次出现翻转情况。

① 理论推导　利用四分裂导线翻转理论，在具体研究的过程中，通过四分裂导线大角度转动的力学模型，进行扭矩对转角影响的理论公式推导。从现有的研究结果来看，两相邻间隔棒相对转动回复力矩的变化呈现出正弦曲线特点，而最大的回复力矩出现在相对转角90°周围，相对转角参数为180°时，对应的回复力矩是0，也就是导线翻转后无法回复的根源。构建简单的单档输电线路不同步脱冰雪的力学模型，利用模型所得到的理论公式，能够预测不同步脱冰雪造成输电线路导线翻转的覆冰荷载。经研究表明，导线张力和次档距是500kV超高压输电线路翻转的主要影响因素。基于此，在500kV超高压输电线路设计和施工中，合理应用各类研究，可以提高设计的质量，为后期施工作业和运行提供有效的保障。

② 严格监控施工作业　在500kV超高压输电线路导线施工中，为避免出现翻转的情况，要采取有效的处理方法。对于牵引板翻转的预防，要采取以下措施：

a. 用于和牵引板相互连接的旋转连接器，其必须要转动灵活，而且零件不可以损坏。在张力机出口位置，要保证牵引板处于水平状态，并且和张力机调整各导线张力相同。使用的平衡锤，其悬挂方式必须要正确无误，重量必须要能够达到具体规定。

b. 牵引板靠近转角塔的放线滑车时，需要做好倾斜度的调整，保证其滑车倾斜度相同。在牵引的过程中，要始终监测牵引板的水平状态，及时发现异常，采取相应的处理措施。若牵引板出现翻转，要明确具体原因，明晰反转方向和导线松紧程度，再调整子导线张力，要逐根调整子导线。开展输电线路施工，要依据设计的架线曲线表开展紧线作业，合理补偿初伸长，在相同温度条件下，完成同相导线弧垂的调整，促使导线之间张力维持平衡。

（3）导线的绝缘防护　高压输电线路的输电电压大多在 1 万伏以上，有些线路的电压高达 10 万伏、50 万伏，要给这样的线路包绝缘层，普通电线的绝缘层厚度是远远不够的。家用电线的电压只有 220V，只要用一层薄薄的绝缘层包起来防止人和火线接触就能防止触电，但是高压设备不同，人与高压设备即便隔着距离，不接触也还是会造成触电。

用于导线绝缘化的施工材料一般由绝缘涂层组成，它是由成膜物质（基料）、颜料、辅助材料（溶剂与助剂）组成。成膜物质是构成绝缘涂层的主体，决定了绝缘涂层的基本性质；成膜物质可以单独成膜，也可以与其成膜物质及颜料共同成膜，目前成膜物质主要有环氧树脂类、聚氨酯类、硅橡胶类等。颜料有着色、防锈、体质三类，它不能单独成膜，必须与成膜物质共同使用才能成膜，但颜料使涂层的结构更加紧密，可以提高绝缘涂层的防护效果和施工便利性。溶剂在涂料成膜过程中挥发逸出，不参与绝缘涂层的组成，但它能使成膜物质与颜料形成高分子胶体的混合物并保持稳定；同时，溶剂可以改善绝缘涂层的施工特性。助剂则是对绝缘涂层的某一特定方面的性能起改进作用（如增塑、稳定、防霉、流平、催干、乳化、固化、防结垢等）。

（4）导线的防雷措施　为有效提升线路的耐雷水平，从根本上减少雷击跳闸率，最为有效的措施就是进一步降低塔杆的接地电阻，最常见的解决方法是降低杆塔高度。有很多地区土壤电阻率是比较低的，可以切实有效地利用钢筋混凝土塔杆或者铁塔所形成的自然接地电阻。另外，在那些地质条件更适合的地区，可以有针对性地把水平射线的长度有效加长和埋深。在过程中要切实有效地根据具体的情况和实际状态，设置更集中的接地装置，利用更长效的防腐蚀降阻剂来增加耐腐性。

对于一些比较特殊的地段，特别是 500kV 输电线路的大跨越高海拔杆塔地区，相较于其他地区，落雷概率较高。如果塔顶电感位置很高，感应之后的电压也会随之出现大幅度的增高，雷电流的幅值也会随之增大很多，雷电的绕击率也提升很多，最终使得输电线路的雷击跳闸率攀升。针对这样的情况，在高塔杆上更有针对性地增加绝缘子串片数，最大限度增加地线和火线距离，有效强化输电线路绝缘性能，以此来有效提升线路的防雷质量和防雷水平。

为了最大限度发挥分流和耦合的作用，可根据具体情况安装避雷针，尤其是针对 500kV 输电线路，可以进一步降低绝缘子串上的电压，最大限度降低塔顶上输电线路的反击跳闸率。

采用更小的保护角。确保输电线路塔杆保护角小于 12°。在条件允许的情况下，要保持在负保护角，可以最大限度提升输电线路的耐雷性。

安装避雷器。安装避雷器，和线路绝缘子串实现并联，可以最大限度提升输电线路的反击和防雷水平，切实有效保护线路中的绝缘体。值得注意的是，在避雷器安装的过程中，要有针对性地选取相对遭受雷击次数更多的杆塔。避雷器的数量，要有针对性地结合线路遭受雷击的频率而定。

（5）导线的维护　导线的维护需要制定科学合理的运行维护制度，提升输电线路的运行管理效率，使输电线路更符合科学性和系统性。

切实有效地加强鸟害防治，要针对鸟类的生活规律和特征进行深入细致的研究，掌握其根本特点，要加强日常的巡视工作，如果在杆塔上发现鸟巢，要进行及时有效的清理。与此同时，也要有针对性地把线路瓷（玻璃）绝缘子串中的第一片或者每隔几片转变成为大盘径的绝缘子，确保由于鸟粪产生的闪络故障得到最大限度的降低。

导线是电能传输的主体，不仅在电力传输的前后端，也贯穿安装设计的始终。在导线铺设过程中，应该注意不能与青苔等植物以及土壤接触，以防止微生物生长对其造成腐蚀。

1.1.1.3　绝缘子

绝缘子是安装在不同电位的导体或导体与接地构件之间的能够耐受电压和机械应力作用的器件。绝缘子种类繁多，形状各异。不同类型绝缘子的结构和外形虽有较大差别，但都是由绝缘件和连接金具两大部分组成的。

（1）绝缘子的分类　绝缘子按安装方式不同，可分为悬式绝缘子和支柱绝缘子；按照使用的绝缘材料的不同，可分为瓷绝缘子、玻璃绝缘子和复合绝缘子（也称合成绝缘子）；按照使用电压等级不同，可分为低压绝缘子和高压绝缘子；按照使用环境条件的不同，派生出污秽地区使用的耐污绝缘子；按照使用电压种类不同，派生出直流绝缘子；按照绝缘件击穿可能性不同，又可分为 A 型即不可击穿型绝缘子和 B 型即可击穿型绝缘子两类；此外，还有各种特殊用途的绝缘子，如绝缘横担、半导体釉绝缘子以及配电用的拉紧绝缘子、线轴绝缘子和布线绝缘子等。

① 悬式绝缘子　广泛应用于高压架空输电线路和发、变电所软母线的绝缘及机械固定。在悬式绝缘子中，又可分为盘形悬式绝缘子和棒形悬式绝缘子。盘形悬式绝缘子是输电线路使用最广泛的一种绝缘子。棒形悬式绝缘子在德国等国家已大量采用。

② 支柱绝缘子　主要用于发电厂及变电站的母线和电气设备的绝缘及机械固定。此外，支柱绝缘子常作为隔离开关和断路器等电气设备的组成部分。支柱绝缘子可分为针式支柱绝缘子和棒形支柱绝缘子。针式支柱绝缘子多用于低压配电线路和通信线路，棒形支柱绝缘子多用于高压变电所。

③ 瓷绝缘子　绝缘件由电工陶瓷制成的绝缘子。电工陶瓷由石英、长石和黏土作原料烘焙而成。瓷绝缘子的瓷件表面通常以瓷釉覆盖，以提高其机械强度，防水浸润，增加表面光滑度。在各类绝缘子中，瓷绝缘子使用最为普遍。

④ 玻璃绝缘子　绝缘件由经过钢化处理的玻璃制成的绝缘子。其表面处于压缩预应力状态，如发生裂纹和电击穿，玻璃绝缘子将自行破裂成小碎块，俗称"自爆"。这一特性使得玻璃绝缘子在运行中无须进行"零值"检测。

⑤ 复合绝缘子　也称合成绝缘子，是由玻璃纤维树脂芯棒（或芯管）和有机材料的护套及伞裙组成的。其特点是尺寸小、重量轻，抗拉强度高，抗污秽闪络性能优良。但抗老化能力不如陶瓷和玻璃绝缘子。复合绝缘子包括：棒形悬式绝缘子、绝缘横担、支柱绝缘子和空心绝缘子（即复合套管）。复合套管可替代多种电力设备使用的瓷套，如互感器、避雷器、断路器、电容式套管和电缆终端等。与瓷套相比，它除具有机械强度高、重量轻、尺寸公差小的优点外，还可避免因爆碎引起的破坏。

⑥ 低压绝缘子和高压绝缘子　低压绝缘子是指用于低压配电线路和通信线路的绝缘子。高压绝缘子是指用于高压、超高压架空输电线路和变电所的绝缘子。为了适应不同电压等级的需要，通常用不同数量的同类型单只（件）绝缘子组成绝缘子串或多节的绝缘支柱。

⑦ 耐污绝缘子　主要是采取增加或加大绝缘子伞裙或伞棱的措施以增加绝缘子的爬电距离，从而提高绝缘子污秽状态下的电气强度。同时还采取改变伞裙结构形状以减少表面自然积污量，来提高绝缘子的抗污闪性能。耐污绝缘子的爬电比距一般要比普通绝缘子提高20%～30%，甚至更多。中国电网污闪多发的地区习惯采用双层伞结构形状的耐污绝缘子，此种绝缘子自清洗能力强，易于人工清扫。

⑧ 直流绝缘子　主要指用在直流输电中的盘形绝缘子。直流绝缘子一般比交流耐污型绝缘子具有更长的爬电距离，其绝缘件具有更高的体电阻率（50℃时不低于 $10^{11}\Omega\cdot m$），其连接金具应加装防电解腐蚀的牺牲电极（如锌套、锌环）。

⑨ A 型绝缘子和 B 型绝缘子　A 型即不可击穿型绝缘子，其干闪络距离不大于击穿距离的 3 倍（浇注树脂类）或 2 倍（其他材料类）；B 型即可击穿型绝缘子，其击穿距离小于干闪络距离的 1/3（浇注树脂类）或 1/2（其他材料类）。

（2）绝缘子的功能及要求　绝缘子的主要功能是实现电气绝缘和机械固定，为此规定有各种电气和力学性能的要求。如在规定的运行电压、雷电过电压及内部过电压作用下，不发生击穿或沿表面闪络；在规定的长期和短时的机械负荷作用下，不产生破坏和损坏；在规定的机、电负荷和各种环境条件下长期运行以后，不产生明显的劣化；绝缘子的金具，在运行电压下不产生明显的电晕放电现象，以免干扰无线电或电视的接收。因为绝缘子是大量使用的器件，对其连接金具还要求具有互换性。此外，绝缘子的技术标准还根据型号和使用条件的不同，要求对绝缘子进行各种电气的、机械的、物理的以及环境条件变化的试验，以检验其性能和质量。

（3）绝缘直流电压　要通过试验检验电力设备绝缘及绝缘材料在直流电压作用下的绝缘强度及其他电气特性。主要考核直流输电及换流站设备的绝缘水平，在许多情况下也用于交流设备的绝缘试验。按照不同的试验目的，直流电压试验分为耐受电压试验、破坏性放电试验、泄漏电流试验、局部放电试验和极性翻转试验五种。按照被试品外绝缘的不同表面状态，直流电压试验又分为绝缘（表面）干试验、绝缘（表面）湿试验及绝缘（表面）人工污秽试验三种。

由于直流电压下只有阻性电流流过被试品，避免了交流电压下的电容电流，可大大减小试验设备的容量。同时，由于直流电压对绝缘的破坏性小，因此，可以使用较高的试验电压并配合测量泄漏电流，能有效地发现尚未完全贯穿的集中性绝缘缺陷。电容量较大的交流电力设备，如电力电缆、电机、电容器等也常用直流电压进行试验。但直流电压下的电压分布与交流电压下不完全相同，不如交流电压试验更接近交流设备的运行实际情况。

1.1.2　变电站

变电站（所）（substation）是电力系统中对电能的电压和电流进行变换、集中和分配的场所。为保证电能的质量以及设备的安全，在变电站中还需进行电压调整、潮流（电力系统中各节点和支路中的电压、电流和功率的流向及分布）控制以及输配电线路和主要电工设备的保护。变电站中有不同电压的配电装置，电力变压器，控制、保护、测量、信号和通信设施，以及二次回路电源等。有些变电站中还由于无功平衡、系统稳定和限制过电压等因素，装设并联电容器、并联电抗器、静止无功补偿装置、串联电容补偿装置、同步调相机等。

1.1.2.1　变电站的分类

从世界上第一个真正意义上的电力系统建立开始就出现了变电站，变电站作为电力系统不可或缺的部分，与电力系统共同发展了 100 多年。在这 100 多年的发展历程中，变电站在建造场地、电压等级、设备情况等方面都发生了巨大的变化。变电站可分为 4 类。

① 一类变电站，是指交流特高压变电站，核电、大型能源基地（300 万千瓦及以上）外送及跨大区（华北、华中、华东、东北、西北）联络 1100/750/500/330kV 变电站。

② 二类变电站，是指除一类变电站以外的其他 750/500/330kV 变电站，电厂外送变电站（100 万千瓦及以上、300 万千瓦以下）及跨省联络 220kV 变电站，主变压器或母线停运、开关拒动造成四级及以上电网事件的变电站。

③ 三类变电站，是指除二类以外的 220kV 变电站，电厂外送变电站（30 万千瓦及以上、100 万千瓦以下），主变压器或母线停运、开关拒动造成五级电网事件的变电站，为一级及以上重要用户直接供电的变电站。

④ 四类变电站，是指除一、二、三类以外的 35kV 及以上变电站。

另外，按照作用分类，有升压变电站、降压变电站或者枢纽变电站、终端变电站等；按管理形式可分为有人值班的变电站、无人值班的变电站；按照结构形式室内外分为户外变电站、户内变电站；按照地理条件分为地上变电站、地下变电站。另外，终端变电站是指单独建造的，用电单位或者用户前端的第一个变电站，变电站出来的电直接就可以供给用户用电设备使用，不需再次经过变压，通常是指 10kV 降压至 380V 的最末一级变电站；杆上式变电站是安装在一根或者多根电杆上的户外变电站；预装式变电站是预装的并经过型式试验的成套设备，通常由高压配电装置、变压器、低压配电装置组成，并组合在一个或数个箱体内，又简称为"箱式变"。

在我国有些农村地区，居民用电是用两根电线杆（或台式）架起来的变压器变电，这既是一个小型简易安装的"露天式变电站"，也是一个"杆上式变电站"，同时也是一个"终端变电站"。

1.1.2.2　变电站的构成

变电站的主要设备构成和连接方式，按其功能和环境不同而会有所差异。变电站的构造会因为电压等级、户内户外、地上地下、变压器容量等因素的不同，而体现出构造设备的不同和接线方式的不同。变电站带有变压器、开闭所和配电室，配电室应不带变压器。变电站，顾名思义，作用就是变电，主要是对高中压变压以提供低压电源。

（1）变压器　变压器是变电站中的中心设备，主要原理是电磁感应。电力变压器是具有两个或多个绕组的静止设备，为了传输电能，在同一频率下，通过电磁感应将一个系统交流电压和电流转换为另一个系统的电压和电流，通常这些电流和电压的值是不同的。油浸式变压器是铁芯和绕组都浸入油（任何绝缘液体都可作为油）中的变压器。干式变压器是铁芯和绕组都不浸入绝缘液体中的变压器。

变压器按相数分为单相变压器、三相变压器；按用途分为升压变压器、降压变压器和联络变压器；按绕组分为双绕组变压器（每相各有高压和低压绕组）、三绕组变压器（每相有高、中、低三个绕组）以及自耦变压器（高、低压侧每相共用一个绕组）。

变压器包括铁芯、绕组、分接开关和保护装置。铁芯用涂有绝缘漆的硅钢片叠压而成，用以构成耦合磁通的磁路，套绕组的部分叫芯柱，芯柱的截面一般为梯形，较大直径的铁芯叠片间留有油道，以利散热，连接芯柱的部分称铁轭。绕组是变压器的导电部分，用包有绝缘材料的铜线或铝线绕成圆筒形，然后将圆筒形的高、低压绕组同心地套在芯柱上，低压绕组靠近铁芯，高压绕组在外边，这样放置有利于绕组和铁芯间的绝缘。分接开关利用改变绕组匝数的方法来进行调压。绕组引出的若干个抽头叫分接头，用以切换分接头的装置称分接开关；分接开关又分为无载分接开关和有载分接开关，无载分接开关只能在变压器停电情况下才能切换，有载分接开关可以在带负荷情况下进行切换。

变压器保护装置有以下几种：

① 储油柜（油枕）　调节油量，减少油与空气间的接触面，从而降低变压器油受潮和老化的速度。

② 吸湿器（呼吸器）　用以保持油箱内压力正常，吸湿器内装有硅胶，用以吸收进入油枕内空气中的水分。

③ 安全气道（防爆筒）　它的出口处装有玻璃或薄铁板，当变压器内部发生故障时，油气流冲破玻璃向外喷出，以降低油箱内压力，防止爆破。

④ 气体继电器　当变压器内部故障时，变压器油箱内产生大量气体使其动作，切断变压器电源，保护变压器。

⑤ 净油器（热虹吸过滤器）　利用油的自然循环，使油通过吸附剂进行过滤、净化，防止油的老化。

⑥ 温度计　用以测量监视变压器油箱内上层油温，掌握变压器的运行状况。

变压器的冷却主要有油浸自冷式、油浸风冷式和强迫油循环风冷或水冷式三种形式。油浸自冷式是将铁芯和绕组直接浸于变压器箱体的油中，变压器在运行中产生的热量经变压器油传递到油箱壁和散热器管，利用管壁和箱体的辐射和周围空气对流，把热量带走，从而降低变压器温升；油浸风冷式是在散热器上装有风扇，加速空气的对流，使油迅速冷却，达到降低变压器温升的目的；强迫油循环风冷或水冷式装有特殊油泵，强迫油在散热器内循环，用风扇加速散热器冷却或利用特制设备使水通过散热器将变压器油内热量带走，达到冷却变压器的目的。

(2)断路器　按电压等级分，有高压断路器（10kV、35kV、110kV、220kV、330kV、500kV）和低压断路器（400V）；按灭弧介质分类，有少油式断路器（油仅用来灭弧，带电部分的绝缘用陶瓷或有机绝缘材料，用油少）、多油式断路器（油既作绝缘，又用来灭弧，用油多）、空气断路器（压缩空气既作绝缘，又用来灭弧）、真空断路器、六氟化硫断路器（以 SF_6 气体灭弧和绝缘）以及自动产气和磁吹断路器等；按安装环境分类，有屋外式和屋内式。

断路器的主要技术参数有额定电流、额定电压、额定开断电流、分闸时间、合闸时间以及动稳定和热稳定电流等。运行要求有工作可靠性、足够的开断能力、满足电力系统要求的分闸时间、能实现重合闸、结构简单、价格低。

1.1.2.3　变电站的日常维护

（1）隔离开关操作机构的维护　户外式隔离开关经常受到风、霜、雨、雪、雾的影响，工作环境差。因此，对户外式隔离开关的要求较高，一般应具有破冰能力和较高的机械强度。若操作机构不灵活，或操作者在寒冷的天气下对其操作不利索，将会造成"要断电一时断不了"的危急局面，很可能会使事故进一步蔓延扩大。操作机构应操作灵活，重视隔离开关日常的维护保养，要做到：

① 轴承座密封，座内润滑脂清洁，无杂质侵入，保证良好的润滑状态；

② 转轴及其手动操作箱内机构运转灵活，无障碍卡阻；

③ 交叉连杆联动机构调整适当，联动灵活。

（2）跌落式高压熔断器防止误跌落　冬季风大，对于装配不良、操作马虎、未合紧的熔断器，一遇大风，稍受振动就会造成误跌落。因此，在装配时应注意适当调整熔丝管两端钢套距离，使之能与固定部分的尺寸相配合；操作时应试合数次，观察配合情况，可用绝缘棒触及操作环并轻微晃动数次，确定合紧。

（3）变压器运行中的正常油位与补油　变压器油枕上装有油位表，用来监视油位是否正常。油位的高低除了与变压器运行温度、负荷轻重、油箱渗漏等情况有关外，还与环境的温度有密切的关系。冬季户外气温低，往往使油位低于油位表的低限刻度，油位不正常时，应及时加油。对运行中的变压器补油，应注意补油前将重瓦斯保护改接至信号装置，防止误跳闸；补油后要检查瓦斯继电器，及时放出气体，24h 无问题才能将重瓦斯保护投入。禁止从变压器下部放油阀补油，以防止变压器底部污物进入变压器体内。

1.1.2.4　变电站的防雷措施

采用避雷针或避雷线对变压器作防直击雷保护；采用阀型避雷器对变压器作防雷电侵入波保护；利用变压器工作接地兼作避雷针和避雷器的防雷措施；将配电室进、出线处架空线绝缘子铁脚与变电站工作接地体相连接作防雷电侵入保护。

1.1.3　配电站

配电站（所）是向某特定地区进行中压配电或将中压配电电压降压至低压配电电压的供电点。配电站的接线一般具有两回进线，单母线分段接线；中压馈线由接在中压母线上的断路器或负荷开关馈出；配电变压器的高压侧一般采用熔断器保护简化方案。配电变压器的容量按照供电区域负荷发展而定，随着城市配电网的发展和"小容量、多布点"技术的应用，容量不宜过大。

配电站与变电站有着一定的区别。所谓的配电站，就是对电能进行接收、分配、控制与保护，不对电能进行变压；而变电站除了有着配电站的功能外，关键是把进来的电进行变压分配出去，所以还具有电网输入电压监视、调节、分配等功能。此外，变电站的容量相对较大。

配电站分两类：大多作为调度使用，即调度与平衡各线路的负载；也有一些起到改变传输方式的作用，比如远距离传输的，必须将交流升压，如变电站是 500kV，则远距离传输至少要 500～1000kV。国内外配电系统电压等级比较如表 1-4 所示，其中法国根据电压等级将全电力网划分为一次输电网（400kV）、二次输电网（225kV、150kV、90kV、63kV）和配电网（20kV 及以下）。

表1-4 国内外配电系统电压等级比较

国家	配电系统电压等级
中国	110kV、66kV、35kV、（20kV）、10kV、（6.6kV）、0.4kV/220V
美国	34.5kV、23.9kV、14.4kV、13.2kV、12.47kV、（4.16kV）、110V
俄罗斯	110kV、35kV、20kV、10kV、0.4kV/220V
英国	132kV、33kV、11kV、415/240V
法国	20kV、0.4kV

(1) 配电站的接线　配电站一般采用单母线分段接线，两回进线。供给中压用户的馈线一般优先采用环网单元供电以提高供电的可靠性和灵活性。配电站进线一般不装设继电保护，而由给该配电站供电的馈线开关保护。有的配电所还根据系统无功的需要，装设中压并联电容器组。

(2) 配电站的安全　配电站接线一般为屋内式结构，分别设有高压室及变压器室，由地区调度所或中心变电站通过自动装置采集运行信息和数据，实施监视和控制。有的配电站仅设简易的报警系统，一旦发生异常，仅向上一级发出报警信号，由调度部门派员登站处理，这是对自动化程度不高的配电站采取的一种过渡措施。

(3) 配电站的保护　配电站的中压馈线由接在中压母线上的断路器馈出，馈线的受端一般只用简单的熔断器保护。

配电站内的配电变压器一般采用高压熔断器等保护方式以简化一次设备。配电变压器容量根据就近负荷情况选定，容量不宜过大，一般以供电范围不超过 150～500m 为限，以满足保证电压质量、降低低压线路损耗的要求。每一中压母线段设置一台配电变压器。

(4) 配电站发展趋势　近年来，由可以吊装的金属箱体组合成的箱式变电站已有商品供应，为快速建设、节约土地和投资提供了条件，并可安装于可流动的车、船上，成为移动式的配电站。随着城市配电网负荷密度的增加，要求配电点趋向"小容量、多布点"，开关站或配电站的作用逐步削弱，有由小型高压/中压变电站作为电源，馈线采用环网供电方式的箱式变电站供应低压负荷的方式取代配电站的趋势[5]。

(5) 配电站的设计规范　《20kV 及以下变电所设计规范》GB 50053—2013 第六章第二节对建筑的要求如下：

① 高压配电室宜设不能开启的自然采光窗，窗台距室外地坪不宜低于 1.8 m；低压配电室可设能开启的自然采光窗。配电室临街的一面不宜开窗。

② 变压器室、配电室、电容器室的门应向外开启。相邻配电室之间有门时，此门应能双向开启。

③ 配电站各房间经常开启的门、窗，不宜直通相邻的酸、碱、蒸汽、粉尘和噪声严重的场所。

④ 变压器室、配电室、电容器室等应设置防止雨、雪和蛇、鼠类小动物从采光窗、通风窗、门、电缆沟等进入室内的设施。

⑤ 配电室、电容器室和各辅助房间的内墙表面应抹灰刷白。地（楼）面宜采用高标号水泥抹面压光。配电室、变压器室、电容器室的顶棚以及变压器室的内墙面应刷白。

⑥ 长度大于 7m 的配电室应设两个出口，并宜布置在配电室的两端。长度大于 60m 时，宜增加一个出口。当变电站采用双层布置时，位于楼上的配电室应至少设一个通向室外的平台或通道的出口。

⑦ 配电站，变电站的电缆夹层、电缆沟和电缆室，应采取防水、排水措施。

(6) 配电站防漏措施　配电站防漏应坚持多道设防、排防结合、综合治理的原则，采用全面设防、节点密封、复合防水等多种手段。

① 墙体的建设　在当今施工技术水平下，无论采取什么结构形式的外墙，都很难完全避免裂缝的产生。另外，配电室外墙本身存在大量的窗洞、门洞、脚手架洞、预留管线洞、窗楞洞等薄弱部位，外墙防渗特别注意这些薄弱点。提高墙体材料的抗渗能力对墙体防渗有很大的帮助。选取合理的砌体材料用于外墙砌筑，对砌块间的缝隙注重填堵，防止因浸润引起墙体渗漏。

② 加强墙面排水　加强墙面排水常见的做法是对外墙面采取憎水处理措施。例如采用有机硅乳液对外墙面进行处理，使外墙不能被水湿润，以防止由于毛细作用引起的渗漏。

③ 推广新型涂膜防水涂料　随着防水施工工艺的推陈出新以及新型外墙防水材料（如高分子、高聚物改性沥青、沥青基等不同基料组成的卷材、涂料和密封材料系列产品以及为提高刚性防水混凝土抗渗、抗裂所用的各种外加剂等）的广泛应用，外墙防渗变得越来越容易。

④ 加强使用中的维护　建筑物装修完工以后，还应加强使用管理和维护，避免因外力撞击、冻胀等环境因素导致抹灰等脱落，从而造成外墙的防渗漏能力降低。

1.1.4　配电线路

在电力系统中担负着分配电能任务的电网称为配电网[6]，而配电网则由一条条配电线路组成。配电线路通常是指电力系统中二次降压变压器低压侧直接或降压后向用户供电的网络，从地区变电所到用户变电所或城乡电力变压器之间，把发电厂生产的电能直接配给用电单位 10kV 及以下的电力线路。其中 3～10kV 的线路称作高压配电线路，1kV 以下的线路称作低压配电线路。目前我国配电线路的电压等级有 10kV、6kV、380V 和 220V。

配电网的主要功能是从输电网或地区发电厂接收电能，并组成多层次的配电网向各种用户供电。此类多层次的配电网，包括 110kV、66kV 或 35kV 的高压配电网、降压至 10kV 的配电变电站和 10kV（20kV）的中压配电网，降压至 380/220V 的配电所和配电变压器，以及 380/220V 的低压配电网。不同电压等级的配电网之间通过变压器连接。

1.1.4.1　配电线路的分类

配电线路根据电压等级的不同，可分为高压、中压、低压配电网；根据供电地域特点的不同，可分为城市配电网和农村配电网；根据配电线路的不同，可分为架空配电网和电缆配电网。

按电压等级分类。中国的《城市电力网规划设计导则》规定，配电网电压分为三级，即高压配电电压 110kV、66kV、35kV，中压配电电压 10kV，低压配电电压 380/220V。世界上许多国家仍依照传统习惯将 10kV 及其相邻电压称为一次配电电压，将 380/220V 及其相邻电压称为二次配电电压，而将 110kV、66kV、35kV 等在电网发展历史中曾经起过输电作用的电压等级称为次输电电压，但在性质上仍列入配电电压一类。也有些国家主张将电压等级明确划分为三类：输电电压、次输电电压与配电电压。中国规定将这些国家定义的次输电电压定为高压配电电压，以突出其配电性质。

1.1.4.2 配电线路基本要求

对配电线路（配电网）的基本要求是在具有充分的供电能力下满足供电可靠性、合格的电能质量和安全经济性。

（1）供电可靠性 原则上要求停电的次数最少，而且每次停电所影响的用户数和持续时间尽可能减至最小。配电网规划时应满足电网供电安全准则（$N-1$ 准则）和用户供电可靠率、恢复供电目标时间等要求。

（2）合格的电能质量 主要要求配电网的电压保持在规定的电压变动范围之内。考核电能质量的指标包括供电电压允许偏差、电压允许波动值、三相电压允许不平衡度、注入电网的谐波电流及电压畸变率、电压闪变值等。

（3）安全经济性 要求网络完善合理，与社会发展和环境保护协调一致，陈旧设备得到更新，电网技术水平符合运行要求的先进的程度，以保证安全运行，并努力降低电能损耗。

1.1.4.3 配电线路的展望

配电网的发展趋势表现在简化电压等级、注重与社会的发展和环境的协调等方面。

① 简化电压等级。这有利于配电网的管理和经济性。世界各国都规定有电压等级标准，并尽可能减少降压层次，将已存在的非标准电压逐步升压改造，同时随着负荷密度的不断增长，将输电电压直接引入负荷中心。如法国巴黎的配电标准电压只有 225kV、20kV、0.4kV 三级，收到较好的效果。

② 注重与社会的发展和环境的协调。将城市架空配电网改为地下电缆配电网，城市中心地区积极采用地下电缆供电，采用绝缘导线或绝缘电缆的架空配电线路。为了减少与城市建设的矛盾，减少线路走廊用地和配电装置占地，半地下变电所和地下变电所以及小型成套（模块型、紧凑型）配电装置，户外箱式变电站将在配电网中进一步扩大使用。窄基铁塔、钢杆线路、多回线并架线路将按现场条件继续采用。地下电缆建设日益增加，电缆隧道、电缆沟、预制排管、公用事业共用管道、共同沟道等措施也已推广。另外，采用低噪声、符合消防要求的变压器以及在变电所设计中力求外形设计美观和与城市环境协调，也愈来愈得到重视。

③ 接线进一步向简化和高可靠性方面发展。例如采用线路变压器单元，以取消高压侧断路器而在故障时跳开送端断路器。馈线采用多回路并列运行或多回路闭式环网运行，以提高线路利用率和供电可靠性。开环运行的单环网加装馈线自动化装置，以减少故障时用户停电时间。格式网络在某些国家大城市中已有数十年的使用经验，但低压电缆格式网络由于投资高、运行复杂，近年来在应用中受到一定的限制。

④ 自动化程度日益提高。由于计算机技术的迅速发展，促进配电自动化技术由变电所自动化向馈线自动化扩展，并与调度自动化以及负荷管理自动化等构成配电管理系统，使配电网的管理水平和经济效益的提高进入更高阶段。

⑤ 先进的配电设施促进了配电技术的进步。新型配电设备的开发，使配电网的建设改造在经济上取得效益。为节省运行费用，可维修或不需维修的设备如 SF_6 配电装置、全封闭的绝缘配电装置和真空断路器等已在城市配电网中推广应用。近年来，SF_6 绝缘的组合电器已在超高压以至中压 10kV 上普遍采用，价格也较合理。在架空线路上，资料表明：绝缘导线比

裸导线要贵些，但如考虑线路整体结构的总投资及可能的故障损失，采用绝缘导线仍有优势。对配电网，更趋向节约成本和简化结构方面发展，例如以较简单的变压器保护单元代替传统的环型供电装置，以中压多回路开关箱代替多台中压断路器等。架空配电线路上的跌落式熔断器，其开断电流上下限值范围和切断负荷电流的能力也已有改善，提高了运行可靠性。

⑥ 电力电子技术推进了电能质量的控制技术。用户特定电力（custom power）技术和它的装置的商品化，使向用户提供特定要求质量的电能成为可能。

⑦ 现代电能计量技术扩展了电能计量功能。新型电能表除电能计量功能外，还具有负荷记录，实时电价、电价区间指示以及包括记录电压骤降、谐波、电压闪变等的电能质量监控功能，并具有双向通信、用户访问及自诊断、报警及误差的软件补偿等功能。

⑧ 检修作业新技术的应用。配电线路的带电作业将大量取代以往配电线路的频繁停电作业，以提高供电可靠性。在配电线路的带电作业中，除发展绝缘斗臂车带电作业外，还将进一步开发机械手带电作业等先进作业技术。对一些进行配电线路的带电作业比较复杂困难的项目，如配电站母线的检修或部分复杂架空线路杆塔的检修，将推广以临时供电电源对用户供电，即设备停电并不影响用户的措施。

⑨ 配电施工技术将有新突破。特别是地下电缆配电网施工新技术，如地下电缆管道钻挖掘进技术、高地下水位地区地下配电变压器室施工、地下设施探测定位等技术将进一步改进并推广采用。

随着人们的经济能力和生活水平的稳步提升，如今人们对于供电量的需求越来越高，电网规模也在不断地扩大，而现在较为常见的配电方式就是 10kV 配电线路，且大多数是自动化的模式。自动化的模式可以更加快速地检测线路故障点和检查电网的运行状态，同时增强了 10kV 配电线路的运行效率。

人们对供电需求的增加，使配电线路中所需供电量也随之增加，从而导致电力系统的快速发展。如今，10kV 配电线路在我国已经形成了较大范围的普遍使用，也使 10kV 配电线路出现线路长、覆盖面大等特点。若是在供电的过程中出现漏电和线路故障等问题，不仅会影响居民的正常用电，严重了还会影响居民的人身安全，所以科学合理地对 10kV 配电线路进行设计非常重要。为了避免故障的发生，在实施线路工程时，10kV 配电线路所用杆塔要根据地理状况，对其高度、宽度进行合理改造。也要选择适合的电力设备，使 10kV 配电线路在高压运行时保持稳定，同时具有安全性，最终使得整个电力系统运行顺畅[7]。

1.2
配电系统概述

传统上我们常会将电力系统划分为发电、输（变）电和配电三大组成系统。发电环节是在发电厂完成的，由于发电机绝缘条件的限制，发电机的最高电压一般在 220kV 及以下。输电系统将发电厂发出的电能输送到消费电能的地区（也称为负荷中心），或进行相邻电网之间的电能互送，使其形成互联电网或统一电网。为了降低线路的电能消耗、增大电能输送的距离,发电厂发出的电能通常需要通过升高电压才能接入不同电压等级的输电系统,由此形成了输电网。输电网是在发电厂与负荷中心之间进行电能的大功率传输的高电压线路,多为环状。配电系统是将来自高压电网的电能以不同的供电电压分配给各个电能用户,配电网是负荷中心向具体电力用户传输电能的低电压线路,多为放射状[8]。

用电环节中,电能用户根据不同的能量需求通常采用中、低压供电和消费。在电力系统中,需要多次采用升压或降压变压器对电压进行变换,也就是说在电力系统中采用了很多不同的电压等级。如图1-2所示是电力传输电压示意图。

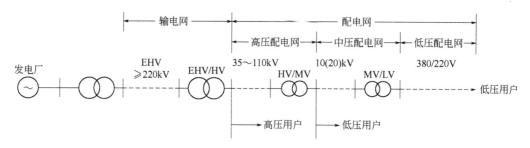

图1-2 电力传输电压示意图

《电力安全工作规程》中规定额定1000V及以上者为高电压,额定1000V以下就为低电压(旧规定是以250V为分界点的)。通常将35kV及以上的输电线路称为送电线路,将35～220kV的输电线路称为高压线路(HV),220～750kV的输电线路称为超高压线路(EHV),750kV以上的输电线路称为特高压线路(UHV)。10kV及以下的输电线路称为配电线路。

目前发电厂输出的交流电压有:10.5kV,35kV,60kV,110kV,220kV,330kV,500kV,750kV,1000kV。发电机发出的电能一般通过变压器升压后送到电网,这个电压要根据电厂在电网中的位置、电厂的容量及附近电网的电压状况而定,一般中小型电厂的输出电压为110～330kV,大容量发电厂输出电压为500～750kV,个别的大容量电厂为1000kV电压出线。

1.2.1 配电系统的组成

配电系统由总降压变电所(高压配电所)、高压配电线路、车间变电所、低压配电线路及用电设备组成[9]。电能在传输过程中会发生损耗,当线路搭建完成,线路的阻抗、发电机的功率也是固定的,根据 $P=UI$、$P=I^2R$ 可得出,电压越高,电流越小,而线路损耗越小。因此日常生活中,为了实现电能的经济输送和满足用电设备对供电质量的要求,需要对发电机的端电压进行多次变换。变电所是接收电能、变换电压和分配电能的场所,可分为升压变电所和降压变电所两大类。配电所不具有电压变换能力。电力线路是输送电能的通道。由于发电厂与电能用户相距较远,所以要用各种不同电压等级的电力线路将发电厂、变电所与电能用户之间联系起来,使电能输送到用户。

配电系统是由多种配电设备或配电设施所组成的变换电压和直接向终端用户分配电能的电力网络系统。配电设备或元件的不同连接方式构成了不同的配电网络结构。

配电设备按电压等级可分为高压和低压配电设备。习惯上,高压配电设备包括中、高压配电系统所属电压等级的设备,低压配电设备则是用于低压配电系统所属电压等级的设备。

配电设备按功能可分为一次设备和二次设备。一次设备用于直接输送电能，配电线路、配电变压器、自动调压器（电压调节器）、配电电容器、（配电）母线和配电开关设备等都属于一次设备。二次设备则用于实行系统测量、保护与控制等，主要有电流互感器（TA）、电压互感器（TV）、馈线中断单元（FTU）、变压器终端单元（TTU）、避雷针、故障指示器等。其中，馈线中断单元（FTU）又包括杆上 FTU、柱上 FTU、环网柜 FTU、开闭所 FTU 等。

配电系统的主要设施则包括配电变电站、馈线、开关站、环网柜等，它们的共同特点是由几种配电基本元件组成。

图 1-3 为典型的配电系统简图，该系统由变电站、开闭所和输电/配电线路构成。

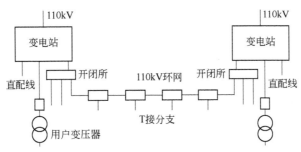

图 1-3　配电系统简图

该系统有两个变电站，各出一路分支通过开闭所组成一个闭环供电网络；环网采用开环供电方式，具体由两侧的开闭所实现开环和供电的主、备用控制；环网中可有若干个 T 接线路为用户供电。同时，两个变电所分别可有若干个直配分支线路为专线用户供电。

（1）配电变电站（变配电站、变配电所）　配电变电站是具备变换电压和分配电能功能的配电设施。最常见的可分为 110kV（高压配电）变电站、35kV（高压配电）变电站和 10kV（中压配电）变电站。其中，10kV 变电站又可分为 10kV 箱式变电站（简称箱式变）、10kV 配电站（俗称配电室）和 10kV 配电变压器台（简称变台）。10kV 箱式变电站是由 10kV 开关设备、电力变压器、低压开关设备、电能计量设备、无功功率补偿设备、辅助设备和连接件等组成的成套配电设备，这些元件在工厂内被预先组装在一个或几个箱壳内，用来从中压系统向低压系统输送电能。

10kV 配电站是具有 10kV 进线配电装置、配电变压器和低压配电装置，仅带低压负荷的户内配电设施。10kV 配电站分为 10kV 户内配电站和地下配电站。10kV 户内配电站是将设备安装在建筑物内的配电站。10kV 地下配电站是将设备安装在地下建筑物内的配电站。

10kV 变台是用于将中压降压到低压的简易集合式设备的总称（包含配电变压器、配电开关设备、测量设备及相关的附属设施等）。10kV 变台主要包括 10kV 柱上变台、10kV 屋顶变台和 10kV 落地变台。10kV 柱上变台指安装在一根或多根电杆上的 10kV 变台。10kV 屋顶变台指安装在屋顶的 10kV 变台。10kV 落地变台指安装在地面的 10kV 变台。

（2）馈线　在我国，通常将 110/10kV 或 35/10kV 中压配电变电站（降压变电站）的每一回 10kV 出线称为一条馈线。每条馈线由一条主馈线、多条三相或两相或单相分支线、电压调整器、配电变压器、电容器组、配电负荷、馈线开关、分段器、熔断器等组成。从同一中压配电变电站的同一条 10kV 母线引出的 3 条馈线，为馈线 1、馈线 2 和馈线 3。其中，馈线 1 和馈线 2 之间通过动合的联络开关相连[10]。

(3) 配电开关设备　配电开关设备分为高压配电开关设备和低压配电开关设备。高压配电开关设备包括高压断路器、高压负荷开关、高压隔离开关和高压熔断器；低压配电开关设备则包括低压断路器、低压负荷开关和低压熔断器。重合器和分段器则是用于配电网自动化的智能化开关设备。

① 高压断路器又称馈线开关，安装在馈线上，当系统发生故障时用以断开故障的设备。它具有熄弧能力，能够切断故障电流。按灭弧介质可分为少油断路器、多油断路器、真空断路器和 SF_6 断路器。

② 高压负荷开关是安装在线路上的开关设备，具有简单的灭弧装置，能够开断正常的负荷电流，但不能切断故障电流。与高压熔断器组合使用，可代替高压断路器以节省投资。

③ 高压隔离开关用于设备停运后退出工作时断开电路，以保证设备与带电部分隔离，起隔离电压的作用。隔离开关没有灭弧装置，其开合电流能力极低，不能用作接通或切断电路的控制电器。

④ 高压熔断器（或熔丝）是通过过热熔断来防止电路中电流的过载和短路的配电设备，可分为跌落式和限流式两大类。

⑤ 低压断路器又称自动空气开关，是低压配电系统中既能分合负荷电流又能分断短路电流的开关设备，可分为万能式、塑壳式和小型模块化三种类型。

⑥ 低压负荷开关主要分为开启式和封闭式两类，其中开启式负荷开关俗称闸刀开关。低压熔断器与低压负荷开关的闸刀开关配合，可用于配电线路、照明电路、小容量电动机等的短路保护。

⑦ 重合器本身具有控制及保护功能。它能检测故障电流并能够按照预定的开断和重合顺序在交流线路中自动进行开断和重合操作，并在其后自动复位和闭锁。

⑧ 分段器是用来隔离故障线路区段的自动开关设备，它一般与重合器、断路器或熔断器相配合，串联于重合器与断路器的负荷侧，在无电压或无电流情况下自动分闸。

(4) 开闭所和环网柜　开闭所又称开关站，是由 10kV 开关设备和母线所组成的配电设施。开关站具有母线延伸的作用，一般只具备配电功能而不具备变电功能，但也可附设配电变压器。10kV 开关站分为 10kV 户内开关站、10kV 户外开关站和 10kV 地下开关站。

环网柜，又称环网供电单元，是一种把所有开关设备密封在密闭容器内运行的环网开关设备，应用在 10kV 配电系统电缆网中，可实现环网接线、开环运行的供电方式。环网柜一般由 3~5 路开关共箱组成，由进线单元、计量单元、母线单元等多种单元任意组合成多种方案。

环网柜通常采用负荷开关，而开关站一般采用断路器。由于环网柜体积小，配电开关设备技术指标先进，减少了占地面积，缩短了出线电缆长度，降低了整体造价和维护相关设备的费用，因而当它采用断路器时，完全可以取代常规的开关站，用于接收和分配配电网的电能。

配电系统供电可靠性是电力系统可靠性的一个重要组成部分，也是最为关键和直接的部分。配电网在电力系统和用户之间的地位，决定了配电网应该得到应有的重视。随着近些年来电网改造与建设步伐的加快，配电网也有了较大的发展，但还存在没有得到合理的规划，配电线路长，节点多，结构复杂，设备陈旧，供电可靠性和转换率不高等问题，所以对于配电系统的研究还需努力[11]。

1.2.2　配电回路

配电回路也就是一个闭合回路，如图 1-4 所示是配电回路和开关示意图。

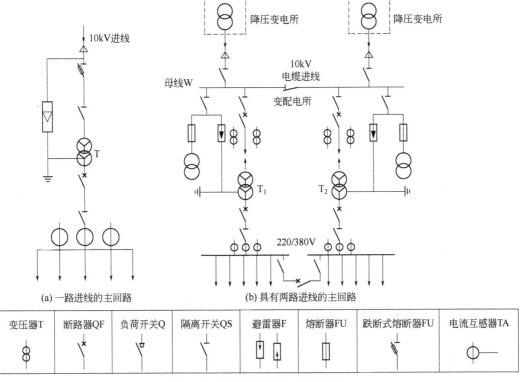

变压器T	断路器QF	负荷开关Q	隔离开关QS	避雷器F	熔断器FU	跌断式熔断器FU	电流互感器TA

图 1-4　配电回路和开关示意图

（1）开关电器　主要有高压断路器、高压隔离开关、高压负荷开关、高压熔断器和接地开关。开关电器如图 1-5 所示。

① 高压断路器（DK）又称高压开关，是既能接通、分断承载线路正常电流，也能在规定的异常电路条件下（例如短路）和定时间内接通、分断承载电流的机械式开关电器。机械式开关电器是用可分触头接通和分断电路的电器的总称。

图 1-5　开关电器

② 高压隔离开关（G） 用于将带电的高压电工设备与电源隔离，一般只具有分合空载电路的能力，当在分断状态时，触头具有明显可见的断开位置，以保证检修时的安全。

③ 高压负荷开关（FW） 用于接通或断开空载、正常负载和过载下的电路，通常与高压熔断器配合使用。

④ 高压熔断器（RN） 俗称保险、高压熔丝，当线路中电流超过一定的限度或出现短路故障时能够自动开断电路。电路断开后，高压熔断器必须由人工更换部件后才能再次使用。

⑤ 接地开关 用于将高压线路人为接地造成对地短路。通常装在降压变压器的高压侧，当用电端发生故障，但故障电流不是很大，不足以使送电端的断路器动作时，接地开关能自动合闸，造成人为接地扩大故障电流，使送电端断路器动作而分闸，切断故障电流。

（2）限制电器 限制电器如图1-6所示。主要有电抗器、避雷器。

图1-6 限制电器

电抗器是依靠线圈的感抗起阻碍电流变化作用的电器。电抗器可按用途、有无铁芯和绝缘结构分类。

按用途分为3种：

① 限流电抗器 串联在电力电路中，用来限制短路电流的数值。

② 并联电抗器 一般接在超高压输电线的末端和接地之间，用来防止输电线由于距离很长而引起的工频电压过分升高，还涉及系统稳定、无功平衡、潜供电流、调相电压、自励磁及非全相运行下的谐振状态等方面。

③ 消弧电抗器 又称消弧线圈，接在三相变压器的中性点和地之间，用以在三相电网的相接地时供给感性电流来补偿流过接地点的容性电流，使电弧不易持续起燃，从而消除由于电弧多次重燃引起的过电压。

按有无铁芯可分为2种：

① 空心式电抗器 线圈中无铁芯，其磁通全部经空气闭合。

② 铁芯式电抗器 其磁通全部或大部分经铁芯闭合。铁芯式电抗器工作在铁芯饱和状态时，其电感值大大减少，利用这特性制成的电抗器叫饱和式电抗器。

按绝缘结构可分为2种：

① 干式电抗器 其线圈敞露在空气中，以纸板、木材、层压绝缘板、水泥等固体绝缘材料作为对地绝缘和匝间绝缘。

② 油浸式电抗器 其线圈装在油箱中，以纸、纸板和变压器油作为对地绝缘和匝间绝缘。

避雷器是一种能释放雷电或兼能释放电力系统操作过电压能量，保护电工设备免受瞬时过电压危害，又能截断续流，不致引起系统接地短路的电器装置。避雷器通常接于带电导线和地之间，与被保护设备并联。当过电压值达到规定的动作电压时，避雷器立即动作，流过电荷，限制过电压幅值，保护设备绝缘；当电压值正常后，避雷器又迅速恢复原状，以保证系统正常供电。

（3）变换电器　又称互感器，是按比例变换电压或电流的设备，分为电压互感器（YH）和电流互感器（LH）两大类。互感器的功能是：将高电压或大电流按比例变换成标准低电压（100V）或标准小电流（5A 或 1A，均指额定值），以便实现测量仪表、保护设备和自动控制设备的标准化、小型化。此外，互感器还可用于隔离高电压系统，以保证人身和设备的安全。

（4）组合电器　将两种或两种以上的电器，按接线要求组成一个整体而各电器仍保持原有性能的装置。组合电器结构紧凑，外形及安装尺寸小，使用方便，且各电器的性能可更好地协调配合。

低压配电系统包括一级配电、二级配电和终端配电，电路图如图 1-7 所示。

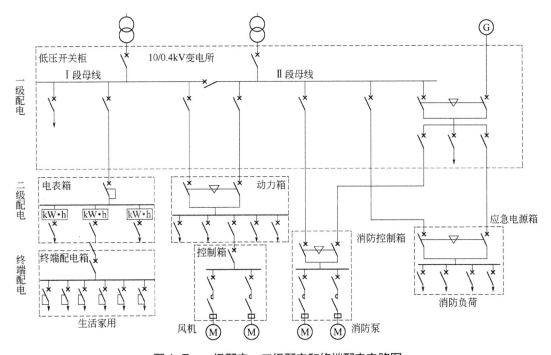

图 1-7　一级配电、二级配电和终端配电电路图

一级配电设备统称为动力配电中心。它们集中安装在电能用户变电站，把电能分配给不同地点的下级配电设备。这一级设备紧靠降压变压器，故电气参数要求较高，输出电路容量也较大。

二级配电设备是动力配电柜和电动机控制中心的统称。动力配电柜使用在负荷比较分散、回路较少的场合；电动机控制中心用于负荷集中、回路较多的场合。它们把上一级配电设备某一电路的电能分配给就近的负荷。这级设备应对负荷进行保护、监视和控制。

终端配电设备总称为照明动力配电箱，它们远离供电中心，是分散的小容量配电设备。

1.2.3 智慧电网

我国的智慧电网是以物理电网为基础（以特高压电网为骨干网架、各电压等级电网协调发展的电网为基础），将现代先进传感测量技术、通信技术、信息技术、计算机技术和控制技术等与物理电网高度集成而形成的新型电网。智慧电网可满足用户对电力的需求并优化资源配置，确保电力供应的安全性、可靠性和经济性，满足环保要求，保证电能质量，适应电力市场化发展等，实现对用户可靠、经济、清洁、互动的电力供应和增值服务。欧洲技术论坛对智慧电网的定义是一个可整合所有连接到电网的用户（发电机和电力用户）的所有行为的电力传输网络，以有效提供持续、经济和安全的电能。

智慧电网有一个主要的特征，就是支持大量分布式电源合理接入，在应用上具有成本低、灵活性高、兼容性强等优势，需求侧响应、管理等功能也得到了有效的完善，符合国家电网公司对智能配电网框架的发展要求。在各种分布式电源中，太阳能光伏发电的应用愈加广泛，由于光伏电站属于间歇式电源，在并网过程中会影响配电系统结构、运行等方面，因此是未来研究的方向。

1.2.3.1 分布式电源的整合

在配电网中直接接入光伏电源等分布式电源，很容易出现各类问题，主要表现为电压闪烁、浪涌、频率偏移、电压跌落等，进而影响电能质量的稳定性。目前，为了解决此类问题，在接入配电网的过程中，利用逆变器可有效控制光伏电源输出功率变化带来的影响，保障电能质量的稳定性。针对电源内的谐波问题，可以将滤波器安装在相应的母线上。此外，可以将有源滤波器并联到逆变器之中，对电压最大功率点进行跟踪控制，该方法保障了电源逆变器输出电流的稳定性，从而解决了谐波问题。

1.2.3.2 智慧电网的控制运行

智能配电系统由低压层面的微网和中高压层面的主动配电网组成。微网是智能配电系统发展的初级阶段，初步解决了分布式电源（Distributed Generation，DG）如何接入配电系统的问题；而主动配电网是降低分布式电源并网成本和提高分布式电源渗透率的根本性解决方案，能够应对大量分布式电源接入配电网的需求，解决分布式电源控制和管理的难题，是智能配电系统发展的高级阶段。在智能配电系统中，DG 的接入改变了配电系统原有的电压分布情况，不仅会导致单一类型的电压暂降、电压不平衡等问题，还可能引发更为复杂的随机电压波动问题。一般来讲，配电系统电压控制在时间尺度上可以分为长时间尺度（分钟～小时）的电压优化控制以及短时间尺度（秒～分钟）的快速电压控制两个维度；智能配电系统中的电压波动问题给电压控制提出了第三个时间维度的要求，即更短时间尺度（毫秒～秒）的动态电压控制。智能配电系统的动态电压控制是指在更短时间尺度内，通过动态电压和无功控制，使得电网电压发生一定程度的波动之后，能够快速地恢复到较好的水平，确保配电系统连续高效地运行。

智能配电系统电压控制多采用分层控制方案，自下而上分别是本地电压控制（一级控制）、分区电压控制（二级控制）、中央电压控制（三级控制）。在分层电压控制体系中，分区电压控制是提高系统电压水平、提升系统电压调节速度、保障系统电压稳定的中坚环节，同时也是连接中央电压控制和本地电压控制的关键环节。其首要任务是，根据区域内主节点的电压偏差，实时协调并重新设置分区内各本地电压控制设备的参考值或整定值，快速、合理地调动分区内各无功支撑源，利用分区内的无功储备，维持区域电压水平，在一定程度上提高全网电压控制水平。

1.2.3.3　智能配电系统的电压控制技术

现有的智能配电系统电压控制主要分为分布式电压控制（有限协调电压控制）、集中电压控制（协调电压控制）以及集中-分布式电压控制三种。分布式电压控制利用调压设备本地信息或其有限的邻近设备信息进行电压控制，强调电压的局部治理，兼顾一定的全局优化性，对通信要求较低。集中电压控制利用通信系统建立起集中电压控制器和全网调压设备之间的联系，提供全局电压控制。集中-分布式电压控制是一种把集中电压控制和分布式电压控制结合起来的控制方式，兼顾两者的优点，是一种效果更为优异的控制方式，它将电压控制分为不同的层级，各个层级既接受整体控制目标的约束，又独立地进行局部的控制和管理。

（1）分布式电压控制（有限协调电压控制）　分布式电压控制的最大优点就是利用本地信息进行电压控制，解决了集中电压控制速度慢的缺陷，且对通信的要求低。在这种控制模式下，DG 基于接入点电压，控制自身的有功和无功输出，无需其他电压控制设备，仅利用DG 即可解决自身接入配电网带来的电压水平变化大的问题。分布式电压控制可以简单地应用在现有的配电控制系统中，大幅提升配电系统对 DG 的接纳能力，一般有两种实现方案。

第一种是基于无功控制的分布式电压控制方案，DG、同步发电机或者无功补偿专用装置均可通过调节无功实现接入点的本地电压控制。DG 通过调节输出无功可实现对其接入点的电压调节，对于配电系统中可能出现的大量分布式接入的 DG，这种基于 DG 无功控制的方法可以有效改善全网的电压水平。如 P.M.S.Carvalho 等提出了一种基于 DG 的分布式无功控制策略，解决了 DG 接入配电网带来的电压波动问题，在这种控制方式下，每一个接入配电网的DG 均能够通过吸收或发出无功，解决了自身输出有功波动带来的出口电压波动问题。A.E.Kiprakis 等讨论了两种弱电网环境下解决 DG 接入点电压波动问题的 DG 本地智能控制策略，一种是基于线性确定关系的控制策略，另一种是基于模糊控制器的控制策略，实时地解决了出口电压波动问题。另外，同步发电机通过自动电压调节器（Automatic Voltage Regulator，AVR）也可对其接入点电压进行调节，现代同步发电机可以主动在单位功率因数输出模式和电压控制模式之间切换，实现灵活的运行。主变压器的分接头也应配合本地无功控制进行调整，包括变电所的无功补偿器亦可配合，当然，这种配合均是在本地无功控制进行后，根据线路电压水平而选择进行的后续操作，和集中电压控制中全部调压设备的全局协同工作是截然不同的。

第二种是基于有功控制的分布式电压控制方案，通过调节电源的有功输出亦可改善配电系统电压水平。目前接入配电系统的 DG 和电网是"硬连接"，即任何情况下都按照额定有功进行输出，这可能会在用电低谷时造成 DG 接入点乃至全网电压的升高。所以，将 DG 和电网进行"软连接"是非常有必要的，即 DG 可根据接入点电压进行有功输出调整，继而改善配电网的电压水平。分布式电压控制的有功控制方案和无功控制方案在实际中可以结合使用。T.Sansawatt 等给出了一种利用 DG 实现两阶段本地电压控制的方法，第一阶段利用 DG 无功控制能力进行电压控制，当无功控制不能满足电压控制要求时，在第二阶段投入有功控制策略，进一步调节本地电压，实现 DG 电压控制能力最大限度地发挥。虽然分布式控制具有无须通信、速度快的优点，但是在实际应用中存在一些局限性：

① 参与分布式电压控制的设备工作强度较大；

② 仅使用分布式电压控制不能实现全网无功优化，无法解决因无功流动引起的线损问题；

③ 分布式电压控制参与设备之间缺乏协调，可能会出现设备之间的运行冲突，恶化电压控制效果。

(2) 集中电压控制（协调电压控制）　集中电压控制的实现需要全配电系统的信息，此时各节点的电气量数据需通过通信系统传输至集中电压控制器，根据通信网络完整性和速率的不同，实现不同复杂性、不同性能的电压控制。集中电压控制涵盖从最简单的基于单一控制逻辑单一被控对象的方案到基于先进优化计算的全网全设备控制方案，相较基于本地信息的分布式电压控制方案，可以更大幅度地提升配电系统消纳 DG 的能力。绝大部分集中电压控制在单一中央控制器完成，仅需将控制信号下发至全网设备，本地控制器仅需增加通信装置接收控制参考值信号，而控制策略无须改变。

集中电压控制一般按照一定优化方案，结合全网信息，通过对全网调压设备的控制实现。优化方案可以通过预先设计的控制逻辑直接生成，或通过优化算法计算生成；全网信息可以直接测量得到，也可以通过部分数据经状态估计得到。

(3) 集中-分布式电压控制　集中-分布式电压控制兼具集中电压控制和分布式电压控制的优点。主要的集中-分布式电压控制有基于多代理技术的方法和基于分层控制的方法。

智能配电系统正经历由系统外单一电源供电向系统内多电源分布式供电的转变。分布式电源的大规模接入，形成了智能配电系统独特的"集中-分散"供电运行方式。然而，智能配电系统对分布式电源多采用被动式的管理策略，不仅使配电系统面临严重的潮流不确定、电压快速波动等运行难题，还制约着分布式电源渗透率的进一步提高。主动管理提升智能配电系统电压控制能力是解决这些问题的有效途径。目前的智能配电系统分区电压控制没有有效利用分布式电源大量"集中-分散"接入的结构优势，这阻碍了智能配电系统电压控制速度的提升和分布式电源渗透率的提高。因而，未来还应充分利用 DG 大量"集中-分散"接入智能配电系统的供电结构对 DG 采取主动控制，研究集成动态电压控制功能的智能配电系统分区电压控制方案，这对提升系统电压控制速度，进一步提高 DG 渗透率有重要的意义。

集中-分布式电压控制具体研究可从以下几个方面开展：

① 在微网层面研究基于 DG 本地控制的分区电压控制方案，可解决微网电压波动和不平衡问题，同时考虑如何将微网分区电压控制纳入到微网安全防御体系中；

② 在主动配电网层面研究结合 DG 快速调节能力和原有电压控制设备的多时间尺度电压控制方案，解决配电网不同时间尺度下的电压控制难题；

③ 目前的分区电压控制主要采用基于物理结构的电压控制分区划分方法，这种分区方法操作性强，但是面对未来更为复杂的智能配电系统结构，还应继续研究更为灵活的自适应分区方法。

1.2.4 直流/交流输配电

我国特高压输电技术[12]的发展路线一直存在争议。从一开始对"特高压输电安全性、经济性"及"相关电工装备国产化能力"的质疑，到今天主要聚焦于特高压交流、直流优劣之辩，争议从未完全止歇。仍在持续中的特高压交、直流之争，其实质是电网发展技术路线之争，关系到我国电网发展的大方向，理应严谨而审慎地看待。

在 19 世纪末，科学界就曾上演过一场交、直流之争。围绕使用交流输电还是直流输电，科学家划分为截然不同的两派：美国发明家爱迪生、英国物理学家开尔文都极力主张采用直流输电；而美国发明家威斯汀豪斯和英国物理学家费朗蒂则主张采用交流输电。争论的结果是交流输电以其组网和便捷的升压优势，成为电力系统大发展的起点。

如今，电力技术经过 100 多年发展，已不可同日而语，而直流输电的优势也并未被忽视。中国工程院院士李国杰如此分析个中原因："大功率电力电子技术的发展与成熟，使得直流输电受到青睐，远距离大功率输送促使直流输电进一步发展，直流输电系统还提高了电力系统抗故障的能力，无须进行无功补偿，同样电压等级的直流输电能输送更大功率，损耗小。"目前，世界各国几乎都采用了大范围交直流混合电网技术。随着电压等级从 10kV、110kV 到 500kV，再到 1000kV 的不断升高，电网规模也在不断扩大，相应的交、直流输电技术始终同步发展，在工程应用上也实现了高度融合。类似"直达航班"和"公路交通网"，直流输电和交流输电也只能互补，不能互代。

今天的交、直流之争中，面对质疑的一方，变成了交流输电技术。反对者最初从特高压交流输电技术是否安全入手，以战争时易被石墨炸弹摧毁为由，反对特高压交流输电。但是，"这一论据显然经不住推敲"，国家能源局原局长、国家能源委员会委员张国宝解释说："石墨炸弹是没有选择性的，无论是 500kV 还是 1000kV，无论是交流还是直流，其原理都是挂在导线上造成短路故障，影响是一样的。"其后，争论的焦点又被引向国家电网规划中的"三华"（华北、华中、华东）特高压交流同步电网，即规模太大是否安全，该不该建设。对此，张国宝认为："事实上，2009 年初建成的晋东南—南阳—荆门 1000kV 特高压交流试验示范工程，已将华北、华中电网连接成一个同步大电网，自投运以来一直保持安全稳定运行，并没有出现反对者担心的安全问题。"他同时表示，这项工程使得华北、华中两大电网实现了水电、火电互补，夏季南方丰水，使华中地区水电得以满发，向华北送电。他为此还专程前往国家电力调度中心现场求证。

中国科学院院士、中国电力科学院研究员周孝信也指出，直流输电和交流输电只能互补，不能互相取代。他介绍，直流输电只具有输电功能、不能形成网络，类似于"直达航班"，中间不能落点，定位于超远距离、超大容量"点对点"输电。直流输电可以减少或避免大量过网潮流，潮流方向和大小均能方便地进行控制，但高压直流输电必须依附于坚强的交流电网才能发挥作用。

交流输电则具有输电和构建网络双重功能，类似于"公路交通网"，可以根据电源分布、负荷布点、电力输送、电力交换等实际需要构成电网。中间可以落点，电力的接入、传输和消纳十分灵活，定位于构建坚强的各级输电网络和经济距离下的大容量、远距离输电，广泛应用于电源的送出，为直流输电提供重要支撑。

中国工程院院士、国网电力科学院研究员薛禹胜认为电网的发展不可能单纯依靠直流输电，也不可能单纯依靠交流输电，而是需要构建交流、直流相互支撑的坚强电网。无论从技术、安全还是经济的角度，构建交、直流混合电网，才能充分发挥各自功能和优势，这已成为电网发展的基本规律和共识。张国宝展望：不能说我们今天的电网就是最完美、再没有发展余地的电网了，未来能够保证安全的同步电网也许会更大。

1.2.4.1 超（特）高压输电的前景

如今的特高压，可能只是未来的寻常电压等级。人类发现并使用电力以来，对于电力的需求一直以几何级数增长，与此相应，世界电网也经历了电压等级由低到高、联网规模由小到大、资源配置能力由弱到强的发展历程。1891年，世界上第一条高压输电线路诞生时，电压只有13.8kV；1935年，美国将电压提高到275kV，人类社会第一次出现了超高压线路；1959年，苏联建成世界上第一条500kV输电线路；1969年，美国建成了765kV超高压输电线路。直到2009年，以我国自主知识产权的1000kV特高压交流工程投运为契机，世界电网迈入特高压时代。更高电压等级的出现是电力技术不断发展的产物，也是经济社会发展催生的必然结果。未来可能还会出现"特特高压"。交流1000kV，直流±800kV、±1100kV在未来可能只是一些寻常的电压等级，就像我们现在看待110kV、220kV一样。

特高压输电就像是"电力高速路"，具有输电容量大、输送距离远、覆盖范围广的特点和能耗低、占地少的显著优势。随着特高压交直流输电技术的全面推广应用，电网不仅是传统意义上的电能输送载体，还是功能强大的能源转换、高效配置和互动服务平台。通过这个平台，煤炭、水能、风能、太阳能、核能、生物质能、潮汐能等一次能源能够转换为电能，实现多能互补、协调开发、合理利用；电网还能够连接大型能源基地和负荷中心，实现电力远距离、大规模、高效率输送，在更大范围内优化能源配置；能够与互联网、物联网、智能移动终端等相互融合，满足客户多样化需求，实现安全、高效、清洁的能源发展目标。

特高压路径依赖由"逆向分布"现实决定，这项技术具有显著优势，与我国能源和经济分布不一的国情正好相符。我国一次能源基地和用电负荷中心呈"逆向分布"：76%的煤炭资源在北部和西北部，80%的水能资源在西南部，90%的陆地风能主要集中在西北、东北和华北北部，太阳能年日照超过3000h地区主要在西藏、青海、甘肃、宁夏、新疆等西部省区；而70%以上能源需求在东中部，距离能源基地一般在800～3000km，这就迫切要求电力实现经济高效的大规模和大范围的输送和配送，建设特高压电网，就是为了满足大规模、远距离、高效率电力输送，保障能源供应。

根据我国能源分布与消耗的区域特点，未来能源的流向是北部煤电、西南水电向华北、华中、华东等地区输送。特高压电网的建设有利于能源资源的优化配置，也有利于西部地区将资源优势转化为经济优势。

伴随着国民经济的高速发展和能源需求的迅猛增长，特高压交直流电网的发展已由基础技术研究、设备研制、工程示范步入建设实施阶段，特高压电网承担起将西北、东北、蒙西、川西、西藏及境外电力输送至我国东中部地区负荷中心的重要任务，为国家能源安全提供了有力支撑。

目前，我国投运的"两交两直"特高压工程，一直保持安全稳定运行，全面验证了特高压输电的可行性和成熟度。基于特高压技术的跨国、跨洲能源输送能力和电网互联的建设，其也成为全球范围内解决能源问题的长远之策。除我国外，印度、巴西、南非、俄罗斯等都在积极发展特高压。

按照国家能源规划，要加快推进国家综合能源基地建设，通过加大西电东送、北电南送输电规模，在更大范围内配置电力资源，解决电力发展中存在的生态环境日益恶化、能源供应成本持续上涨和煤电运力持续紧张的矛盾。解决问题的关键，是构建"强交强直"的特高压输电网络。

我国鄂尔多斯盆地、蒙西、山西等能源基地距离负荷中心相对较近，宜通过特高压交直流输送，既兼顾京津冀鲁用电需求，又能满足华东、华中用电需要。新疆、蒙东、西南等能源基地相对较远，适宜通过特高压直流输送。

目前，随着特高压直流输电工程的陆续开工和投产，长三角地区 500kV 电网短路电流超标的风险已经显现，加快建设特高压交流主网架，构建坚强合理的华东受端电网，已成为当前电网发展的当务之急。

1.2.4.2　直流配电系统

直流配电系统的拓扑结构和换流设备由于直流配电系统不存在电磁环网问题，相较于交流配电系统，具有更加灵活的组网形式，其典型的拓扑结构包括辐射状拓扑结构、"手拉手"双端拓扑结构和环状拓扑结构三种。在满足可靠性要求的前提下，通常考虑使用双端或多端拓扑的供电方式，但其控制和保护的实现更为困难。双端直流配电网拓扑结构在综合考虑系统可靠性、经济性以及保护控制的实现的条件下具有工程应用前景。

直流变换的关键设备，主要由电压源换流器（Voltage Source Converter，VSC）组成。研究与工程实践中主要采用两电平 VSC 和模块化多电平换流器（Modular Multilevel Converter，MMC）。两电平 VSC 由 6 个 IGBT 功率开关管并联二极管组成，通常称为三相桥式电路。不同于两电平 VSC，MMC 不存在直流侧大电容，而是将换流单元模块化，显著提高了波形质量。MMC 根据子模块的不同拓扑分为半桥型子模块 MMC、全桥型子模块 MMC、钳位双子模块 MMC 以及不同子模块构成的混合型 MMC。典型的两电平 VSC 拓扑结构与 MMC 及其子模块拓扑结构分别如图 1-8 和图 1-9 所示。

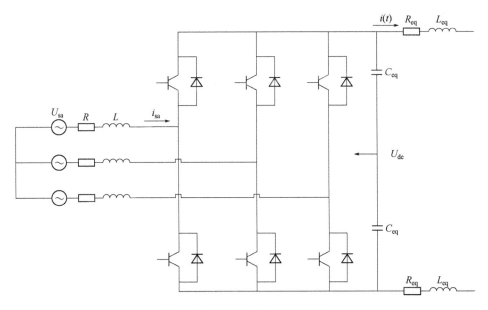

图 1-8　两电平 VSC 拓扑结构

直流配电系统接线及接地方式主要指系统经换流器的通用接线形式。参考直流输电系统，可分为单极接线和双极接线，其中单极接线又可分为不对称单极接线和对称单极接线，如图

1-10 所示。

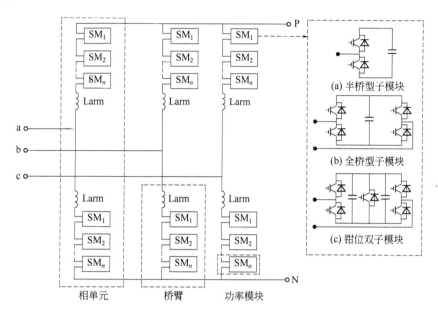

图1-9　MMC及其子模块拓扑结构

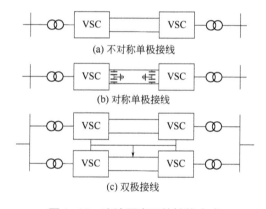

图1-10　直流配电系统接线方式

　　不对称单极接线方式利用大地或低绝缘金属线作为返回线，线路造价低，但系统容量小，一般适用于轨道交通等直流电压低、传输功率小的应用场景。双极接线方式线路绝缘要求低、可靠性高，但建造成本也较高，且其控制、保护系统复杂。结合直流配电系统电压等级低、容量较小的特点，综合考虑可靠性、成本等因素，推荐采用性价比较高的对称单极接线方式。下面针对两电平 VSC、MMC 两种典型换流器拓扑结构，分析对称单极接线的直流配电系统接地方案的研究现状。

　　直流配电系统接地主要涉及交流侧换流变压器接地和直流侧接地。交流侧接地方式主要有不接地、阀侧绕组直接接地、阀侧绕组经电阻接地和阀侧电抗器中性点电阻接地。目前有各种应用场景下的接地方式推荐方案，但尚未形成体系的接地方式的选取原则，对实际工程应用指导价值有限。

1.2.4.3　柔性直流配电系统

基于 VSC 的直流配电系统随着分布式电源、储能装置以及新型柔性负荷等弹性资源并网，容量逐渐上升，直流配电网逐渐演化成集发电、配电、用电为一体的双向能量流动有源网络，即为柔性直流配电系统。柔性直流配电系统打破了传统电能即发即用对时间的限制，提升了资源利用率，并且为终端用户与配电网互动提供了技术性支撑平台。柔性直流配电系统不受交流系统同步稳定性限制，具有大输送容量、高电能质量、控制灵活等优势，减少换流环节的同时提升了能量转换效率，是实现集中式或分布式能源生产、消耗、转换等单元互联，解决城市密集多元供电需求的理想方式。作为新一代综合能源配电系统的关键技术，国内外已有大量相关机构和专家学者对柔性直流配电网系统架构及应用场景、电压等级、关键设备、控制体系以及保护方案等相关技术开展了理论研究和应用示范。21 世纪初，美国某大学率先开始对低压直流配电进行研究；随后日本学者借鉴微网的思想构建了直流配电系统模型；德国某大学首次提出以直流配电的城市供电方案。自 2009 年开始，我国也逐步对直流配电网展开了相关研究，已建成深圳宝龙工业城双端直流配电网示范工程，并于 2021 年将国内首个中压五端柔性直流配电示范工程投入试运行。

柔性直流配电系统可通过换流器接收来自交直流电源以及可再生能源电源传输的电能，向交直流负荷供电，并能实现与储能系统和微网间能量的双向传递。不同运行状态会引起网络潮流分布的变化，故需要快速平滑切换各可控端的控制方式，否则不平衡功率导致的直流电压波动将无法满足敏感负荷对电能质量的要求。

柔性直流配电系统正是为分布式能源的发展而生。因为分布式电源相对于大电网来说是一个不可控源，目前主网往往采取限制、隔离的方式来处置分布式电源。柔性直流配电系统由于其自身优势，可广泛接入分布式能源，同时也是构建能源互联网的关键核心技术，得到各个国家的广泛关注。

传统配电网采用以供方主导、单向辐射状供电为主的刚性结构运行模式，可控性及供电可靠性差、可再生能源消纳能力低；而柔性直流配电是以电压源换流器为核心的新一代直流配电技术，具有响应速度快、可控性好、运行方式灵活等特点。

利用柔性直流配电将多回交流馈线互联，可将传统交流配电网转变为交直流混合的新型配电系统，使配电网从静态运行结构转变为灵活的、可主动运行的"智能"结构，提高配电系统供电可靠性，提高可再生能源消纳能力。

与交流配电相比，基于柔性直流配电的交直流混合配电系统在新能源接纳方面灵活性更强，对冲击负荷的承受能力更大，供电质量与可靠性更好，相当于在配电网接入了电源调节泵。

电源调节泵能够主动控制交流馈线的有功功率和无功功率，优化配电网的潮流分布，增强电网稳定性，提升电网的智能化和可控性。

柔性直流配电技术的发展赋予了配电网灵活可控、兼容开放等新的功能属性，实现了综合多样化能源，满足定制电力需求以及为电能交易提供数据信息等。研究柔性直流配电网的控制策略和保护技术，加快直流配电系统弹性升级和可持续发展，将成为智能电网和能源互联网建设的关键环节。

（1）控制策略　柔性资源布点分散化，应优化储能设备布点和容量配置，提升设备聚合效应利用率，配合换流器共同参与系统控制；在保证电能质量和供电可靠性的基础上，简化控制系统复杂程度优化调度实现电能供需的跨时域平衡，提升新能源消纳能力；基于通信技术实现各调压单元扁平化的分散自律控制，维持各运行方式下电压稳定，完善多时间尺度的综合控制策略；研究直流配电系统对整个配电网运行特性的影响。

（2）保护技术　现有对柔性直流配电系统保护原理的研究，仍是延续多端直流输电系统，为充分体现直流配电经济灵活的特点，需要对各保护区域故障后暂态分量的交互影响特性、分布式电源、储能设备、用户响应等影响故障特性的因素进行深入分析，结合数学分析方法和智能技术，针对应用需求提出各区保护相互配合的新型保护原理；将控制策略与保护技术相结合，充分利用电力电子设备的可控性，在故障特征衰减后调整换流器的控制方式，注入能够识别故障的特征信号参与故障响应过程，提高故障重启能力。同时也应加快研发兼具故障隔离、紧急供电功能的直流变压器等关键设备；由于直流断路器成本较高，相关技术并不成熟，因此在故障隔离与限流方面，应考虑将一二次设备相融合，对相关设备的拓扑结构、安装地点以及控制方式进行优化，加快故障电流清除速度，降低投资成本，研究故障保护、限流、开断相互匹配的故障穿越机制；随着电力市场化的推进，用户参与互动改进供电品质的需求增多，经济指标将决定用户最终选择的配电技术方案，保护配置还需以降低成本为目标，实现低成本实用化安全保护。

直流输电可以实现紧急功率支援，当交流电网出现大幅度功率缺额（联络线跳开、某些大电厂跳开等），高压直流（HVDC）可以快速增加输送功率或者快速潮流反转。HVDC快速有效的潮流控制能力对于所连交流系统的稳定控制，交流系统正常运行过程中应对负荷随机波动的频率控制及故障状态下的频率变动控制都能发挥重要作用。

1.2.4.4　低、中压直流输电保护

直流配电系统包括中压配电网和用户侧配电网，与传统的交流配电网相比较，由于其损耗低、没有频率和无功问题、应用直流设备时可减少交直流转换的次数等特点，具有高效率、电能质量优良、节约能源的优势。基于 VSC 的直流配电系统与传统的基于线路换向换流器（LCC）的 HVDC 相比，不但适于接入具有快速和独立有功无功控制的分布式电源和直流负载，而且具有黑启动、多端网络结构扩展和快速降低干扰电能质量的能力。因此，在中低压工业和商业应用中，直流配电网络主要使用两电平电压源换流器（VSC），变频器负荷就是VSC 负荷。但是随着 VSC 在大量工业负荷中应用，由故障（单极或双极短路）引起的 VSC 负荷有暂态特性，伴随有快速增长的直流故障电流，而且电力电子换流器的过载能力较差，从而影响其稳定性，快速的直流保护和控制对于直流系统的安全稳定和故障后快速恢复运行至关重要，因此增强直流配电网的故障保护及其穿越能力成为保障直流配电供电可靠性的"瓶颈"。

（1）直流配电系统保护分区　直流配电系统保护设计应满足可靠性、速动性、选择性、经济性等要求，根据对应的拓扑结构可分为交流电源保护、换流器保护、直流网络保护、负载保护。

① 交流电源保护　交流电源侧可能发生各种类型的线路短路或者断线故障，另外还包括雷击、冲击性负荷投入、重合闸等引起的电压波动及三相系统不平衡。直流配电系统保护设计需要考虑交流电源侧故障对直流网络运行及保护的影响。

② 换流器保护　直流配电系统中的换流器包括 AC/DC 换流器、DC/AC 换流器及 DC/DC 换流器。换流器是直流配电系统的核心，换流器故障主要有阀短路、桥臂短路、直流侧出口短

路、电力电子器件触发故障等。换流器的保护由装置自身的保护和系统提供的后备保护实现。

③ 直流网络保护　直流网络保护主要指对直流母线和直流馈线的保护，是直流配电系统保护的核心。直流线路故障包括接地故障、极间故障及断线故障，另外还存在绝缘水平下降、低电压或过电压等不正常运行方式。

④ 负载保护　直流配电系统同时存在直流负荷和通过逆变器接入的交流负荷等负载保护区域。负载保护区域可能发生的故障有短路、过载等，对敏感或重要负荷要有备用供电支路。

(2) 直流配电系统保护电器　直流配电系统直流线路发生故障时，故障电流迅速上升，会在极短的时间内给敏感设备造成热的或电的损害。要求直流线路保护装置能够快速有效地切除故障，常用的有直流断路器、熔丝、交流断路器、快速隔离开关等。

① 直流断路器　根据拓扑结构和灭弧原理的不同，直流断路器大致分为全固态断路器、带机械隔离开关的混合固态断路器、混合式断路器、机械式有源或无源共振断路器。固态断路器开断时间和能量吸收时间短，但静态损耗很大；机械式有源或无源共振断路器静态损耗极小，但开断时间和能量吸收时间却很长。

② 熔丝　熔丝基于热融化的原理工作，且电压、电流的额定值是以有效值的形式给出。在直流系统中使用熔丝时，需要考虑系统时间常数，其适用于需要快速保护响应且不需要自动重新供电的装置的保护，主要应用在辅助低压电力供应系统等场合及直流配电系统的负载保护。

③ 快速隔离开关　快速隔离开关是纯机械式的开关，不具备带电通断的能力，类似于交流系统中的隔离开关，当线路故障清除后，打开隔离开关形成物理隔离。

④ 交流断路器　交流断路器一般装在 VSC 交流电源侧，当直流线路发生故障时，通过动作交流断路器来隔离电源，切断短路电流。

⑤ 电容直流断路器　直流线路故障时，滤波电容的快速放电电流不仅对整个系统造成威胁，而且还有可能损坏电容器本身。Hidehito Matayoshi 提出用一种基于发射极关断晶闸管的电容直流断路器，可以在 3~7μs 内切断电容放电电流，从而保护系统和电容。

⑥ 具有限电流能力的换流器　在短路过程中，VSC 中与 IGBT 反并联的续流二极管因为要承受极高的过电流，也是极易损坏的器件。Li Qi 采用具有电流关断能力的 ETO 或者 IGBT 代替反并联二极管，当直流侧发生短路时实现 VSC 关断，将故障点与交流电源隔离[13]。

1.3
电网常用金属材料

电网使用的金属材料有铝合金、铜合金、钢铁等多个大类，具体应用要求各不相同，而且同一种合金用于不同电网时，其性能要求也有着显著差别。因此，需要根据电网构件对金属材料力学、耐蚀、耐热、耐磨等各个性能的具体和综合要求，合理选用相应的金属材料，并在材料应用前根据电网金属材料的有关检测标准，对材料的各项指标进行检测，以保证其在电网中的正常使用。

高压输电线路用的铁塔、钢管杆、水泥杆，只是在结构和用材上有所不同，其在输电线路中起的作用是一样的。各种杆塔的采用确实与输电线路的电压有密切的关系，但也与线路导线的线型等其他因素有关。高压线路多用铁塔，它的承载能力较大，易制造、运输、安装，但占地面积较大，220kV 以上线路普遍应用。钢管杆的最大优点是占地少，易安装，但承载力不如铁塔，由于占地少，在城市配电网中广泛应用，如市内变电站的出线走廊、市内配电线的转角杆等。水泥杆是电压在 110kV 及以下的输电线路应用最为普遍的一种杆塔，它的优势就是经济，但承载力有限，用作转角杆时由于要做多根拉线，占地面积大，所以多数线路都是水泥杆和铁塔混合使用，直线杆用水泥杆，转角用铁塔。铁塔和钢管杆都是以重量计价，钢管杆的制造比较复杂，要用大型机械，同样荷重的网管杆用材略多于铁塔，故价格要相对高些。

1.3.1　输电杆塔

输电杆塔[14]按材料结构可分为木结构、钢结构、铝合金结构和钢筋混凝土结构几种。木结构杆塔因强度低、寿命短、维护不便，并且受木材资源限制，在中国已经被淘汰。钢结构杆塔有桁架与钢管之分。格子形桁架杆塔应用最多，是超高压以上线路的主要结构。铝合金结构杆塔因造价过高，只用于运输特别困难的山区。钢筋混凝土结构杆塔均采用离心机浇注，蒸汽养护。它的生产周期短，使用寿命长，维护简单，又能节约大量钢材。采用部分预应力技术的混凝土结构杆塔还能防止杆塔裂纹，质量可靠，在中国使用最多。

角钢塔所使用钢材一般为 Q235、Q345、Q420、Q460。

常用螺栓级别一般是 4.8 级、5.8 级、6.8 级、8.8 级、10.9 级。

输电杆塔按形状一般可分为酒杯形、猫头形、上字形、干字形和桶形五种，按用途分为耐张塔、直线塔、转角塔、换位塔（更换导线相位位置塔）、终端塔和跨越塔等。

角钢塔各种塔型均属空间桁架结构，杆件主要由单根等边角钢或组合角钢组成，材料一般使用 Q235（A3F）和 Q345（16Mn）两种，杆件间连接采用粗制螺栓，靠螺栓受剪力连接，整个塔由角钢、连接钢板和螺栓组成，个别部件如塔脚等由几块钢板焊接成一个组合件，热镀锌防腐、运输和施工架设方便。

长期以来，我国输电线路铁塔用材主要以 Q235 和 Q345 热轧角钢为主，与国际先进国家相比，我国输电铁塔所用钢材的材质单一、强度值偏低、材质的可选择余地小。随着我国电力需求的不断增长，同时由于我国土地资源紧缺以及环保要求提高，线路路径选取、沿线房屋等设施的拆迁问题也日趋严重，大容量、高电压等级输电线路得到了迅速发展，出现了同塔多回路线路，以及更高电压等级的交流 750kV、1000kV 及直流±800kV、±1100kV 输电线路。所以铁塔趋于大型化，杆塔设计荷载也越来越大，常用热轧角钢在强度和规格上都难以满足大荷载杆塔的使用要求。

大荷载杆塔可以使用组合截面角钢，但组合截面角钢风载体型系数较大，杆件数量及规格多，节点构造复杂，连接板、构造板用量多，安装复杂，大大增加了工程建设投资。钢管塔存在构造复杂、焊缝质量不易控制、加工生产效率低、管材价格及加工成本高、塔厂加工设备投入大等缺点。多年的铁塔设计工作使铁塔的型式已经趋于完善，要进一步降低造价，只能从材质上入手。

1.3.2　配电网的线材

配电网的线材是传输电能的主要器材，其选择的合理与否直接影响到电力网的安全、经济运行，以及有色金属的消耗量与线路投资。过去的技术政策要求以铝代铜，尽量采用铝芯导线[15]。目前提倡采用铜线，以减少损耗，节约电能。近期出现的覆铜铝母线是二者结合的新技术。在易爆炸、腐蚀严重的场所，以及用于移动设备、检测仪表、配电盘的二次接线等，必须采用铜线。配电网线材的选择必须满足用电设备对供电安全性、可靠性和电能质量的要求，尽量节省投资，降低年运行费，布局合理，维修方便。线材型号的选择应满足其在当地环境条件下正常运行、安装维护及短路状态的要求，绝缘导体尚应符合工作电压的要求。

(1) 架空线路线材　户外架空线路 10kV 及以上电压等级一般采用裸导线。常用的类型有 4 种。

① 铝绞线（LJ）　铝绞线（LJ）（L 是铝线的简称，G 是钢芯的简称，J 是绞线的简称，F 是防腐的简称）导电性能较好，重量轻，对风雨作用的抵抗力较强，但对化学腐蚀作用的抵抗力较差，多用于 10（6）kV 的线路，其受力能力不强，杆距不超过 100～125m。

② 钢芯铝绞线（LGJ）　钢芯铝绞线（LGJ）的外围为铝线，芯为钢线，解决了铝绞线机械强度差的问题。而交流电具有趋肤效应（导体中有交流电或者交变电磁场时，导体内部的电流分布不均匀，电流集中在导体的"皮肤"部分，也就是说电流集中在导体外表的薄层，越靠近导体表面，电流密度越大，导体内部实际上电流较小，结果使导体的电阻增加，使它的损耗功率也增加），所以导体电流实际只从铝线经过，因此确定钢芯铝绞线的截面时，只需考虑铝线部分的面积，多被采用在机械强度要求较高的场合和 35kV 及以上的架空线路上。

③ 铜绞线（TJ）　铜绞线（TJ）导电性能好，机械强度好，对风雨和化学腐蚀作用的抵抗力都较强，但价格较高，是否选用应根据实际需要而定。

④ 防腐钢芯铝绞线（LGJF）　防腐钢芯铝绞线（LGJF）具有钢芯铝绞线的特点，同时防腐性能好，一般用在沿海地区、咸水湖及化工工业地区等周围有腐蚀性气体的高压和超高压架空线路上。

(2) 架空线路的结构和敷设　架空线路由导线、杆塔、绝缘子和线路金具等主要元件组成。为了防雷，有的架空线路还在杆塔顶端架避雷线（架空地线），如图 1-11（a）所示。为了加强杆塔的稳固性，有的杆塔安装有拉线或板桩。

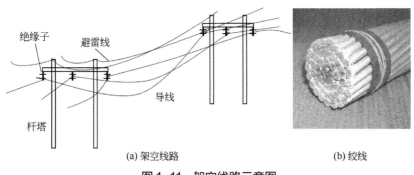

(a) 架空线路　　　　　　　　　　　　　(b) 绞线

图 1-11　架空线路示意图

导线是线路的主体，材质一般有铜、铝和钢 3 种，担负着输送电能（电力）的任务。

架空线路一般采用多股绞线 [图 1-11 (b)]，架设在杆塔上，线路要承受自重、风压、冰雪载荷等机械力的作用，以及剧烈的温度变化和化学腐蚀，所以要求导线具有优良的导电性能、机械强度和很好的耐腐蚀能力。

铜的导电性能好，机械强度高，抗拉强度高，抗腐蚀能力强；铝的导电性能仅次于铜，机械强度较差，但价格便宜；钢的导电性能差，但其机械强度较高。所以，为了加强铝的机械强度，采用多股绞成，并用抗拉强度较高的钢作为线芯，把铝线绞在线芯外面，作为导电部分。

1.3.3 电缆

(1) 铝芯电缆　低压配网（0.4～35kV）常使用铝芯电缆。铝芯电缆技术成熟，长期运行可靠性已经大量工程实例检验，经济效益显著。基于对铜、铝芯电缆技术、经济特性的比较分析，认为铝芯电缆可靠性虽较铜芯电缆有所下降，但经济性优势明显，不失为现阶段降低电网建设成本的有效措施。

铜、铝物理特性比较见表 1-5。铜的电导率高、线芯直径相对小，从而可减少绝缘材料的用量及缩小电缆外径，因此在弯曲半径及制造长度上存在优势。铝的密度小，在载流能力相同情况下，铝芯电缆重量较铜芯电缆轻，运输施工方便；铝熔点较低，不能用作阻燃、耐火电缆线芯；铝抗拉强度低、弹性小（拉断伸长率低）、线膨胀系数大，其接头易变形、松动，导致接触不良。综上所述，就线芯导体技术指标而言，铜在多方面存在优势。

表1-5　铜、铝物理特性

材料	20℃电导率（IACS）/%	密度/g·cm^{-3}	熔点/℃	线膨胀系数/℃$^{-1}$	抗拉强度/kg·mm^{-2}	断裂伸长率/%
铜	100	8.9	1084	16.6×10^{-6}	约27	约25
铝	61	2.7	658	23.0×10^{-6}	约7.5	约12

铜、铝芯电缆生产工艺，绝缘和半绝缘材料等基本相同，因此生产制造不是限制铝芯电缆应用的制约因素。因220kV导线输送容量普遍较大，使用铜芯时截面一般在 630mm^2 以上，与之载流能力匹配的铝芯截面则超过 1000mm^2，而国内目前尚无截面超过 1000mm^2 铝芯电缆的应用实例，故技术相对不够成熟，因此现阶段在输电网慎用。

(2) 钢芯铝绞线　用多股铝线或多股铝线与钢芯线绞制而成的绞线（类似于钢绞线），可用于各种输电线路。

为适应不同的使用条件，各类铝绞线的规格范围都很宽，如铝绞线的规格范围为 16～800mm^2；钢芯铝绞线的规格范围为 10/2～800/100mm^2（分子和分母分别为铝线与钢芯线的断面积）。为加强对盐、碱性、酸性气体环境的抵抗能力，常在钢芯上涂一层防腐剂，这类绞线称为防腐钢芯铝绞线，它适于在沿海或有腐蚀性气体的环境中使用。

生产铝绞线和钢芯铝绞线所用的铝线为硬状态的铝铜镁系硬铝合金圆线。所用的钢芯线为镀锌钢丝。铝绞线由捻股机捻制而成。

目前架空输电线路使用的钢芯铝绞线基本上是传统的钢芯铝绞线（Aluminum Conductor

Steel Reinforced，ACSR），耐热性能较弱。而间隙型（超）耐热铝合金导线以其耐热性能好、传输容量大、弧垂低等优点逐渐引起关注。耐热铝合金导线是在架空输电线路上使用的特种导线，在具有相等导体截面积的情况下，相对于传统的钢芯铝绞线能输送更多电能，也叫耐热机理增容导线。

从 20 世纪 40 年代起，美国等工业先进国就开始努力研究使导线处于高温状态下也能保持良好的使用性能，而不至于降低其机械强度的方法。美国的研究首先发现：在铝材中适当添加金属锆（Zr）元素能提高铝材的耐热性能，该项发现受到相关专业人士的关注和重视。日本在开发和研究耐热导线方面较为领先，开发出的铝锆合金材料能够在运行温度高达230℃时保持其强度，并于 20 世纪 60 年代初开始实际应用在输电线路。

1.3.4　铜/铝过渡线夹

电网中现役的过渡线夹多为铜/铝过渡线夹。铜、铝及其合金均具有良好的导电性、导热性，良好的延展性、加工性，以及优良的耐蚀性，故其常被选为制造电力金具的材料，在电网系统中起到了至关重要的作用。我国铝资源储量丰富，铜资源相对匮乏，铝的密度是铜的1/3，使用铜铝连接，不仅可以降低构件重量、发挥各自材料的性能优点，还可以降低成本。另外，由于电网主干网络架设基本完善，随着新型城镇化、农业现代化步伐加快，电网投资已由输电线路投资逐步转向电网智能化，配电网建设更加偏向于配、用电侧，而配电网建设实际耗铜量比输电线路要少[16]。

1.3.5　接地材料

接地网材料：镀锌钢绞线采用 GJ120，硬铜绞线采用 TJ120，跨过大坝引入厂房部分的硬铜绞线采用镀锡的硬铜绞线 TJ120；连接带采用 50mm×5mm 的热镀锌扁铁；锚桩接地极和深孔接地极采用 DN50 的镀锌钢管；降阻填充物选择环保型的导电混凝土。

防腐处理除部分铜绞线外，钢材接地体全部采用热镀锌防腐，导线接头采取标准金具连接，所有异种材料的连接均采用直热式放热熔焊方式做电气连接，连接处采用沥青防腐。为了消除接触电阻和降低接地电阻以及防腐蚀，陆地上的接地网要覆盖 10～20cm 厚的导电混凝土用于保护，防止接地网长期暴露在空气中或受到酸雨的浸泡而腐蚀断裂，增加接地网的使用寿命。

（1）扁钢和圆钢　接地网的材料一般为扁钢和圆钢，其腐蚀状态应根据变电所当地的腐蚀参数进行计算，但一般情况下其腐蚀参数很难测定。对于一般变电站接地网的设计年限不应小于 30 年，对于重要枢纽变电站的接地网寿命应按 50 年考虑，这两种情况都不大于规程规定的设计年限，但更接近于实际。关于接地网材料的选用问题，常规选用扁钢和圆钢两种，相同截面积的扁钢与圆钢与周围土壤介质的接触面积不一致，扁钢为 50%左右，但由于其腐蚀机理不完全一致，腐蚀结果基本上一致[17]，而且相关规程中也提供了不同的腐蚀数据。因此，接地网材料选用扁钢还是圆钢没有很大差别。

关于防腐的设计问题，一般应考虑在设计年限内，采用热镀锌材料。变电站接地装置一般都采取防腐措施，但方法并不一致。应对这些防腐蚀措施进行比较分析，从而推荐出最佳防腐措施。

（2）热镀锌扁钢　采用热镀锌扁钢是目前大多数变电站接地装置常采用的接地网材料，它的防腐原理主要是利用高温热浸时所形成的锌合金层达到阴极保护的防腐效果。

（3）铜材　美国等国家用铜做变电站接地网材料，这主要是考虑到变电站接地装置的重要性与铜的耐腐蚀性和稳定性。通过多种土壤实验证明，埋入地中12年的铜材每年的平均失重率不超过0.2%，而铁的年平均失重率可高达2.2%。新中国成立前，我国也曾大量采用铜作为接地极，如某110kV变电站的接地网用的是铜，至今仍合格。据资料介绍，铜材一般为均匀腐蚀，其腐蚀速度大约是钢材的1/5～1/10。从出土的几千年前的青铜器来看，铜材的确具有很高的稳定性和耐腐蚀性。

参考文献

[1] 郑皓元. 220kV 商瞬商岙线差异化防雷措施研究[D]. 重庆: 重庆大学, 2013.

[2] 苑舒博. 输电线路杆塔石墨接地装置的防雷性能研究[D]. 北京: 华北电力大学, 2018.

[3] 沈其工, 方瑜, 周泽存, 等. 高电压技术[M]. 第4版. 北京: 中国电力出版社, 2012.

[4] Shilong H, Zijian Y, Yunpeng L, et al. Effects of the rainfall rate on corona onset voltage gradient of bundled conductors in alternating current transmission lines in high-altitude areas[J]. Electric Power Systems Research, 2021, 200: 107461.

[5] 《中国电力百科全书》编辑委员会, 中国电力出版社《中国电力百科全书》编辑部. 中国电力百科全书·输电与配电卷[M]. 北京: 中国电力出版社, 2001: 405.

[6] 《中国电力百科全书》编辑委员会, 中国电力出版社《中国电力百科全书》编辑部. 中国电力百科全书·输电与配电卷[M]. 北京: 中国电力出版社, 2001: 405-407.

[7] 朱宪彪. 10kV 配电线路中配电自动化及故障处理研究[C]//2020 万知科学发展论坛论文集（智慧工程三）. 2020: 10-20.

[8] 刘述欣. 电热联合系统潮流及最优潮流研究[D]. 哈尔滨: 哈尔滨工业大学, 2017.

[9] 李佑光. 供配电系统[M]. 重庆: 重庆大学出版社, 2016.

[10] 王守相. 现代配电系统分析[M]. 北京: 高等教育出版社, 2007.

[11] 刘壮志. 含微电网的智能配电网规划理论及其应用研究[D]. 北京: 华北电力大学, 2013.

[12] 瞿剑. 交流还是直流: 特高压输电的"两条路线"之争[N]. 科技日报, 2013-12-25(001). DOI: 10. 28502/n.cnki. nkjrb. 2013. 000175.

[13] 何东. 直流配电网故障特性分析与碳化硅固态断路器研制[D]. 长沙: 湖南大学, 2019.

[14] 李永刚, 韩冰. 低压直流配电系统保护研究综述[J]. 华北电力大学学报（自然科学版）, 2020, 47(1): 17-23, 41.

[15] 马誌溪. 供配电工程[M]. 北京: 清华大学出版社, 2009.

[16] 中国冶金百科全书总编辑委员会《金属塑性加工》卷编辑委员会, 冶金工业出版社《中国冶金百科全书》编辑部. 中国冶金百科全书: 金属塑性加工[M]. 北京: 冶金工业出版社, 1999.

[17] 谢光彬, 李林, 刘芳芳. 间翻型耐热导线在线路增容改造中的应用[J]. 电力科学与工程, 2011, 27(01): 70-73.

[18] 程小勇. 铜价反弹难持久 再生铜行业需自我变革[J]. 资源再生, 2016, (002): 41-44.

[19] 潘欣. 湛江 220kV 闻涛变电扩建工程防雷与接地问题的研究[D]. 广州: 华南理工大学, 2019.

第 2 章
变电站金属材料的腐蚀与防护

2.1
土壤腐蚀特性

金属材料或其他制件通过与周围环境介质的相互作用而造成逐渐破坏或变质的现象称为腐蚀。它是一种自发进行的过程，给人类带来的经济损失和社会危害极大。金属材料的锈蚀是最常见的腐蚀现象之一，遍及国民经济的各个领域，诸如冶金、化工、能源、交通、航空航天、海洋开发和基础设施的建设等，在大气、海水、土壤等环境中的腐蚀，是材料在自然环境中最常见的腐蚀行为。

土壤中存在一定量的水分，可直接渗浸孔隙或在孔壁上形成水膜，使土壤成为离子导电体，因而可看作是腐蚀性电解质。由于构成土壤的电解质具有多相性、多孔性、不均匀性，但土壤成分又相对固定，因而土壤腐蚀是一个复杂的反应过程，不同土壤的腐蚀性相差很大[1-16]。

2.1.1 土壤腐蚀概述

土壤腐蚀基本上属于电化学腐蚀，即金属表面与离子导电的电介质发生电化学反应而产生的破坏，其反应至少包含两个相对独立且在金属表面不同区域可同时进行的过程。其阳极反应是金属的溶解过程，即金属离子从金属转移到环境介质中和放出电子的过程，是氧化过程；与此对应的阴极反应则是环境介质中的氧化剂组分吸收来自阳极的电子的还原过程。其反应过程如下。

（1）阳极过程

金属溶解并放出电子。以钢铁材料为例，发生如下阳极反应，即

$$Fe + nH_2O \longrightarrow Fe^{2+} \cdot nH_2O + 2e^- \tag{2-1}$$

在酸性土壤中，铁离子以水化离子的状态溶解在土壤的水分中。在中性或碱性土壤中，铁离子与氢氧根离子进一步反应生成氢氧化亚铁，即

$$Fe^{2+} + 2OH^- \longrightarrow Fe(OH)_2 \tag{2-2}$$

氢氧化亚铁在氧和水的作用下，生成氢氧化铁，即

$$2Fe(OH)_2 + 1/2O_2 + H_2O \longrightarrow 2Fe(OH)_3 \tag{2-3}$$

$Fe(OH)_3$ 不稳定，在潮湿的土壤中会发生转变生成更稳定的腐蚀产物。

$$Fe(OH)_2 + 2Fe(OH)_3 \longrightarrow Fe_3O_4 + 4H_2O \tag{2-4}$$

镀锌扁钢和 Q235 等会生成 $FeOOH$、Fe_3O_4 和 Fe_2O_3 等腐蚀产物[1]，同时新生成的腐蚀产物沉积在金属/腐蚀产物层界面，或腐蚀产物开裂导致腐蚀产物发生分层，同时土壤中的硫化物和氯离子对内层腐蚀产物具有较大的影响。

铁在潮湿土壤中的电化学腐蚀阳极过程和在溶液中的腐蚀类似，阳极过程没有明显的阻碍。在干燥且透气性良好的土壤中，阳极过程接近于铁在大气中腐蚀的阳极行为，阳极过程因钝化现象及离子水化的困难而有很大的变化。氢氧化铁的溶解度很小，但比较疏松，因而覆盖在钢铁表面上所起的保护性差。并且由于紧靠电极的腐蚀介质缺乏机械搅动，氢氧化铁和氢氧化亚铁与泥土颗粒黏结在一起，形成紧密层，因而随着腐蚀反应时间的增加，使阳极极化逐渐增大，造成阳极反应过程受阻，从而导致腐蚀速率的减小。

(2) 阴极过程

阴极过程主要是氧的去极化还原过程，在酸性土壤中还伴随着氢去极化过程，甚至在某些情况下，微生物也参与阴极还原过程。其反应如下：

中、碱性土壤环境中 　　　　　　$O_2 + 2H_2O + 4e^- \longrightarrow 4OH^-$ 　　　　　(2-5)

酸性土壤环境中 　　　　　　　　$O_2 + 4H^+ + 4e^- \longrightarrow 2H_2O$ 　　　　　　(2-6)

在土壤环境中氧的去极化过程主要分为两个基本步骤，即氧向阴极的输送和氧离子化过程，其中阳离子化过程与在普通电解液中的情况相同，氧向阴极的输送过程比它在大气、海水中复杂得多。土壤中的氧是存在于土壤孔隙中的游离氧和溶解于土壤电解质中的溶解氧，参予阴极去极化过程的氧是溶解于电解质的氧，而不是由土壤孔隙扩散而来的游离氧。溶解氧又因土壤含水量的多少受到限制，因此对土壤腐蚀起主要作用的是存于土壤孔隙及毛细管微孔中的氧，它们透过固体的微孔电解质到达阴极表面，传递过程比较复杂，也比较慢。土壤的厚度、结构和湿度，对氧的流动影响很大。在疏松的土壤中，氧的扩散渗透比较容易，金属的腐蚀就严重；而在黏性土壤中，氧的渗透和流动速率较小，使阴极过程受到较大的阻滞。

2.1.2　土壤腐蚀分类

金属材料长期埋置在土壤中产生的腐蚀形式主要有以下几种类型：微电池腐蚀、宏电池

腐蚀、杂散电流腐蚀、微生物腐蚀、电偶腐蚀等。

2.1.2.1　微电池腐蚀

由于金属表面各处微观性质不一样，导致金属表面不均匀而具有不同的电位。从原理上来说，微电池腐蚀与电偶腐蚀一致，均是电位差的存在而导致的接地网材料发生腐蚀。由于接地网材料不可能完全均匀，这样材料的表面会形成许多极小的阴极区与阳极区，从而使得金属材料发生腐蚀，正是由于接地网材料不可能完全均匀，所以，微电池腐蚀普遍存在于各种金属材料中。但由于微电池腐蚀的电池反应极小，且微电池腐蚀为均匀腐蚀，在自然环境中，对接地网材料不会造成很大的危害，所以，在实际考虑接地网在土壤环境中的危害时，一般忽略微电池腐蚀造成的影响，只着重于电偶腐蚀、土壤环境差异引起的腐蚀等宏电池腐蚀进行研究调查。通常情况下，接地网材料在土壤环境中的腐蚀是宏电池和微电池两种电池反应共同作用的结果。

接地网用的钢铁材料除 Fe 外，还含有 C、S、P 等元素。如果将钢铁材料置于电解质环境中，那么 Fe 和 C 之间就分别产生了电极电位，因 Fe 和 C 的电极电位不同，Fe 的电极电位比 C 的要低，即两者间存在电位差，形成闭合回路有离子交换电流通过，因而也就产生了腐蚀。这是由金属材料自身引起的腐蚀，因此改善材料的特性、优化材料成分、控制制材缺陷等很有必要。

微电池腐蚀与宏电池腐蚀相对应。两者区别在于，微电池腐蚀中金属的活性溶解与氧气还原这两个半电池反应发生在微观尺度上的相邻位置，离子电流路径极短。阴阳极位点在空间中组合在一起，土壤电阻可以忽略。除阴阳极空间重叠外，微电池腐蚀的腐蚀机制也发生在微观范围内。阳极腐蚀产物 Fe^{2+} 可与阴极腐蚀产物 OH^- 直接发生进一步的反应，$Fe(OH)_2$ 也可被继续氧化形成各种氧化物。因此，微电池腐蚀的腐蚀产物极易出现在腐蚀位点上，而宏电池腐蚀的腐蚀产物存在迁移的情况，存在于阴阳极之间。

随着微电池腐蚀过程趋于稳定，阳极氧化和阴极还原将达到动态平衡，这种动态平衡伴随着阳极的不可逆消耗（腐蚀）。电势场将趋于均匀状态，阳极电流 I_a 与阴极电流 I_c 相互抵消，因而土内没有电流流动，也不同于宏电池腐蚀外部存在腐蚀净电流。阴阳极的混合电位称为腐蚀电位 E_{corr}。此时 I_a、I_c 等于 E_{corr} 下的金属溶解电流，即腐蚀电流 I_{corr}。

2.1.2.2　宏电池腐蚀

这类宏电池引起的土壤腐蚀与金属构件输送距离远近、土壤的局部不均匀性、金属构件在土壤中埋设深度不同及边缘效应，以及土壤中异种金属的接触、温差、应力及金属表面状态的不同等因素有关。通常由空间分隔的活化腐蚀部位（阳极）与钝化或腐蚀速率较低的部位（阴极）存在电连接而形成。成分不同或其所处环境不同可产生空间分隔的阴阳极，通过土壤电解质形成回路，同时离子流通过土壤，进而形成宏电池回路。如图 2-1 所示。

宏电池腐蚀中，电子从阳极处向阴极处传输的同时离子电流在土壤孔隙溶液中传导，活化区域比钝化区域电位更负，因此一旦活化区域与钝化区域电连接，前者将经历一个从其平衡电位（$E_{corr,a}$）向更高电位（E_a）发展的阳极极化，并伴随着金属消耗与电子释放，进而使活化区域产生整体为正的净电流 I_M，即宏电池腐蚀电流。与之对应，钝化区域经历从其平衡电位（$E_{corr,p}$）向更低电位（E_p）发展的阴极极化，产生与 O_2 还原相关的负电流 I_M。反应式如下：

$$Fe-2e^- \longrightarrow Fe^{2+} \tag{2-7}$$

$$2H_2O+O_2+4e^- \longrightarrow 4OH^- \tag{2-8}$$

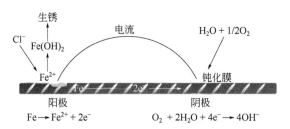

图 2-1 氯离子引起的宏电池腐蚀

单个电极的电化学极化行为通常用 B-V 方程（Butler–Volmer equation）描述。其中，i 是电极上的净电流密度，A/m^2；i_0 是电极平衡时候的交换电流密度，A/m^2；β_a 表示氧化反应的阳极 Tafel 斜率；β_c 表示还原反应阴极 Tafel 斜率。

$$i = i_0 \left\{ \exp\left[\frac{(E_a - E_{corr,a})}{\beta_a}\right] - \exp\left[\frac{(E_p - E_{corr,p})}{\beta_c}\right] \right\} \tag{2-9}$$

宏电池腐蚀中，由于活化区和钝化区存在一定距离，所以需要考虑土壤的电阻（R_c）导致 E_a 低于 E_p，电势降（E_a-E_p）等于钝化区和活化区的电势差。将 E_a-E_p、R_c、I_M 代入欧姆定律得出下式：

$$E_a - E_p = R_c \times I_M \tag{2-10}$$

需注意，活化土壤成为阳极而钝化土壤成为阴极的简化观点不够确切，因为无论是活化区还是钝化区，表面都会发生阳极反应和阴极反应，电连接时活性高的表面阳极反应增加，活性低或钝化的表面阳极反应减少，但通常选择忽略钝化钢材表面的阳极反应。此外，以局部腐蚀为例，腐蚀位点表现为纯阳极而周围区域表现为纯阴极的情况极少，通常认为阳极区也包含着阴极区。

宏电池腐蚀与微电池腐蚀密切相关。如果发生了宏电池腐蚀，则通常同时存在微电池腐蚀，如图 2-2 所示。即使是宏电池腐蚀的活化区域也会存在微电池腐蚀。

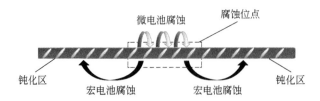

图 2-2 宏电池腐蚀电流和腐蚀区内的微电池腐蚀电流

但宏电池与微电池腐蚀界定方法并不明确。微电池腐蚀发生时，金属表面阴阳极区域极其微小，分散在金属表面且位置不固定，随时间随机变化。如果金属表面活化与钝化部位有着几毫米到几米的距离，即局部分离，就会形成具有高腐蚀速率的宏电池腐蚀。因此，从土壤内阴阳极腐蚀作用位点的距离来划分宏电池腐蚀与微电池腐蚀是较为合理的方法。需要指出的是，宏电池中阴极与阳极的位点距离的临界尺寸随金属材料的组分、尺寸、温湿度等自身因素或环境因素而改变。

2.1.2.3　杂散电流腐蚀

接地网是用于泄流的，接地网有强大的电流通过时，必然会产生杂散电流。杂散电流的大小、方向不确定。杂散电流的存在是由于大型直流设备如电解设备、电气化铁道、电镀槽或电化学保护装置等漏电形成的，这些电流通过埋在土壤中的电缆、管道等，使之遭受腐蚀[5-7]。

某些情况下，杂散电流还可能比这大，显然将造成金属构件的迅速腐蚀破坏。工程上采用排流法用导线将原先为阳极区的设备与非设备区连接，使整个设备处于阴极性。还可用绝缘法、牺牲阳极法等来防止杂散电流造成的腐蚀破坏。

图 2-3 为几种腐蚀形式的示意图。

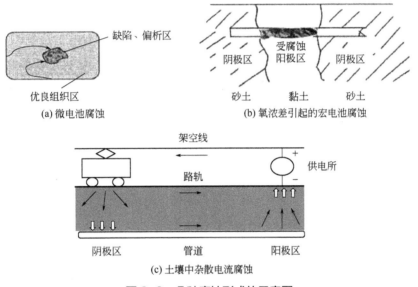

(a) 微电池腐蚀　　　　(b) 氧浓差引起的宏电池腐蚀

(c) 土壤中杂散电流腐蚀

图 2-3　几种腐蚀形式的示意图

杂散电流又分为直流杂散电流和交流杂散电流。杂散电流腐蚀从原理上来说属于电化学腐蚀，它对接地网材料的腐蚀极为严重，比其他环境因素对接地网材料的破坏所需的时间更短，后果更严重。与其他因素相比，直流杂散电流的破坏范围更集中，腐蚀更加迅速。直流杂散电流对接地网材料的腐蚀质量可以按照法拉第定律计算，即

$$G=IMt/(z96500) \tag{2-11}$$

式中，G 为腐蚀质量，g；I 为电流大小，A；M 为电极的摩尔质量，$g \cdot mol^{-1}$；z 为电极反应计量方程式中金属离子的电荷数（金属腐蚀发生前后的原子价态变化）；t 为电流的持续时间，s。

根据法拉第定律计算 1A 的电流平均能腐蚀大约 9.2kg 的钢铁，腐蚀速率极快，由此可见，杂散电流对接地网导体的腐蚀十分严重。

交流杂散电流是由于接地网附近存在高压电力线，它产生的感应电流作用在接地网腐蚀电池上产生的。通常来说，交流杂散电流腐蚀的危害性要比直流小，因为同等的电流密度下

交流腐蚀量比直流的要小，但交流电流的集中腐蚀性很强。在强电场的作用下，杂散电流造成的集中腐蚀后果很严重。

2.1.2.4 微生物腐蚀

土壤环境中存在着大量的微生物，微生物的存在本身并不能对接地网材料造成腐蚀，而是微生物自身的新陈代谢活动间接对接地网材料在土壤中的腐蚀情况产生影响。由于微生物自身的新陈代谢能产生有机酸，增强了环境的腐蚀能力，从而加剧了接地网材料在土壤环境中的腐蚀。微生物的活动能改变接地网金属所处土壤环境的理化性质，如使得土壤中氧气含量降低、pH 变化等，进而使得接地网金属不同部位所处的环境因素不同，构成电位差，造成局部腐蚀。通常来说，微生物腐蚀大多发生在富含大量有机质的土壤环境中。

常见的对腐蚀起作用的细菌有硫酸盐还原菌、硫化菌、异养菌等，例如在缺氧的土壤条件下，硫酸盐还原菌生长活跃，可促进阴极去极化作用，腐蚀过程产生的硫化氢也有加速腐蚀的作用。刘智勇[17]等研究了 Q235 钢和 X70 管线钢在北美山地灰韩土中的短期腐蚀行为，在该土壤环境中活跃着硫酸盐还原菌（SRB）、硫化菌等，研究表明腐蚀一年后埋样前后试验坑底土壤中菌群数量相当，试样表面的硫酸盐还原菌数量也与土壤中的一致，但硫化菌和异养菌的数量却明显高于土壤中的，被认为是硫酸盐还原菌代谢产生的硫化物对硫化菌和异养菌的繁殖有利，这些菌群的共同作用加速了腐蚀过程。

以硫酸盐还原菌 SRB 为例，其参与的腐蚀过程如下：

阳极过程： $$Fe \longrightarrow Fe^{2+} + 2e^- \tag{2-12}$$

水电离过程： $$H_2O \longrightarrow H^+ + OH^- \tag{2-13}$$

阴极过程： $$2H^+ + 2e^- \longrightarrow H_2 \tag{2-14}$$

阴极去极化过程： $$SO_4^{2-} + 8H^+ + 6e^- \longrightarrow S^{2-} + 4H_2O \tag{2-15}$$

腐蚀产物： $$Fe^{2+} + S^{2-} \longrightarrow FeS \tag{2-16}$$

腐蚀产物： $$Fe^{2+} + 2OH^- \longrightarrow Fe(OH)_2 \tag{2-17}$$

总反应式： $$4Fe + SO_4^{2-} + 4H_2O \longrightarrow 3Fe(OH)_2 + FeS + 2OH^- \tag{2-18}$$

2.1.2.5 电偶腐蚀

不同的金属连接在一起，由于其电位的不同，彼此之间存在电位差就形成了腐蚀电池，这就是接地网金属的电偶腐蚀。电偶腐蚀电池的阳极是电位较负的接地网材料，发生腐蚀的部位为阳极接地网材料。两种接地网材料的电位差越大，阳极材料的腐蚀就越严重。由于腐蚀的发生，腐蚀范围会渐渐扩散，金属的腐蚀速率会越来越快，并集中在某个部位，使被腐蚀的阳极区金属发生严重的穿孔。在接地网原有的基础上进行扩建或改造，即将新旧接地网材料连接在一起，同样也可以导致接地网材料发生腐蚀，旧的接地网材料变成了阴极从而被保护起来，而新的接地网材料则变为阳极被腐蚀。

2.1.3 土壤腐蚀特征

土壤腐蚀基本上是由阴极的吸氧反应决定的，而氧主要来自：①经孔隙渗入的空气；

②水分中溶解的氧。

在含水率较大的砂土中，由于氧的传质较慢，导致土壤氧含量较低；而当土壤含水率大且土壤为黏土时，土壤氧含量将达到最低值。由此可见，含水率和土壤种类的差别将导致氧含量的不同，因此金属在土壤中的腐蚀需考虑到这两点。

当土壤腐蚀形式主要以微观腐蚀为主时，其腐蚀将由阴极过程决定，这一点可以适用于大部分土壤种类，这与静置电解液中的腐蚀决定步骤相一致。而在疏松干燥的土壤中，腐蚀过程中阴极反应处于优势地位，这一点与大气腐蚀的控制过程有一定的相似之处。当土壤腐蚀以局部腐蚀为主，如由于土壤中各处盐分浓度存在差异而引起腐蚀，这时土壤腐蚀将取决于其介质电阻，其控制特征是阴极-电阻的混合控制或电阻控制在一定程度上占据优势（见图 2-4）。

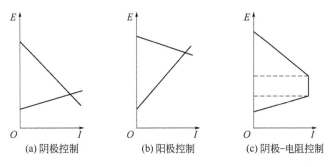

(a) 阴极控制　　　　　(b) 阳极控制　　　　　(c) 阴极-电阻控制

图 2-4　不同土壤条件下腐蚀过程控制特征

接地网的铺设面积遍布整个变电站，当处于同一水平位置的接地网导体分属于不同类型的土壤环境时，因各土壤的理化性质不尽相同，所以不同土壤中所含的可溶性的离子的浓度存在一定的差异，进而使得分属不同土壤位置的接地网导体的电极电位存在差异，就这样使得部位差异的接地网材料形成一个电位差，进而产生腐蚀电流，对接地网材料产生腐蚀。这种腐蚀从宏观上看属于局部腐蚀，对接地网材料的危害极大，使得接地网材料变细甚至断裂。

2.2
土壤腐蚀性评价方法

在研究腐蚀的相关领域中，研究与大地直接接触的设备受到土壤腐蚀的规律及其防护方法是重要的内容。但是研究在土壤中的金属腐蚀难度很大，因为土壤中成分众多，且相互作用相互影响，对此进行分析的难度很大。西方工业发达的国家很早就开始了基于土壤环境的电气设备腐蚀与防护的相关研究，并且在研究中总结出许多规律性的内容。

影响金属在土壤中的腐蚀的因素多而复杂，对于土壤的腐蚀性评价，至今国际和国内还没有一种严格及统一的评估方法。因土壤本身的复杂性，仅仅依据某一项或某几项指标来进行评价是不全面的。目前研究和评价土壤腐蚀性的方法一般可分为三类，即现场实测技术、土壤理化性能评价法、电化学方法。

我国目前的土壤理化性能评价法主要是依据石油行业的标准及国外的标准来执行的，如 SY/T 0053—2004《油气田及管道岩土工程勘察规范》、GB 50021—2009《岩土工程勘察规范》、SY 0007—1999《钢质管道及储罐腐蚀控制工程设计规范》和 SY/T 0087.1—2018《钢制管道及储罐腐蚀评价标准 第 1 部分：埋地钢质管道外腐蚀直接评价》等，目前并没有相关的国家规定。

但电力行业立项编制了一批接地网方面的相关标准，如 DL/T 1554—2016《接地网土壤腐蚀性评价导则》、DL/T 1680—2016《大型接地网状态评估技术导则》、DL/T 1532—2016《接地网腐蚀诊断技术导则》、DL/T 1425—2015《变电站金属材料腐蚀防护技术导则》、DL/T 2049—2019《电力工程接地装置选材导则》、DL/T 1677—2016《电力工程用降阻接地模块技术条件》、T/CEC 310.4—2020《电力工程用接地材料性能分级评价 第 4 部分：耐腐蚀性能分级评价》等。随着这些标准的宣贯、落实，国内有关接地网方面的评价逐步规范。

2.2.1　现场实测技术

现场实测技术即埋地失重法，它是通过在土壤现场埋片的方法及计算失重速率来研究实际腐蚀状态和过程，该方法能够提供各种土壤对埋置其中的金属材料的腐蚀速率。

早在 19 世纪初期，研究人员就尝试着通过模拟金属埋藏在土地中的方法（后来逐渐根据相应环境制备土壤模拟液）进行相关的腐蚀机理研究。在进行土壤中金属腐蚀规律的实验研究中，埋置实验是非常有效的预估金属使用寿命的办法。它的特点是腐蚀介质和试验条件与实际使用情况完全一样，且实施难度较低。曾经有研究人员在进行埋置实验时发现了埋在地下的金属部分受到土壤的腐蚀作用而减少的厚度的变化规律并总结出其腐蚀速率。因为金属厚度与金属构件的寿命息息相关，该试验还因此预估出 50 年和 100 年后的腐蚀速率，对金属构件的寿命作出了十分精准的预测。

近年来新开发出的各种原位测量技术，使现场实测数据更加符合实际情况。但现场实测的实验周期长，工作量大，投入较大，重复性不强，且受地域、季节的影响较大，并且在金属埋置过程中，对于其腐蚀的具体变化过程是不可知的。因此，对于各类金属在土壤中的腐蚀机理的分析存在很大难度，也就很难做到对土壤腐蚀性进行预判。

2.2.2　土壤理化性能评价法

为了快速而准确地评价土壤的腐蚀性，不少研究人员提出了利用土壤理化性能来评价的方法。土壤的理化性能包括土壤电阻率、pH 值和氧化还原电位（ORP）等，这些因素之间交互影响着金属材料在土壤中的腐蚀行为。目前，根据选用理化指标的数量，可分为单项和多项指标评价法。

2.2.2.1　单项指标评价法

单项指标评价法即根据土壤的某一理化性质单独判断土壤的腐蚀性。单项指标包括土壤电阻率、含水量、含盐量、交换性酸总量和 pH 值、氧化还原电位等。这些评价方法仅仅从一个因素来考虑其对土壤腐蚀性的影响，但土壤腐蚀性是多个因素共同作用的结果，因此单凭某一个理化指标来评价土壤的腐蚀性很片面，所以，这些方法得到的评价结果并不准确[18-21]。

（1）土壤电阻率　土壤电阻率是土壤导电能力的反映，是目前土壤腐蚀性研究得最多的因素。土壤电导由离子电导和胶体电导两部分组成，土壤的水分状况、含盐量及组成、松紧度、质地、温度和有机质等均对土壤电阻率有一定影响，因此土壤电阻率是反映土壤理化性质的一个综合因素。对于微电池起主导作用的腐蚀，土壤电阻率并不影响其腐蚀速率；对于宏电池起主导作用的腐蚀，特别是阴、阳极相距较远时，土壤电阻率起主导作用。一般来说，土壤电阻率越小，土壤腐蚀性越强，因此有人根据土壤电阻率的高低来评价土壤腐蚀性的强弱，但不同国家采用的标准不尽相同，表2-1给出了各国土壤腐蚀性由土壤电阻率评价的标准。

我国不少部门一直采用土壤电阻率作为评价土壤腐蚀性的指标，这种评价方法十分方便，在某些场合也较为可靠，但是由于土壤的含水量和含盐量在一定程度上决定着土壤电阻率的高低，它们并不呈线性关系，而且不同的土壤其含水量和含盐量差别较大，因此单纯地采用电阻率作为评价指标常常出现误判。

表2-1　不同国家的土壤电阻率评价土壤腐蚀性标准

腐蚀性	土壤电阻率/$\Omega \cdot m$					
	中国	美国	苏联	日本	法国	英国
低	>50	>50	>100	>60	>30	>100
较低				45~60		50~100
中等	20~50	20~45	20~100	20~45	15~25	23~50
较高		10~20	10~20			
高	<20	7~10	5~10	<20	5~15	9~23
特高		<7.5	<5		<5	<9

（2）土壤含水量　水分是使土壤成为电解质并构成电化学腐蚀的关键因素和先决条件。金属的土壤腐蚀过程中，阳极溶解的金属离子的水化、氧还原共轭阴极过程和土壤电解质的解离等都需要水。除土壤电阻率外，土壤含水量是土壤腐蚀性研究的一个主要热门课题，研究发现土壤含水量与其腐蚀性有着密切的关系。表2-2为根据土壤含水量划分土壤腐蚀性的分级标准。

表2-2　土壤腐蚀性与含水量的关系

腐蚀程度	含水量（质量分数）/%	腐蚀程度	含水量（质量分数）/%
极轻	<3	强	10~12 或 25~30
轻微	3~7 或 >40	极强	12~25
中度	7~10 或 30~40		

由表2-2数据可以看出，土壤中水含量对土壤腐蚀性的影响存在一个最大值，即当土壤含水量低于此最大值时，随着含水量的增加土壤的腐蚀性增加；当土壤含水量高于此最大值时，含水量再增加土壤的腐蚀性反而下降。虽然土壤的含水量对接地网金属材料的腐蚀速率有很大的影响，但是，由于土壤腐蚀性随着含水量的变化呈现出较为复杂的关系，随着土壤类型的不同，上述这种关系也会有所变化。而且含水量的变化还会影响到其他因素的改变，

如土壤中的氧含量，含水量增加则含氧量减少，水和氧呈此升彼降的关系，同时影响着土壤的腐蚀性，当两者达到一个合适的比例时，土壤的腐蚀性就会达到最大值；含水量还会明显影响氧化还原电位、土壤溶液离子浓度和活度以及微生物活动状况等。另外，土壤含水量随季节的变化而变化，含水量的变化会引起土壤通气状况的变动。因此，单一采用土壤含水量来评价其腐蚀性的方法往往不可靠。

（3）土壤含盐量　土壤的含盐量与土壤腐蚀性强弱有一定的对应关系，因此也有人根据含盐量的多少来评价土壤的腐蚀性，但评价标准又不尽相同，如表2-3所示。

表2-3　土壤腐蚀性与含盐量的关系

腐蚀程度	含盐量（质量分数）/%	腐蚀程度	含盐量（质量分数）/%
极轻	<0.01	强	0.1~0.75
轻微	0.01~0.05	极强	>0.75
中度	0.05~0.1		

然而，土壤中的盐分不仅种类多，而且含量变化范围大，不同盐分对土壤腐蚀性的贡献也不一样，如Cl^-能加速电化学腐蚀的阳极过程，是一种腐蚀性最强的阴离子，SO_4^{2-}也会对金属的腐蚀起促进作用，以上两者均会破坏金属的保护膜从而引发点蚀；而阳离子（如K^+、Na^+、Ca^{2+}、Mg^{2+}、Al^{3+}等）对土壤腐蚀性的影响不明显，其中Ca^{2+}还能降低土壤的腐蚀性；CO_3^{2-}及HCO_3^-对碳钢的腐蚀作用也是不同的，前者对腐蚀起阻碍作用，而后者则没有这种作用[4]。从电化学角度来看，土壤盐分除了对土壤腐蚀介质的导电过程起作用外，有时还参与电化学反应，从而对土壤腐蚀性发生影响。土壤含盐量与土壤电阻率有明显反向关系，含盐量越高，电阻率越小，宏电池腐蚀速率越大。此外，含盐量还能影响土壤中氧的溶解度，进而影响土壤腐蚀电化学阴极过程和土壤中金属的电极电位，含盐量升高，氧的溶解度降低，从而电化学阴极过程被削弱，腐蚀减缓。因此，简单按照土壤含盐量的多少来评价土壤腐蚀性的方法也不准确。

（4）其他单项指标评价法　除了上述三个主要的单项指标评价法外，还有根据土壤氧化还原电位、pH值、金属材料对地电位等理化性质来判断土壤的腐蚀性的方法。表2-4和表2-5分别给出了土壤氧化还原电位和pH值与土壤腐蚀性的评价分级标准。

表2-4　土壤腐蚀性与氧化还原电位

腐蚀性	严重	中等	轻微	无
氧化还原电位/mV（相对氢电极SHE）	<100	100~200	200~400	>400

表2-5　土壤pH值评价标准

腐蚀性	强	中	弱
土壤pH值	<4.5	4.5~6.5	6.5~8.5

土壤的氧化还原电位是一个综合反映土壤介质氧化还原程度强弱的指标，它受土壤水分、有机质、盐基状况、通气性的影响。土壤的氧化还原电位较高时，土壤的氧化性强，加速金属腐蚀，反之腐蚀减慢。土壤的通气性直接影响土壤的氧化还原电位，当土壤通气性好时，

含氧量较高，土壤处于强氧化条件。在含有硫酸盐和有机质的土壤中，土壤的氧化还原电位越低，预示微生物腐蚀越强，但氧化还原电位与土壤中微生物的数量没有直接关系。

土壤 pH 值会影响金属在土壤中的电极电位：在强酸性土壤中，通过 H^+ 的去极化过程直接影响阴极极化；而在氧的去极化占主导的土壤中，土壤的酸度是通过中和阴极过程所形成的 OH^- 而影响阴极极化的；另外，当土壤的 pH 值不同时，所形成的腐蚀产物的溶解度也不同，通过它也将影响阴极极化。通过测定土壤 pH 值可以判定土壤的酸碱性，从而确定金属材料受土壤腐蚀的程度。

2.2.2.2　多项指标评价法

实践结果表明：没有一个单因素可以作为正确判断土壤腐蚀性的可靠标准。事实上，土壤理化因素时常受到季节、气候、地理位置、排水、蒸发等影响，影响土壤腐蚀性的主要因素可能完全不同，且没有一个土壤理化因素可单独决定土壤的腐蚀性，必须考虑多种因素的交互作用，所以采用单一因素判断土壤腐蚀性是不严谨的。近些年来世界上应用较为广泛的多项指标评价法主要包括德国的 DIN50929 标准、Baeckman 评价法和美国的 ANSI A21.5 评价法等。

（1）德国 DIN50929 标准　德国的 DIN50929 标准综合了与土壤腐蚀有关的 12 项物理化学指标，包括土壤类型、土壤电阻率、含水率、pH 值、缓冲能力、硫化物、中性盐、硫酸盐（盐酸萃取）、埋设试样处地下水的情况、埋设深处与地表土壤电阻率的差值、埋深处与周边土壤电阻率的差值、对地电位[22]。评价方法是先对土壤有关因素分析作出评价，并给出评价指数，见表 2-6，然后将这些评价指数累计起来，再给出腐蚀性评价等级，见表 2-7。

表 2-6　德国 DIN50929 土壤腐蚀性评价标准

序号	项目		单位及数值	评分值
	有关土壤项目			
	土壤类型		质量分数/%	Z_1
1	（1）黏土含量		≤10	+4
			>10~30	+2
			>30~50	0
			>50~80	−2
			>80	−4
	（2）泥炭土、沼泽土、淤泥、河滩沃土、腐殖土		>5	−12
	（3）强污染性土壤、矿渣、炉渣、煤块焦炭、垃圾、瓦砾、污水等			−12
2	土壤电阻率		Ω·m	Z_2
			>500	+4
			200~500	+2
			50~200	0
			20~50	−2
			10~20	−4
			<10	−6

续表

序号	项目		单位及数值	评分值
3	含水率		质量分数/%	Z_3
			≤20	0
			>20	−1
4	pH 值			Z_4
			>9	+2
			5.5～9	0
			4～5.5	−1
			<4	−2
5	缓冲能力		mmol/kg	Z_5
		中和酸的量或碱度	<200	0
			200～1000	+1
			>1000	+3
		中和碱的量或酸度	<2.5	0
			2.5～5	−2
			5～10	−4
			10～20	−6
			20～30	−8
			>30	−10
6	硫化物（S^{2-}）		mg/kg	Z_6
			<5	0
			5～10	−3
			>10	−6
7	水溶性中性盐 $C_{Cl^-}+C_{SO_4^{2-}}$		mg/kg	Z_7
			<3	0
			3～10	−1
			10～30	−2
			30～100	−3
			>100	−4
8	硫酸盐（SO_4^{2-}，盐酸萃取）		mg/kg	Z_8
			<2	0
			2～5	−1
			5～10	−2
			>10	−3
有关环境因素				
9	埋设位置的地下水			Z_9
	没有地下水			0
	有地下水			−1
	地下水时有时无			−2

序号	项目	单位及数值		评分值
10	埋设位置纵向土壤状况			Z_{10}
	按第二项调查土壤电阻率计算出 Z_2 的差异（ΔZ_2）（在 Z_2 值全部为正时，相当于"+1"）	$|\Delta Z_2|<2$		0
		$2\leqslant|\Delta Z_2|\leqslant 3$		−2
		$|\Delta Z_2|>3$		−4
11	埋设位置横向土壤状况			Z_{11}
	四周环境土壤	在砂土及同一类型土壤中		0
		埋设在不同类型土壤中		−6
	对于不同土层，按第10项求出不同的 ΔZ_2 值	$2\leqslant|\Delta Z_2|\leqslant 3$		−1
		$|\Delta Z_2|>3$		−2
12	构筑物对地电位（$CuSO_4$ 参比电极）	V		Z_{12}
		−0.5～−0.4		−3
		−0.4～−0.3		−8
		>−0.3		−10

表 2-7　土壤腐蚀性和金属腐蚀的可能性

B_0 或 B_1 值	土壤分级	依据 B_0 值判断土壤腐蚀性	依据 B_1 值判断金属被土壤腐蚀的可能性	
			坑蚀、缝隙腐蚀	均匀腐蚀
≥0	I$_a$	实际不腐蚀	较轻微	极轻微
−1～−4	I$_b$	弱腐蚀	轻微	较轻微
−5～−10	II	腐蚀	中等	轻微
<−10	III	强腐蚀	极强	中等

注：$B_0=Z_1+Z_2+Z_3+Z_4+Z_5+Z_6+Z_7+Z_8+Z_9$；　$B_1=B_0+Z_{10}+Z_{11}$。

（2）德国 Baeckman 评价法　德国 Baeckman 评价法[23]是先对各项土壤理化指标评分，再根据相关标准，评出土壤腐蚀性等级。与 DIN50929 标准类似，其也是通过多项指标综合打分法来评价土壤的腐蚀性，其评价指标包括土质、土壤状况、土壤电阻率、含水率、pH 值、总酸度、总碱度、硫化物、煤粉或焦炭粉、氯离子、硫酸盐、氧化还原电位等，详细评价法见表 2-8 和表 2-9。

表 2-8　德国 Baeckman 评价法

序号	项目	界限分级		评分指数
1	土质	石灰质土、石灰质泥炭土、粉质泥灰土（黄土）、砂土		2
		壤土、壤质泥炭土、壤质砂土（含砂量≤75%）、黏质砂土（含砂量≤75%）		0
		黏土、黏质泥灰土、腐殖土		−2
		泥灰土、淤泥土、沼泽土		−4
2	土壤状况	埋设处地下水	有	0
			无	−1

序号	项目	界限分级		评分指数
2	土壤状况	埋设处地下水	时有时无	−2
		自然土壤		0
		填土		−2
		埋设物部位土壤均匀		0
		埋设物部位土壤不均匀		−2
3	土壤电阻率/Ω·m	>100		0
		100～50		−1
		50～23		−2
		23～10		−3
		<10		−4
4	含水率	<20%		0
		>20%		−1
5	pH 值	<6		0
		>6		−2
6	总酸度（至 pH=7）	<2.5mg/kg		0
		2.5～5mg/kg		−1
		>5mg/kg		−2
7	氧化还原电位（pH=7）/mV	>400		2
		200～400		0
		0～200		−2
		<0		−4
8	碳酸钙镁总量（或总碱度）	>5%=50000 mg/kg（1000mg/kg）		2
		1%～5%=10000～50000mg/kg（200～1000mg/kg）		1
		<1%=<10000 mg/kg（<200mg/kg）		0
9	硫化物	无		0
		痕量，<0.5mg/kg S^{2-}		−2
		有，≥0.5mg/kg S^{2-}		−4
10	煤粉或焦炭粉	无		0
		有		−4
11	氯离子	<100mg/kg		0
		>100mg/kg		−1
12	硫酸盐总量	<200mg/kg		0
		200～500mg/kg		−1
		500～1000mg/kg		−2
		>1000mg/kg		−3

表 2-9 土壤腐蚀性评价

综合评价指数	>0	0～-4	-5～-10	<-10
土壤腐蚀性	实际不腐蚀	弱腐蚀	中等腐蚀	强腐蚀

Baeckman 评价法虽然对多项理化性能指标进行评分，而由于土壤种类的差异可能导致其理化性能的差异，所以，该方法的评分标准不一定合理，可能存在一定的主观因素，而该方法涉及的因素较多，在实际运用中难以收集齐全，且有的因素在测量时也十分不便，因此，该方法在实际操作中得到的评价结果并不十分理想。

(3) 美国 ANSI A21.5 评价法　与德国 Baeckman 评价法大致类似，美国 ANSI A21.5 评价法也是先对土壤理化指标打分，然后进行腐蚀性等级评价。主要考虑的指标有：土壤电阻率（基于管道深处的单电极或水饱和土壤盒测试结果）、pH 值、氧化还原电位、硫化物、地下水位等。但是这种方法没有区分微观腐蚀和宏观腐蚀，且只针对铸铁管在土壤中使用时是否需用聚乙烯保护膜，在其他情况下未必可行。同样由于考虑因素过多，在实际应用中很难收集齐全，而且有的因素的测量十分不便，实际应用中该法的评价结果也并不理想。

2.2.2.3 其他评价法

(1) 八指标综合评分法　我国目前的土壤理化性能评价法主要是依据石油行业的标准及国外的标准来执行的，并没有相关的国家规定。陈敬友等[24]综合了国内外的单项指标评价法和 Baeckman 评价法，基于接地网腐蚀机理和影响因素，提出了一套专门针对接地网的使用范围广、实施难度低的八指标综合评分法。如表 2-10 所示。

几点说明：

① 采用十分制，负值代表对腐蚀有抑制作用，正值代表对腐蚀有促进作用；

② 评分越高腐蚀越严重；

③ 权重系数满足：

$$\sum_{i=1}^{8} \lambda_i = 1 \tag{2-19}$$

④ 最终评分：

$$Z = \sum_{i=1}^{8} \lambda_i Z_i \tag{2-20}$$

此方法使用时需要较多样本，以获得更准确的分值-腐蚀速率的拟合关系。

表 2-10 接地网腐蚀的八项指标及评分标准

测量参数	测量结果	分值 Z	权重系数 λ
土壤电阻率 $X_1/\Omega \cdot m$	>500	-3	1
	200～500	0	
	50～200	1	
	20～50	3	
	10～20	5	
	<10	7	

测量参数	测量结果	分值 Z	权重系数 λ
含水量 X_2/%	< 3	−5	2
	3~7 或 >40	0	
	7~10 或 30~40	1	
	10~12 或 25~30	3	
	12~25	5	
含气量 X_3/%	< 3	−5	3
	3~10 或 >40	1	
	10~15 或 30~40	3	
	15~30	5	
pH 值 X_4	> 9	−2	4
	7~9	0	
	5.5~7	1	
	4.5~5.5	3	
	< 4.5	5	
可溶性盐含量 X_5/%	< 0.01	−1	5
	0.01~0.05	0	
	0.05~0.1	1	
	0.1~0.75	3	
	> 0.75	5	
Cl^-含量 X_6/%	< 0.005	0	6
	0.005~0.01	1	
	0.01~0.1	3	
	> 0.1	5	
SO_4^{2-} 含量 X_7/%	< 0.005	0	7
	0.005~0.01	1	
	0.01~0.1	3	
	> 0.1	5	
氧化还原电位 X_8/mV	> 400	−1	8
	200~400	1	
	100~200	3	
	< 100	5	

　　近年来，有研究人员试图将数学方法引入综合评价法中，例如翁永基等[25]将非线性映照和主分量分析两种方法引入到土壤的腐蚀性评价当中。这种数学与综合评价法相结合的方法在实际运用中取得了较好的效果，但这种方法的准确性也受到一定因素的限制，因为该方法是否准确，与现有样本的挑选和训练的合理性及所选用指标的客观性有关。例如，该方法将碳酸钙作为评价的第一考虑因素，而这一点对南方的酸性土壤显然不适用，同时指标的选定也并不完全是按主分量的权重进行的，它在一定程度上受到主观因素的影响，因此得到的结果并不是完全客观的。郑新侠[26]从已有的土壤腐蚀数据入手，选用人工神经网络方法，利用求得的土壤理化指标与钢制材料的腐蚀速率之间的非线性关系，可以通过易测得的土壤理化性能来预测钢制材料在土壤中的腐蚀速率。

（2）因子分析法　朱志平等[27]将因子分析法应用于 123 个 110kV 变电站的土壤腐蚀性评价中，同时采用德国 Baeckman 评价法对这 123 个变电站接地网土壤腐蚀性进行了评价，两者结果基本一致。以下简要介绍因子分析法。

因子分析法是将全部原始变量中的有关信息集中起来，通过探讨相关矩阵的内部结构，将多变量综合成少数因子，以再现原始变量之间的关系，并进一步探索产生这些相关关系的内在原因的方法。土壤腐蚀性的因子分析法是找出影响土壤腐蚀性的内部因素，用少数的几个公共因子来解释土壤腐蚀性的主要变化，每个原始变量均可分解成为公共因子和特殊因子两个部分，假定有 m 个变量因子分析的数学模型为

$$\begin{cases} X_1 = b_{11}F_1 + b_{12}F_2 + \cdots + b_{1p}F_p + \varepsilon_1 \\ X_2 = b_{21}F_1 + b_{22}F_2 + \cdots + b_{2p}F_p + \varepsilon_2 \\ \quad\quad\quad\quad\quad \cdot \\ \quad\quad\quad\quad\quad \cdot \\ \quad\quad\quad\quad\quad \cdot \\ X_m = b_{m1}F_1 + b_{m2}F_2 + \cdots + b_{mp}F_p + \varepsilon_m \end{cases} \tag{2-21}$$

式中，$\boldsymbol{X} = (X_1, X_2, \cdots, X_m)$ 为实际测量得到的 m 个指标构成的 m 维随机向量；F 为 X 的公共因子；b_{mp} 为因子负载，是第 m 个变量在第 p 个公共因子上的载荷，由 b_{mp} 构成的矩阵 B 称为因子负载矩阵；ε 为 X 的特殊因子，特殊因子包含了随机误差。该研究采用主成分分析法来确定因子负载。

本研究选取某地区 123 个 110kV 变电站的土壤样品进行分析，采集了接地网埋深 80cm 处的 123 个土壤样品，将土壤样品按 1～123 编号，分析测定全部样品的电阻率、氧化还原电位、pH 值、Na^+、含水量、含盐量、$Ca^{2+}+Mg^{2+}$、Cl^-、SO_4^{2-}、CO_3^{2-} 和 HCO_3^- 共 11 项土壤因素。

分析测定得到的数据构成一个 $m \times n$ 的矩阵，本研究 m 为 123，n 为 11：

$$\boldsymbol{X}_{m \times n} = \begin{cases} x_{1,1} & \cdots & x_{1,j} & \cdots & x_{1,n} \\ \vdots & & \vdots & & \vdots \\ x_{i,1} & \cdots & x_{i,j} & \cdots & x_{i,n} \\ \vdots & & \vdots & & \vdots \\ x_{m,1} & \cdots & x_{m,j} & \cdots & x_{m,n} \end{cases} \tag{2-22}$$

由于各个变量的量纲不全相同，为了消除变量间量纲差异造成的影响，对实验原始数据进行标准化处理，也称为自身规范化，标准化处理公式为

$$Z_{ij} = \frac{x_{ij} - \overline{x} \cdot j}{s_j} \tag{2-23}$$

式中，x_{ij} 为原始数据，Z_{ij} 为标准化数据。

$$\overline{x} \cdot j = \frac{1}{m} \sum_{i=1}^{m} x_{ij} \tag{2-24}$$

$$s_j = \sqrt{\sum_{i=1}^{m} \frac{(x_{ij} - \overline{x} \cdot j)^2}{m-1}} \tag{2-25}$$

进行因子分析需要分析变量数据间的相关性，如果变量间的相关性比较差，则无法从变

量当中综合分析出公共因子。在 SPSS 软件系统中,数据的相关性由 KMO(Kaiser Meyer-Olkin)和 Bartlett 值来评判,其中 Bartlett 检验用于确认变量数据是否取自多元正态分布的整体,KMO 值检验用于分析原始变量间的偏相关性和简单相关性的相对大小,若 KMO 过小,则不适合作因子分析。本研究用 SPSS18.0 对数据进行分析前检验。Bartlett 检验结果显示 F=0.000,表明数据来自正态分布的总体。KMO 值为 0.63,显示变量间有一定的相关性,可尝试进行因子分析。

① 相关矩阵 R 的求解   得到标准化数据后再进行相应的变换求出相关矩阵,变换公式如下:

$$r_{ij} = \frac{\sum\limits_{k=1}^{m}(Z_{jk} - \overline{Z_j})(Z_{ik} - \overline{x_l})}{\sqrt{\sum\limits_{k=1}^{m}(Z_{ik} - \overline{Z_l})^2 \cdot \sum\limits_{k=1}^{m}(Z_{jk} - \overline{Z_j})^2}} \tag{2-26}$$

式中, $i = j$ 时, $r_{ij} = 1$; $i \neq j$ 时, $r_{ij} = r_{ji}$。

② 相关矩阵特征值和特征向量的求解   用雅可比(Jacobi)算法求相关矩阵的特征值和对应的特征向量:

$$(R - \lambda E)X = 0 \tag{2-27}$$

设 R 的特征值为 $\lambda_1, \lambda_2 \cdots \lambda_n$,并假定 $\lambda_1 \geqslant \lambda_2 \cdots \lambda_n \geqslant 0$,称 λ_i 为所对应的指标为第 i 主成分,记 $t = \lambda_1 + \lambda_2 + \cdots + \lambda_n$,则 λ_i/t 是第 i 主成分的贡献。记 $T_i = \lambda_1 + \lambda_2 + \cdots + \lambda_i$,称 T_i/t 是前 i 个主成分的累积贡献,表 2-11 为本研究得到的计算结果。

表 2-11   方差分析数据

成分	特征值	贡献/%	累积贡献/%
1	7.446	39.187	39.187
2	4.051	21.320	60.507
3	3.572	18.799	79.306
4	1.23	6.479	85.785

③ 公共因子初始负载及旋转负载的计算   通常确定主成分的分析因子累积贡献率为大于 85%,则由表 2-11 可以提取出 4 个主成分(即由该 4 个主成分已经能够反映所选研究地区影响土壤腐蚀性因素的绝大部分信息),公共因子初始负载的计算方法为

$$B = \begin{bmatrix} e_{11}\sqrt{\lambda_1} & e_{21}\sqrt{\lambda_2} & \cdots & e_{p1}\sqrt{\lambda_p} \\ e_{21}\sqrt{\lambda_1} & e_{21}\sqrt{\lambda_2} & \cdots & e_{p2}\sqrt{\lambda_p} \\ \vdots & & & \vdots \\ e_{m1}\sqrt{\lambda_1} & e_{m1}\sqrt{\lambda_2} & \cdots & e_{pm}\sqrt{\lambda_p} \end{bmatrix} \tag{2-28}$$

式中, e_i 为特征根 λ_i 所对应的特征向量。表 2-12 为提取 4 个主成分计算得到的因子初始负载。

表 2-12　主成分因子初始负载

主成分	电阻率值	氧化还原电位	pH	Na^+	含水量	含盐量	Cl^-	SO_4^{2-}	CO_3^{2-}	HCO_3^-	$Ca^{2+}+Mg^{2+}$
1	0.713	0.183	0.328	−0.369	0.254	−0.265	−0.193	0.954	−0.029	0.308	0.929
2	0.031	0.848	0.877	0.228	0.102	−0.203	−0.151	−0.173	0.563	0.146	−0.259
3	−0.075	−0.050	0.027	−0.280	0.044	0.548	0.847	0.055	0.663	−0.098	0.114
4	0.234	−0.142	0.003	0.122	−0.781	0.129	−0.017	−0.015	0.141	0.703	−0.005

由于主成分法确定因子负载比较简单，得到的特殊因子之间并不相互独立，也就是得到的因子负载并不完全符合因子模型的前提条件。但是由于特殊因子的影响几乎可以忽略，而满足上述模型的系数矩阵 **B** 不唯一成为因子负载进行旋转的理论依据，旋转使得因子负载矩阵结构简化，有利于对公共因子进行解释，本书采取最常用的最大方差正交旋转法进行旋转，得到表 2-13 所示的主成分因子旋转负载。

表 2-13　主成分因子旋转负载

主成分	电阻率值	氧化还原电位	pH	Na^+	含水量	含盐量	Cl^-	SO_4^{2-}	CO_3^{2-}	HCO_3^-	$Ca^{2+}+Mg^{2+}$
1	0.464	−0.026	0.121	−0.232	0.224	−0.112	−0.004	0.963	−0.040	0.249	0.968
2	0.156	0.857	0.920	0.058	0.186	−0.180	−0.068	0.035	0.226	0.164	−0.045
3	−0.193	−0.178	−0.120	−0.108	−0.099	0.217	0.873	−0.122	0.311	−0.097	−0.050
4	0.258	−0.092	0.049	0.139	−0.770	0.059	−0.111	−0.006	0.102	0.722	−0.006

④　计算结果分析　第一个公共因子与 SO_4^{2-} 和 $Ca^{2+}+Mg^{2+}$ 两个变量有较大关系（相关程度与公共因子的绝对值大小有关），因子负载分别为 0.963 和 0.968，可以表征为土壤的化学性质，但这两种离子的影响却是不同的。研究表明，SO_4^{2-} 参与土壤腐蚀的电极过程，促进变电站接地网金属的腐蚀。$Ca^{2+}+Mg^{2+}$ 一方面作为离子增加了土壤的电导率，起到加强土壤腐蚀性的作用，但是另一方面 Ca^{2+} 的影响比较特殊，在中碱性土壤中，尤其是富含碳酸盐的土壤中，它能形成不溶性的 $CaCO_3$，从而阻止电化学阳极过程，降低土壤的腐蚀性。

第二个公共因子与 pH 值和氧化还原电位有较大关系，因子负载分别是 0.920 和 0.857，它代表了土壤的电化学性质，反映了土壤介质氧化还原程度。微生物的存在可以降低土壤氧化还原电位　（土壤中的 O 因微生物的新陈代谢而被消耗掉），因此在一定程度上氧化还原电位可以作为微生物腐蚀的一个指标，微生物的适宜生存条件是无氧、pH 值接近中性且富含有机物的土壤，对于该地区的灌淤土（主要是黄河沿线），微生物对腐蚀性的影响较明显。此外，pH 值还直接对土壤腐蚀性有重要影响。

第三个公共因子与 Cl^- 有较大的相关性，因子负载为 0.873，也属于土壤的电化学性质。Cl^- 是土壤腐蚀性最强的一种阴离子，它能破坏金属的钝态，加快金属腐蚀的阳极过程，还能透过金属腐蚀层和钢铁生成可溶性产物，且 Cl^- 存在时能够促进 SO_4^{2-} 和 HCO_3^- 对接地网金属特别是钢铁的点蚀作用。

第四个公共因子与含水量及 HCO_3^- 有较大的相关性，因子负载分别是−0.770 和 0.722，它代表了土壤的物理性质。由于 HCO_3^- 主要是由空气中的 CO_2 进入土壤后与水结合而来，因此这两个因素实际上代表了该地区土壤的含水率和含气率，含水率的变化通常会引起含气率的变化，当含水率增加时，土壤中的空隙被水充满，透气能力下降，O 的去极化作用减慢，土壤的腐蚀性也会降低，二者属于此升彼降的关系，只有当二者的含量达到一个合适的比例关系时，土壤的腐蚀性才会达到最大值。

从因子分析结果可以看出，该地区变电站接地网土壤腐蚀性主要受 4 个主因子影响，包括了该地区土壤的化学性质、电化学性质和物理性质。在众多影响因素中 $Ca^{2+}+Mg^{2+}$、SO_4^{2-}、pH 值、Cl^- 和含水率对该地区变电站土壤腐蚀性有着重要的影响，是其关键腐蚀性因素。此外，由表 2-13 还可以看出电阻率对土壤腐蚀性的影响远低于 SO_4^{2-} 和 $Ca^{2+}+Mg^{2+}$，该地区属于典型的高电阻土壤区，按照电阻率作为指标来评判，该地区几乎全为弱腐蚀性，而实际上并非如此，从表 2-12 可以看出电阻率在 4 个主因子中都不是主要影响因素，这与一些学者研究得到的仅用电阻率来对土壤腐蚀性进行评价存在缺陷的结果是一致的。

变电站土壤腐蚀性评价目前还没有国家标准，一般参照原石油部等行业标准来进行评价，根据原石油部的五级评价方法来分等级，我国土壤的腐蚀性分为特强腐蚀性、强腐蚀性、较强腐蚀性、中等腐蚀性以及弱腐蚀性共 5 个等级。以因子分析法筛选出来的关键腐蚀性因素作为评价指标，结合综合评价原则对该地区变电站所处土壤的腐蚀性等级进行综合评价，该地区 123 个变电站土壤评价标准及结果见表 2-14。

表 2-14　变电站土壤腐蚀性因子分析法评价标准与结果

腐蚀性等级	f_1/mg·kg⁻¹	f_2/mg·kg⁻¹	f_3	f_4/%	f_5/mg·kg⁻¹	变电站号
特强	>1000	<200	<4.5	12~25	>100	12, 30, 37, 44, 54, 69, 92, 93, 101, 104, 113
强	500~1000	200~350	4.5~5.5	10~12 25~30	80~100	1~11, 13~19, 31~36, 38~43, 46~50, 56~58, 61~64, 66, 67, 71~85, 87~91, 96, 98~100, 102, 103, 105~112, 114, 116, 117, 119~123
较强	200~500	200~500	5.5~7.0	7~10 30~40	40~80	20~22, 24, 25, 59, 60, 65, 68, 70, 94, 95, 115, 118
中等	200~350	500~1000	7.0~8.5	3~7 >40	10~40	23, 26~29, 45, 51~53, 55, 86, 97
弱	<200	>1000	>8.5	<3	<10	—

注：f_1—SO_4^{2-}；f_2—$Ca^{2+}+Mg^{2+}$；f_3—pH 值；f_4—含水量；f_5—Cl^-。

从表 2-14 得知，该地区 123 个变电站中 11 个变电站所处土壤属于特强腐蚀性，86 个变电站所处土壤属于强腐蚀性，14 个变电站所处土壤属于较强腐蚀性，12 个变电站所处土壤属于中等腐蚀性，该地区变电站土壤大多数属于强腐蚀性等级。

德国 Baeckman 标准将土壤腐蚀性等级分为强、中等、弱、轻微 4 个等级，按照德国 Baeckman 标准对该地区 123 个变电站进行土壤腐蚀性评价的结果见表 2-15。

表 2-15　变电站土壤腐蚀性德国 Baeckman 标准评价结果

腐蚀性等级	变电站号
强	1~19, 30~44, 46~50, 54, 56~58, 61~64, 66~69, 71~85, 87~93, 96, 98~114, 116, 117, 119~123
中等	20~22, 25, 27, 29, 45, 59, 60, 65, 70, 86, 95, 97, 115
弱	23, 24, 26, 28, 51~53, 55, 94, 118
轻微	—

由表 2-15 可知，本地区 123 个变电站中有 98 个处于强腐蚀性等级，15 个处于中等腐蚀等级，10 个处于弱腐蚀性等级，该地区变电站所处土壤仍属于强腐蚀性等级，只有少数变电

站土壤腐蚀性等级发生升级或者降级改变，但是所有腐蚀性等级变化的变电站的土壤腐蚀性等级均没有出现跨等级跳跃的情况。总体上用因子分析法得到的关键影响因素作为评价指标得到的综合评价结果与用德国 Baeckman 标准得到的评价结果基本一致。

2.2.3　电化学方法

电化学方法是后来逐步兴起的研究金属受空气、土壤等腐蚀的规律的重要手段。众所周知，变电站接地网导体的腐蚀从原理上来说是其在土壤下发生的电化学反应。因为所要研究的电极在土壤腐蚀过程中拥有的热力学和动力学性能可以利用选取不同电极电位和电流的方法便捷地表示，也非常容易受到外界施加的电压、电流的影响，利用电化学研究方法可以有效地对金属腐蚀过程进行模拟并控制相应变量，因此电化学方法的研究很快得到众多人员的关注并得到迅速的发展。该方法主要由控制实验条件、测量实验结果和分析实验结果三部分组成，一般分为极化曲线外推法和交流阻抗法。

根据国内外研究状况来看，在对导电防腐涂层对于接地网金属导体的防腐蚀性能及导电性能评价中，常常采用的是电化学阻抗谱（Electrochemical Impedance Spectroscopy，EIS）法。这种实验方法对研究对象（带涂层的金属导体）的影响小，收取的信息丰富，对于研究涂层保护下金属被土壤腐蚀的规律具有很大的帮助。其作为目前最为常用的方法，主要是在相对比较宽的频率变化过程中（$10^3 \sim 10^5$Hz）来分析样品的阻抗谱与其在模拟或实际的腐蚀条件下随时间的变化关系，接着根据相应实验特点建立一个等效电路模型来研究电化学阻抗谱实验所得结果，并以此为依据对导电防腐蚀涂层的性能进行评价。目前数据处理的方法有两种：一种是利用合适的计算机软件来准确地分析电化学阻抗法所得实验数据并由所建立的等效电路分析出各等效元件的参数；另一种方法是通过某些特征值（如特征频率）方便快速地评估防腐蚀涂层的作用效果。

由于在接地网的土壤腐蚀研究中，人们更为关注的是金属的腐蚀速率，而电化学参数与其有着较强的相关性，从研究趋势来看，在土壤腐蚀性评定过程中，电化学参数越来越多地被考虑到，其中应用较为频繁的是极化电阻 R_p 和平均极化电阻。李成保[28]将 $1/R_p$ 作为钢铁在土壤中的腐蚀性评价参数之一，这主要是考虑到 $1/R_p$ 与 I_{corr} 之间的关系较其他因素规律性更强。唐红雁等[29]利用逐步回归的方法对 R_p 与其他土壤理化性能之间的相关性进行了分析，也提出 R_p 可作为土壤腐蚀性评价的指标。两者的研究结果中，都涉及到线性极化曲线斜率常数 B，且 R_p 能否作为评价指标在很大程度上受到常数 B 的影响，因此，R_p 作为土壤对钢的腐蚀性评价指标还未有定论。

2.3
接地网金属材料的腐蚀与防护

2.3.1　接地网材料概述

变电站接地网是由埋在地下一定深度的多个金属接地极和由导体将这些接地极相互连接

组成一网状结构的接地体的总称。接地网广泛应用于电力等行业中，起着安全防护、屏蔽等作用，是保障电力系统安全稳定运行、电气设备与人身安全的重要设施。

接地网材料的选择需要从耐腐蚀性、使用寿命、接地电阻、施工过程以及环境等因素考虑。选择的接地网材料直接关系到接地网的成本、寿命及电网的安全运行。国内外接地网材料主要有两种，一种是金属材料，另一种是非金属材料。

多年来国内外采用普通金属接地网材料钢和铜，实际运行中发现钢腐蚀严重，铜成本高，容易被盗。由此产生了许多国内目前常用的金属接地网材料：不锈钢和电镀层金属镀锌钢、镀铜钢、铜包钢、不锈钢包钢以及涂导电防腐材料的金属。不常用的金属接地网材料有铝板、渗铝钢、铝包钢、锡包钢和铅包钢等。

(1) 普通金属和电镀层型金属材料　碳钢应用在盐碱性或一般性土壤的接地网中，腐蚀程度非常严重。碳钢腐蚀通常呈现局部腐蚀形态，发生腐蚀后碳钢材料会变脆、起层、松散，甚至发生断裂。近年来发展的不锈钢及不锈钢包钢虽然抗腐蚀性能有所改善，但价格较高且中间芯棒容易点蚀，且土壤中 Cl^- 的含量增大会导致不锈钢腐蚀情况更严重。实际运行经验表明，扁钢以及镀锌钢接地网材料腐蚀较快，一般运行 3～7 年即发生严重腐蚀，腐蚀后发生断裂造成接地网失效。

美国等很多国家都用铜做变电站接地装置，这主要是考虑到变电站接地装置的重要性与铜的耐腐蚀性和稳定性。多种土壤实验证明：埋入地中 12 年的铜材每年的平均失重率不超过 0.2%，而铁的年平均失重率可高达 2.2%。我国在 2004 年 6 月颁布的标准 GB 50343—2012《建筑物电子信息系统防雷技术规范》中首次在接地极材料的选择中明确提到了铜，原国家电力公司在 2000 年发布的《防止电力生产重大事故的二十五项重点要求》中也专门提到"在腐蚀性比较严重的枢纽变电所宜采用铜材接地网"。

但镀铜、纯铜消耗金属量大、成本高，导致使用铜材作为接地网材料的造价较高，对于常规项目，以铜材作为接地网材料在我国还难以普及；铜与钢铁接地网的连接部位易产生异金属腐蚀（电偶腐蚀），加快了与钢铁接地网连接部位的锈蚀损坏；另外，铜是重金属，有污染地下水源的可能。

电镀层材料如果发生扭曲和弯折，会导致具有保护功能的表面破裂，将会加速内部金属材料的腐蚀速率，并且金属接地网材料硬度远高于软质土壤，两者之间因外力形变容易形成空气间隙，不仅增大两者的接触电阻，而且形成的氧浓差极化腐蚀进一步影响了接地网的使用寿命。

(2) 导电涂层型金属材料　导电防腐涂料一般涂敷在金属材料表面以隔绝金属与土壤，与电镀合金材料类似。涂敷导电防腐层的均匀性要好，以预防氧浓差腐蚀的扩大。对于运行中的接地网改造，实际施工难度较大，此接地网材料最好应用于新接地网中。目前采用的导电防腐涂料有石墨粉、镍粉、碳纤维、纳米碳等。采用镍粉和石墨粉导电涂层接地网材料，镍粉导电防腐涂料易氧化，氧化后不导电；石墨粉导电涂层导电具有方向性。采用钢表面涂碳纤维的新型导电防腐接地网材料，具有较强的防腐性和导电性。涂碳纤维和纳米碳的接地网材料应用时间尚短，目前还缺少有说服力的实际长期运行经验。

导电涂层型金属材料如果发生扭曲和弯折，导致表面破裂，会加速内部金属材料的腐蚀速率。而且材料与土壤之间由于硬度差异大，会受外力形变，容易形成空气间隙，不仅增大了两者的接触电阻，而且形成的氧浓差极化腐蚀进一步影响了接地网的使用寿命。

（3）其他金属材料　铝包钢、铜铝伪合金涂层（铝中加入少量的铜）材料的防腐效果好，但铝表面容易生成氧化膜，导电性差。铝板可以有效降低接地电阻，但施工难度与费用高，锡包钢和铅包钢处于研究与应用试验状态。

我国此领域起步研究较晚，大多采用金属接地网材料，由于容易引起腐蚀、与土壤贴合度低，金属材料往往需要采用一系列的措施来减缓其腐蚀。同时，随着技术的进步，出现了非金属的接地网材料，解决了金属材料的根本问题。

目前国内外常用的非金属接地网材料有石墨导电水泥或混凝土，石墨接地模块和新型非金属接地网材料如柔性石墨、软体石墨。不常用的非金属接地网材料有碳素粉末、石墨接地剂，纳米类有纳米碳模块、纳米离子棒等。

（4）水泥基接地网材料　一般用导电水泥将扁钢、圆钢或者镀锌钢包裹在接地体中制备成体积较大的圆柱形、方形、多边形的接地模块，目前已有应用经验。而水泥基接地网材料是在高电阻率的水泥基材中加入一定的导电组分。

在实际接地工程中对某些型号的接地模块开挖发现，内部的金属材料仍存在腐蚀现象，研究分析原因：一方面由于一些接地模块质地较松软，水分及空气可以渗入，另一方面，在金属材料端部存在氧浓差电化学腐蚀。从目前非金属接地网材料使用情况来看，由导电水泥或其他胶体制备的水泥基接地网材料只能作为金属接地网辅助性的外设接地网材料，与金属接地网材料组合使用，以期达到降阻和防腐目的。

（5）新型纳米材料　有学者研发出纳米离子棒，其外表是铜合金，内部是特殊的电解离子化合物包裹着陶瓷合金的电极，铜合金会有腐蚀和对环境污染。另外，还出现了纳米碳模块，由纳米材料和碳粒子混合而成，功效与纳米离子棒相似，施工简便，但使用寿命短，目前还缺少应用到接地网中实际运行的经验。

（6）新型碳素接地材料　新型碳素接地网材料是典型的新型非金属接地网材料。石墨接地剂是含碳量高、掺杂黏合性好的凝固剂，在缺水区域能自动吸水凝固形成石墨导电体。但早期形成的石墨导电体质地较脆易断裂，不能应用于接地网中。

石墨材料的基本元素是碳，为非盐类，具有无污染、电阻率低、吸湿保湿性好、导电性好、稳定性好和耐蚀性好的特点，而且在经大电流冲击后电阻值不增大，材料不变硬不变脆，具有良好的物理性能。除此之外，还出现了柔性石墨复合材料、软体专用模块（软体石墨）材料，同样具有优越的理化电气性能。

我国的变电站接地网发展较晚，接地网材料大多为金属材料。受金属材料本身影响，接地网容易发生一系列安全问题，需要有针对性地研究现有接地网材料的腐蚀特性，选择合适的防腐手段。相较于金属材料，非金属材料在各项理化电气性能上优于金属材料，有望逐渐代替金属材料，其受环境影响较小，具有广阔的应用前景。

2.3.2　接地网腐蚀特性

我国幅员辽阔，土壤类型众多，土壤性质差异也十分大，而且同一区域的土壤的物理化学性质差异也较大。接地网长期埋藏于理化性质错综复杂的土壤环境中，容易受到电流和故障电流泄流的影响，引起接地网材料的腐蚀，甚至引发电力系统的短路故障，使得短路电流在土壤中来不及充分扩散，导致电位异常升高，使接地设备外壳带电从而危及人身安全，还可能损坏二次保护装置，引发更大的事故，最终导致大面积停电，造成巨大的经济损失及严重的社会影响。

(1) 接地网腐蚀机理 接地网在土壤中的腐蚀主要有宏电池腐蚀、微电池腐蚀、杂散电流腐蚀和微生物腐蚀四种形式。碳钢的结构、组成和性质的不均匀性导致埋在土壤中的接地网表面不同部位形成了不同的电极电位，通过土壤介质构成回路，形成腐蚀电池。其腐蚀的本质是电化学腐蚀，阳极过程是碳钢溶解并释放电子：

$$Fe-2e^- \longrightarrow Fe^{2+} \tag{2-29}$$

在中性或碱性土壤中，Fe^{2+} 会与 OH^- 进一步生成氢氧化亚铁：

$$Fe^{2+}+2OH^- \longrightarrow Fe(OH)_2 \tag{2-30}$$

当阳极区有氧气存在时，氢氧化亚铁将被氧化成溶解度更小的氢氧化铁：

$$4Fe(OH)_2+O_2+2H_2O \longrightarrow 4Fe(OH)_3 \tag{2-31}$$

阴极过程主要是氧的去极化作用：

$$O_2+2H_2O+4e^- \longrightarrow 4OH^- \tag{2-32}$$

在含有硫酸盐还原菌（SRB）的土壤中，阴极过程还可能发生硫酸根离子的还原：

$$SO_4^{2-}+6H_2O+8e^- \longrightarrow H_2S+10OH^- \tag{2-33}$$

铜板埋藏在土壤中，土壤中的空气含氧量约 0.1%～20%。铜易与土壤中的离子、水、氧气和二氧化碳等反应生成氯化亚铜、碱式碳酸铜或碱式氯化铜。铜的腐蚀产物一般呈现出多层结构：里层为 Cu_2O，Cu_2O 在空气中易氧化为黑色的 CuO，外层是 $CuCO_3 \cdot Cu(OH)_2$。反应如下：

$$4Cu+O_2 \longrightarrow 2Cu_2O \tag{2-34}$$

$$2Cu_2O+O_2 \longrightarrow 4CuO \tag{2-35}$$

$$2Cu_2O+2H_2O+2CO_2+O_2 \longrightarrow 2CuCO_3 \cdot Cu(OH)_2 \tag{2-36}$$

紫铜的腐蚀失重量远比螺纹钢、光圆钢和镀锌扁铁小，但仍存在明显的腐蚀现象，明显能看到黑色、深红色以及绿色的腐蚀产物。腐蚀开始时应该是呈点状，通过点状腐蚀扩大为面腐蚀。

蔡忠周等[30]的试验表明：镀锌扁铁经 1 年埋设后，与土壤颗粒发生了胶结，部分试片表面深色的腐蚀产物透出了土色固结物并有大块白色的盐斑附着在试片的表面。盐斑或者"白锈"在镀锌扁铁表面聚集明显，并呈现出一定程度的晶体光泽，在"白锈"中隐约可见褐色的铁腐蚀产物。反应如下：

$$Zn+2OH^- \longrightarrow Zn(OH)_2 \tag{2-37}$$

$Zn(OH)_2$ 作为中间产物，十分不稳定，一方面会自身分解：

$$Zn(OH)_2 \longrightarrow ZnO+H_2O \tag{2-38}$$

另一方面会与土壤中的二氧化碳反应：

$$4Zn(OH)_2 +CO_2 \longrightarrow Zn_4CO_3(OH)_6+H_2O \qquad (2\text{-}39)$$

镀锌扁铁在镀锌层腐蚀后，很快会进入铁质部分的腐蚀，腐蚀产物主要为氧化亚铁和三氧化二铁的含水化合物。镀锌扁铁的腐蚀呈弥散性发展，表面腐蚀的面积比较均匀。白色的盐斑、土壤颗粒、试片腐蚀后的残余部分胶结得均匀紧密。由于镀锌层的存在，镀锌扁铁的腐蚀程度表现出轻微低于螺纹钢和光圆钢，镀锌层的防腐蚀性能并没有体现出来，这可能是因为镀锌层虽然对土壤腐蚀有一定的防护作用，但是由于该区域的土壤呈碱性，而锌作为两性金属会在碱性土壤中加快金属的腐蚀，当镀锌层破坏以后加速了金属的腐蚀，因此镀锌扁铁的腐蚀程度表现出了轻微低于螺纹钢和光圆钢的现象。

（2）影响接地网腐蚀的因素　接地网材料的腐蚀往往与土壤的类型、土壤电阻率、含水量、pH 值、氧化还原电位、各种侵蚀性阴阳离子、总含盐量、有机质含量等土壤自然因素及接地网散流和杂散电流干扰密切相关。接地网腐蚀中以化学腐蚀最为严重。

① 含水量和含氧量　接地网腐蚀一般是电化学反应，所以在电化学腐蚀反应中，电解质溶液是发生反应的重要条件，因此土壤含水量是影响接地网腐蚀的基本参数。土壤中含水量越高，各类接地网金属材料越容易发生腐蚀问题。其次，土壤中的含氧量对接地网材料的腐蚀影响也较大，氧气是诸多化学反应的去极化剂，而接地网材料所处土壤越深，其土壤含氧量也就越低，所以腐蚀速率受到含氧量的影响较大。

② pH 值　大多数土壤 pH 值在 5～8，土壤酸碱度保持在正常范围内，不会对材料基本腐蚀速率产生较大影响。当土壤中酸性不断增强，一定程度上会加速各类结构材料的腐蚀速率，比如钢材、铸铁材料等；碱性土壤中一般都含有较多的 Na、K、Mg、Ca，Mg、Ca 会在材料表面形成石灰质沉积物，减轻腐蚀。土壤的酸碱性还会影响接地网材料腐蚀产物的溶解性和土壤中微生物的生长繁殖，从而影响到接地网材料的腐蚀行为。

③ 总含盐量　接地网腐蚀的电化学性质与接地网材料腐蚀速率、土壤中的各离子电流之间关系密切。较高的电阻率会有效降低基本腐蚀速率。但是土壤基本腐蚀特征并不能单方面通过电阻率进行评价。在正常情况下，可溶性盐是重要的电解质，在一定程度上会降低土壤电阻率，从而保证腐蚀电化学反应过程能稳定进行，加速腐蚀速率。在土壤腐蚀过程中，有诸多特殊性较强的阴离子参与其中，导致材料腐蚀问题逐步加重。比如 Cl⁻直接参与到金属表面的膜溶解反应中，破坏金属表面的钝化膜，导致大量金属材料暴露在被腐蚀的介质中，最终使金属表面减薄甚至穿孔[11]，同时 HCO_3^- 也会引发腐蚀，CO_3^{2-} 浓度对金属腐蚀影响较小。而土壤中的 Ca^{2+}、Mg^{2+}会中和部分游离的阴离子，形成难溶性物质沉积析出，起到减缓腐蚀的作用。

④ 微生物含量　微生物也是造成接地网材料腐蚀的重要因素。在土壤环境中，微生物的种类往往非常多，如铁细菌、硫细菌、硝酸盐还原细菌、硫酸盐还原细菌等，其中厌氧细菌的腐蚀作用会比较强。多项研究表明，多数金属会受到微生物腐蚀，主要腐蚀机制是阴极去极化机制，对阴极反应具有加速作用。微生物在材料表面分布均匀性较差，容易产生各类缝隙，各类常见的酸性微生物代谢物会导致腐蚀加剧。在有氧环境以及缺氧状态中都会发生微生物腐蚀问题，比如厌氧菌产生的代谢物腐蚀性较强，会产生较多无机酸；还有部分真菌代谢物会产生大量有机酸，对有机涂层进行全面降解。有研究表明，硫酸盐还原细菌会加快含有 Cl⁻/SO_4^{2-} 的土壤中碳钢的腐蚀速度。接地网材料在地下埋设一段时间后，经过地下环境化

学成分的腐蚀，就会有氢的生成，它们会直接附着在接地网材料的表面，进而形成气泡溢出，由于氢的保护作用，会有效减缓阴极腐蚀现象。如果此处有硫酸盐还原细菌的活动，它会利用金属表面的氢让硫酸盐还原成硫化物，通过去极化作用而降低管道的腐蚀速率，硫酸盐也会被逐渐还原成硫离子和铁离子。

2.3.3　接地网金属腐蚀的评估方法

变电站接地网一方面通过降低接地电阻，减小地电位升高来确保设备安全，另一方面通过均衡地表电位、减小接触电压和跨步电压来确保人身安全。因此，对新设计的变电站和投入使用的变电站接地网腐蚀状态进行评估具有非常重要的意义。变电站接地网腐蚀状态评估方法包括：现场实测、土壤理化性能评价法、电化学测试法。

（1）现场实测　即埋地失重法和最大孔蚀深度法，通过土壤现场埋片的方法及计算失重速率来研究接地网实际腐蚀状态和过程。该方法能够提供各种土壤对埋置其中的金属材料的腐蚀速率。近年来新开发出的各种原位测量技术，使现场实测数据更加符合实际情况。但现场实测的实验周期长，工作量大，投入较大，重复性不强，且受地域、季节的影响较大，并且在金属埋置过程中，对于其腐蚀的具体变化过程是不可知的，因此，对于各类金属在土壤中的腐蚀机理的分析将存在很大难度，也就很难做到对土壤腐蚀性进行预判了。李黎[31]等对接地网腐蚀速率进行了现场实测，主要步骤如下：

① 土壤区域划分　由于土壤不是均质的，各处对接地装置的腐蚀速率不一。土壤电阻率是土壤导电性能的指标，反映土壤介质的导电能力，电阻率相近的土壤，接地装置的腐蚀速率也相近，对土壤进行电阻率测试，根据电阻率大小划分成不同的区域。

② 测试　在各区域中心，埋设接地装置可能会选用的金属体，材料规格和埋设深度与将使用的接地装置一致；在不同的天气条件下使用电化学腐蚀测试仪（如 CST800E 交流阻抗腐蚀测试仪）进行测试；将各区域的金属体用相同材料的金属绝缘导线可靠连接；在不同的天气条件下使用电化学腐蚀测试仪进行测试；根据不同天气条件比例和测得的数据，计算出连接前后的年腐蚀速度。

③ 预估影响腐蚀速率的系数　通过相似环境测试、实验室模拟环境测试和相关科研成果得到速率变化系数。

④ 预评估　根据得到的年腐蚀速率和影响腐蚀速率的系数，绘制腐蚀速率分布图，阐述腐蚀的主要原因，对接地装置的分布、选材、防腐提出建议。项目建成后应定时对接地装置的腐蚀进行监测，如大于预计年腐蚀速率，应提前做好接地装置的维护方案。

（2）土壤理化性能评价法　见本章 2.2 节内容。

（3）电化学测试法　电化学测试法主要是通过电化学仪器对金属/土壤腐蚀体系进行研究。电化学方法相对于其他方法而言，最大的优点在于能够快而准地进行测定，可以通过测量 Tafel 曲线、交流阻抗等得到金属腐蚀速率与时间的变化曲线。这些室内实验方法操作方便、周期短，但是因为土壤中电极体系较为复杂，且相互存在影响，对实验结果的分析和可靠性造成影响。

通常而言，变电站接地网导体的腐蚀过程是其在土壤中发生的电化学反应。利用电极电位和电流可以研究接地网土壤腐蚀过程的热力学和动力学性能，也可以有效地对腐蚀过程进行模拟，因此电化学研究方法得到迅速的发展。电化学研究方法主要由控制实验条件、测量实验数据、分析实验结果三部分组成，常用的为极化曲线外推法和交流阻抗法。在接地网的土壤腐蚀研究中，人们更为关注的是金属的腐蚀速率，而电化学参数与其有着较强的相关性；在土壤腐蚀性评定过程中，应用较为频繁的电化学参数是极化电阻 R_p 和平均极化电阻。

除此之外，还出现了接地网安全模糊综合评价模型、现场结合软件理论计算分析评估方法。

① 接地网安全模糊综合评价模型　基于模糊层次分析法提出了一种接地网安全模糊综合评价模型，利用模糊层次分析法计算接地网的接触电压、跨步电压、接地电阻、电气完整性、接地引下线腐蚀状态、接地网整体腐蚀状态的评估权重值，分析指标测量值的安全优属度和安全等级隶属度，得到指标安全等级评价矩阵，最后基于接地网安全模糊综合评价数学模型将指标权重值和指标安全等级评价矩阵进行合成，得到接地网整体安全等级的评估结果。用此方法对陕西电力科学研究院的一个 110kV 变电站实验接地网进行了接地网整体安全状态分析和单指标因素安全性评估计算，计算结果表明该理论研究和所提出的方法是正确可行的。

② 现场结合软件理论计算分析评估方法　用 CDEGS 软件，结合现场测试和理论计算，根据接地网入地故障电流、接地阻抗、接触电压、跨步电压、接地网电位分布、接地网完整性等信息综合分析接地网的安全性，可进行接地网的设计、评估与改造。利用土壤腐蚀性多指标评估体系与节点电压法模型开发了一套变电站接地网腐蚀状态评估系统，可通过接地网电性能参数变化判断其腐蚀状态，在无须开挖接地网的前提下，实现了接地网腐蚀状态的在线监测。

2.3.4　接地网腐蚀在线监测技术

由于变电站接地网的腐蚀会引发各种问题，因此，在线监测接地网的腐蚀情况对变电站的安全稳定运行具有非常重要的意义。

(1) 电化学监测法　电化学监测法是利用电化学原理对接地网的腐蚀速率进行监测，原理是直接测量接地网的电化学特性，再转换成腐蚀速率来进行判断。主要方法有线性极化法、交流阻抗法、恒电位阶跃、恒电流阶跃等。以下简要介绍线性极化法及交流阻抗法监测接地网腐蚀情况。

① 线性极化法　又叫做极化电阻率法，测试原理为：将用于测试土壤腐蚀速率的金属探针埋入地下，然后将该探针从最开始的腐蚀电位进行极化，随着极化进程的进行极化电位也会发生变化（记作 ΔE），变化范围大概在 (7.5 ± 2.5) mV，而且测试出通过金属探针的电流密度（记作 Δi），然后根据电阻率计算公式计算得到此时的极化电阻 R_p，进而得到土壤的腐蚀速率。极化电阻计算公式如下：

$$R_p = (\Delta E / \Delta i)_{\Delta E \to 0} \tag{2-40}$$

可简化为

$$R_p = (\Delta E / \Delta i)_{\Delta E \to 0} = \frac{b_a b_c}{2.3(b_a + b_c)} \times \frac{1}{i_{corr}} \tag{2-41}$$

式中，R_p 为金属探针的极化电阻，$\Omega \cdot cm^2$；ΔE 为金属探针自极化开始到极化完成电位的变化，V；Δi 为金属探针外侧电流密度，A/cm²；i_{corr} 为极化电压下的电流密度，A/cm²；b_a、

b_c 为金属探针阳极和阴极极化曲线的斜率，可以视作常数。

令

$$B = \frac{b_a b_c}{2.3(b_a + b_c)} \tag{2-42}$$

此时式（2-41）可化为

$$R_p = \frac{B}{i_{corr}} \tag{2-43}$$

此时土壤的腐蚀速率 v 可表示为

$$v = K \frac{A}{n\rho} i_{corr} \tag{2-44}$$

式中，K 为金属常数；A 为选择金属的原子量；n 为金属腐蚀前后的原子价位的变化；ρ 为选择金属的密度，g/cm^3；i_{corr} 为极化电压下的电流密度，A/cm^2。

② 交流阻抗法　通过给接地网施加正弦波电位扰动，通过测量正弦波电流响应信号，并借助相关积分算法，来计算接地网的极化电阻和腐蚀速率。该方法需要考虑土壤中杂散电流对传感器的敏感性和有效性的干扰强度。

考虑到接地网环境复杂、电磁干扰大，对电极系统和测量电路的响应信号处理有较高的要求。此外，由于接地网面积巨大，而电化学极化中的对电极往往面积不能太大，否则会导致来自对电极的极化电流在接地网表面分布的不均匀，接地网真实极化面积受土壤电阻率和接地网埋设深度影响而大幅改变，这就极大地降低了腐蚀速率的测量精度。要提高接地网腐蚀速率测量精度，必须采用电流约束方法限制极化电流的分布范围。

（2）电阻分析法　电阻分析法是通过电压注入，测量接地网结构各支路的电阻变化量，一般是利用已知的接地网拓扑结构，结合接地网腐蚀诊断基础理论对接地网的运行参数进行测量，可以求解腐蚀诊断方程，通过各支路中的电阻量的变化来对断路和腐蚀的位置做出判断。这一方法需要了解接地网的拓扑结构，并需要检测多个接线端的电阻，目前虽然在数值模拟算法和接地端电阻检测口的数量上进行了大量的改进，但是对未知拓扑结构、几何性质复杂、面积过大的接地网诊断的应用存在局限性，而且在接线端布线测量的施工比较麻烦，需要多次测量，且数据分析仿真需要专业人士才能进行，也限制了这一方法的应用。

（3）电磁场分析法　电磁场分析法诊断接地网腐蚀的原理是基于电磁感应理论，向接地网直接注入异频的正弦波激励电流，再利用探测线圈检测激励电流在地表激发的电磁感应强度，依据电磁感应强度的分布诊断接地网导体的腐蚀状态。该方法可以解决不知道拓扑结构的接地网的腐蚀诊断，但也面临着变电站现场存在复杂的电磁干扰、变电站内设备结构和钢筋构架影响地面磁场测量等问题，该方法在实际环境中得到了一些运用，取得了一定的进展。

（4）其他监测方法　其他监测方法主要有挂片法和电阻探针法。挂片法是将与接地网同材质的材料埋于接地网附近，一定时间后挖出，通过挂片的腐蚀情况来判断接地网的腐蚀状态。这一方法能减少盲目开挖，并能在一定程度上反映接地网的腐蚀情况，但存在土壤的环境可能与接地网参数不完全一致、挂片无电流通过等情况，并不能完全指示接地网的腐蚀情况。电阻探针法是利用金属试片发生腐蚀后，会因导电面的减薄导致电阻增大这一特性来监测腐蚀速率的变化，但是该方法不能直接监测接地网的腐蚀，只能通过土壤的腐蚀性来推测接地网的腐蚀情况。

2.3.5　接地网的防护方法

为避免腐蚀破坏事故的发生，电力设计部门采取了大量措施，如扩大接地体的截面积、选用导电涂层的新材料、采用膨润土作为回填土、采用阴极保护技术等[32]。但这些解决方案不能从根本上解决腐蚀问题，目前接地网还没有专用的防腐钢。因此，电力设计部门认识到应采用耐腐蚀性能更好的新型接地材料。

防止腐蚀包括改变环境以及更换接地网材料这两个方向。常用的接地网防腐方法有：提高变电站接地体截面积，选用耐腐蚀的材料，导电防腐涂料涂覆，在接地网敷设过程中施加降阻防腐剂以及对变电站接地网采用阴极保护等方法。

2.3.5.1　加大接地体截面积

加大接地体截面能有效防止接地网腐蚀。数十年来，为了应对接地网腐蚀引发的各类事故及不良影响，变电站接地网的设计者们一般选择增大接地网材料的截面来减缓其腐蚀，变电站接地网导体的直径由原来的 5～7mm 增大到 12～14mm。然而，增大接地体截面的同时，还会产生一系列的附加问题，例如：接地网导体直径的增加直接导致了接地网敷设工程中的用钢量剧增（直径增加 2 倍，用钢量会增加 4 倍），同时接地体的焊接和弯、折等施工较为困难，对于已在运行的接地网来说，增大接地体的截面就意味着需要重新更换接地体，因此会造成浪费，此外也会导致接地网建设过程中的施工困难等问题。

2.3.5.2　采用效果良好的降阻防腐剂

按照我国电力行业标准 DL/T 380—2010《接地降阻材料技术条件》的要求，不管何种类型的接地装置的接地电阻率都要符合规定值。一般自然土壤的电阻率都在 100～5000Ω·m 之间，若要求一个 220kV 的变电站接地电阻率低于 0.5Ω·m，就需要消耗几十吨至近百吨的钢材，并且由于电极间的相互屏蔽效应和地域限制，即便投入成倍的钢材也有可能达不到预期的效果。于是降阻剂就应运而生了，目前降阻剂已经在我国许多工程项目中得到了应用，特别是在高土壤电阻率地区，降阻剂的使用取得了优异的效果。

降阻防腐剂主要是从改善接地网所处的土壤环境来进行防护，是在接地网与土壤之间注入降阻剂，形成保护层，以起到防护的作用。降阻剂可分为物理及化学降阻剂两大类，其中物理降阻剂是中性的，而化学降阻剂则呈酸性或碱性。由于化学降阻剂会在一定程度上改变土壤本身的 pH 值，可能加剧接地网的腐蚀，因此一般使用较少。降阻剂的应用一方面在接地网周围形成保护层，隔离了土壤中的侵蚀性离子，另一方面能够起到改善接地网周围土壤酸碱性的作用，且降阻剂本身作为凝胶体，其胶体的凝聚作用将使接地网周围的含氧量下降，抑制了氧的阴极极化过程，能减缓腐蚀反应的发生。实际经验表明：在变电站接地网经常腐蚀的相应节点施加降阻防腐剂可以防止土壤腐蚀，例如使用以钙基膨润土为基础并辅以缓蚀剂而形成的降阻防腐剂，在电力系统的实践应用中，防腐蚀效果是比较显著的。

2.3.5.3　采用导电涂料防腐

近年来，用导电防腐涂料来减缓接地网的腐蚀得到了广泛关注。导电涂层是指固化或干燥后既具有一定的导电性，又具有有效黏结性能的涂层，主要用于传导电流和排除静电。对防腐涂层进行改性，在保证其优良防腐性的同时，降低涂层电导率，使其兼具良好的导电性，用以适应接地网的基本要求。可在涂层中添加导电粒子，有金属颗粒（铜粉等）和非金属颗粒（非金属纤维、碳纤维等）。但有可能会导致涂层致密性和成膜能力不够，会降低涂层的防腐能力，这就需要在此基础上提升导电粒的分散性，同时对填料的添加量进行优化，使涂层在获得最佳导电防腐性能的同时兼具优良的理化性能。另外，也需要对接地网材料进行合理的处理，配合涂层的涂装工艺，使材料获得最佳防腐效果。

导电涂层按照不同的分类方法可分为不同种类。按照基体分类，导电涂层可分为两种，一种是由本身具有导电性的高分子材料作为导电基体，称为结构型导电涂层，目前由于受这种高分子材料单体毒性大、制备过程复杂、电学及化学性能不稳定等因素影响，广泛使用的仍为第二种导电涂层，即填充型导电涂层。这种涂层是采用树脂等胶黏剂作为基体，主要靠使用导电填料使涂层具有导电性。填充型导电涂层主要由固化剂固化后的树脂基体及导电颗粒组成，另外还有其他助剂等。按固化条件分类，导电涂层有热固化型、常温固化型和光固化型等类型。按导电颗粒又可分为银系导电、铜系导电和碳系导电等类型。传统的导电涂层中添加的导电填料通常是金属或氧化物微粒，如金、银、铜粉及氧化物等，如日本一专利中，将氧化锌加入到聚钛碳硅甲基苯基聚硅氧烷与1-丁醇的混合物基体中，制成了耐热导电涂层；也可以在树脂基体中添加导电类聚合物，如聚苯胺等。导电涂层的种类和导电效果不仅受树脂基体种类、性能的影响，也与所采用的导电填料的种类、粒度大小、使用量多少等有关。

作为新兴的防腐蚀方法，导电防腐蚀涂料以固体环氧树脂、导电石墨、碳纳米管、聚乙烯醇缩丁醛等为主要原料，既具备很低的电阻率（一般都会小于$0.5\Omega\cdot m$），又具备对酸、碱、盐的抗腐蚀性；此外，其施工工艺也非常简单，且因为需要的工程消耗量较少使得投入资金相对较少，因此导电涂料防腐在电力系统接地网防腐蚀中的应用得到越来越多的研究。

姜雄峰等[33]采用对苯二胺（PPD）将氧化石墨烯（GO）与多壁碳纳米管（MWCNT）进行化学接枝，制备了rGO-PPD-MWCNT杂化材料，并将此作为导电填料填充到以环氧树脂为基体的涂料中，获得了一种新型导电涂料。结果表明：

① 红外和XRD分析表明，氧化石墨烯通过与对苯二胺的化学接枝后可以与酸化后的碳纳米管完成化学接枝，提升了填料的分散性。

② 所制备的rGO-PPD-MWCNT杂化材料显著提高了环氧树脂涂层的导电性能。当石墨烯/碳纳米管比例为1:3时，该杂化材料对提高环氧树脂的导电性效果最好，体电阻率达到了$1.90\times10^{-4}\Omega\cdot m$。其本质原因是：对苯二胺的桥梁作用，使得碳纳米管可以均匀地分散在石墨烯的片层中，从而形成一种稳定的多孔导电网络。

③ 电化学测试结果表明，rGO-PPD-MWCNT杂化材料显著增强了环氧树脂涂层的防腐性能，其极化电阻增大了14倍。

2.3.5.4 阴极保护法

阴极保护是目前在防腐领域应用较多的成熟技术之一。阴极保护是通过外加阴极电流极化，将处于腐蚀状态的金属的电位降低至免蚀区，达到该金属的热力学稳定状态，从而使金属的腐蚀速率大大降低甚至停止。在阴极保护中，以最小保护电位、最小保护电流密度判断金属是否达到完全保护，以最大保护电位判断金属是否产生"过保护"。最小保护电位是将金属的电位阴极极化至腐蚀原电池的阳极平衡电位。最小保护电流密度是使金属得到完全保护所需的电流密度。

英国曾采用铸铁阳极对木船的铜包层进行保护，这也是世界上首次使用阴极保护技术。目前国际上使用广泛的法拉第电解定律就是由此提出的，该定律奠定了阴极保护技术的科学研究基础。我国在 20 世纪 60 年代关于船艇和油、气田管道方面的防腐施工研究中开始逐步应用阴极保护技术。进入 20 世纪 80 年代，经过将近 20 年的发展，我国在阴极保护技术方面的基础研究有了很大的进展，并且相关技术被广泛应用在国家的电力、石油等行业。

在被保护体上连接电位更负的金属或合金作为阳极，在腐蚀介质中依靠负电位金属的不断溶解产生的阴极电流而使被保护的阴极极化，即为牺牲阳极的阴极保护法。其运行维护工作量小，但保护电流不可调，因此设计调试复杂。在目前的接地网材料中，铸铁应用范围较大，而且大多采用牺牲阳极的阴极保护措施，成效较好。阳极需要具有足够负的开路电位和工作电位，以及足够大的电容量等，常用的阳极有镁及其合金、锌及其合金、铝合金。由于土壤电阻率极高，有时需要埋设填包料以降低土壤的电阻率，同时填包料可以有效隔绝牺牲阳极与土壤的接触，避免土壤对阳极的局部腐蚀，维持阳极的最佳输出环境。填包料成分一般为膨润土、石膏粉、硫酸钠等。

牺牲阳极已经在国内广泛应用，能够有效地减缓接地网的腐蚀，例如国内梁庄变电站的接地网材料为扁钢，在接地网改造过程中，实施牺牲阳极的阴极保护法，该接地网运行状况良好，其运行寿命可延长至 30 年。

如图 2-5 所示为变电站接地网防腐蚀方法中的牺牲阳极示意图，形成一个电流回路，根据电化学理论知识可知，这种情况下会导致阳极被腐蚀，而要保护的金属作为阴极防止了被腐蚀。牺牲阳极保护法中根据具体变电站所在地理位置及其环境条件选择合适的要牺牲的阳极极为重要，这取决于土壤的电阻率和保护电流的大小。这种防腐蚀方法没有用外部电源，一旦安装成功并且调试合格后不需要持续监测，易于操作，并且对其他设备的影响极小，保护电流分布也非常均匀，利用率高。但该保护方法的使用也有些限制，高电阻率环境下的效果较差，消耗的为有色金属，对调试施工的要求非常高，覆盖层必须均匀严密无漏点。此外，由于并无外加电源，使得保护电流不可调。

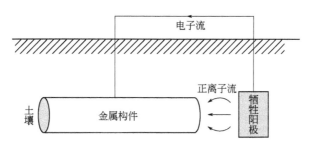

图 2-5　利用牺牲阳极的接地网导体防腐保护

所谓的变电站接地网的外加电流保护法是利用外部电源接通被保护的导体，让所要保护的设备成为阴极，从而达到保护接地网的需求，如图 2-6 所示。

其优点是保护范围大、电流连续可调，缺点是运行维护工作量大。外加电流保护法需要辅助阳极以构成回路，常见的有钢铁、铝、铝合金、高硅铸铁类、石墨（浸渍）、铅银合金、铅银微铂合金、镀铂钛（铂镀层≤10μm）、磁性氧化铁（四氧化三铁）和钛基二氧化铅等辅助阳极。除了辅助阳极外，外加电流保护法还需要直流电源，使用最多的是整流电源和恒电位仪（需输入380/220V的交流电），另外还需要阳极屏蔽层和电缆。

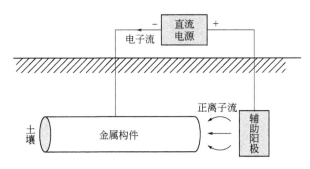

图2-6　外加电流保护法示意图

外加电流保护法能够通过参比电极测量电位来调节保护电流的大小，因此，其电位可以根据实际需要进行调整，同时，输出的电流也可调节。外加电流的监测设备能够实现对电位的自动监控，该系统的运行年限较长，但资金投入较大，同时存在一定的后期维护费用，因而较适用于大型的变电站接地网。

杨道武、李景禄、朱志平[34]给出了变电站接地网阴极保护设计实例。

（1）接地网牺牲阳极式阴极保护设计

① 接地网所在地土壤电阻率的测定。测定不同时间、不同气候条件下的土壤电阻率，得到电阻率的变化范围。

② 根据土壤电阻率，决定选用的牺牲阳极的类型。土壤电阻率<15Ω·m（或20Ω·m）时，选用锌基阳极；土壤电阻率<100Ω·m时，选用镁基阳极；土壤电阻率>100Ω·m时，除特殊情况采用镁基阳极外，一般不采用牺牲阳极（即采用外加电流）。

③ 确定接地网最小保护电流密度（mA/m²）。接地网最小保护电流密度应该根据土壤腐蚀性（土壤电阻率、氧化还原电位）确定，一般在10~50mA/m²。

④ 根据接地网所用碳钢的外形尺寸、总长计算受保护的总面积（m²），按选定的保护电流密度计算所需的阴极保护总电流（A）。

⑤ 确定接地网阴极保护电位：接地网的阴极电位至少为-850mV（相对Cu/CuSO₄饱和电极），或者使接地网的自然腐蚀电位负移250~300mV（至少100mV）。对于牺牲阳极式阴极保护，在保证达到最小保护电流密度前提下，不需考虑过保护问题。

⑥ 按公式计算阳极接地电阻与输出电流，按阴极保护设计年限（一般为25~30年）计算所需的阳极质量，再根据单个阳极质量计算出需布置的阳极个数。

⑦ 选择牺牲阳极填包料，确定阳极埋设方式（立式或卧式）。

⑧ 确定阴极保护的测试系统。

（2）接地网外加电流式阴极保护设计　除按接地网保护总电流选择恒电位仪、辅助阳极外，其余基本与上述（1）步骤相同。由于接地网碳钢一般无涂层，不需考虑因达到析氢电位而出现的涂层脱落问题。出于经济性考虑，一般实测保护电位以不小于-1.15V（相对Cu/CuSO₄饱和电极）为宜。

(3)设计实例 某变电站接地网采用 $\phi50\times3.5$ 钢管 180m，70×7 扁钢 680m，40×6 扁钢 520m；变电站所在地土壤为黏土，其电阻率为 $20\sim35\Omega\cdot m$。

① 按牺牲阳极方式设计 设计条件：

a. 土壤电阻率为 $20\sim35\Omega\cdot m$；

b. 接地网最小保护电流密度为 $25mA/m^2$；

c. 受保护的总面积为 $205m^2$；

d. 阴极保护总电流 I_A 为 5.125A，考虑变化因素，I_A 取值 5.5A；

e. 用 $130\times145\times545$ 的镁合金阳极（质量为 15.2kg），埋设深度 0.8m，填料电阻率为 $15\Omega\cdot m$，$1.5\sim2.0m$。

ⅰ. 单只阳极接地电阻按式（2-45）计算：

$$R_H=\rho/(2\pi L)[\ln(2L/D)+\ln(L/2t)+\rho_a/\rho\ln(D/d)] \qquad (2\text{-}45)$$

式中，ρ、ρ_a 分别为土壤、填包料电阻率，其值为 $30\Omega\cdot m$、$15\Omega\cdot m$；L 为阳极长度，其值为 0.545m；D 为填包层直径，其值为 0.35m；d 为阳极等效直径，$d=C/\pi=0.55/\pi=0.175$（m）；t 为阳极中心至地面距离，其值为 0.865m。

由此计算 $R_H=2.87\Omega$。

ⅱ. 单只阳极输出电流计算（忽略回路电阻、阴极过渡电阻）：

$$I_a=\Delta E/R_H=0.3/2.87=0.105 \text{（A）}$$

ⅲ. 保护所需的阳极数量计算：

$$N=f\times I_A/I_a=2.0\times5.5/0.105=104.76=105 \text{（只）}$$

$$\text{阳极总质量 } W=105\times15.2=1596 \text{（kg）}$$

ⅳ. 阳极工作寿命计算：

$$T=0.85W/(\omega I_A)=0.85\times1596/(7.92\times5.5)\approx31 \text{（年）}$$

ⅴ. 牺牲阳极（与填包料一起）按接地网走向均匀布置，并布置电位监测装置。

ⅵ. 实地检测保护电位，检查保护效果。

② 按外加电流方式设计 根据上述阴极保护总电流 I_A 为 5.5A 的计算结果，选择 $36V\times7.5A$ 的恒电位仪。选择 YJD 流线型高硅铸铁辅助阳极（$\phi75\times160$，5.4kg，$0.046m^2$），当辅助阳极工作电流为 $25mA/m^2$ 时，所需的辅助阳极数量为

$$N=5.5/(0.046\times25)=4.78\approx5 \text{（只）}$$

辅助阳极的工作寿命：$T=KG/gI_A=0.8\times5\times5.4/(0.1\times5.5)=39.27\approx39$（年）

根据接地网的地理分布情况，埋设 5 只辅助阳极（与回填料一起）。

2.3.5.5 联合保护

联合保护就是指同时在接地网涂上导电防腐蚀涂层+阴极保护法。变电站接地网的联合保护通过结合导电防腐蚀涂层与阴极保护法解决了导电防腐蚀涂层在施工过程中的涂覆不均、导体个别区域直接暴露在土壤中而引起的接地网点蚀问题；也可以减少被损耗的电流，同时提高了电流的分散程度，使电流分布均匀，保证接地装置的效果。

杨道武、朱志平、李景禄[34]给出了用导电防腐蚀涂料与阴极保护联合防止接地网腐蚀的事例。将导电防腐蚀涂料和阴极保护联合使用，主要是指导电防腐蚀涂料与牺牲阳极法联合使用，是最为经济、耐久的防止接地网腐蚀的方法，是能够确保电网安全的新技术，其特点

是有利于弥补单独涂层保护的缺陷，即发生裸露的部分金属表面因获得集中的保护电流而得到阴极保护，具有防止涂层劣化的功能。同时，与单独阴极保护相比，可以大大降低阴极保护电流或牺牲阳极的消耗量，并改善电流的分散能力，使结构各部分的电流分散得比较均匀，因而大大延长了接地装置的寿命，实现了接地网的防腐蚀目标。

2.3.5.6 304不锈钢包钢

304不锈钢包钢是近年来研发的一种新型接地网材料。曹英研究了冶金结合法制备的不锈钢包钢的性能，结果表明不锈钢包钢具有较好的界面结合性、导电性、耐大电流冲击性。为了研究304不锈钢在土壤中的腐蚀性，选择在泥岩土、黄土、沙土、盐渍土四种典型性土壤中研究304不锈钢的腐蚀规律。结果显示，在自然腐蚀条件下，304不锈钢在四种土壤中的腐蚀性由大到小依次为盐渍土>黄土>沙土>泥岩土；在直流泄流条件下，四种土壤的腐蚀性由大到小依次为盐渍土>黄土>泥岩土>沙土；交流泄流条件下，四种土壤的腐蚀性由大到小依次为盐渍土>黄土>泥岩土>沙土，并且交流泄流的腐蚀性要小于直流泄流。在不同土壤环境中，不同杂散电流条件下，304不锈钢的腐蚀规律及腐蚀机理均不相同，结果表明，304不锈钢不适合在含盐量高的盐渍土地区使用。

2.3.5.7 采用导电水泥进行保护

将导电水泥作为保护层对接地网金属材料在土壤中的腐蚀进行防护，当导电水泥遭受雷击等强电流冲击的时候，里面固定好的扁钢会发生应力腐蚀，严重的时候水泥可能会散碎。还有采用其他类似于水泥层的非金属材料用于防腐，但接地体的电阻却变大了，大大降低了接地网的导电性能，是顾此失彼的防腐措施，不宜使用。

2.3.5.8 用镀锌法保护接地网

也有采用镀锌的方法来保护接地网的，但是一般的镀层都不够厚，耐腐蚀的年限很短，在土壤中很快就被腐蚀掉。所以采用这种方法防护的年限不够长久，一般达不到能够使接地网长期运行的要求。并且锌的耐腐蚀能力也不够强，还不如铜。铁元素的化学性质相对比较活泼，而大多数的接地装置，基本都是采用碳钢构成的，在普通环境下都能轻易地与各种非金属物质发生氧化还原反应，因而产生腐蚀。为使腐蚀速率能够降低，有关工程常常采用热镀锌件。但是，我国的热镀锌层一般仅有0.055mm厚，在一般的土壤环境中仅仅能抵抗1年的腐蚀，完全达不到要保护30年的年限要求。

2.3.5.9 降低接地电阻

为保障变电站高压电气设备及继电保护装置的安全运行，减少由于短路电流及雷电电流等引起的危害，在电力行业的相关标准中对接地装置的接地电阻有很严格的要求，一般接地电阻按照要求不大于0.5Ω，以达到安全散流的目的。具体的降低接地电阻的几种方法有：

（1）增加接地网接地面积。根据导体电阻的变化规律可知接地电阻与接地网面积的平方根成反比，通过增加接地网导体的接地面积可以降低接地电阻。

（2）采用引外接地的方法来降低变电站接地网的接地电阻。这种方法通过延长接地网外接到变电站区域外的一些土壤电阻率低的区域来达到降低接地电阻的目的。

（3）将接地网的埋设深度增加。由于这种方法的效果不是很明显，因此在电力系统的实际应用中并不多见。

（4）利用建筑物或设备的自然接地。其原理为利用建筑物的钢筋混凝土的钢骨架等。采用这种方法的建筑物接地电阻比较小，当接地网与自然接地的主体连接时，接地电阻会相应减小。这种方法效果显著，花费较少。

（5）局部更换电阻率小的土壤。有些电阻率本身较大的变电站，其他方法效果可能并不明显，可以直接将该地区的土壤进行更换，从而减小接地电阻。

2.3.5.10　采用铜材接地网

目前国际上对接地网的腐蚀十分关注，不同的国家应对该问题所采取的方法也不尽一致。

国外通常采用铜来代替碳钢作为接地网材料，如日本等都使用铜来制造接地装置，美国还推出了铜制接地装置的安全规范。铜材作为接地装置的主要材料可以有效防止导体腐蚀的故障，有利于电网的长久安全运行。铜较碳钢而言，能够有效提高接地网的寿命 1～2 倍，但成本增加了 5～6 倍，且铜本身作为重金属，将导致埋置地区土壤及地下水的污染，引发严重的环境问题，因此在国内应用得并不广泛。

2.3.5.11　换用更耐蚀的接地材料

目前，接地材料主要有碳钢、镀锌钢、铜、耐蚀非金属及导电防腐涂料。我国在运行的大部分变电站的接地网的材料仍以碳钢及镀锌钢为主。耐蚀非金属材料中，人造石墨以其优异的性价比、易加工性而被广泛应用，其稳定性好，能够长期使用，最为重要的是，其腐蚀速率仅为钢质材料的三十分之一；但人造石墨对安装的要求较高，因为其脆性比金属材料大，易发生断裂。

2.4
杂散电流的腐蚀与防护

2.4.1　杂散电流腐蚀概述

接地网广泛应用于电力等行业中，起着安全防护、屏蔽等作用，是保障电力系统安全稳定运行、电气设备与人身安全的重要设施。随着特高压交、直流输电的普及，输电通道、用电量的增加，变电站等级与容量随之提高，加上电气化铁路、城市轨道交通与地铁建设的增加，高强度杂散电流漫游在土壤中。杂散电流是指流过除预期路径以外的导电路径的电流，包括直流杂散电流、交流杂散电流和地电流。直流杂散电流来源于轨道交通的供电系统、直流输变电系统、阴极保护系统等直流供电电源，根据幅值及方向是否随时间变化可将直流杂散电流分为静态杂散电流和动态杂散电流，其中直流电气化铁路、高压直流输电及直流用电装置属于动态干扰源，阴极保护系统属于静态干扰源。交流杂散电流主要来源于高架交流输电线等交变电流供电源。地电流主要是地球磁场作用这一自然现象引起的杂散电流。杂散电流的出现使得变电站接地网金属材料在遭受土壤的化学、电化学腐蚀的同时还受到杂散电流腐蚀的威胁，这就对变电站接地装置的设计及防腐蚀工程提出了更严格的要求。

变电站接地主要有工作接地、保护接地、屏蔽接地和防雷接地，接地网主要是通过接地体将变电站内大型设备多余电流或者高压雷电流泄流入大地，起到保护设备稳定运行和人员安全的作用。在理想状态下，接地网金属仅起过渡导电作用。土壤是一个由气、液、固三相物质构成的多介质胶质体的复杂腐蚀体系，接地网金属会受到土壤类型、土壤电阻率、含水量、含盐量、侵蚀性阴阳离子、pH 值、氧化还原电位等因素影响而产生电极电位差异，使得流入地下的电流形成梯度电位，导致接地网金属中自由电子在梯度电位形成的电场力作用下定向移动，造成接地网金属阳离子与自由电子的分离即接地网金属的溶解。变电站埋于土壤中的绝缘导线因老化脱皮等造成的缺陷破损处、接地网金属尖角边棱凸出处易成为排流点，成为杂散电流的来源[5-7,35]。

(1) 变电站接地网杂散电流的来源

① 变电站系统　变电站系统接地网设置不当和变电站内电气装置使用不当均能产生杂散电流，如电气装置内中性线的重复接地，与 PE 线的反接，野蛮施工引起的接地线绝缘破损，雷电保护装置的泄流接线等。

② 轨道交通等其他系统　电气化铁路、城市轨道交通与地铁均能产生杂散电流，因地理位置的限制，变电站与电气化轨道交通的设计建设不可避免地存在并行现象或密集状况，地铁密集区域附近的变电站接地网及主变压器中性点接地线会因轨道交通泄漏到大地的杂散电流而发生电化学腐蚀，从而威胁电网的安全稳定运行。长距离油气管道的阴极保护系统的泄漏电流、地球磁场作用的地电流等也是接地网杂散电流的来源[36-40]。

(2) 杂散电流腐蚀研究现状　国外对杂散电流的研究比较早，起源于美国电气化铁路的大规模使用而引起了地铁网交会位置埋金属管道加速腐蚀的现象。1887 年，纽约布鲁克林区电车轨道影响范围内发现了埋地锻铁管道的杂散电流腐蚀问题，为此，美国于 1895 年安装了世界上第一座杂散电流直流排流装置。针对电气化铁路引起的严重杂散电流腐蚀问题，研究者们提出了减小铁路电阻、排流保护、阴极保护等措施。

随着经济的发展，人们对于交通、电力、石油、天然气的需求越来越多，随之而来的是城市轨道交通与电气化铁路的快速发展、特高压交直流输电工程大量实施及长距离油气管道的不断铺设，导致埋地管线及混凝土结构越来越多地受到杂散电流腐蚀，国内外对杂散电流腐蚀问题也越来越重视。

Luca Bertolini 等[41]研究了混凝土中钢的杂散电流腐蚀行为，发现加载直流杂散电流到一定时间后能够引发阳极区钢筋的腐蚀，且其腐蚀程度与阳极区电流密度大小、加载时间及混凝土中氯化物的存在有关，交流电流对混凝土中钝化碳钢的影响比直流电流所带来的影响更为复杂，甚至交流和直流杂散电流对钝化碳钢的去钝化作用可能产生负的协同效应，但通常交流干扰比直流电的危险性小得多。

Andrea Brenna 等[42]研究了交流干扰对混凝土中钢筋氯腐蚀的影响，发现交流干扰会削弱钢筋钝化能力，增加钝化电流密度，减少钝化间隔和临界[Cl⁻]/[OH⁻]的摩尔比到 0.30/0.45。实验结果表明，钢筋腐蚀的临界交流电流密度在 30～100A/m² 范围内，具体取决于混凝土中存在的氯化物含量。

I.Freiman[43]从理论上阐明了采用电化学方法来研究埋地管道中杂散电流腐蚀影响是一种

标准选择方式。C.Andrade 等[44]的理论分析及实验证明了利用杂散电流致极化的方法来研究金属腐蚀速率的可行性。M. Büchler 等[45]发现当土壤中 Ca^{2+} 和 Mg^{2+} 含量较高时，在阴极保护作用下管道涂层缺陷处金属碱化沉积形成钙镁沉积层，增加了扩散电阻，从而减缓或抑制了管道的交流腐蚀；土壤中碱性含量越高，管道涂层缺陷附近 OH^- 含量越高，越会降低管道涂层缺陷处的扩散阻力，从而加速管道的交流腐蚀。

Dae-Kyeong Kim 等[46]采用电化学技术对外加电流阴极保护的地下环境中的金属的交流腐蚀做了研究，发现在 $20A/m^2$ 以内的交流杂散电流密度对阴极保护作用下地下金属腐蚀的影响都可以忽略，交流杂散电流密度达到 $100A/m^2$ 后，即使采取阴极保护的地下金属腐蚀也会加速明显。

(3) 接地网的杂散电流腐蚀问题　接地网作为输变电系统的重要枢纽设施，不可避免地会受到特高压交直流输电网线、变电站内设备多余泄流引起的杂散电流腐蚀。符传福等[47]对海南省 33 个变电站接地网进行了土壤腐蚀情况调研与分析，发现存在不同程度的杂散电流干扰情况，其中有 14 个为中度杂散电流干扰，占比约 40%，剩下 19 个为强杂散电流干扰，统计分析表明该地土壤介质具有强腐蚀性，杂散电流干扰程度大，威胁变电站安全运行。取现场海南土壤进行了 Q235 钢的交、直流杂散电流腐蚀实验，发现交、直流杂散电流能加速阳极处 Q235 接地扁钢明显特征的电解及集中腐蚀，腐蚀产物呈疏松絮状，不具有保护作用，同时 Q235 钢在交、直流杂散电流条件下的腐蚀电化学特征规律不一致，同等量外加交、直流杂散电流，交流对 Q235 钢的腐蚀危害相对较小，约是直流杂散电流腐蚀的 15.9%[48]。

郑敏聪[49]研究了土壤模拟溶液中碳钢、铜及新材料等三种接地网材料在交、直流杂散电流条件下的电解腐蚀，结果表明接地网材料在直流杂散电流的腐蚀比交流要大很多，切合接地网腐蚀在直流输电线路更大的事实，直流对接地网材料耐蚀性影响明显，其中新材料耐蚀性最好，与土壤电导率基本成正比，新材料在交流情况下耐蚀性较差但不明显。

李建华等[50]现场连续测试了安徽肥西变等 9 个 220kV 和 550kV 等级超高压变电站区域的土壤电位梯度和接地网的自腐蚀电位，进行了杂散电流判断，发现部分变电站内存在中等程度杂散电流干扰，与变电站电压等级无关。

谭铮辉等[35]通过电化学阻抗谱等手段研究了接地网材料在不同含水量土壤中的直流杂散电流腐蚀特性。研究表明：在杂散电流的影响下，含水量会影响接地网材料的阻抗谱图及特征参数，其中 15%含水率下除 Q235 镀锌扁钢外都出现 Warburg 阻抗，含水量大及杂散电流越大，会使接地网材料的极化电阻越小，腐蚀速率及腐蚀电流密度增大，Cu 最耐腐蚀，Q235 镀锌扁钢次之，Q235 扁钢最差。

高书君等[51]研究了纯锌、纯铜及锌铜相连等接地网材料在陕北土壤模拟溶液中的直流杂散电流腐蚀行为，结果表明在杂散电流流出端，纯锌和纯铜都会发生严重的局部腐蚀，纯铜的耐蚀性高于纯锌，同时锌可用作牺牲阳极对铜接地网起到排流作用。

廖孟柯等[52]研究了钢、镀锌钢、铜三种变电站接地网材料在回填土中受杂散电流的响应，发现杂散电流加速金属接地网的腐蚀，加速程度与电流大小及流过时间成正比，铁和铜的质量损失与通过金属电量线性相关，电化学当量的实验测试值比法拉第（Faraday）第一定律计算偏大，镀锌钢的镀锌层并不能起到良好保护和防腐作用。

(4) 直流杂散电流腐蚀　朱志平等[53]研究了 SO_4^{2-} 与直流杂散电流对三种接地网材料的腐蚀影响。结果表明：

① 杂散电流与土壤中 SO_4^{2-} 会产生耦合作用而影响接地网材料的腐蚀特性，从交流阻抗

图谱可以看出直流杂散电流的大小影响金属电极材料阴、阳极反应的传质方式和响应频率，而土壤 SO_4^{2-} 含量的大小只影响电极材料阴阳极的传质快慢，杂散电流越大，其产生的电场越强，能加速 SO_4^{2-} 的定向扩散作用，导致材料的腐蚀加剧。

② 在其他因素相同情况下，SO_4^{2-} 含量和杂散电流的增大均会导致接地网材料的结合层电阻 R_1、电荷转移电阻 R_t 和极化电阻 R_p 减小，而腐蚀电流密度和失重速率增大，且杂散电流的影响强于 SO_4^{2-} 的影响。

③ 接地网材料在含量为 0.50%的 SO_4^{2-} 及 40mA 直流杂散电流联合作用的土壤中腐蚀失重最大，腐蚀 30d 后的 SEM、EDS 和 XRD 结果表明，Q235 扁钢表面腐蚀产物的主要成分是 Fe_3O_4 和 $Fe_2(SO_4)_3$，Q235 镀锌扁钢表面腐蚀产物的主要成分为 $Zn(OH)_2$、ZnO 和 $ZnFe(SO_4)_2OH \cdot 7H_2O$，铜腐蚀产物主要成分是 CuO、$Cu_2O$、$Cu_4SO_4(OH)_6$ 和 $CuSO_4 \cdot H_2O$，且耐蚀性能为铜 > Q235 镀锌扁钢 > Q235 扁钢。在直流杂散电流存在的情况下，镀锌层的电解腐蚀很快，Q235 镀锌扁钢并不能明显改善接地网的防腐蚀性能，铜的防腐蚀性能好但材料价格较高，因此要根据实际情况来选择相应的接地网材料并采取有效措施预防腐蚀。

朱忠伟等[54]研究了直流和交流杂散电流对金属电解腐蚀的影响。近中性土壤中，金属的直流电解和交流电解腐蚀受酸度影响不大，交流电解腐蚀明显轻于直流条件。直流腐蚀与土壤的电导率成正比，而交流腐蚀与土壤电导率并没有明显的线性关系。电解腐蚀不仅与金属种类相关，土壤电导率等其他因素对其也有很大影响，电解腐蚀是一个复杂过程。

杨超等[55]研究发现，直流电流密度增加会导致 X65 钢金属腐蚀电位和腐蚀电流密度先增大再减小最后增大，反应电阻整体呈减小趋势，在 100A/m² 直流电流密度时金属电极发生钝化行为成为拐点，反应电阻也略微增大，腐蚀速率下降；阻抗谱图的感抗弧在直流电流密度增加过程中逐渐消失，出现 Warburg 阻抗，到 200A/m² 最后成单一容抗弧。

管道直流杂散电流腐蚀的研究包括参数效应及与阴极保护的相互干扰研究，相较于交流腐蚀十分有限。Shan Qian 等[56]通过电位、失重、pH 值等测试手段研究了外加电流阴极保护下两种保护电位下 X52 管线钢在土壤溶液中的直流杂散电流腐蚀，发现直流杂散电流干扰下，阴极保护电位分别在阳极和阴极区域中向正和负方向移动，使得阳极处阴极保护程度下降，钢材腐蚀影响了管道完整性，阴极处溶解氧的还原导致溶液碱化不可逆，过保护情况下阴极处钢材渗氢导致断裂。

Yii-Shen Tzeng 针对台北高速地铁轨道在运行时产生的杂散电流腐蚀情况，研究了一种单向导通接地网。该接地网能有效地吸收轨道产生的杂散电流，从而对其他附近构建物具有保护作用。Ade Ogunsola 等将电气轨道和埋地管道之间形成的回路进行简化，并建立模型，最终获得管道表面附加电位与直流杂散电流各项参数的关系式。Ian Cotton 发现在轨道上采用浮动的回转接头能够有效地降低杂散电流的大小，并且采用杂散电流控制装置以及降低牵引系统周围的土壤电阻率可以降低周围建筑物的腐蚀风险。

高书君等[51]通过自行设计直流杂散电流装置，测试了距直流杂散电流源（20mA）不同距离条件下，铜/锌结构、纯铜、纯锌在陕北土壤模拟溶液中的腐蚀行为。结果显示：模拟溶液中存在直流杂散电流时，铜和锌都会在直流杂散电流的流出端严重腐蚀，并且锌可以作为牺牲阳极材料，具有排流作用，因而显著降低了铜遭受直流杂散电流的腐蚀。

通过模拟分形维数，王力伟等[57]研究了直流杂散电流对土壤腐蚀的影响，研究结果显示直流杂散电流密度、土壤电导率、土壤酸碱度的关系可以表示为

$$FD=1.0838-1.1\times10^{-3}pH+4.8\times10^{-3}\lambda+0.3321\ln D_1 \qquad (2\text{-}46)$$

式中，FD 为分形维数；λ 为电导率；D_1 为杂散电流密度。

（5）交流杂散电流腐蚀　交流干扰下管道腐蚀受交流杂散电流密度、交流频率、温度、土壤性质 [如土壤模拟溶液的 pH 值、Cl^-、碱土金属阳离子（Mg^{2+}、Ca^{2+}）与碱金属阳离子（K^+、Na^+）比例]、阴极保护等因素影响的研究较多。Yanbao Guo 等[58]在 $0\sim200A/m^2$ 不同交流杂散电流密度、$10\sim200Hz$ 不同频率的模拟土溶液中进行 X 系列管线管线钢腐蚀实验，结果表明 X 系列管线钢腐蚀速率随交流杂散电流密度的增人而增大；随着交流干扰频率的增加，电极反应过程中涉及的交流杂散电流减小，导致管线钢的腐蚀速率降低；X80 的抗腐蚀性能优于 X60 和 X70。M. Zhu 等[59-60]发现交流干扰叠加会降低钢的钝化性能，使腐蚀电位负向移动加速 X80 的腐蚀，交流杂散电流密度和氯离子浓度增加都会加速钢的腐蚀，且二者有协同效应使腐蚀加剧且局部化，高 pH 值条件下，X80 的阳极溶解与交流干扰形成钝化膜的反复过程会造成晶间断裂。

Xiao 等[61]在交流干扰和外加电流阴极保护作用下，发现 Na^+ 含量较高的模拟环境 X70 钢的腐蚀速率是 Ca^{2+} 和 Mg^{2+} 含量较高的模拟环境的 $2\sim3$ 倍；在模拟的 Ca^{2+} 和 Mg^{2+} 含量较高的环境中，交流干扰的应用会导致钙镁沉积产生裂纹和孔洞，这将导致薄膜性能恶化，保护性能下降，可能促进交流腐蚀的发生；在模拟较高 Na^+ 含量的环境中，阴极保护和交流组合干扰会导致试片表面 Na^+ 和 Cl^- 的浓缩使得交流干扰和 Cl^- 联合作用对试片更具侵略性，导致腐蚀速率的增加。

Fu 等[62]发现交流杂散电流会降低浓碳酸-碳酸氢盐溶液中碳钢的钝化率。碳钢在低交流杂散电流密度下会发生均匀腐蚀，在高交流杂散电流密度下钢表面发生范围广泛的点腐蚀；交流腐蚀强度还与涂层缺陷的几何形状和面积有关，含有 $1mm^2$ 缺陷的涂层钢比含有 $10mm^2$ 缺陷的涂层钢在单独施加交流杂散电流时具有更高的腐蚀活性。

Tang 等[63]研究了施加 $0.15A/m^2$、$0.32A/m^2$、$0.5A/m^2$、$2A/m^2$ 和 $15A/m^2$ 等 5 种阴极保护电流措施下 Q235 钢分别在 $50A/m^2$、$100A/m^2$、$200A/m^2$ 和 $300A/m^2$ 交流杂散电流土壤模拟液中的腐蚀，发现 Q235 钢的交流腐蚀速率是通过交流杂散电流和外加的阴极保护电流共同作用影响的结果，在 $0.15A/m^2$、$0.32A/m^2$、$0.5A/m^2$、$2A/m^2$ 阴极保护电流下，Q235 钢的腐蚀速率随交流杂散电流的增大而增大，同时增加阴极保护电流密度可以减缓交流腐蚀速率，但过大的阴极保护电流 $15A/m^2$ 会加速 Q235 钢的腐蚀，交流杂散电流会导致 Q235 钢的阴极保护电位发生偏移，外加阴极保护电流不足为 $0.15A/m^2$ 时，交流杂散电流的存在会导致阴极保护电位降低，偏移量随着交流杂散电流的增大而增大，当阴极保护电流达到 $2A/m^2$ 或 $15A/m^2$ 时，阴极保护电位随交流杂散电流的增大而正移。

Qingjun Zhu[64]等发现附近存在电气轨道的埋地管道表面电位发生不规则的波动，通过一天连续测量发现有两种杂散电流在影响其电位，它们分别是直流杂散电流和交流杂散电流。国内有人模拟混流杂散电流对金属的腐蚀，将直流与交流混流形成杂散电流，研究其对金属腐蚀的影响。结果表明：直流杂散电流能够加速管道的阳极腐蚀，加载的交流杂散电流可能对电极表面有去极化作用，从而加剧管道的腐蚀，形成穿孔。直流杂散电流和交流杂散电流共同作用时，腐蚀结果并非简单地叠加二者的单独作用，而是有复杂的变化。Srinivasan Muralidharan[65]研究了在自腐蚀电流密度与大于自腐蚀电流密度条件下，二者叠加形成的电流对低碳钢在海水中腐蚀的影响，研究结果如下：在自腐蚀电流密度条件下，交流杂散电流的叠加，加速了低碳钢的腐蚀，然而在直流杂散电流以及直流杂散电流+交流杂散电流条件下，低碳钢在低于自腐蚀电流密度条件下已经开始腐蚀。

2.4.2　杂散电流的危害

杂散电流是造成变电站接地装置短期内局部锈断的最主要原因。接地网材料杂散电流腐蚀具有以下特性：

（1）腐蚀强度大、危害大　接地网土壤腐蚀分为自然腐蚀和杂散电流腐蚀，自然腐蚀是接地网金属与土壤介质因素之间由于接触电位差异发生化学作用形成的自发溶解，大部分属于原电池腐蚀，包括微电池腐蚀和宏电池腐蚀，其腐蚀驱动电位约几百毫伏，产生的腐蚀电流的数量级不过几十毫安。接地网杂散电流腐蚀是接地金属因杂散电流而产生强迫溶解的一种特殊形式的电化学腐蚀，一般属于电解电池的腐蚀，如直流杂散电流腐蚀，即外来的泄流电流或梯度电位产生的电场造成接地网金属的直接溶解，接地网金属的腐蚀量与杂散电流强度成正比，土壤中实际发生的杂散电流如泄流电流或金属接地网电位可能最高达 8～9V，最大能达到成百上千安培的杂散电流，对金属的腐蚀影响显著。60Hz 交流电引起金属杂散电流腐蚀的腐蚀量大约为同等电量下直流电的 1%或者更小，但在静电场和交变电场下会引起交、直流叠加情况，交流干扰可能引起金属电极的去极化作用、绝缘层老化及防腐层剥离出现大阴极和小阳极现象，以及牺牲阳极的极性逆转、电流效率降低现象，造成金属更加严重的腐蚀损害。杂散电流通常比其他土壤环境因素对接地网金属造成的腐蚀更加恶劣，在强杂散电流条件下，壁厚为 7～8mm 的接地网钢材可能 4～5 个月甚或 2～3 个月即可发生穿孔腐蚀造成停电事故，腐蚀的强度大、危害大。

（2）腐蚀范围广、随机性强　杂散电流在土壤中弥散流动，其腐蚀影响可达几千上万米的范围。杂散电流的外部电流来源差异使得杂散电流腐蚀的随机性强，其发生常常也是不确定的，如绝缘接地线是否破损，接地网、雷电泄流保护装置及其他电力设备负载是否过剩，高压交、直流输电线的阻抗、感抗、容抗是否耦合，及直流牵引电气化铁路的轨道电流是否泄漏等均会使得杂散电流的产生、方向和强度不确定。

（3）腐蚀易集中于接地网电阻小处　接地网将电力设备多余的电流及雷击电流排泄到远方大地，杂散电流大多发生在由接地网尖角边棱凸出处、防腐涂层破损处等金属对地电阻较小的部位，（成为排流点）散流到土壤中，腐蚀破坏区域集中，破坏速度快。

为应对杂散电流腐蚀，必须深入研究了解杂散电流腐蚀的机理。直流杂散电流腐蚀和交流杂散电流腐蚀，两者的腐蚀机理、腐蚀程度不同。

2.4.3　直流杂散电流腐蚀的防护方法

直流杂散电流腐蚀被公认的腐蚀模型，金属在阳极（电流流出处）失电子发生氧化反应造成金属的溶解；阴极（电流流入处）上土壤中氧气或水分的电子发生吸氧反应或析氢反应，土壤电解质中原存在各离子及新生成的离子在电场力作用下结合进一步反应最终得到腐蚀产物。直流杂散电流造成阳极处的金属腐蚀量可依据法拉第电流定律来计算，即

$$G = \frac{IMt}{zF} \tag{2-47}$$

式中，G 为金属溶解腐蚀量，g；I 为电极流出电流的大小（腐蚀电流），A；M 为金属电极的摩尔质量；t 为电极流出电流的持续时间，s；F 为法拉第常数（96500 C/mol）；z 为电极反应计量方程式中金属离子的电荷数（金属腐蚀发生前后的原子价态变化）。

由法拉第电流定律计算可知，每 1 年 1A 直流杂散电流通过埋地金属发生的直流杂散电流腐蚀可溶解钢铁 9.13kg、铜 20.7kg、镁 4.0kg，腐蚀速率惊人。在直流杂散电流下，Cu 耐蚀性最好，Q235 镀锌扁钢次之，Q235 扁钢最差。

杂散电流腐蚀的防护一般采取"以防为主，以排为辅，防排结合，加强监测"的综合防护措施，基本原则是控制杂散电流干扰源，其次是对埋地金属进行腐蚀防护。

控制杂散电流干扰源是指管道等埋地金属在布置时选择合理的走向，尽量避开电气化铁路、输变电线路等杂散电流干扰源。接地网属于输变电系统的中枢节点，不可避免遭受交直流输电线或整流器的杂散电流干扰，在接地网接地设计及布置上要合理规划，如接地网的网络设计、中性线出线不可就地接地及接地网的合理排流设计等。接地网排流法按埋地管道排流法（包括直接直流、极性直流、强制直流、接地直流、直接交流、隔直交流和负电位交流排流法等），根据接地网的实际情况选用。

目前，接地网的防护措施主要是从降低环境介质的腐蚀性和改变腐蚀主体接地网材料的耐腐蚀性这两方面入手，前者主要是在土壤中添加降阻防腐剂，后者包括增加接地体截面积、换用更加耐蚀的接地网材料如铜材或采用复合材料接地体、涂刷导电防腐涂料、阴极保护、涂层+阴极保护等方法。

(1) 添加降阻剂　在接地网与土壤之间注入降阻剂，通过扩散和渗透作用降低土壤电阻率、扩大接地体与土壤间的接触面积、消除接地电阻、吸水和保水性改善土壤导电性能等降阻机理达到降阻目的，形成保护层以及内部的缓蚀成分起到对接地网腐蚀防护的作用。降阻剂按导电机理可分为物理及化学降阻剂两大类，其中物理降阻剂主要是中性的非电解质固体粉末，而化学降阻剂则主要是通过盐类的溶解扩散改善电阻率来实现降阻，呈酸性或碱性且稳定性较差。目前以膨润土为主的无机复合降阻剂在电力系统的接地网防腐中应用最广，其中 GPF94 高效膨润土降阻剂是应用较多的产品。在接地网防腐中需要注意接地降阻防腐效果、成分稳定性差异、施工工艺难度及环境污染等问题，这在一定程度影响了降阻剂在接地网防腐工程的应用。

(2) 增加接地体截面积　为使接地网的使用年限满足设计及运行要求，通常增大截面积来预留腐蚀裕量以确保接地体的安全性，但截面积的增加导致接地网材料消耗增加，同时也有接地体焊接、弯折上的施工困难，提高了工程造价。接地网材料的发展经过碳钢、镀锌钢、铜等发展过程，美国等许多国家由于铜的耐腐蚀性、导电性和热稳定性高而用铜材做变电站接地装置。我国由于资源、经济的原因，变电站接地网的选材主要为普通碳钢，选用耐蚀性铜材的成本相较于钢材贵 5～6 倍，还会造成埋置地区土壤及地下水的重金属污染，引发环境问题，同时铜质接地网在与被保护的钢质材料设备或旧的碳钢接地网相连时会构成腐蚀原电池，发生电偶腐蚀，加速钢材的腐蚀。复合材料接地体主要是人造石墨，柔性石墨复合接地体因具有优异的性价比、易加工、有良好接地降阻效果而得到广泛应用，其接地网电阻率可降至 $10^{-6}\,\Omega\cdot m$ 数量级，稳定性好、耐蚀性强，能够长期使用。但人造石墨在安装过程中要求较高，因为其脆性比金属材料要大，易发生断裂。

(3) 涂刷导电防腐涂料　涂覆导电防腐涂料是在接地体金属表面涂刷涂层，使其与周围的腐蚀介质隔离的一种防腐方法，简单有效且广受欢迎，涂层的导电性、隔水性、附着力、硬度、耐酸碱盐性及电化学性能决定了涂层对接地金属的防护效果，但涂层仍存在老化、破损的问题，且涂层破损处具有杂散电流腐蚀明显等问题。导电涂料根据组成及导电机理可分为本征型和复合型导电涂料。以导电高分子聚合物包括聚乙炔、聚吡咯以及聚苯胺等为基本成膜物质制备而成的涂料就是本征型导电涂料。复合型导电涂料是在绝缘的高聚物中加入导电填料，像金属（金属氧化物）、碳系和复合型纳米导电填料等，用其作为基本成膜物质制备而成的涂料，是目前应用比较广泛的一种导电涂料。石墨烯和碳纳米管因独特的结构和优异的性能，越来越多地被单独或复合运用于导电防腐涂料的研究中，并用于金属地网的防腐。

（4）阴极保护　阴极保护是工程上常用的金属防腐方法，可通过牺牲阳极法和外加电流法实现。接地网金属的腐蚀大多为电化学腐蚀，阴极保护法就是通过对被保护的接地网金属施加一定的阴极电流使电位负于某值，从而抑制金属阳极溶解反应即发生阴极极化，最终降低接地金属的腐蚀速率和腐蚀倾向。阴极保护是从电化学角度出发防止或抑制被保护金属腐蚀的防护措施，属于电化学保护。牺牲阳极法是在腐蚀介质中与被保护金属连接电极电位更负、更活泼、更易发生腐蚀的金属作为牺牲阳极，如接地网防腐中牺牲阳极常用高纯镁及镁合金、高纯锌及锌合金、铝合金等自腐蚀电位更负的金属优先腐蚀形成阴极极化电流以保护接地网材料，简便易行、不需要外加电源，很少产生腐蚀干扰，已经在国内广泛应用，能够有效地减缓接地网的腐蚀。例如我国110kV北郊变电站，其接地网因地处盐碱地带腐蚀严重，采用"阴极保护"防腐可减弱接地网腐蚀，延长使用寿命至30～40年。外加电流法是通过外部的直流电流自动控制装置向接地网提供阴极电流从而处于阴极电位以达到保护效果，抑制腐蚀的发生。外加电流的阴极保护技术适用于土壤腐蚀性强且接地网现场腐蚀速率过大、腐蚀情况严重的变电站，可对接地网进行前期及后续过程防腐，同时外加电流法可在杂散电流干扰下自动调整输出电流来保证接地网阴极保护电位的平衡和稳定，具有较强的抗外界干扰能力。可在杂散电流干扰严重且杂散电流腐蚀严重的区域使用外加电流法对接地网进行保护。

（5）联合保护　涂层+阴极保护法是将涂层保护法和阴极保护法联合使用的防腐措施，是最经济合理、安全可靠的防腐措施，成为世界发达国家进行腐蚀防护共同遵守的规则。导电防腐涂料与阴极保护联合防腐的方法可弥补单独涂层保护因涂层破损而导致裸露金属加速腐蚀及涂层进一步劣化和单独阴极保护电流消耗量大、分散能力不均等缺陷。联合使用可大大提高接地网的腐效果及运行可靠性，是解决接地网腐蚀问题，确保电网安全的经济、优异的新技术。梁庄变电站对接地网扁钢表面涂刷BD 01涂料并采取牺牲阳极法进行改造，改造后通过测试与检查发现接地网运行状况良好，其运行寿命可延长至30年以上。

2.5

变电站金属材料的大气腐蚀与防护

2.5.1　大气腐蚀与腐蚀程度分级

2.5.1.1　变电站大气腐蚀概述

全世界每年因金属腐蚀而造成的损耗近亿吨，带来巨大的经济损失，约占GDP的3%～

5%。在大气中使用的钢铁材料超过其生产总量的 60%，据估计，因大气腐蚀造成的钢铁损失占到了总损失的 50%。其中，海洋大气环境（主要受 Cl^- 的影响）和工业大气环境（主要受酸雨影响）造成的钢铁损失最为严重，是金属大气腐蚀损失的主要原因。金属的大气腐蚀是指金属材料及其制品与大气环境相互作用，从而引起的材料的破坏或失效现象。

　　而变电站作为能源输出窗口，其建设一般要考虑周边电力需求量，大部分变电站是建在高能耗企业集中的区域或人口相对集中的区域，而这些区域由于人类活动或工业排放的污染性气体如 H_2S 和 SO_2，导致该地区附近变电站所处环境相对恶劣。处于恶劣环境下的变电站金属材料容易发生各种类型的腐蚀，因此，站内设备的腐蚀情况相对其他地区严重[66-74]。

　　变电站的大气腐蚀范围几乎涵盖了变电站主变、隔离开关、CT、紧固件、电力金具、输电线路导线、户外端子箱、线路杆塔等所有设施，变电站及金属材质即为腐蚀的主体，一般是钢、铝、铜、锌及对应合金。对沿海某省份 110kV 及以上 GIS（气体绝缘组合电气设备，Gas Insulated Switchgear）变电站运行中出现的问题进行调研，涉及 110kV 及以上户内 GIS 站 164 座，户外 GIS（含 HGIS）站 132 座，相关设施腐蚀状况如图 2-7～图 2-10 所示。

图 2-7　GIS 母线管及伸缩节螺杆腐蚀

图 2-8　GIS 单体设备及气室外壳的腐蚀

　　部分导电部件对金属材料的导电性要求较高，该部分金属材料无法通过传统的方式进行保护，导致金属在污染性环境中遭受大面积腐蚀，导电性降低。同时由于目前国内大气污染是经过长时间导致的，不同区域的大气腐蚀成分各异，并且大气中的腐蚀性成分在短期内不会得到有效解决，因此，变电站金属将长时间处于这些污染性大气环境中。而大气污染治理困难、投资高、技术复杂，一些腐蚀严重的变电站在现有地址或设备的基础上进行治理是很难实现的。对于已经建好而大气腐蚀又非常严重的变电站，如要进行迁址或设备改造，其花费将达上千万甚至上亿元。对此，深入研究变电站金属的大气腐蚀特性，并提出有针对性的防腐建议，可为变电站现场防腐工作提供理论指导。

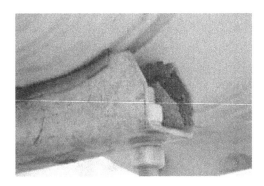

图 2-9   金属支架及避雷器箱体的腐蚀

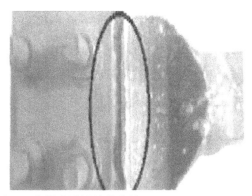

图 2-10   出线套管接线座及设备线夹连接处的腐蚀

大气腐蚀的分类是腐蚀研究工作者十分关注的问题，因为大气环境的波动性，大气腐蚀的分类方式多种多样，有按照地理和空气成分进行的分类，如工业大气腐蚀、农村大气腐蚀、海洋大气腐蚀和内陆大气腐蚀等。变电站金属腐蚀按腐蚀反应可分为化学腐蚀和电化学腐蚀两种。除在干燥无水分的大气环境中发生表面氧化、硫化造成失去光泽和变色等属于化学腐蚀外，大多数情况均属于电化学腐蚀。但该电化学腐蚀又不同于全浸在电解液中的电化学腐蚀，而是在电解液薄膜下的电化学腐蚀。根据周围环境可将变电站金属腐蚀分为三类[17]：干的大气腐蚀，即金属表面完全没有水分膜层的大气腐蚀；湿的大气腐蚀，即金属表面存在肉眼可见水膜时的大气腐蚀；潮的大气腐蚀，即在相对湿度小于 100%时肉眼看不见水膜时的大气腐蚀。

在干的大气腐蚀情况下，金属表面的破坏过程按照处于气相的反应剂（例如空气中的氧、硫化氢等）同被氧化的金属表面发生纯化学作用的历程进行，在金属表面形成一层腐蚀反应产物的薄膜。这层膜几秒内就能生成，在几小时后，膜就停止增厚。金属材料在相当干的大气中腐蚀速率是非常小的,所以金属材料的大气腐蚀破坏并非主要由干的大气腐蚀过程引起。

在湿的大气腐蚀情况下,金属腐蚀过程在可见的水膜下,也就是在电解液膜下进行。腐蚀的历程与沉浸在电解液中的电化学腐蚀相同,而且还有局部微电池腐蚀。这种情况下的腐蚀速率高于干的大气中的腐蚀速率几个数量级。

在潮的大气腐蚀情况下,由于氧更容易透过液膜达到金属和液膜的界面,腐蚀速率更快,所以金属材料大气腐蚀的实质是薄液膜下的电化学腐蚀。液膜存在的时间长短及液膜的厚薄,以及液膜的化学成分等因素对金属腐蚀的影响至关重要。前者主要是由大气气象环境造成的,后者主要与大气污染成分有关。

2.5.1.2　变电站金属大气腐蚀的影响因素

变电站金属大气腐蚀的影响因素很多,主要包括气候条件、大气腐蚀性组分、表面因素三类。气候条件包括相对湿度、表面湿润时间、日照时间、气温、降雨、风向与风速、降尘等各种天气现象。大气腐蚀性组分主要以干、湿沉降两种形式传输到材料表面,这也导致材料表面存在与大气同样丰富的化学组分,主要包括二氧化碳、臭氧、氨、NO_x、H_2S、SO_2、氯化物、有机酸、沉降中的腐蚀性组分、气溶胶颗粒等。表面因素包括腐蚀产物和表面状态。

大气中的尘粒主要指的是活性炭、氮化物及碳化物等微小的固体颗粒物。通常这些物质会通过沉降附着在金属的表面从而使金属的腐蚀速率加快。例如,由于吸附二氧化硫和水的能力较强,碳化物和活性炭颗粒附着在金属表面时会增大金属表面的电解液酸度,从而加快腐蚀;当铵盐颗粒沉降到金属表面时,由于其具有易水解性,并且水解后会导致电解液的电导和酸性均增大,因而同时加快了氧和氢的去极化腐蚀;当硫化物通过沉降附着在金属表面时,硫化物作为阴极的局部腐蚀电池在金属表面形成,腐蚀加快;硫酸盐颗粒还能发生还原反应生成硫化氢,生成的硫化氢会加速金属的腐蚀。

经大气腐蚀后的材料表面上所形成的腐蚀产物膜,一般均有一定的“隔离”腐蚀介质的作用。因此,对于多数材料来说,腐蚀速率随暴露时间的延长而有所降低,但很少呈直线关系。这种产物保护现象对耐候钢尤为突出,其原因在于其腐蚀产物膜中所含金属元素富集,使锈层结构致密,起到良好的屏蔽作用。但对于阴极性金属保护层,常常由于镀层有孔隙,在底层下生成的腐蚀产物因体积膨胀而导致表面保护层的脱落、起泡、龟裂等,甚至发生缝隙腐蚀。表面状态主要指材料表面的粗糙度。因为不光洁的表面会增加材料表面的毛细管效应、吸附效应和凝聚效应,从而使得材料表面出现“露水”时的大气湿度即临界大气湿度下降,加剧变电站金属大气腐蚀现象。

变电站腐蚀按照机理大致可以分为间隙腐蚀、电偶腐蚀和工艺缺陷腐蚀。间隙腐蚀是由于金属表面因存有异物等原因,在结构上形成金属间隙。这种间隙由于在雨水积存时发生的电化学作用而产生腐蚀,常见于螺栓接头等连接部位。间隙腐蚀的初期,间隙与雨水的接触所形成的电解液,会在间隙内、外发生阳极金属溶解和阴极氧还原反应。一定时间后,待间隙溶液中的氧消耗殆尽时,间隙内外形成氧浓差腐蚀电池,进而会引发间隙腐蚀闭塞电池的自催化过程。

电偶腐蚀即俗称的接触腐蚀,当不同材质的两种金属相接触时,因金属物理特性不同,故存在金属电极电位差异,这种差异将使金属在电解液中形成腐蚀电池。电位较高的金属受到电化学保护，其腐蚀速率较小，而电位较低的金属将被加速腐蚀。

目前，变电站常用的防腐工艺为热镀锌、涂覆防腐涂料等。但市场上的防腐工艺水平参差不齐，镀锌层厚度未达到国家标准要求的厚度，镀层不均匀，以及运输、施工过程中造成的镀锌层破坏，都会使金属构件原本起电化学保护的镀锌层过早被破坏，暴露出构件基体，从而加速腐蚀。

2.5.1.3 大气腐蚀分级

GB/T 19292.1—2018《金属和合金的腐蚀 大气腐蚀性 第 1 部分：分类、测定和评估》规定了大气腐蚀性的分类及评定方法。图 2-11 是大气腐蚀评级的流程示意图及对应的标准。

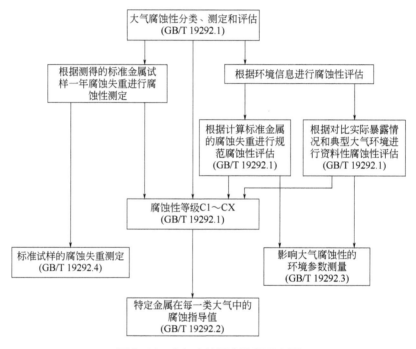

图 2-11 大气腐蚀评定流程示意图

大气腐蚀性等级可分为六级，如表 2-16 所示。

表 2-16 大气腐蚀性分级

等级	腐蚀性	等级	腐蚀性
C1	很低	C4	高
C2	低	C5	很高
C3	中等	CX	极高

对应于每个腐蚀性等级的标准金属（碳钢、锌、铜、铝）第一年的腐蚀速率值见表 2-17。一年期间暴晒试验应该始于春秋季，在季节性差异明显的气候环境中，建议从腐蚀性最强的时期开始试验。不能简单用第一年的腐蚀速率外推长期的腐蚀行为。

表 2-17　不同腐蚀性等级的标准金属暴晒一年的腐蚀速率

腐蚀性等级	金属腐蚀速率 r_{corr}				
	单位	碳钢	锌	铜	铝
C1	g/(m²·a)	$r_{corr} \leqslant 10$	$r_{corr} \leqslant 0.7$	$r_{corr} \leqslant 0.9$	忽略
	μm/a	$r_{corr} \leqslant 1.3$	$r_{corr} \leqslant 0.1$	$r_{corr} \leqslant 0.1$	—
C2	g/(m²·a)	$10 < r_{corr} \leqslant 200$	$0.7 < r_{corr} \leqslant 5$	$0.9 < r_{corr} \leqslant 5$	$r_{corr} \leqslant 0.6$
	μm/a	$1.3 < r_{corr} \leqslant 25$	$0.1 < r_{corr} \leqslant 0.7$	$0.1 < r_{corr} \leqslant 0.6$	—
C3	g/(m²·a)	$200 < r_{corr} \leqslant 400$	$5 < r_{corr} \leqslant 15$	$5 < r_{corr} \leqslant 12$	$0.6 < r_{corr} \leqslant 2$
	μm/a	$25 < r_{corr} \leqslant 50$	$0.7 < r_{corr} \leqslant 2.1$	$0.6 < r_{corr} \leqslant 1.3$	—
C4	g/(m²·a)	$400 < r_{corr} \leqslant 650$	$15 < r_{corr} \leqslant 30$	$12 < r_{corr} \leqslant 25$	$2 < r_{corr} \leqslant 5$
	μm/a	$50 < r_{corr} \leqslant 80$	$2.1 < r_{corr} \leqslant 4.2$	$1.3 < r_{corr} \leqslant 2.8$	—
C5	g/(m²·a)	$650 < r_{corr} \leqslant 1500$	$30 < r_{corr} \leqslant 60$	$25 < r_{corr} \leqslant 50$	$5 < r_{corr} \leqslant 10$
	μm/a	$80 < r_{corr} \leqslant 200$	$4.2 < r_{corr} \leqslant 8.4$	$2.8 < r_{corr} \leqslant 5.6$	—
CX	g/(m²·a)	$1500 < r_{corr} \leqslant 5500$	$60 < r_{corr} \leqslant 180$	$50 < r_{corr} \leqslant 90$	$r_{corr} > 10$
	μm/a	$200 < r_{corr} \leqslant 700$	$8.4 < r_{corr} \leqslant 25$	$5.6 < r_{corr} \leqslant 10$	

如果不能根据标准试验暴晒来测定腐蚀性等级，则可以根据环境数据计算所得腐蚀失重或根据环境条件及暴晒情况进行腐蚀性评估。

2.5.2　工业大气中变电站的腐蚀机理

金属材料大气腐蚀的影响因素包括大气的相对湿度、金属表面湿度的滞留时间、日照时间、气温、风向风速、降水、降尘等。大气中的腐蚀促进产物的成分分固体和气体两部分，固体物质主要有灰尘、NaCl、$CaCO_3$、金属粉、ZnO 等氧化物、粉煤灰等；气体成分主要有 SO_2、SO_3、H_2S、Cl_2、HCl、NO、NO_2、NH_3、HNO_3、CO、CO_2、有机化合物等。

变电站的主要金属材料是钢（主要为碳钢、镀锌钢和不锈钢）、铝和铝合金以及铜等，因此，气体中危害最大的是 SO_2。工业大气环境中的 SO_2 会溶解在液膜中形成酸性液体（易溶于水形成亚硫酸），不稳定，被氧化后形成硫酸，可加速钢材的腐蚀。钢材在腐蚀中产生中间产物 $Fe(OH)_2$，生成 $FeSO_4 \cdot xH_2O$，后会被氧化为 α-FeOOH 和 γ-FeOOH，γ-FeOOH 会转化为 α-FeOOH 和 Fe_3O_4。在腐蚀过程中，钢材表面还会随机出现蚀坑。发展主要包括出现蚀坑—纵向发展—横向发展 3 个过程。

2.5.2.1　SO_2 腐蚀机理

SO_2 既可以作为 Lewis 酸，同时也能够作为 Lewis 碱，它能够吸附在表面具有活性的位置并发生反应形成酸性溶液，降低表面电解液的 pH 值。空气中 SO_2 遇水吸附在金属表面形成 HSO_3^-，HSO_3^- 被氧化成 SO_4^{2-}，导致表面液膜酸化，酸化的液膜对铝、锌、铜表面造成腐蚀，并生成可溶性硫酸盐，在雨水的冲刷下离开金属表面，从而使裸露的金属再次暴露在空气中并再次发生锈蚀。化学反应为

$$SO_2(g) \longrightarrow SO_2(aq) + H_2O \longrightarrow HSO_3^- \tag{2-48}$$

$$HSO_3^- + O_2 \longrightarrow HSO_4^- + H_2O \tag{2-49}$$

$$HSO_3^- + O_3 \longrightarrow HSO_4^- + O_2 \tag{2-50}$$

$$HSO_4^- \longrightarrow H^+ + SO_4^{2-} \tag{2-51}$$

对于暴露在空气中的锌（镀锌钢），在自然环境室温条件下，锌表面接触干净的空气后马上在表面通过氧化形成一层薄的氧化膜（ZnO）。在 SO_2 环境中，一旦湿度层确定，锌的氢氧化物 $Zn(OH)_2$ 通过电化学反应迅速在 ZnO 薄膜上生成。一般来说，这种腐蚀产物为锌在腐蚀性气体中的初期腐蚀产物。随着时间的延长，吸附在氧化膜表面的水会使环境中的 SO_2 溶于这层薄液膜中，SO_2 通过沉降溶解生成 SO_4^{2-}，并使液膜的 pH 值降低，初期在锌表面生成的腐蚀产物逐渐溶解，释放 Zn^{2+}，其反应方程式为[71]

$$SO_2(g) \longrightarrow SO_2(ads) \tag{2-52}$$

$$SO_2(ads) + H_2O \longrightarrow HSO_3^-(ads) + H^+(ads) \tag{2-53}$$

$$HSO_3^-(ads) \longrightarrow SO_3^{2-}(ads) + H^+(ads) \tag{2-54}$$

$$HSO_3^-(ads) + 1/2 O_2 \longrightarrow SO_4^{2-}(ads) \tag{2-55}$$

$$HSO_3^-(ads) + 1/2 O_2 \longrightarrow SO_4^{2-}(ads) + H^+(ads) \tag{2-56}$$

$$ZnO(s) + 2H^+(ads) \longrightarrow Zn^{2+}(ads) + H_2O \tag{2-57}$$

$$Zn(OH)_2(s) + 2H^+(ads) \longrightarrow Zn^{2+}(ads) + 2H_2O \tag{2-58}$$

液膜中，Zn^{2+} 向阴极迁移，SO_4^{2-} 向阳极迁移，随着反应的不断进行，在锌表面聚集的离子越来越多，并生成不溶性锌的氢氧硫酸盐化合物。这些氢氧硫酸盐化合物沉积在锌表面，降低了液膜的电导率，在一定程度上阻止了阳极和阴极区域的发展，部分重新溶解形成 Zn^{2+} 和 SO_4^{2-}，其反应方程式为

$$Zn^{2+}(ads) + SO_4^{2-}(ads) \longrightarrow ZnSO_4(ads) \tag{2-59}$$

$$Zn^{2+}(ads) + 3ZnO(s) + SO_4^{2-}(ads) + (x+3)H_2O \longrightarrow Zn_4SO_4(OH)_6 \cdot xH_2O(s) \tag{2-60}$$

$$Zn_4SO_4(OH)_6 \cdot xH_2O(s) + 6H^+(ads) \longrightarrow 4Zn^{2+}(ads) + SO_4^{2-}(ads) + (x+6)H_2O \tag{2-61}$$

反应进行到后期，腐蚀产物层逐渐增厚，大量锌的氢氧硫酸盐化合物沉积在锌表面，其沉积厚度足够抵消溶解过程中所消耗的腐蚀产物层，从而降低基体暴露在腐蚀性介质环境中的概率。由于没有足够的 Zn^{2+} 来弥补液膜中降低的 Zn^{2+} 浓度，同时在低的相对湿度环境中，电解液的不足使锌的腐蚀速率和 SO_2 的沉积速率较慢，导致电化学反应速率降低，使腐蚀产物能够保护基体免受腐蚀，并且腐蚀产物也会转化为无水化合物。

对于通常暴露在空气中的铜，其表面生成的初始产物为 Cu_2O，在含有 SO_2 的大气环境中，酸性溶液会部分溶解铜表面生成的具有保护性的 Cu_2O 膜，结果使腐蚀继续进行，并且 Cu^{2+} 将 S 从 +4 价氧化成 +6 价：

$$Cu_2O + 2H^+ \longrightarrow Cu + Cu^{2+} + H_2O \tag{2-62}$$

$$2Cu^{2+} + SO_3^{2-} + H_2O \longrightarrow 2Cu^{2+} + SO_4^{2-} + 2H^+ \tag{2-63}$$

破坏的氧化膜变成微电池阳极区从而在很大程度上加速铜腐蚀，最终形成低溶解性的 $Cu_4SO_4(OH)_6$，低溶解度的 $Cu_4SO_4(OH)_6$ 能够隔离腐蚀性介质与基体接触，从而降低基体的腐蚀速率，保护基体：

$$4Cu^{2+} + SO_4^{2-} + 6H_2O \longrightarrow Cu_4SO_4(OH)_6 + 6H^+ \tag{2-64}$$

根据铜在 SO_2 环境中的腐蚀特性，分析腐蚀产物在铜表面的形成过程如图 2-12 所示。铜暴露在环境中表面会吸附一层水膜，当环境中含有腐蚀性气体 SO_2 时，由于吸附点的差异性，SO_2 沉降在不同位置的水膜中也不一样，形成不同厚度的液膜。SO_2 在液膜中通过水解，形成不同种类的离子，在液膜比较厚的 A 区（液滴），溶解的 SO_2 比较多，释放的离子也多，导致这部分液滴中腐蚀性介质离子浓度较大，而腐蚀性介质离子能够使初期在表面生成的保护性腐蚀产物溶解，腐蚀性介质通过腐蚀产物裂缝进入基体，使基体材料易与腐蚀性物质发生反应形成腐蚀产物，同时在反应过程中形成的腐蚀产物通过裂缝很容易从基体向外迁移，从而使腐蚀过程能够继续进行，在基体表面生成的腐蚀产物增多，但是新生成的腐蚀产物孔隙率大且疏松，随反应过程的进一步发展，基体溶解产生的腐蚀产物在基体外增加，并逐步向周围迁移，腐蚀点也在不断增多，腐蚀产物堆积的厚度及数量也在不断增加。而在基体表面吸附水膜较薄的地方（B 区），O_2 和 SO_2 溶解于该水膜中较少，导致水解生成的腐蚀性介质

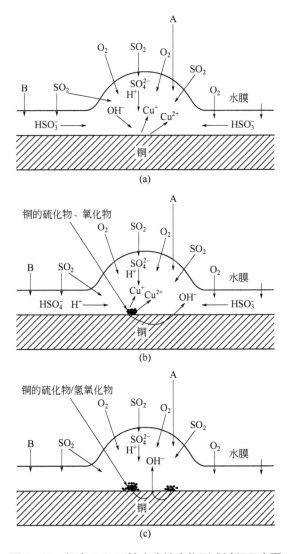

图 2-12　铜在 SO_2 环境中腐蚀产物形成过程示意图

离子浓度较低，腐蚀性介质不足以完全破坏表面生成的保护膜，使基体与腐蚀性介质接触，溶解的保护膜通过补偿等手段，又重新在表面生成，导致腐蚀产物扩散困难，因此，这部分基体表面上沉积的腐蚀产物量相对较少。由于液滴在铜上呈球包状，因此形成的腐蚀产物大多呈圆包状。

2.5.2.2 紫铜 T2 在 H₂S 环境中的腐蚀行为分析

（1）灰色模型的应用 朱志平等[75]使用非等间距灰色 GM（1，1）数学模型描述紫铜 T2 在高浓度 H₂S 环境中的腐蚀行为。灰色系统理论将随机量看作是在一定范围内变化的灰色量，按适当的方法将原始数据进行处理，将灰色数变换为生成数，从生成数进而得到规律性较强的生成函数。灰色系统理论的量化基础是生成数，从而突破了概率统计的局限性，使其结果不再是过去依据大量数据得到的经验性的统计规律，而是现实性的生成律。但是传统的灰色 GM（1，1）预测模型基于等间距且背景值构造方法存在一定的误差。基于上述原因，对传统的灰色 GM（1，1）预测模型进行改进，建立不等间距灰色 GM（1，1）预测模型。其建立过程如下：

已知原始数据列 $x^{(0)}$：

$$x^{(0)}=[x^{(0)}(t_1), x^{(0)}(t_2)\cdots x^{(0)}(t_i),], \quad i=1, 2\cdots n \tag{2-65}$$

式中，$x^{(0)}(t_i)$ 为 t_i 时的腐蚀速率。

原始数据列的检验与处理，即级比 $\lambda(t_i)$ 计算：

$$\lambda(t_i) = \frac{x^{(0)}(t_{i-1})}{x^{(0)}(t_i)} \tag{2-66}$$

其中，$\lambda(t_i)\in(e^{-2/(i+1)}, e^{-2/(i+2)})$，若不在此可容覆盖区域内，选取适当的 c 对 $x^{(0)}(t_i)$ 进行平移变换，使级比 $\lambda(t_i)$ 落入此可容覆盖区域内。

对时间进行差值处理：

$$\Delta t_i=t_i-t_{i-1}, \quad i=2, 3\cdots n-1 \tag{2-67}$$

对原始数据列进行 1-AGO：

$$x^{(1)}=[x^{(1)}(t_1), x^{(1)}(t_2)\cdots x^{(1)}(t_i),], \quad i=1, 2\cdots n \tag{2-68}$$

其中

$$x^{(1)}(t_i) = \sum_{i=1}^{k} x^{(0)}(t_i)\cdot\Delta t_i , \quad i=1, 2\cdots k \tag{2-69}$$

对背景值进行优化。为提高拟合精度，扩大应用范围，采用灰色模型的指数特性对传统灰色 GM（1，1）预测模型背景值进行改进：

$$Z(t_{i+1}) = \frac{x^{(1)}(t_{i+1}) - x^{(1)}(t_i)}{\ln x^{(1)}(t_{i+1}) - \ln x^{(1)}(t_i)} \tag{2-70}$$

权矩阵的定义：原始数据序列中不同时间点的值都被赋予一个权值，表征其可靠性，且权值应随时间呈指数增长，即

$$P = \begin{bmatrix} W & \cdots & 0 \\ \vdots & \ddots & \vdots \\ 0 & \cdots & W^{n-1} \end{bmatrix} \tag{2-71}$$

式中，W 为权递增因子，一般取 $W=1\sim2$。

微分方程的建立。以 $x^{(1)}(t_i)=x^{(0)}(t_i)$ 为初值，建立如下非等间距 GM(1，1)灰色模型：

$$x^{(0)}(k) + az^{(1)}(k) = b \tag{2-72}$$

$$\begin{pmatrix} a \\ b \end{pmatrix} = (A^{\mathrm{T}}PA)^{-1}A^{\mathrm{T}}PY_R \tag{2-73}$$

使用 MATLAB 软件计算非等间距灰色 GM（1，1）模型的系数 a 和 b，其中：

$$Y_R = \left[x^{(0)}(t_2), x^{(0)}(t_3), \cdots, x^{(0)}(t_i) \right] \tag{2-74}$$

$$A = \begin{bmatrix} -Z(t_2) & 1 \\ \vdots & \vdots \\ -Z(t_i) & 1 \end{bmatrix} \tag{2-75}$$

可以利用下式对 $x^{(1)}(t_i)$ 进行预测，获取 $x^{(1)}(t_i)$ 的预测值 $\hat{x}^{(1)}(t_i)$：

$$\hat{x}^{(1)}(t_i) = \left(x^{(1)}(t_i) - \frac{b}{a} \right)e^{-a(t_i-t_1)} + \frac{b}{a} \tag{2-76}$$

按下式获得 $x^{(0)}(t_i)$ 的预测值 $\hat{x}^{(0)}(t_i)$：

$$\hat{x}^{(0)}(t_i) = \frac{\hat{x}^{(1)}(t_i) - \hat{x}^{(1)}(t_{i-1})}{\Delta t_i} = \frac{1}{\Delta t_i}(1-e^{a\Delta t_i})\left(x^{(0)}(t_1) - \frac{b}{a} \right)e^{-a(t_i-t_1)} \tag{2-77}$$

若原始数据列通过选取适当的 C 进行平移变换，则按下式获得 $x^{(0)}(t_i)$ 的预测值 $\hat{x}^{(0)}(t_i)$：

$$\hat{x}^{(0)}(t_i) = \frac{\hat{x}^{(1)}(t_i) - \hat{x}^{(1)}(t_{i-1})}{\Delta t_i} = \frac{1}{\Delta t_i}(1-e^{a\Delta t_i})\left(x^{(0)}(t_1) - \frac{b}{a} \right)e^{-a(t_i-t_1)} - c \tag{2-78}$$

对预测模型的精度进行评定。利用后验差比值 C 和小误差频率 P 对预测模型的精度进行综合评定。C 越小越好，C 越小，表明尽管原始数据很离散，而模型所得计算值与实际值之差并不太离散。P 值越大越好，P 越大，表明残差与残差平均值之差小于给定值 $0.6745S_1$ 的点越多，其具体的表达式如下：

$$C = \frac{S_2}{S_1} = \sqrt{\frac{\frac{1}{n}\sum_{i=1}^{n}\left(q(t_i)-\overline{q}\right)^2}{\frac{1}{n}\sum_{i=1}^{n}\left(x^{(0)}(t_i)-\overline{x}\right)^2}} \tag{2-79}$$

$$P = P\{| q(k)-\overline{q} |< 0.6745S_1\} \tag{2-80}$$

式中，$q(t_i)$ 为 t_i 时刻残差；$\overline{x}$ 为原始数据 $x^{(0)}(t_i)$ 的平均值；$\overline{q}$ 为残差 $q(t_i)$ 的平均值。其表达式如下所示：

$$q(t_i) = x^{(0)}(t_i) - \hat{x}^{(0)}(t_i) \tag{2-81}$$

$$\overline{x} = \frac{1}{n}\sum_{i=1}^{n}\hat{x}^{(0)}(t_i) \tag{2-82}$$

$$\overline{q} = \frac{1}{n}\sum_{i=1}^{n}q(t_i) \tag{2-83}$$

根据后验差比值 C 和小误差频率 P 的值可以将模型精度分为"好""合格""勉强合格"和"不合格"4个等级,模型精度等级如表2-18所示。

表2-18 模型精度等级

模型精度等级	P	C	模型精度等级	P	C
好	>0.95	<0.35	勉强合格	>0.7	<0.45
合格	>0.8	<0.5	不合格	≤0.7	≥0.65

当 P 和 C 都在允许的范围之内,则可以应用模型预测,所建立的模型精度满足要求。以紫铜 T2 在 $10mg/m^3$ H_2S 环境中腐蚀增重量数据作为原始数据列,对原始数据列进行级比计算,发现部分数据未落入可容覆盖区域内,选取常数 $c=0.8$ 对原始数据列进行平移变换使原始数据列全部落入可容覆盖区域内,对时间进行差值处理得到 $\Delta t_2=24$,$\Delta t_3=48$,$\Delta t_4=72$,$\Delta t_5=72$,$\Delta t_6=120$,$\Delta t_7=120$。同时对原始数据列进行 1-AGO,得到新数据列 $x^{(1)}$=[0.9125 23.0268 68.7982 144.6554 225.9125 381.0554 558.0554],求得背景值数据列 $Z^{(1)}$=[6.8503 41.8187 102.0715 182.2752 296.7555 463.9416],同时选取权递增因子 W=1.05,将数据代入式中,利用 MATLAB 软件计算参数 a 和 b,得到 a=-0.0012,b=0.9142。将求解的数据全部代入得到最终的预测模型:

$$\hat{x}^{(0)}(t_i) = \frac{\hat{x}^{(1)}(t_i) - \hat{x}^{(1)}(t_{i-1})}{\Delta t_i} = \frac{1762.7458}{\Delta t_i}(1-e^{-0.0012\Delta t_i})e^{0.0012(t_i-24)} - 0.8 \tag{2-84}$$

即为紫铜 T2 在 $10mg/m^3$ H_2S 环境中的非等间距灰色 GM(1,1)预测模型。对该预测模型进行后验差比值 C 和小误差频率 P 检验,结果是:残差的相对误差基本上均在±10%以内(除96h 预测数据的相对误差在 10.5%),小误差概率 P=100%,后验差 C=0.132,预测精度等级为"好",故模型的拟合精度达到要求,该非等间距灰色 GM(1,1)预测模型可以用于实际预测。

图 2-13 是紫铜 T2 在 $10mg/m^3$ H_2S 环境中的非等间距灰色 GM(1,1)预测模型的实测值与预测值的趋势图。

从图 2-13 中可以看出腐蚀数据实测值与预测值具有很好的重合性。从整体上看,模型具有较高的预测精度。考虑到大气腐蚀动力学会呈现不稳定的倾向,因此,选择 720h 腐蚀增重量来检验模型预测的合理性。通过计算得到 720h 腐蚀增重量为 $1.033mg\cdot cm^{-2}$,与实际测量值的相对误差为 7.16%,误差范围控制在合理的区域内,由此说明所建立的非等间距灰色 GM(1,1)预测模型具有良好的预测可靠性。

(2)BP 神经网络模型的应用 朱志平等[76]运用 BP 神经网络模型建立了紫铜 T2 的腐蚀速率预测模型。模型预测结果误差小于 10%,表明该模型具有良好的预测可靠性。通过中国腐蚀与防护网获得紫铜 T2 在万宁、青岛、琼海等五个地区 1a、2a、3a、6a、8a、16a 的大气暴露数据，建立 BP 神经网络预测模型。

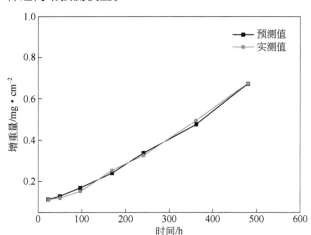

图 2-13　紫铜 T2 腐蚀增重量随时间的实测值与预测值

① 输入因子的选择　影响滨海工业大气腐蚀的主要因素有温度、腐蚀时间、湿润时间、Cl⁻浓度、SO$_2$ 浓度、日照时间等。选取其中腐蚀时间、湿润时间、Cl⁻浓度、SO$_2$ 浓度作为输入因子，输出为紫铜 T2 的腐蚀速率。

② 网络结构的确定　采用 3 层 BP 神经网络，第一层为输入层，中间层为隐含层，第三层为输出层。增加层数虽能够进一步降低误差，提高精度，但是增加了网络的训练时间。同时误差精度的提高可以通过增加隐含层的神经元数来提高。通过对不同神经元进行训练比较后，最终确定最佳的神经元数量为 8。因此最终的 BP 神经网络结构为 4-8-1 三层，隐藏层的传递函数为对数 S 型函数（logsig），输出层传递函数为线性函数（purelin）。

③ 训练次数　神经网络模型的训练次数是影响模型预测结果的精度以及模型训练时间的主要因素之一。训练次数过少，模型预测结果偏差大。训练次数过多，模型所需的训练时间过长。因此，在 MATLAB 中设定训练最大次数为 10000 次，模型预测精度达到 0.0001 时停止训练。得到的训练次数与精度的关系见图 2-14。

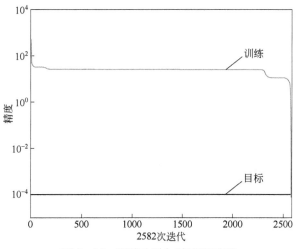

图 2-14　训练次数与精度关系图

④ 模型预测结果及讨论 将30组样本输入模型中进行训练后，得到了紫铜T2在混合气体环境中平均腐蚀速率的预测模型，将7组验证样品输入训练好的模型后得到预测值与真实值的对比，预测结果如表2-19所示。

表2-19 真实值与预测值对比

样品	时间/d	真实值/mg·cm^{-2}·d^{-1}	预测值/mg·cm^{-2}·d^{-1}	E_{error}/%
Copper T2	1	0.00139	0.00143	2.88
Copper T2	4	0.00061	0.00071	16.3
Copper T2	7	0.00208	0.00213	2.41
Copper T2	10	0.00194	0.00176	9.28
Copper T2	15	0.00319	0.00288	9.72
Copper T2	30	0.00214	0.00208	2.80
Copper T2	60	0.00151	0.00163	7.94

从表2-19可以看出，除了4d周期的误差较大之外，其余六个周期所得到预测值与真实值误差均在10%之内。通过以上结果可以验证该室内加速试验与大气暴露试验的相关性良好，能够较好地模拟真实大气环境。

图2-15为真实值与预测值线性关系图，横坐标是实际腐蚀速率，纵坐标是模型的预测值。当真实值与预测值相等时，将处于 $y=x$ 的直线上。从图上可以看到，数据的误差较小，线性拟合度为 0.9778，预测结果较为理想，说明所建立的神经网络预测模型具有良好的预测可靠性。

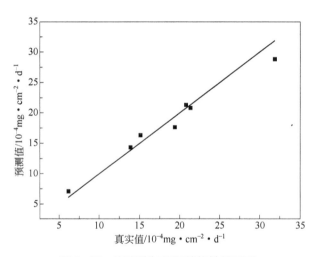

图2-15 真实值与预测值线性关系图

2.5.3 工业大气中变电站的防护方法

工业大气中变电站的防腐措施可分为热镀锌技术、新型冷镀锌技术、涂料涂层保护、增加阻隔层、综合防护技术应用等。

（1）热镀锌　热镀锌是将除锈后的钢材浸入 600℃高温熔化的锌液中，使钢材表面附着锌层，利用阴极保护的原理，以电位较低的锌作为牺牲阳极，防止或减缓钢结构的腐蚀。在高湿度、高污染地区，若配合涂料涂层防腐等其他防腐方法，则将达到更好的防腐效果。

（2）冷镀锌　冷镀锌工艺是通过涂装工艺在金属构件表面形成锌金属保护膜（锌盾），使其具有阴极保护。材料经常温喷涂干燥后，镀层中纯锌含量在 96%以上。冷喷锌优点有：具有阴极保护和屏障保护；无氧化反应，孔隙率低；具有良好的防腐性能。

（3）涂料涂层　对于无法直接经过热镀锌处理的构件，需采用新型高分子复合材料进行喷涂处理。新型防腐蚀涂料主要有氟树脂防腐涂料、聚氨酯树脂防腐涂料、硅氟共聚物防腐涂料、纳米改性防腐涂料等。这些防腐蚀新涂料在耐化学介质、耐候性、耐油拒水、电绝缘性、使用寿命等方面具有较大优势。

从目前的实际情况来看，钢结构中最为常用的防腐法有金属覆盖层防腐法、有机涂层防腐法、无机非金属涂层防腐法三种。有机涂层防腐法是利用表面土层对钢结构实施保护，可保证钢结构的抗腐蚀效果支撑 5~10 年，若在涂刷时出现不合理的情况，则会导致保护层非常薄弱，有可能 1~2 年就会消失，钢结构会出现锈蚀的情况。一般情况下，变电站钢结构的使用寿命约为 50 年，为保证变电站的稳定运行，尽量不要进行断电检修。涂抹保护层的方法虽然比较有效，但当保护层消失时需要再次涂抹，这时整个变电站都需要断电，这是有机涂层防腐法的缺点。无机非金属涂层防腐法可以提高钢结构的耐腐蚀能力，在抗高温和绝缘等性能上具有相应的优势，但是这种防腐法的柔韧性不强，易受腐蚀，因此在变电站钢结构的防腐工作中往往受到许多方面的限制，但经过对防腐涂料的研究，这种现状发生了很大的变化。从实际调研资料来看，金属包覆这一方法一般采用热镀锌和热喷锌来实现防腐效果，但在某些变电站支架钢结构的防腐中，热镀锌的应用更为广泛。如今，科学技术逐步完善，冷喷锌技术已在国内外推广应用，我国积极地对这种防腐法进行了试验验证，并逐步推广到各个变电站的钢结构防腐工作中。

（4）阻隔层　对金属导线加装热缩管、热缩套以及塑胶套管等加以包裹，避免盐雾沉积于金属导线或其接头部位；变压器接线端除做好铜铝过渡处理外，应加装相色绝缘套。接头部分尽量采用同种金属材料，如果实在无法避免，就应采用阻隔层方法，使其进一步提高对盐雾沉积层腐蚀的抵抗能力。不同金属材料接触连接时，合理选用铜铝过渡设备线夹等，也能有效阻止不同金属间接触的间隙腐蚀速率。

（5）综合防护　在腐蚀性较强、污秽等级较高的大气环境中对输变电设备采用单一的防腐蚀技术，往往难以达到腐蚀控制要求，这时需要多种防腐蚀技术的联合应用。例如，在沿海地区的钢结构保护中，采用热浸镀铝和防护涂层进行双重保护；或采用热浸锌防腐蚀层，并定期在热镀锌层外喷涂防腐蚀漆等。

2.5.4　滨海大气中变电站的腐蚀与防护

2.5.4.1　滨海变电站腐蚀

金属构件被大量应用于变电站，主要涉及钢（主要为碳钢、镀锌钢和不锈钢）、铝和铝合金以及铜等材质。我国东南沿海区域的平均气温常年在 20℃以上，湿度大于 70%，且工业发达。在海水蒸发与工业活动的双重影响下，空气中的盐分较高，大气腐蚀性较内陆地区明显增强，给变电站金属设备带来了严重的腐蚀问题。几乎所有裸金属、导体材料、触头材料及防护材料都存在严重的腐蚀与失效问题，涉及变电站的多个部位及部件，特别是集中在户外气体绝缘组合电器、绝缘子、金属构架以及电气设备的外壳、户外端子箱等。

（1）户外 GIS 腐蚀　沿海地区变电站户外 GIS（Gas-Insulated Sunstation）锈蚀严重，已严重威胁到 GIS、断路器等充气压力容器设备的安全运行。GIS 的腐蚀包括壳体腐蚀、法兰面腐蚀、接线板及动静触头腐蚀等。

图 2-16 所示是 GIS 等设备腐蚀情况。户外 GIS 的壳体材质多为不锈钢、铸铝等金属材料。在沿海腐蚀性大气环境中，其腐蚀问题非常严重。特别是铝质设备，受大气中高浓度 Cl⁻的影响，造成点蚀，甚至是穿孔、剥层等，大幅度加快了铝材的腐蚀速率，使用寿命急剧下降，图 2-16（a）～（d）分别为 GIS 铝质盖帽、SF₆ 断路器铸铝三角箱、SF₆ 电流互感器铝质压力释放膜管和密度继电器接头座的腐蚀情况。此外，不锈钢母线管也发生锈蚀，造成刀闸、开关、电流互感器等多个气室发生漏气现象。

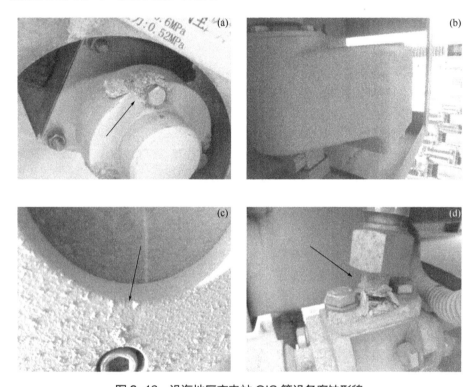

图 2-16　沿海地区变电站 GIS 等设备腐蚀形貌

变电站的电流互感器（CT）承担着电流变换和电气隔离作用，用于测量和继电保护，并将二次系统与大电流和高电压隔离开，从而保护人身和设备的安全。因此，电流互感器能否正常运行对变电站输变电功能的安全稳定具有至关重要的作用，但电流互感器压力释放膜的铝合金法兰是最容易发生腐蚀的部位。2014 年 9 月，某沿海 220kV 变电站的 GIS 铝合金壳体法兰发生严重腐蚀。试验人员通过 X 射线光谱仪、漆膜测厚仪及垢样能谱分析等手段，与相应的环境监测数据相结合，从多角度分析了 GIS 铝合金壳体法兰构件严重腐蚀的原因，最终认为沿海大气环境是造成其锈蚀的主要原因。

（2）绝缘子腐蚀　在盐雾和高温环境中长期运行的绝缘子，其表面形成的积垢层在电场的作用下会发生电离，形成导电膜层，继而引发放电，造成绝缘子表面温度分布不均和持续温升，最终引起绝缘子爆裂、导线单相接地等故障。绝缘子在遭受腐蚀后即使尚未达到爆裂的程度，但其绝缘能力也会显著下降，影响绝缘和安全性能。例如，某 220kV 变电站距离海边 500m，所处污秽等级为 e 级，附近有大型化工厂，长期受海风、海水、化学物质等影响，运行 1a 多以后出现了锈蚀严重、漏气频繁等缺陷，严重影响设备的可靠运行。其中，绝缘子法兰面进水引起表面及密封件腐蚀，导致气体泄漏（共发现 6 处），见图 2-17。

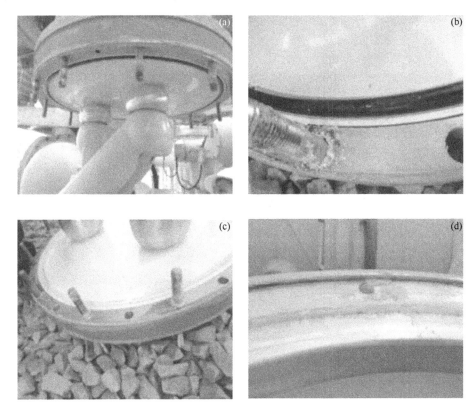

图 2-17　绝缘子法兰面表面及密封件腐蚀

（3）其他金属构架及电气设备外壳、户外端子箱腐蚀　沿海变电站设备的钢结构件、铝质连接件与支架等腐蚀现象均十分严重。例如，某变电站投运仅 13 个月就出现严重的腐蚀问题，包括普通碳钢部件表面普遍出现的锈蚀，因锈蚀严重发生断裂的弹簧，不锈钢和铝合金部件表面的锈斑等，如图 2-18 所示。

2.5.4.2　滨海变电站材料腐蚀原因分析

对于地处沿海地区的变电站，由于受到沿海季风气候的影响，普遍存在降雨量大、盐雾重、整体污秽等级较高的特点。由此，越来越多的设备及构/支架出现腐蚀问题，特别是在高温、高湿、高盐分的海洋性大气环境中，变电站电气设备的腐蚀问题异常突出。金属材料的腐蚀会直接影响电气设备的力学性能、降低构/支架的承载能力，最终威胁电网的安全稳定运行。影响变电站腐蚀的主要原因包括环境因素和防腐工艺的差异[69]。

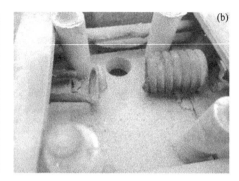

图 2-18 某变电站构件腐蚀

(a) 普通碳钢部件表面普遍出现的锈蚀；(b) 锈蚀严重发生断裂的弹簧；(c) (d) 不锈钢和铝合金部件表面的锈斑

环境因素主要指的是大气中的氯离子（Cl^-）和硫酸根离子（SO_4^{2-}）含量。SO_4^{2-} 腐蚀机理见 2.5.2.1 节。

Cl^- 腐蚀机理为：在潮湿大气中或遇水，空气中的氯离子通过竞争吸附，将逐渐取代铝合金表面钝化膜 $Al(OH)_3$ 中的 OH^- 生成可溶性 $AlCl_3$，从而破坏表面氧化膜的稳定性。化学反应为

$$Al(OH)_3 + Cl^- \longrightarrow Al(OH)_2Cl + OH^-$$

$$Al(OH)_2Cl + Cl^- \longrightarrow AlOHCl_2 \longrightarrow OH^-$$

$$AlOHCl_2 + Cl^- \longrightarrow AlCl_3 + OH^-$$

从国内外防腐年限来看，国外设备的防腐年限远高于国内设备，设备各类附件中，如开关柜体、箱体、螺栓、铆钉等，这主要与材料材质、防腐工艺以及防腐材料的不同有关。应用研究表明[30]，设备螺栓在采用热镀锌的同时，再进行防腐漆处理，并且在螺栓与柜体接触部位安放橡胶垫片，能有效防止因电位差发生的电化学腐蚀。国内设备的紧固件虽采用热镀锌的螺栓，但镀锌层厚度无法达标，且螺栓若与箱体直接接触，导致电化学腐蚀。

2.5.4.3 变电站金属材料腐蚀模拟试验研究

变电站金属的腐蚀机理探究主要通过腐蚀失重、腐蚀形貌、腐蚀产物的分析，并结合电化学分析手段进行。下面将以铝合金为例，介绍变电站铝合金腐蚀的研究方法和相关研究

结果[77]。

对变电站常用的三种铝合金材料（Al-Mg 合金 1#、Al-Mg-Mn 合金 2#、Al-Cu-Mg-Mn 合金 3#）进行失重试验和电化学试验，探究其腐蚀行为。

（1）预处理　将试验材料制备成 20mm×20mm×3mm 尺寸的块体，采用 2000# 砂纸打磨并机械抛光，表面进行清洗后，按照 GB/T 10125 标准进行盐雾试验，经过盐雾腐蚀 24h、48h、96h、192h、480h 后取样进行失重分析以及表面形貌、腐蚀产物的观察。采用 LP/YWX-750 型盐雾试验箱进行盐雾试验，试验温度为 35℃，进气阀压力为 0.3～0.4MPa，喷雾阀压力控制为 0.05～0.11MPa，喷雾溶液为 5%NaCl+0.2%NaHSO₃ 溶液。采用瑞士 Autolab 公司 M204 型电化学工作站进行电化学测试，使用三电极测试体系，Pt 电极作为对电极，饱和甘汞电极（SCE）作为参比电极，测试试样的动电位极化曲线和交流阻抗谱，动电位极化曲线扫描范围为 −1.0～0.5V，扫描速率为 2mV/s。采用 Philips Sirion 200 扫描电子显微镜（SEM）及 EDS 分别对腐蚀表面形貌和腐蚀产物成分进行分析。

（2）盐雾腐蚀形貌及失重分析　图 2-19 为试验合金经过 480h 盐雾腐蚀表面的宏观形貌。从图 2-19 中可以看出，1# 合金表面较为平整干净，无明显腐蚀产物堆积，仅有少量点蚀发生；2# 合金表面有明显的局部腐蚀，局部区域有大量腐蚀产物堆积；3# 合金表面发生了严重腐蚀，整个表面有大量腐蚀产物覆盖，腐蚀产物呈破碎状。

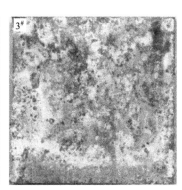

图 2-19　盐雾腐蚀后三种合金表面的宏观形貌

试片表面经清洗后失重如图 2-20 所示，可以看出三种合金的腐蚀失重随时间延长而增大，但同时失重变化率也越来越小。用式（2-85）对曲线进行拟合。

$$y = A + Be^{-\frac{1}{k}} \tag{2-85}$$

式中，y 为单位面积的腐蚀失重，g/cm²；A 值反映了前期的发展状况，A 值越小说明耐蚀性越差；B 值反映了腐蚀的发展程度；k 值反映了腐蚀后期减缓的趋势，k 值越小减缓趋势越明显。

对腐蚀失重曲线进行拟合，结果如表 2-20 所示。1# 合金的 A 值最小，2# 合金的 A 值略高于 1# 合金，表明 1#、2# 合金在腐蚀初期均有较好的耐蚀性，3# 合金的 A 值最大，不仅腐蚀初期的耐蚀性能最差，而且在整个盐雾腐蚀阶段的腐蚀速率均高于其他两种合金。但 3# 合金的 k 值远小于其他合金，表明随着腐蚀时间延长，腐蚀速率大大降低。

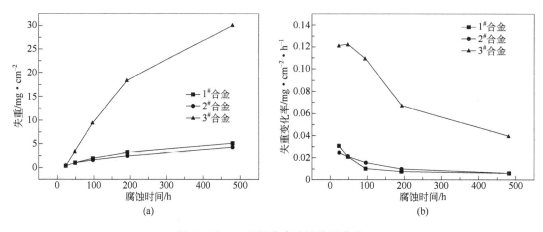

图 2-20 三种铝合金腐蚀失重曲线

表 2-20 腐蚀失重拟合结果

合金	A	B	k
1#	5.32484	−5.25530	300.85302
2#	6.03841	−6.13752	282.62347
3#	34.79507	−29.39654	229.46046

(3) 腐蚀形貌及腐蚀产物分析 三种合金经过 96h 盐雾试验后的微观形貌如图 2-21 所示，EDS 分析如图 2-22 所示。1#合金盐雾腐蚀产物主要含有 Al、O 以及少量的 Mg 元素，主要腐蚀产物为 $Al(OH)_3$，并含有少量 $Mg(OH)_2$。2#合金的腐蚀产物中除 Al、O、Mg 元素外，还含有一定量的 S、Cl 元素，表明腐蚀溶液中的 HSO_3^-、Cl^-等离子参与了合金腐蚀过程，腐蚀产物主要为 $Al(OH)_3$、$AlCl_3$、$Al_2(SO_4)_3 \cdot xH_2O$。Mg 在铝合金中具有较高的化学活性，可降低合金及含 Mg 化合物的电位，含 Mg 化合物在腐蚀过程中作为阳极被优先腐蚀溶解。与 1#合金相比，2#合金的腐蚀产物中 Mg 含量较高，可能是腐蚀生成的 $Mg(OH)_2$ 在 HSO_3^-、O_2 作用下转化成 $MgSO_3 \cdot 6H_2O$、$MgSO_4 \cdot 6H_2O$ 等腐蚀产物，促进了 Mg 元素的溶解。3#合金的腐蚀产物中出现了 Cu、C 元素，Cu 元素具有较正的电化学电位，在腐蚀过程中会发生富集，造成局部电位高于铝合金基体，当含有这些元素的相分散分布时，相周围基体溶解形成点蚀坑。3#合金表面液膜中因合金腐蚀而溶解的 Mg^{2+}、Cu^{2+} 离子同吸附的 CO_2 发生反应，生成了难溶

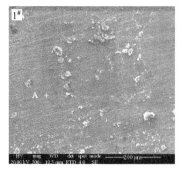

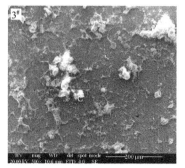

图 2-21 不同合金在 96h 盐雾试验后的 SEM 照片（在 ABC 处进行 EDS 点扫）

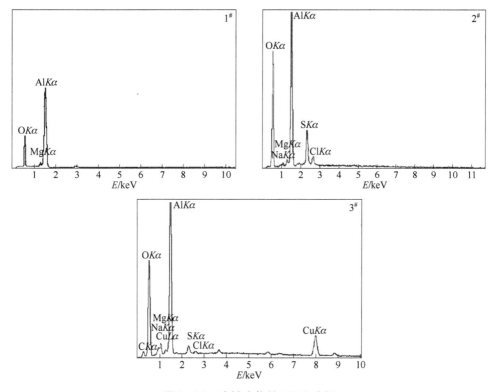

图 2-22　腐蚀产物的 EDS 分析

的腐蚀产物覆盖在合金表面，对合金基体起到了一定的保护作用，因此后期腐蚀速率明显降低。

图 2-23 为试验合金经过 480h 盐雾腐蚀后的微观表面形貌，相比盐雾试验 96h 的试样，盐雾试验 480h 后，1#合金表面点蚀坑扩大，并有较多的腐蚀产物在表面附着，点蚀区域有轻微裂纹存在，2#合金表面有大量壳状腐蚀产物堆积，腐蚀区域有大量开裂和腐蚀产物脱落现象，3#合金表面腐蚀严重，点蚀和晶间腐蚀加剧，表面覆盖一层腐蚀产物，腐蚀产物层存在较深裂纹，并伴有部分晶粒脱离表面产生的坑穴。结合拟合结果，说明盐雾试验后期腐蚀速率的下降与表面腐蚀产物的堆积相关，表面腐蚀产物的堆积阻碍了腐蚀区域内部和液膜、大气之间的离子交换，减缓了腐蚀速率。

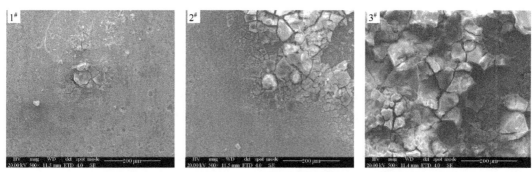

图 2-23　试验合金经过 480h 盐雾腐蚀后的微观表面形貌

2.5.4.4　滨海变电站腐蚀防护措施

通过对设备和材料的腐蚀机理分析，可将滨海变电站防腐措施分为以下几种，即热镀锌技术、新型冷喷锌技术、涂料涂层保护、增加阻隔层、综合防护技术应用[32]。

（1）热镀锌　热镀锌是将除锈后的钢材浸入600℃高温熔化的锌液中，使钢构材表面附着锌层，利用阴极保护的原理，以电位较低的锌作为牺牲阳极，防止或减缓钢结构的腐蚀。在高湿度、高污染地区，若配合涂料涂层防腐等其他防腐方法使用，则将达到更好的防腐效果。

吴庆华[78]研究了重防腐技术在变电站钢结构涂装中的涂装配套方案选择，以及钢结构表面的处理和涂装工艺要求。结果表明，重防腐油漆涂装保护能达到10～15年。以下简要介绍该方案。

镀锌层由于锌的阴极保护作用而对钢铁具有很好的保护效果，但是在海洋或工业环境中镀锌层每年要被消耗掉8μm左右，其耐久性总是有限度的，而采用镀层与涂料联合保护的方法，才是更积极有效的防腐方法。

底漆：H53-42环氧封闭漆，一道；中间层漆：842环氧云铁防锈漆，一道；面漆：环氧或脂肪族聚氨酯可复涂面漆，两道。

为了保证所有重防腐蚀涂料发挥最佳的保护性能，对于钢结构件的表面处理是极为重要的，涂漆前对工件表面进行处理并达到无油污及水分、无锈迹及氧化物、无黏附性杂质、无酸碱等残留物，工件表面要有一定的粗糙度。

钢材表面的预处理：用钢丝刷、铲刀、锤子、砂布等除去钢材表面的浮锈和疏松氧化皮。用稀释剂或清洗剂除去油脂等污垢。用电动钢丝刷或圆盘砂轮打磨机等进一步清理锈蚀部位，即达到GB 8923—88《涂装前钢材表面锈蚀等级和除锈等级》标准规定的St2～St3除锈等级。对于涂有旧漆膜的钢材的表面，用钢丝刷、铲刀、锤子、砂布等除去钢材表面的浮锈和疏松漆皮，再用稀释剂或清洗剂除去旧漆膜上的油污、杂物，或用圆盘砂轮打磨机等进一步清理锈蚀部位和旧漆膜表面，达到St2～St3级。不论是非镀锌钢、镀锌钢表面，还是涂有旧漆膜的钢材的表面，经过表面预处理后，要形成一定的粗糙度，一般用触摸比较法判定。过于光滑的钢材及旧漆膜表面，涂装油漆后，很容易造成油漆起皮脱落现象。

涂装工艺主要步骤及注意事项如下：

① 涂装重防腐涂料时需注意的主要因素为钢材表面状况、钢材温度和涂装时的大气环境。通常涂装工作应该在环境温度5℃以上、相对湿度85%以下的气候条件中进行。

② 当表面受有雨水或冰雪的影响时，则不可进行涂装。以温度计测定钢材温度，用湿度计测出相对湿度，然后计算露点。当钢材温度低于露点3℃以上时，由于表面凝结水分，不应涂装，必须高于露点3℃才能施工。

③ 在气温为30℃以上的恶劣条件下施工时，溶剂挥发很快。在无气喷涂时，漆雾内的溶剂在喷枪与被涂物面之间大量挥发而形成干喷。为避免干喷，应将喷枪尽可能接近物面，同时尽可能垂直地进行喷涂，如采取这一措施后仍然出现干喷，可加入油漆自身重量约0～10%的稀释剂来解决。

④ 在气温5℃以下的低温条件下，由于环氧或环氧沥青防锈漆的固化速度大大减慢，甚至停止固化，因而不宜在室外施工。

⑤ 环氧、聚氨酯面漆都是甲、乙两组分分装的两罐装涂料。使用前必须按规定的重量比

混合均匀，如果混合比例错误，将会影响干燥性能和防锈性能，甲、乙两组分混合后需熟化 30min 后方可使用，在 20℃时放置 12~20h 后，便会逐步胶化直至不能使用。因此，应按涂装面积计算使用量后再进行混合。

⑥ 一般油漆在出厂时已调节到适宜的施工黏度，是不必进行稀释处理的。但在气温过高或过低的条件下，也可以添加适量的稀释剂以达到理想的涂装黏度，但稀释剂用量一般不应超过油漆本身重量的 5%。

⑦ 用漆刷涂装时，漆刷方向应取先上下后左右的方向进行涂装，漆刷蘸漆不能过多以防滴落。涂装重防腐涂料时漆刷距离不能拉得太大，以免漆膜过薄。遇有表面粗糙、边缘、弯角和凸出等部分更应特别注意，最好先预涂一道。

⑧ 高压无气喷涂是最快的涂装方法，而且可以获得很厚的漆膜。因此，为了达到规定漆膜厚度，最好采用无气喷涂的施工方法。在实际涂装时应采用先上下后左右，或先左右后上下的纵横喷涂方法。使用无气喷涂需要更高的技巧，喷枪与被涂物面应维持在一个水平距离上，操作时要防止喷枪做远距离或弧形的挥动。

(2) 冷镀锌　冷镀锌工艺是通过涂装工艺在金属构件表面形成锌金属保护膜（锌盾），具有阴极保护功能。新型冷镀锌材料经常温喷涂干燥后，镀层中纯锌含量在 96%以上。冷镀锌优点有：具有阴极保护和屏障保护；无氧化反应，孔隙率低；具有良好的防腐性能。

(3) 涂料涂层　对于无法直接经过热镀锌处理的构件，需采用新型高分子复合材料进行喷涂处理。新型防腐蚀涂料主要有氟树脂防腐涂料、聚氨酯树脂防腐涂料、硅氟共聚物防腐涂料、纳米改性防腐涂料等。这些防腐蚀新涂料在耐化学介质、耐候性、耐油拒水、电绝缘性、使用寿命等方面具有较大优势。

(4) 增加阻隔层　对金属导线加装热缩管、热缩套以及塑胶套管等，避免盐雾沉积于金属导线或其接头部位；变压器接线端除做好铜铝过渡处理外，应加装相色绝缘套。接头部分尽量采用同种金属材料，如果实在无法避免，就应采用阻隔层方法，使其进一步提高对盐雾沉积层腐蚀的抵抗能力。不同金属材料接触连接时，合理选用铜铝过渡设备线夹等，也能有效阻止不同金属间接触的间隙腐蚀速度。

(5) 综合防护　在腐蚀性较强、污秽等级较高的大气环境中对输变电设备采用单一的防腐蚀技术，往往难以达到腐蚀控制要求，这时需要多种防腐蚀技术的联合应用。例如，在沿海地区的钢构保护中，采用热浸镀铝和防护涂层进行双重保护；或采用热浸锌防腐蚀层，并定期在热镀锌层外喷涂防腐蚀漆等。

参考文献

[1]　朱志平，马骁，荆玲玲，等. 变电站土壤腐蚀性评价及接地网金属腐蚀特性分析[J]. 电瓷避雷器，2009, (4): 18-22.
[2]　付晶. 高电阻率土壤地区接地网的腐蚀与防护研究[D]. 长沙：长沙理工大学，2013.
[3]　陈坤汉. 接地装置腐蚀机理与防腐措施的研究[D]. 长沙：长沙理工大学，2008.
[4]　王磊静. 变电站接地网土壤腐蚀性评价方法研究[D]. 长沙：长沙理工大学，2014.
[5]　谭铮辉. 接地网中杂散电流的腐蚀特性研究[D]. 长沙：长沙理工大学，2013.
[6]　刘军. 杂散电流对变电站接地装置腐蚀的影响及其仿真研究[D]. 长沙：长沙理工大学，2015.
[7]　石纯. 直流杂散电流对阴极保护下接地网的影响程度研究[D]. 长沙：长沙理工大学，2020.
[8]　邓盼. 接地网材料在红壤中的腐蚀行为及导电防护涂层研究[D]. 长沙：长沙理工大学，2015.
[9]　田野. 接地网降阻剂的改性制备与缓蚀性能研究[D]. 长沙：长沙理工大学，2016.
[10]　易琴. 新型长效防腐膨润土降阻剂的研究[D]. 长沙：长沙理工大学，2015.

[11] 王立平. 基于接地网保护的高效膨润土降阻剂制备及接地网故障分析[D]. 长沙: 长沙理工大学, 2016.

[12] 鲁俊. 纳米铜/聚噻吩/膨润土复合材料的制备及性能研究[D]. 长沙: 长沙理工大学, 2016.

[13] 姜雄峰. 石墨烯/碳纳米管杂化材料改性导电涂料的研究[D]. 长沙: 长沙理工大学, 2019.

[14] 任振兴. 电力接地网防腐涂料的制备及其性能研究[D]. 长沙: 长沙理工大学, 2015.

[15] 董昕璐. 阴极保护在220kV变电站中的应用[D]. 长沙: 长沙理工大学, 2013.

[16] 王磊静, 徐松, 朱志平, 等. 红壤中变电站接地网金属材料的腐蚀行为分析[J]. 腐蚀科学与防护技术, 2015, 27(1): 59-63.

[17] 刘智勇, 王力伟, 杜翠薇, 等. Q235钢和X70管线钢在北美山地灰钙土中的短期腐蚀行为[J]. 工程科学学报, 2013, 35(8): 1021-1026.

[18] 韩兴平. 长输管道土壤腐蚀性综合分级最新技术研究[C]//2006 NACE中国分会技术年会论文. 2006: 289-295.

[19] 尹桂勤, 张莉华, 常守文. 土壤腐蚀研究方法概述[J]. 腐蚀科学与防护技术, 2004, 16(6): 367-370.

[20] 于宁. 直埋热力管道土壤腐蚀与防护[J]. 管道技术与设备, 2002, (1): 44-46.

[21] 王芷芳. 土壤的腐蚀性调查及其评价[J]. 化工腐蚀与防护, 1997, (4): 17-21.

[22] 郭安祥, 闰爱军, 姜丹, 等. 变电站接地网土壤腐蚀性评价方法研究[J]. 陕西电力, 2010, 12: 28-30.

[23] 宋乐平. Baeckman法评价土壤腐蚀性的局限性[J]. 腐蚀与防护, 1995, (12): 286-288.

[24] 陈敬友, 陈超, 吴迪, 等. 接地网腐蚀性评价方法与腐蚀速率预测[J]. 腐蚀与防护, 2021, 42(03): 64-67, 78.

[25] 翁永基, 李相怡. 分维方法对碳钢土壤腐蚀行为的表征[J]. 石油化工高等学校学报, 2005, (02): 56-59, 93-94.

[26] 郑新侠. 16Mn管道钢土壤腐蚀速率描述的人工神经网络方法[J]. 西安石油大学学报(自然科学版), 2004, (01): 73-76, 95.

[27] 朱志平, 王磊静, 裴锋, 等. 因子分析法在变电站土壤腐蚀性评价中的应用[J]. 中国腐蚀与防护学报, 2014, 34(2): 147-152.

[28] 李成保. 用线性极化法评价土壤对钢腐蚀性的研究[J]. 材料保护, 1984, (1): 21-28.

[29] 唐红雁, 宋光铃, 曹楚南, 等. 用极化曲线评价钢铁材料土壤腐蚀行为的研究[J]. 腐蚀科学与防护技术, 1995, 7(4): 285-292.

[30] 蔡忠周, 罗少辉. 青藏高原几种接地网材料在土壤中的腐蚀特性研究[C]. 西安: 第33届中国气象学会年会, 2016.

[31] 李黎, 李建平, 刘青松. 接地装置腐蚀速度的预评估[J]. 建筑电气, 2014, 33(02): 46-49.

[32] 潘大志. 内蒙古电网接地网设计、改造、评估方法研究与应用[D]. 北京: 华北电力大学, 2013.

[33] 姜雄峰, 朱志平, 周艺, 等. 石墨烯/碳纳米管杂化材料改性导电涂料的研究[J]. 材料保护, 2019, 52(6): 20-26

[34] 杨道武, 李景禄, 朱志平. 接地网防腐工程中的阴极保护设计[J]. 电瓷避雷器, 2004, (1): 36-39.

[35] 谭铮辉, 朱志平, 裴锋, 等. 直流杂散电流对不同含水率土壤中接地网材料腐蚀特性的影响[J]. 腐蚀科学与防护技术, 2013, 25(3): 207-212.

[36] 杨清勇. 杂散电流腐蚀问题基础研究[D]. 大连: 大连理工大学, 2006.

[37] 宋吟蔚, 王新华, 何仁洋, 等. 埋地钢质管道杂散电流腐蚀研究现状[J]. 腐蚀与防护, 2009, 030(008): 515-518, 525.

[38] 王厚余. 变电所的系统接地和杂散电流[J]. 建筑电气, 2007, 26(9): 4-7.

[39] 王厚余. 再论变电所的接地和杂散电流[J]. 建筑电气, 2011, 030(003): 3-6.

[40] 伍国兴, 肖黎, 张繁, 等. 城轨杂散电流在电网系统中的分布特性仿真分析[J]. 南方电网技术, 2019, 13(10): 39-43, 61.

[41] Luca Bertolini, Maddalena Carsana, Pietro Pedeferri. Corrosion behavior of steel in concrete in the presence of stray current[J]. Corrosion Science, 2007, 49(3): 1056-1068.

[42] Brenna A, Beretta S, Bolzoni F, et al. Effects of AC-interference on chloride-induced corrosion of reinforced concrete[J]. Construction and Building Materials, 2017, 137: 76-84.

[43] Freiman L I. Stray-Current corrosion criteria for underground steel pipelines[J]. Protection of Metals, 2003, 39(2): 172-176.

[44] Andrade C, Martínez I, Castellote M. Feasibility of determining corrosion rates by means of stray current-induced polarisation[J]. Journal of Applied Electrochemistry, 2008, 38(10): 1467-1476.

[45] Büchler M. Alternating current corrosion of cathodically protected pipelines: Discussion of the involved processes and their consequences on the critical interference values[J]. Materials and Corrosion, 2012, 63(12): 1181-1187.

[46] Kim Dae-Kyeong, Muralidharan Srinivasan, Ha Tae-Hyun, et al.Electrochemical studies on the alternating current corrosion of mild steel under cathodic protection condition in marine environments[J]. Electrochimica Acta, 2006, 51(25): 5259-5267.

[47] 符传福, 胡家秀, 杨大宁, 等. 海南省变电站接地网土壤腐蚀情况调研与分析[J]. 腐蚀科学与防护技术, 2017, 29(01): 101-106.

[48] 符传福, 杨丙坤, 杨大宁, 等.海南土壤中 Q235 钢的杂散电流腐蚀[J]. 腐蚀与防护, 2017, 38(10):756-760, 766.

[49] 郑敏聪. 杂散电流对变电站接地网材料耐蚀性的影响[J]. 腐蚀与防护, 2010, 31(4): 294-296.

[50] 李建华, 郑敏聪, 聂新辉. 变电站内杂散电流对接地网腐蚀的影响[J]. 腐蚀与防护, 2012, 033(009): 804-806, 822.

[51] 高书君, 王森, 胡亚博, 等. 杂散电流对接地材料在陕北土壤模拟溶液中腐蚀行为影响[J]. 北京科技大学学报, 2013, 35(10): 1327-1332.

[52] 廖孟柯, 杜彬, 刘恩龙, 等. 变电站接地体材料对杂散电流的响应[J]. 科学技术与工程, 2019, 19(18): 151-155.

[53] 朱志平, 石纯, 张俞, 等. SO_4^{2-} 与直流杂散电流对 3 种接地网材料的腐蚀影响研究[J]. 材料保护, 2019, 52(7): 67-74

[54] 朱忠伟, 吴一平, 葛红花, 等. 变电站接地材料的电解腐蚀[J]. 腐蚀与防护, 2010, 31 (11): 868-870.

[55] 杨超, 崔淦, 李自力, 等. 直流杂散电流对 X65 钢表面形态及电化学行为的影响[J]. 材料保护, 2016, 49(10): 18-22.

[56] Qian S, Cheng Y. Accelerated corrosion of pipeline steel and reduced cathodic protection effectiveness under direct current interference[J]. Construction and Building Materials, 2017, 148 (2017) 675-685.

[57] 王力伟, 唐兴华, 王新华, 等. 基于分形的管线钢直流杂散电流腐蚀行为[J]. 腐蚀与防护, 2014, 35(3): 218-223.

[58] Guo Y, Meng T, Wang D, et al. Experimental research on the corrosion of X series pipeline steels under alternating current interference[J]. Engineering Failure Analysis, 2017, 78: 87-98.

[59] Zhu M, Du C , Li X, et al. Effect of AC on corrosion behavior of X80 pipeline steel in high pH solution[J]. Materials and Corrosion, 2015, 66(5): 486-493.

[60] Zhu M, Du C, Li X, et al. Synergistic effect of AC and Cl⁻ on corrosion behavior of X80 pipeline steel in alkaline environment[J]. Materials and Corrosion, 2014, 66(5): 494-497.

[61] Xiao Y,Du Y, Tang D, et al. Study on the influence of environmental factors on AC corrosion behavior and its mechanism[J]. Materials and Corrosion, 2017, 69(5): 601-613.

[62] Fu A, Cheng Y. Effects of alternating current on corrosion of a coated pipeline steel in a chloride-containing carbonate/bicarbonate solution[J]. Corrosion Science, 2010, 52(2): 0-619.

[63] Tang D , Du Y, Lu M, et al. Effect of AC current on corrosion behavior of cathodically protected Q235 steel[J]. Materials and Corrosion, 2013, 66(3): 278-285.

[64] Zhu Q, Cao A, Zaifend W, et al. Stray current corrosion in buried pipeline [J]. Anti-Corrosion Methods and Materials, 2011, 58(5): 234-7.

[65] Muralidharan S, Kim D K, Ha T H, et al. Influence of alternating, direct and superimposed alternating and direct current on the corrosion of mild steel in marine environments [J]. Desalination, 2007, 216(1).

[66] 银朝晖. 变电站金属部件在污染大气中腐蚀特性研究[D]. 长沙: 长沙理工大学, 2015.

[67] 杨帆. 输变电常用金属部件的大气腐蚀特性研究[D]. 长沙: 长沙理工大学, 2016.

[68] 张岩. 模拟酸性海盐气溶胶环境中高强钢的腐蚀研究[D]. 长沙: 长沙理工大学, 2018.

[69] 左羡第. 滨海工业大气中变电站金属部件腐蚀特性研究[D]. 长沙: 长沙理工大学, 2017.

[70] 朱志平, 左羡第, 银朝晖. 锌在模拟工业大气环境下的腐蚀行为研究[J]. 装备环境工程, 2015, 12(4): 1-5.

[71] 方乙君, 柳松, 王雄文, 等. 沿海地区变电站腐蚀现状及防腐措施研究[J]. 电气技术, 2018, 19(12): 97-79, 102.

[72] Zhu Zhiping, Shi Chun, Zhang Yu, et al. The effects of Cl⁻ and direct stray current on soil corrosion of three grounding grid materials[J]. Anti-Corrosion Methods and Materials, 2020, 67(1): 73-82.

[73] Fu Jing, Pei Feng, Zhu Zhiping, et al. Influence of moisture on corrosion behavior of grounding steel in half-decertified soil[C]. Anti-Corrosion Methods and Materials, 2013, 60 (3): 148–152.

[74] 付晶, 朱志平, 裴锋 等. 氯离子对半荒漠化土壤中接地钢材的腐蚀行为影响研究[J]. 材料保护, 2013, 46(9): 57-60.

[75] 朱志平, 银朝晖, 柳森, 等. 紫铜 T2 在高浓度 H₂S 模拟环境中的腐蚀行为及预测模型[J]. 中国腐蚀与防护学报, 2015, 35(4): 333-338.

[76] 左羡第, 朱志平, 曹颉, 等. 干湿交替环境中 SO₂ 和 H₂S 混合气体对紫铜 T2 的腐蚀行为研究[J]. 腐蚀科学与防护技术, 2017, 29(5): 521-526.

[77] 张强, 阳慎兰, 靳东, 等. 变电站设备用铝合金在模拟沿海工业大气环境中的腐蚀行为研究[J]. 稀有金属与硬质合金, 2018, 46(05): 65-71.

[78] 吴庆华. 重防腐技术在变电站钢结构表面涂装中的应用[J]. 江西电力, 2007, (05): 48-50.

第 3 章
大型接地网三维拓扑结构检测及重构

3.1
接地导体位置磁场法检测原理

3.1.1　磁场法简介

磁场法[1-3]的测量方式是：通过接地网引下线向接地网注入一定频率的正弦激励电流，测量接地网地表面由激励电流产生的磁感应强度分布情况，依据分布特征和规律进行接地网支路位置的探测。

现有磁场法主要检测接地网地表面水平方向的磁场分布。当接地网支路流过激励电流时，对应支路的正上方位置的水平方向上存在最大磁感应强度，通过探测接地网地表面水平方向磁感应强度的峰值位置，可以确定对应接地网支路的位置。下面通过构建模型进行理论说明。

如图 3-1 所示，无限长导体通过坐标原点放置在 x 轴上，导体水平埋在磁导率为 μ 的单层均匀土壤中，埋深 h，导体中流过的电流为 I，电流的方向垂直于 yz 平面向外。对于地表面上的一点 P，距离载流导体的垂直距离为 ρ，线段 OP 与 z 轴的夹角为 θ。

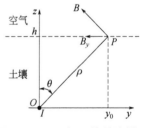

图 3-1　无限长导体载流模型

忽略导体在土壤中的泄漏电流[4]，根据安培环路定理，载流导体在 P 点产生的磁感应强度：

$$B = \frac{\mu I}{2\pi\rho} = \frac{\mu I}{2\pi} \times \frac{1}{\sqrt{h^2 + y^2}} \tag{3-1}$$

根据 $\rho^2 = h^2 + y^2$，载流导体在 P 点产生平行于地面的磁感应强度为

$$B_y(y) = -\frac{\mu Ih}{2\pi} \times \frac{1}{h^2 + y^2} \tag{3-2}$$

根据式（3-1）和式（3-2）可得，磁感应强度 $|B(y)|$ 和 $|B_y(y)|$ 在 $y=0$ 处存在最大值，且 $|B(y)|_{max} = |B_y(y)|_{max} = \mu I/(2\pi h)$。选取 $I=1A$、$h=1m$，磁感应强度 $|B(y)|$ 和 $|B_y(y)|$ 曲线如图 3-2 所示，可以看出磁感应强度 $|B(y)|$ 和 $|B_y(y)|$ 具有主峰，并且主峰的位置对应着支路所在位置。

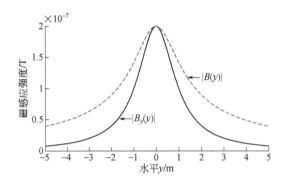

图 3-2　磁感应强度 $|B(y)|$ 和 $|B_y(y)|$ 的分布曲线

3.1.2　微分法导体拓扑定位原理

函数式（3-2）能够描述单载流导体产生的水平方向的磁场分布情况，称为形函数[5]。对于网格形状的接地网，接地网地表面水平方向的磁场分布可以等效成接地网各个载流支路的形函数的叠加。

形函数的微分阶数越高，其表达式越复杂，同时考虑偶数阶导数具有主峰特性，此处只求取形函数的二阶微分和四阶微分。

$$B_y^{(2)}(y) = \frac{\mu Ih}{\pi} \times \frac{h^2 - 3y^2}{(h^2 + y^2)^3} \tag{3-3}$$

$$B_y^{(4)}(y) = -\frac{12\mu Ih}{\pi} \times \frac{h^4 - 10h^2 y^2 + 5y^4}{(h^2 + y^2)^5} \tag{3-4}$$

选取 $I=1A$、$h=1m$，形函数 $B_y(y)$、形函数的二阶微分 $B_y^{(2)}(y)$ 和形函数的四阶微分 $B_y^{(4)}(y)$ 曲线如图 3-3 所示，三种函数的形状特性参数如表 3-1 所示。

表 3-1 中主峰宽度是指主峰两零值点（或主峰极值的 1%）之间的宽度；旁峰宽度为主峰邻近的旁峰两零值点（或主峰极值的 1%）之间的宽度；影响范围是指函数包络振幅近似为主峰极值的 1% 的最大距离范围；Widess 分辨率 P 是函数主峰极值 b_M^2 的能量与函数的总能量 E 之比，即

$$P = \frac{b_M^2}{E}, \quad \text{其中} E = \int_{-\infty}^{\infty} b^2(y)\mathrm{d}y \tag{3-5}$$

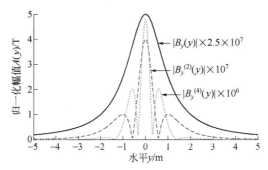

图 3-3　三种函数的分布曲线

表 3-1　三种函数形状特性比较表

函数	形状特性				Widess 分辨率
	影响范围/m	主峰宽度/m	旁峰宽度/m	波峰总数	
$B_y(y)$	19.90	19.90	—	1	0.6361
$B_y^{(2)}(y)$	7.9030	1.1552	3.3739	3	1.6849
$B_y^{(4)}(y)$	4.4380	0.6504	1.0516	5	2.2847

通过表 3-1 中的数据对比可以看出，随着对 $B_y(y)$ 进行二阶、四阶的求导，函数的影响范围、主峰宽度和旁峰宽度逐步减小，波峰总数和 Widess 分辨率逐步增加，信号的识别能力增强。

接地网网格的间距通常处于 3～7m 范围[6-8]。当函数 $B_y(y)$、$B_y^{(2)}(y)$、$B_y^{(4)}(y)$ 的影响范围各自小于网格间距的 2 倍时，相邻两条平行支路的 $B_y(y)$、$B_y^{(2)}(y)$、$B_y^{(4)}(y)$ 之间的相互影响可以忽略。

根据式（3-3）和式（3-4），函数 $B_y^{(2)}(y)$、$B_y^{(4)}(y)$ 的主峰峰值位置与载流导体的位置相同，并都在 $y=0$，因此计算磁感应强度 $B_y(y)$ 的二阶导数或四阶导数的主峰峰值位置可以确定测量区域内接地网支路所在位置，进而绘制接地网拓扑结构。

式（3-2）是一个偶函数，在无穷远处函数的值为零。将函数式（3-2）看成一个波函数，位置变量 y 用时间变量 t 来代替，则

$$B_y(t) = -\frac{\mu I h}{2\pi} \times \frac{1}{h^2 + t^2} \tag{3-6}$$

当时间变量 t 在 $[0,+\infty)$ 范围内变化时，波函数 $B_y(t)$ 在 $t=0$ 时取得最大峰值 $\mu I/(2\pi h)$；在 $0 < t < 3h$ 时，波函数 $B_y(t)$ 迅速下降；在 $t=3h$ 时，波函数 $B_y(t)$ 降到最大峰值的 10%；最后在 $3h < t < +\infty$ 时，波函数 $B_y(t)$ 下降缓慢，并逐渐趋近于 0。根据偶函数的对称性，当时间变量 t 在 $(-\infty,+\infty)$ 范围内变化时，波函数 $B_y(t)$ 是一个脉冲函数，波函数的影响范围有限。因此可以将波函数 $B_y(t)$ 视为子波函数进行分析，并分析 $B_y(t)$ 的多阶导数的频谱特性。

子波函数 $B_y(t)$ 的二阶微分和四阶微分如下：

$$B_y^{(2)}(t) = \frac{\mu I h}{\pi} \times \frac{h^2 - 3t^2}{(h^2 + t^2)^3} \tag{3-7}$$

$$B_y^{(4)}(t) = -\frac{12\mu I h}{\pi} \times \frac{h^4 - 10h^2 t^2 + 5t^4}{(h^2 + t^2)^5} \tag{3-8}$$

选取 $h=1\text{m}$、$I=1\text{A}$，分别对 $B_y(t)$、$B_y^{(2)}(t)$、$B_y^{(4)}(t)$ 进行傅里叶变换，并对其振幅曲线进行归一化，使最大振幅为 1。

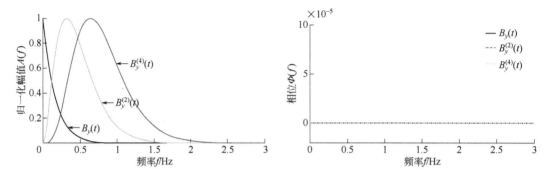

图 3-4　子波函数的频谱特性（左）和相频特性（右）

如图 3-4 所示，从频谱特性中看出，$B_y(t)$、$B_y^{(2)}(t)$、$B_y^{(4)}(t)$ 的频带范围为 0～3Hz，求导使子波函数的频谱向高频方向平移，子波函数频谱的峰值频率随求导次数的增加而增加；从相频特性中看出，$B_y(t)$、$B_y^{(2)}(t)$、$B_y^{(4)}(t)$ 的相位为零,可以认为三个函数为零相位函数，即 $\varPhi(\omega) = 0$。子波函数 $B_y(t)$ 及其二阶导数、四阶导数的频带范围有限，同时函数相位为零。子波函数这种频谱特性为其误差及干扰处理提供了良好的理论基础。

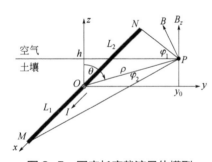

图 3-5　固定长度载流导体模型

实际情况中，变电站接地网的支路长度固定[9-10]，建立单导体模型如图 3-5 所示。在 xyz 坐标系中，一根长度 L 的载流导体 MN 水平埋在磁导率为 μ 的单层均匀土壤中，导体平行放在 x 轴上，载流导体在 x 轴正半轴 OM 长度为 L_1，在 x 轴负半轴 ON 长度为 L_2，地表面平行于 xOy 平面且距离为 h，导体中流过的电流为 I，电流的方向沿着 x 轴正方向。地表面上的一点 P 在 yoz 平面内，距离载流导体的垂直距离为 ρ，线段 OP 与 z 轴正方向的夹角为 θ，线段 OP 与线段 NP 的夹角为 φ_1，线段 OP 与线段 MP 的夹角为 φ_2。忽略导体在土壤中的泄漏电流。

根据安培环路定理[11]，载流导体在 P 点产生的垂直于地面的磁感应强度为

$$B_z(y) = \frac{\mu I}{4\pi} \times \frac{y}{h^2 + y^2}(\sin\varphi_1 + \sin\varphi_2) \tag{3-9}$$

其中

$$\sin\varphi_1 = \frac{L_1}{\sqrt{h^2 + y^2 + L_1^2}} \ , \sin\varphi_2 = \frac{L_2}{\sqrt{h^2 + y^2 + L_2^2}}$$

根据微分法对垂直于地面的磁感应强度 $B_z(y)$ 进行微分处理。式 (3-9) 包含 $\sin\varphi_1$ 和 $\sin\varphi_2$，对其求导比较烦琐，这里进行简化。

求取式 (3-9) 的一阶微分、三阶微分、五阶微分，同时忽略 $o\left(\sum_{i=1}^{2}(\sin\varphi_i)'\right)$：

$$B_z^{(1)}(y) \approx \frac{\mu I}{4\pi} \times \frac{h^2-y^2}{(h^2+y^2)^2}(\sin\varphi_1+\sin\varphi_2) \tag{3-10}$$

$$B_z^{(3)}(y) \approx \frac{3\mu I}{2\pi} \times \frac{-h^4-y^4+6y^2h^2}{(h^2+y^2)^4}(\sin\varphi_1+\sin\varphi_2) \tag{3-11}$$

$$B_z^{(5)}(y) \approx \frac{30\mu I}{\pi} \times \frac{h^6-y^6+15y^4h^2-15h^4y^2}{(h^2+y^2)^6}(\sin\varphi_1+\sin\varphi_2) \tag{3-12}$$

当 $y\to 0$ 时，$\lim\limits_{y\to 0}\sum_{i=1}^{2}(\sin\varphi_i)'=0$，即当 $y=0$ 时，忽略 $o\left(\sum_{i=1}^{2}(\sin\varphi_i)'\right)$ 对 $B_z^{(1)}(y)$、$B_z^{(3)}(y)$、$B_z^{(5)}(y)$ 没有影响。因此根据式 (3-10) ～ (3-12)，$B_z^{(1)}(y)$、$B_z^{(3)}(y)$、$B_z^{(5)}(y)$ 的主峰位置与载流导体的位置相同，并都在 $y=0$，表明计算形函数 $B_z(y)$ 的一阶导数或三阶导数或五阶导数的主峰位置可以确定测量区域内接地网支路所在位置，进而绘制接地网拓扑结构。

同理，根据安培环路定理，载流导体在 P 点产生的平行于地面的磁感应强度为

$$B_y(y) = -\frac{\mu Ih}{4\pi} \times \frac{1}{h^2+y^2}(\sin\varphi_1+\sin\varphi_2) \tag{3-13}$$

其中

$$\sin\varphi_1 = \frac{L_1}{\sqrt{h^2+y^2+L_1^2}}\quad,\quad \sin\varphi_2 = \frac{L_2}{\sqrt{h^2+y^2+L_2^2}}$$

根据微分法对平行于地面的磁感应强度 $B_y(y)$ 进行微分处理，式 (3-13) 包含 $\sin\varphi_1$ 和 $\sin\varphi_2$，对其求导比较烦琐，这里进行简化。

求取式 (3-13) 的二阶微分、四阶微分，同时忽略 $o\left(\sum_{i=1}^{2}(\sin\varphi_i)'\right)$：

$$B_y^{(2)}(y) \approx \frac{\mu Ih}{2\pi} \times \frac{h^2-3y^2}{(h^2+y^2)^3}(\sin\varphi_1+\sin\varphi_2) \tag{3-14}$$

$$B_y^{(4)}(y) \approx -\frac{6\mu Ih}{\pi} \times \frac{h^4-10y^2h^2+5y^4}{(h^2+y^2)^5}(\sin\varphi_1+\sin\varphi_2) \tag{3-15}$$

当 $y\to 0$ 时，$\lim\limits_{y\to 0}\sum_{i=1}^{2}(\sin\varphi_i)'=0$，即当 $y=0$ 时，忽略 $o\left(\sum_{i=1}^{2}(\sin\varphi_i)'\right)$ 对 $B_y^{(2)}(y)$、$B_y^{(4)}(y)$ 没有影响。因此根据式 (3-14) 和式 (3-15)，$B_y^{(2)}(y)$、$B_y^{(4)}(y)$ 的主峰位置与载流导体的位置

相同，并都在 $y=0$ ，表明计算形函数 $B_y(y)$ 的二阶导数或四阶导数的主峰位置可以确定测量区域内接地网支路所在位置，进而绘制接地网拓扑结构。

3.1.3 微分法导体埋深检测原理

根据以上单导体模型，选取 $I=1\text{A}$、$h=1\text{m}$、$L_1=L_2=3\text{m}$，分析单支路载流导体周围垂直方向磁场的分布情况，并采用微分法对其进行处理。如图 3-6 所示，同时选取了剖面 $x=0\text{m}$、$x=1\text{m}$ 和 $x=2\text{m}$，显示单支路载流导体周围垂直方向磁场的不同剖面的分布情况。

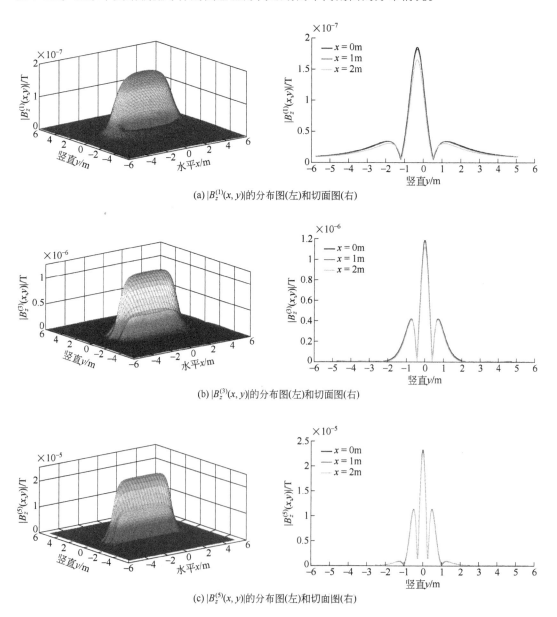

(a) $|B_z^{(1)}(x,y)|$ 的分布图(左)和切面图(右)

(b) $|B_z^{(3)}(x,y)|$ 的分布图(左)和切面图(右)

(c) $|B_z^{(5)}(x,y)|$ 的分布图(左)和切面图(右)

图 3-6　单支路载流导体周围垂直方向磁场的微分法处理及其切面图

从图 3-6 中的切面图中看出，$\left|B_z^{(1)}(x,y)\right|$、$\left|B_z^{(3)}(x,y)\right|$ 和 $\left|B_z^{(5)}(x,y)\right|$ 存在主峰特性，同时存在旁峰特性。设 $\left|B_z^{(1)}(x,y)\right|$、$\left|B_z^{(3)}(x,y)\right|$ 和 $\left|B_z^{(5)}(x,y)\right|$ 的主峰和旁峰的峰值距离为 L_{z1}、L_{z3}、L_{z5}。

求取式（3-9）的二阶微分、四阶微分、六阶微分，同时忽略 $o\left(\sum\limits_{i=1}^{2}(\sin\varphi_i)'\right)$：

$$B_z^{(2)}(y) \approx -\frac{\mu I}{2\pi} \times \frac{y(3h^2-y^2)}{(h^2+y^2)^3}(\sin\varphi_1+\sin\varphi_2) \tag{3-16}$$

$$B_z^{(4)}(y) \approx \frac{6\mu I}{\pi} \times \frac{y(5h^4-10h^2y^2+y^4)}{(h^2+y^2)^5}(\sin\varphi_1+\sin\varphi_2) \tag{3-17}$$

$$B_z^{(6)}(y) \approx -\frac{180\mu I}{\pi} \times \frac{y(7h^6-35h^4y^2+21h^2y^4-y^6)}{(h^2+y^2)^7}(\sin\varphi_1+\sin\varphi_2) \tag{3-18}$$

令 $B_z^{(2)}(y)=0$、$B_z^{(4)}(y)=0$、$B_z^{(6)}(y)=0$ 可得

$$L_{z1} \approx \sqrt{3}h \approx 1.732h \tag{3-19}$$

$$L_{z3} \approx \sqrt{5-\sqrt{20}}\,h \approx 0.7265h \tag{3-20}$$

$$L_{z5} \approx 0.4816h \tag{3-21}$$

式（3-19）～式（3-21）简洁地阐述了 $\left|B_z^{(1)}(x,y)\right|$、$\left|B_z^{(3)}(x,y)\right|$ 和 $\left|B_z^{(5)}(x,y)\right|$ 的主峰和旁峰的峰值距离 L_{z1}、L_{z3}、L_{z5} 与接地网支路埋藏深度 h 之间的关系，可得

$$h \approx 0.5774L_{z1} \tag{3-22}$$

$$h \approx 1.3765L_{z3} \tag{3-23}$$

$$h \approx 2.0764L_{z5} \tag{3-24}$$

通过求解 $\left|B_z^{(1)}(x,y)\right|$ 或 $\left|B_z^{(3)}(x,y)\right|$ 或 $\left|B_z^{(5)}(x,y)\right|$ 的主峰和旁峰的峰值距离 L_{z1} 或 L_{z3} 或 L_{z5}，可以直接获得接地网支路埋藏深度 h[12]。

3.1.4　接地网拓扑快速重构技术原理

对于大型变电站的磁场测量而言，因其面积巨大，接地网拓扑结构复杂[13-14]，使用全覆盖式的磁场测量进行拓扑重构工作量极大[15-16]。同时，受变电站设备及地上建筑影响，使得覆盖式的磁场测量难以实现[17]。提高测量效率也是现场工作人员重点关注的问题。针对这一问题，设计了"圆周法"与"铺路法"相结合的快速拓扑重构方法。其中，"圆周法"用于检测引下线附近接地网的走向，从而在没有其他已知支路的条件下实现主网导体定位；"铺路法"使用"找节点"的方法代替相关研究中"找支路"的方法，利用成对节点确定存在的支路，从而大大减少测量所需的数据量。

研究提出的接地网拓扑快速重构方法，主要包括如下步骤：

（1）圆周微分法探测初始导体　在未知任何接地体位置的情况下，首先要确定一条接地体所在直线。对此，应选取一靠近变电站角落或边缘的位置处的接地引下线（如图 3-7 中选取 A 点引下线为初始点，但实际不必要一定选取角落或边缘），以该引下线为圆心，测量以 2m 为半径的圆形沿线的磁场分布，并利用微分法求出该引下线连入接地体的走向，从而得到初始导体所在直线。以该点为原点，选取一导体所在直线为 x 轴建立直角坐标系。

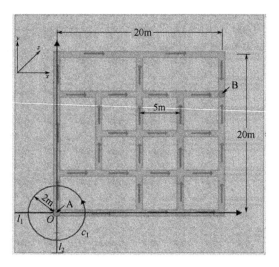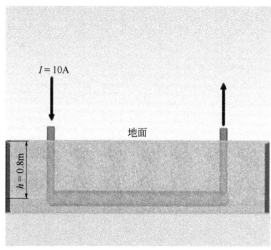

图 3-7　接地网模型结构示意图

（2）沿各支路测量垂直节点位置　在获得初始导体后沿该直线，即 x 轴测量沿线的磁场分量，通过微分法计算，获得 x 轴上存在的支路节点，即初步判断这些节点一一对应存在平行于 y 方向的支路。沿这些初判支路进一步测量各节点位置。为了防止漏测，需选取 1～3 组远离 x 轴且平行于 x 轴的直线进行验证测量。

（3）根据成对节点位置确定拓扑结构　对于任一接地体支路，其节点必然成对出现在靠近的两侧垂直支路上。在基于初判支路完成节点定位后，需按照成对节点的原则确定各支路是否存在，避免使用初判支路造成"T"形结构的误判。同时利用节点位置均值对导体位置进行校正。

为了对本方法进行说明，同时进一步验证微分法与"圆周法""铺路法"相结合的可行性，设计了如图 3-7 所示的接地网结构，使用有限元分析软件 COMSOL Multiphysics 的 AC/DC 模块对其进行仿真分析，计算其注入电流后的磁场分布，利用微分法完成其拓扑结构的逆推。

如图 3-7 所示，该接地网模型为由扁钢构成的 4×4 网格，接地网导体横截面尺寸为 0.5m×0.02m，接地网规模为 20m×20m，网格间距等于 5m，在单层土壤中埋藏深度 h=0.8m，令 I=10A 的直流电流从节点 1 的引下线导体 A 注入，并从节点 14 通过导体 B 流出（忽略泄漏到土壤中的电流）。取引下线 A 的位置为坐标原点，取地表面为坐标轴的 xy 面。

首先选取靠近边缘的一接地引下线 A 点，以 A 点为圆心，取半径为 2m 的圆周 c_1 测量磁场分量分布，并进行微分法计算，计算结果如图 3-8 所示。

由此可以判断出，A 点连接了两条相互垂直的导体支路。以 A 点为原点，选取一导体所在直线为 x 轴建立如图 3-7 所示的直角坐标系。在获得上述的初始导体后，可以利用磁场微分法，测量 x 和 y 轴上的地表磁场分布，并对其进行一阶微分，从而得到支路信息，其结果如图 3-9 所示。

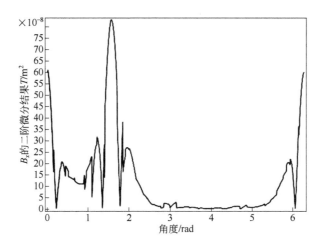

图 3-8　圆周法计算结果

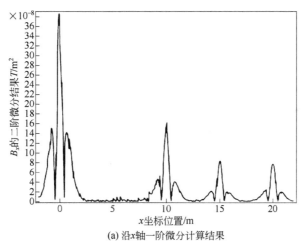

(a) 沿 x 轴一阶微分计算结果

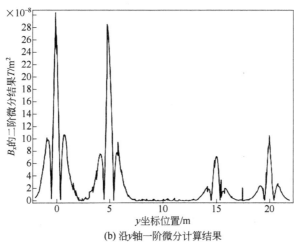

(b) 沿 y 轴一阶微分计算结果

图 3-9　坐标轴上方磁场微分法计算结果

可以看出，计算结果在 x 轴和 y 轴上各有四个峰值，分别对应存在方向与其垂直的支路。利用上述两组磁场数据，初步得到接地网拓扑结构为图 3-10 所示的 4×4 的网格。

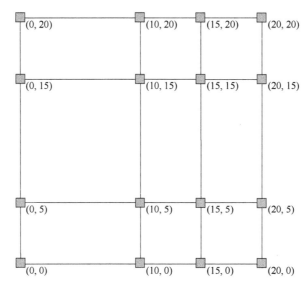

图 3-10　初步判断接地网拓扑

沿着图 3-10 中接地网格的其他支路继续开展磁场测量，可以进一步完善与验证接地网各支路的分布情况。例如，首先确定（0, 5）节点处平行于 x 轴的支路上的其他节点，即测量图 3-11 中沿直线 l_3 上的磁场分布，图中黑色线表示当前判断的接地网导体结构，l_3 在地表面上且正对下方的导体。

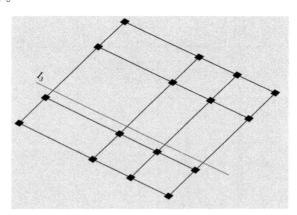

图 3-11　第三次测量位置示意图

对测得磁场求微分，结果如图 3-12 所示。由此可以判断该支路上有五个节点，其中四个与图 3-11 中初步建立的模型一致，而在 x=5m 处发现了新的支路。所以，在图 3-11 搭建的模型图的基础上添加一条路，修改后模型如图 3-13 所示。

同理，测量图 3-13 中的 l_4 和 l_5 上的磁场分布，其微分结果分别如图 3-14 所示。

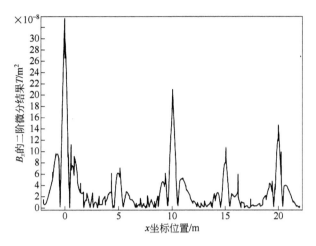

图 3-12　沿线 l_8 的微分法计算结果

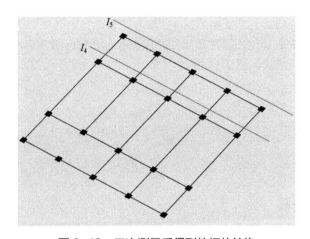

图 3-13　三次测量后得到的拓扑结构

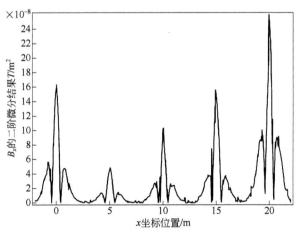

图 3-14

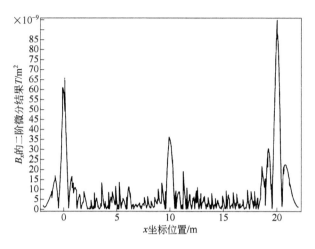

图 3-14 沿线 I_4、I_5 的微分法计算结果

可见沿 I_4 有五个峰值即五个支路节点，且与 I_3 的节点一一对应，而沿着 I_5 只有三个节点，所以在 I_4 和 I_5 之间缺失的峰值不存在导体，即在 5m 处和 15m 处不存在接地导体，根据这两组数据修改接地网拓扑结构如图 3-15 所示。

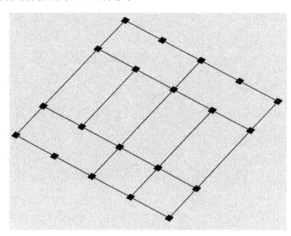

图 3-15 五次测量后得到的拓扑结构

对比图 3-7 中构建模型结构与图 3-15 中暂时得到模型结构，可以看出只有一条支路仍未探测到。剩下的拓扑结构还需要通过测量纵向的磁场分布来进行绘制，在 0m、5m、10m、15m、20m 处进行纵向磁场测量以及微分分析，如图 3-16 所示。

在 0m 处测量磁场分布后的微分法计算结果如图 3-16（a）所示，沿纵向有四个峰值即四个支路节点，只缺失 10m 处的峰值点，所以在 0m、5m、15m、20m 处有四个导体而在 10m 处不存在导体；在 5m 处测量磁场分布后的微分法计算结果如图 3-16（b）所示，沿纵向有三个峰值即三个支路节点，缺失 0m 处和 20m 处的峰值点，所以在 5m、10m、15m 处有三个导体而在 0m、20m 处不存在导体；在 10m 处测量磁场分布后的微分法计算结果如图 3-16（c）所示，沿纵向有五个峰值即五个支路节点，无缺失峰值点，所以在 0m、5m、10m、15m、20m 处均有导体；在 15m 处测量磁场分布后的微分法计算结果如图 3-16（d）所示，沿纵向有四个峰值即四个支路节点，缺失 0m 处的峰值点，所以在 5m、10m、15m、20m 处有四个导体而在 0m 处不存在导体；在 20m 处测量磁场分布后的微分法计算结果如图 3-16（e）所示，沿纵向有五个峰值即五个支路节点，无缺失峰值点，所以在 0m、5m、10m、15m、20m 处均有导体。

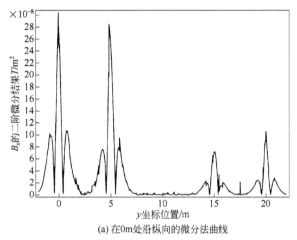

(a) 在0m处沿纵向的微分法曲线

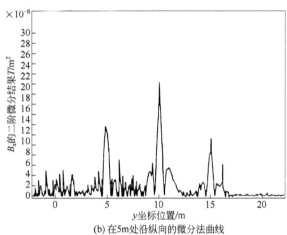

(b) 在5m处沿纵向的微分法曲线

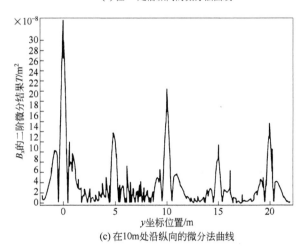

(c) 在10m处沿纵向的微分法曲线

图 3-16

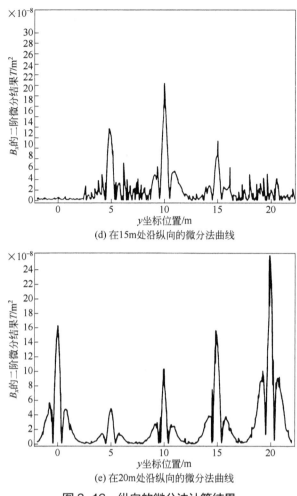

(d) 在15m处沿纵向的微分法曲线

(e) 在20m处沿纵向的微分法曲线

图 3-16　纵向的微分法计算结果

　　根据这五组数据修改接地网拓扑结构如图 3-17 所示，此时绘制的接地网拓扑结构图与实际搭建的模型完全一致，验证了微分法的可行性和准确性，并且验证了拓扑结构重构的方法的有效性，实现接地导体零漏检。若使用面探测的方法，测量间距取为最大值 10cm，则对一长为 l、宽为 w 的变电站，需要测量 $(20 \times l \times w)$ m 的测量距离；若接地导体网格间距为 5m，采用逐一对每一条支路位置进行测量的方法，则至少需要测量 $[(l/5+1) \times w+(w/5+1) \times l]$ m 的距离；而采用"圆周法"和"铺路法"进行拓扑检测，只需测量约 $[2l+(w/5+1) \times l]$ m 的距离。对于一般的 220kV 变电站，可取长 l 为 150m，宽 w 为 120m，代入计算可得使用三种方法需要测量的距离分别约为 360000m、7470m 和 4050m，可见进行面扫描的可行性低，使用拓扑快速重构方法相比线扫描测量效率提高接近 1 倍。

3.1.5　磁场法验证实验

　　为了验证以上理论，开展了实地测量试验，本实验选取了重庆市南岸区一个 110kV 变电站，该变电站正在建设之中，未投入运行。在变电站选取变压器两个接地网引出节点（引下线），节点间距 270cm。通过 15m 长的引出线连接接地网上引出节点和恒流源端口，如图 3-18 所示。测量区域位于两个接地网引出节点中间，并且测量区域长度为 2.2m。图 3-19 是现场测试图。

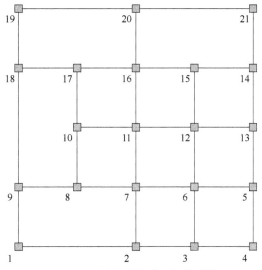

图 3-17　最终绘制接地网拓扑结构图

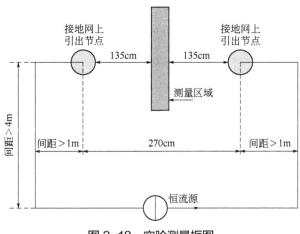

图 3-18　实验测量框图

实验选用 F.W. BELL Model 7010 高斯计，通过霍尔传感器探头测量垂直于接地网表面方向的磁感应强度。为了消除周围环境干扰，实验首先测量此测量区域位置的原始磁场大小 $B_0(x)$，再给接地网注入电流 19.56A，同时测量此时的测量区域位置的磁场大小 $B_{z0}(x)$。测量区域实际的磁场大小为 $B_z(x) = B_{z0}(x) - B_0(x)$。

如图 3-20 所示，测量区域的磁场 $B_z(x)$ 曲线凹凸不平，测量信号内包含了比较大的测量干扰，但磁场 $B_z(x)$ 变化趋势比较明显，具有一个正向最大峰值和一个负向最大峰值。经过低通滤波处理后，信号 $B_z(x)$ 变得比较光滑。

图 3-19   现场测试图

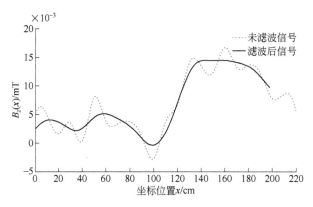

图 3-20   测量区域的磁场 $B_z(x)$

对信号 $B_z(x)$ 进行一阶微分处理，如图 3-21 所示。一阶微分 $B_z^{(1)}(x)$ 在 $x=120\text{cm}$ 位置存在比较明显的主峰，峰值大小为 0.057mT。

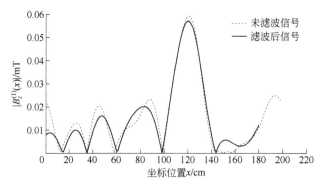

图 3-21   磁场 $B_z(x)$的一阶微分

对信号 $B_z(x)$ 进行三阶微分处理，如图 3-22 所示。三阶微分 $B_z^{(3)}(x)$ 在 $x=120\text{cm}$ 位置存在比较明显的主峰，峰值大小为 3.5938mT，其右侧的旁峰位置为 $x=145\text{cm}$。

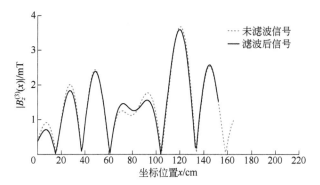

图 3-22　磁场 $B_z(x)$ 的三阶微分

对信号 $B_z(x)$ 进行五阶微分处理，如图 3-23 所示。五阶微分 $B_z^{(5)}(x)$ 变换混乱，不能显现出主峰的特性。因此，五阶微分 $B_z^{(5)}(x)$ 不能用于此次接地网支路位置和支路电流的探测。下面通过一阶微分 $B_z^{(1)}(x)$ 和三阶微分 $B_z^{(3)}(x)$ 求取此次接地网支路位置和支路电流。

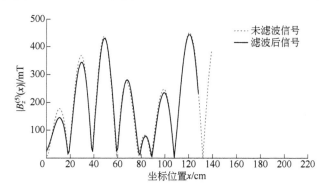

图 3-23　磁场 $B_z(x)$ 的五阶微分

（1）支路位置　一阶微分 $B_z^{(1)}(x)$ 和三阶微分 $B_z^{(3)}(x)$ 的主峰位置都在 x=120cm，所以该支路的位置在 x=120cm，结果与实际情况相符。

（2）支路埋藏深度　根据图 3-22，三阶微分 $B_z^{(3)}(x)$ 的主峰和旁峰之间距离 $L_{z3} = 145\text{cm} - 120\text{cm}=25\text{cm}$，则该支路的埋藏深度 $h = L_{z3}/0.7265 = 34.41\text{cm}$。

（3）支路电流大小　测量支路长度 $L = 270\text{cm}$，测量区域位于支路中间位置，长度参数 $L_1 = L_2 = 135\text{cm}$，则一阶微分的比例系数为

$$\lambda_{z1} = \sum_{i=1}^{2} \frac{\mu L_i}{4\pi h^2 \sqrt{(L_i^2 + h^2)}} = 16.3636 \times 10^{-7} \tag{3-25}$$

一阶微分 $B_z^{(1)}(x)$ 的峰值大小为 0.057mT，则该支路电流大小为

$$I = \frac{0.057 \times 10^{-3}}{16.3636 \times 10^{-7}} = 34.8334（\text{A}） \tag{3-26}$$

三阶微分的比例系数为

$$\lambda_{z3} = \sum_{i=1}^{2} \frac{3\mu L_i (2L_i^2 + 3h^2)}{4\pi h^4 (L_i^2 + h^2)\sqrt{(L_i^2 + h^2)}} = 855.9177 \times 10^{-7} \tag{3-27}$$

三阶微分 $B_z^{(3)}(x)$ 的峰值大小为 3.5938mT，则该支路电流大小为

$$I = \frac{3.5938 \times 10^{-3}}{855.9177 \times 10^{-7}} = 41.9877（A） \tag{3-28}$$

（4）总结　本次实验探测出接地网一条支路所在位置为 x=120cm，埋藏深度为 34.41cm，计算数值与现场接地网状况比较相符，验证了实验所采用方法能够检测接地网支路位置。

实验中探测的支路电流大小与实际值 19.56A 相差较大，但数值都在同一个数量级上。产生较大误差的原因：

① 测量点间距为 10cm，测量点间距过大，建议采用 5cm 或更小的间距；

② 注入地网电流为 19.56A，电流较小，建议采用 30A 或更大的注入电流；

③ 测量磁场的过程中，测量干扰较大，需要合理的方法降低干扰。

3.2
高抗干扰测试部件设计

3.2.1　磁场测量传感器的抗干扰设计

为了保证变电站的安全稳定运行，在进行接地网的不断电检测时，注入的电流不能过大；同时考虑系统装置中设计的交流激励电流源的输出电流幅值大小为 1A。现计算向接地网中注入幅值为 1A、频率为 1kHz 的交流激励源所产生的感应磁场的大小[18-19]，即计算被测目标磁场信号的大小。

根据电磁场的基本理论可知，对于一根无限长的载流直导线，在其周围空间产生的磁感应强度 $B = \frac{\mu_0 I}{2\pi \rho}$，$\mu_0$=4π×10⁻⁷H/m。结合实际接地网导体所埋设的深度[20]以及现场测量距离地表高度的可行性，不考虑其他因素，分析被测目标磁场信号大小的范围如表 3-2 所示。

表 3-2　被测目标磁场信号的范围

电流幅值大小/A	距离导体测量距离/m	感应磁场大小/T
1.0	0.5	1.2×10^{-5}
1.0	1.5	4×10^{-6}
1.0	3.0	2×10^{-6}

在设计系统检测装置的磁场测量传感器时，变电站现场的电磁干扰信号对磁场测量传感器的抗干扰能力设计起着决定性的作用。在查阅和参考现有文献的基础上，统计得出国内不

同等级变电站的电磁干扰信号大小如表 3-3 所示。

表 3-3　国内不同等级变电站电磁环境

变电站等级	磁感应强度水平分量最大值/μT	磁感应强度垂直分量最大值/μT	最大合成磁感应强度/μT	主要磁感应强度范围/μT
110kV	6.34	6.68	8.23	0.01~1.0
220kV	38.9	40.4	56.1	1.0~10.0
500kV	13.23	9.58	16.33	1.0~10.0

从表 3-3 可以看出，各个主要等级变电站的磁感应强度的最大值基本上处在 $10^{-6}\sim10^{-5}$T 之间，主要的磁感应强度范围在 $10^{-8}\sim10^{-5}$T 之间[21-24]。根据对被测目标磁场信号大小的分析可知，变电站现场的这些固有的磁场干扰信号大小是被测目标磁场信号大小的 100~1000 倍，这对磁场信号的测量是一个很强的干扰因素。

另外，根据文献可知，变电站的工频及其奇次谐波电磁干扰在检测线圈上产生的感应电压能够达到 10^{-1}V 级别，工频电磁干扰比工频奇次谐波干扰信号要强很多，工频奇次谐波干扰在 850Hz 之后就迅速衰减变小（图 3-24）。

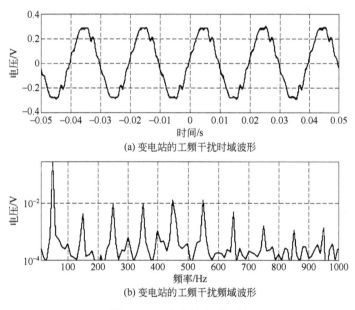

(a) 变电站的工频干扰时域波形

(b) 变电站的工频干扰频域波形

图 3-24　变电站电磁环境

根据对变电站现场的电磁干扰信号的分析可知，由于变电站现场固有的磁感应强度的大小比所需要的被测磁感应强度大小要大 100~1000 倍，导致信号的信噪比很小，因此对所采用的磁场测量传感器的滤波能力、抗干扰能力以及信号提取能力有较高的要求。

根据变电站工频奇次谐波干扰的特征，为了尽可能地避开工频奇次谐波干扰较强的频段，所采用的交流激励电流源的频率应该大于 850Hz。

3.2.2　磁场测量线圈传感器设计

采用基于 PCB 绕制线圈的磁场测量传感器进行系统装置的磁场测量传感器模块的设计与实现。磁场测量传感器的组成结构如图 3-25 所示，磁场测量传感器主要由 PCB 绕制检测线圈和带通滤波放大电路两部分组成，感应电压信号通过射频线输出。

如图 3-26 所示，在接地网导体埋设位置的检测过程中，需要向接地网注入一个幅值和频率一定的交流激励电流。假设交流激励电流的频率为 f_c，该交流电流在接地网的上方空间会产生一个频率为 f_c 的感应磁场 B。将设计的磁场测量线圈置于接地网上方，线圈与磁场方向的夹角为 θ。

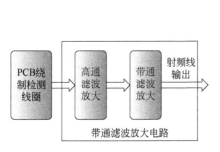

图 3-25　磁场测量传感器结构　　　　图 3-26　磁场测量示意图

接地网上方产生的感应磁场为 B，幅值为 B_m，则有

$$B = B_m \sin(2\pi f_c t) \tag{3-29}$$

此时，穿过线圈的有效磁通量为

$$\Psi = NSB\cos\theta = NSB_m \sin(2\pi f_c t)\sin\theta \tag{3-30}$$

在检测线圈上产生的感应电动势为

$$\varepsilon = \frac{\mathrm{d}\Psi}{\mathrm{d}t} = 2\pi f_c NSB_m \cos(2\pi f_c t)\sin\theta \tag{3-31}$$

将该线圈的输出接入到一个通带增益为 A 的带通滤波器之后，其输出感应电压为

$$v_o = A\varepsilon = A2\pi f_c NSB_m \cos(2\pi f_c t)\sin\theta \tag{3-32}$$

令

$$k = 2\pi f_c NSA \tag{3-33}$$

则有

$$v_{om} = kB_m \cos\theta \tag{3-34}$$

也就是说

$$B_m = v_{om} / (k\cos\theta) \tag{3-35}$$

式中，v_{om} 为输出感应电压的幅值；B_m 为接地网上方激励电流的感应磁场幅值；k 为常值比例系数；θ 为线圈与磁场方向的夹角。

当已知磁场的方向时，可以令 $\theta = 90°$，此时有

$$B_m = v_{om} / k \tag{3-36}$$

检测线圈经过带通滤波放大器后的输出感应电压幅值 v_{om} 与感应磁场的幅值 B_m 呈线性关系，且两者都是正弦波形，频率相同。因此，可以通过测量磁场在线圈上的感应电压输出来间接测量磁场信号的大小；同时也可以根据感应电压的频率特性反推磁场信号的频率特性。由于两者呈线性关系，理论上利用线圈测量磁场会具有很好的准确性。

如果当磁场方向未知，可以通过旋转线圈的方式来观察输出感应电压的大小，根据感应电压最大时，线圈方向的垂直方向为磁场方向，由此确定磁场方向，并完成对磁场信号的测量。

检测线圈的磁场测量的灵敏度和分辨率与线圈的面积、匝数以及是否有铁芯有关。在基于磁场法的变电站接地网导体埋设位置检测中，所测量的感应磁场信号很微弱，一般只有 $10^{-9} \sim 10^{-7}$T。为了增加检测线圈的测量灵敏度，可以考虑增加线圈面积、匝数和增加铁芯。而增加线圈面积会使磁场测量的分辨率降低，无法确认所测量的磁场是哪个点的磁场大小；增加铁芯会使得检测装置在整个系统的组装和集成过程中显得很不方便和笨重。

线圈的每一层与上下层的导线通过过孔首尾衔接，保证导线的走向一致，实现线圈的同向和均匀绕制；同时线圈的表层和底层预留出信号的注入和流出端焊盘，焊盘处于锯齿的突出部分，使线圈与线圈之间能够级联叠加。

以 4 层板为例，线圈每一层的结构如图 3-27 所示，其中 a、b、c 为过孔，p 为表层的信

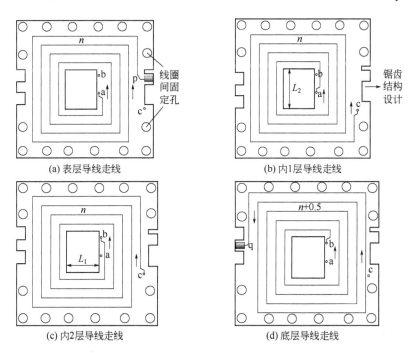

图 3-27　PCB 线圈结构示意图

号注入端焊盘，q 为底层的信号流出端焊盘。各层的导线位置在垂直于线圈平面的方向上重合，避免不同层之间的涡流产生。线圈各个边上的通孔为线圈之间级联叠加的固定孔，也可用作外接导线的过孔。

设线圈的矩形空心边长分别为 L_1 和 L_2，单层线圈的匝数为 n，则整个线圈的有效面积为 $S=L_1L_2$，线圈的有效匝数 $N=4n+0.5$。

在磁场测量时，可以根据被测磁场的大小，调整线圈的单层设计匝数 n 与线圈的有效面积 S，其中线圈的有效面积 S 只能做微小的调整。另外，在单层线圈匝数 n 固定不变的情况下，可以通过线圈的级联叠加来增加整个探测线圈的匝数 N。线圈的级联叠加方式采用锯齿交错向上叠加，锯齿设计结构如图 3-27 中左右两边所示。

为了提高线圈磁场测量传感器的抗干扰能力，确保检测线圈在实际的测量过程中只有线圈的空心部分能够有磁场通过，并且产生感应电压，在线圈的表层和底层分别加上两块屏蔽层 PCB，屏蔽层 PCB 的结构设计如图 3-28 所示。

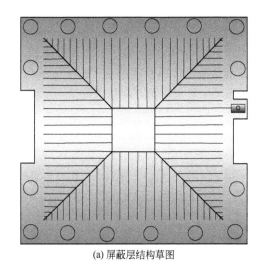

(a) 屏蔽层结构草图　　　　　　(b) 屏蔽层PCB设计图

图 3-28　线圈屏蔽层结构

在线圈的叠加过程中，屏蔽层的上下两层都接地。底层屏蔽层与底层的线圈相连接，表层的屏蔽层作为信号输出的参考地，连接到滤波放大电路的一个输入端，另一个输入端与表层的线圈相连接。

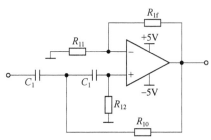

图 3-29　有源高通滤波器电路

本项目所设计的磁场测量传感器的带通滤波放大电路部分由高通滤波放大电路与带通滤波放大电路串联成一个多级带通滤波放大电路组成，用于对感应电压信号进行滤波和放大，使线圈的输出感应电压放大到一个可以测量的量级，提高信号的信噪比。高通滤波放大电路采用压控电压源型电路设计，其截止频率设计为 10～20Hz，单级二阶高通滤波器电路如图 3-29 所示，其具有放大倍数易调的特点。

该滤波器的参数分别为：截止频率 $f_0 = \dfrac{1}{2\pi R_{10}C_1}$，通带放大倍数 $A_{up} = 1 + \dfrac{R_{1f}}{R_{11}}$。通过调整 R_{1f} 与 R_{11} 的值，能够方便地调整通带的放大倍数且不影响通带范围。

高通滤波放大电路的功能有两点：

（1）变电站的工频干扰很强[25-26]，直接采用工频陷波或者带通滤波无法滤除完全，需采用截止频率很低（采用的截止频率为 10～20Hz）的高通滤波电路，首先对其进行一定倍数的衰减，然后通过带通滤波器将其滤除干净；

（2）通过前端的高通滤波放大电路对整体的带通滤波电路的通带放大倍数进行微调，来实现对放大倍数的精确设计。

带通滤波放大电路也采用压控电压源型电路设计，其中心频率与交流激励电流源的频率一样。单级带通滤波器电路如图 3-30 所示，其具有通带容易确定的特点。

该带通滤波器的参数分别为：

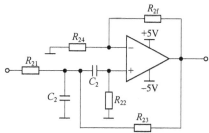

图 3-30　有源带通滤波器电路

中心频率 $f_0 = \dfrac{1}{2\pi}\sqrt{\dfrac{1}{R_{22}C_2^2}\left(\dfrac{1}{R_{21}} + \dfrac{1}{R_{23}}\right)}$，通带带宽 $f_{BW} = \dfrac{1}{C_2}\left(\dfrac{1}{R_{21}} + \dfrac{2}{R_{22}} - \dfrac{R_{2f}}{R_{23}R_{24}}\right)$，通带增益（通带放大倍数）$A_{1p} = \dfrac{R_{24} + R_{2f}}{R_{24}R_{21}C_2B}$，品质因数 $Q = \dfrac{f_0}{BW}$（BW 为通频带）。

通过后级的带通滤波放大，确定整体带通滤波电路的通带范围，同时实现对感应电压信号的多级放大。

3.2.3　磁场测量传感器性能测试

为了测试磁场测量传感器测量数据的准确性，定制一组有微小开口和两个平行引出线的圆形导线，利用标准交流激励源 XJ-IIB 将幅值为 1A、频率为 1kHz 的交流电流通过平行引线注入此圆形导线形成一个圆形载流回路；同时也将输出的交流电流作为锁相放大芯片 AD630 的参考信号输入（后面的抗干扰能力测试将会用到，准确性测试的时候可不用），采用 4 块 4 层 PCB 矩形空心线圈级联叠加组成磁场测量系统的线圈部分，线圈的输出端接带通滤波电路、锁相放大电路和示波器进行测试。测试过程中，线圈平面与圆形载流回路平面平行且线圈的中心与圆形回路的轴线重合，即通过线圈测量圆形载流回路轴线上的磁感应强度。改变圆形载流回路的半径 a，利用示波器记录测量得到的感应电压幅值大小，通过测量线圈输出的感应电压的大小来反映圆形载流回路轴线上的磁场大小，并与理论值进行对比，进而验证磁场测量传感器所测试数据的准确性。准确性测试时不加锁相放大电路。磁场测量传感器的准确性测试示意图如图 3-31 所示。

根据电磁场的相关理论，可以计算半径为 a 的圆形载流回路中心轴线上的磁感应强度 B 的幅值大小为

$$B_m = \dfrac{\mu_0 I}{2a} \tag{3-37}$$

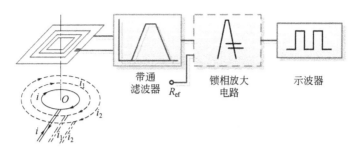

图 3-31　磁场测量传感器性能测试示意图

当圆形载流回路的半径远大于线圈的尺寸时，可近似认为磁场测量传感器测量的就是圆形载流回路轴线上的磁感应强度 B 的大小。

测试所采用的磁场测量传感器的参数分别为：磁场测量线圈的面积 $S=10mm\times10mm$，单个线圈的匝数为 $N=192.5$，带通滤波器的通带增益 $A=400$，中心频率为 $f_0=1kHz$，通带范围为 $500\sim1700Hz$。

根据式（3-37），代入磁场测量传感器的各个参数，可得 $k=2\pi f_c\times4NSA=1.94\times10^5$，此时有

$$v_{om}=kB_m=\frac{k\mu_0 I}{2a}=\frac{1.94\times10^5\times4\pi\times10^{-7}}{2a}\qquad(3-38)$$

测试过程中，分别改变圆形载流回路半径 a 的大小，使 $a_1=5cm$，$a_2=10cm$，$a_3=15cm$，$a_4=20cm$，$a_5=25cm$。利用示波器记录磁场测量传感器的感应电压输出数值，并与理论值相比较，得出磁场测量传感器的测量误差。示波器记录的感应电压波形图如图 3-32 所示，其中上

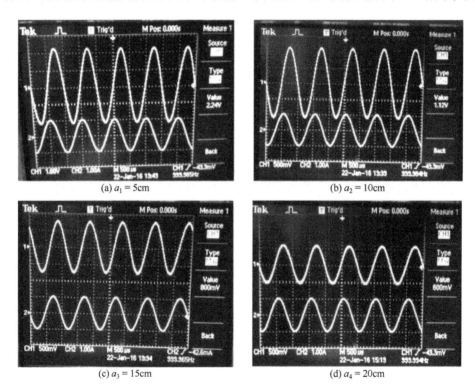

(a) $a_1=5cm$　　　　　　　　　　　　(b) $a_2=10cm$

(c) $a_3=15cm$　　　　　　　　　　　　(d) $a_4=20cm$

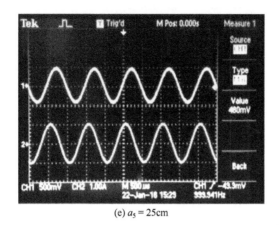

(e) $a_5 = 25\text{cm}$

图 3-32　测试波形结果

方的正弦波形表示的是示波器所记录的磁场测量传感器输出的感应电压波形，下方的波形所表示的是作为参考信号的交流激励电流波形。将示波器所记录的感应电压波形幅值读出来，可得到如表 3-4 所示的数据。

表 3-4　理论值与测量值及其误差

项目	圆形载流回路半径 a				
	a_1	a_2	a_3	a_4	a_5
理论磁场大小 $B/\mu\text{T}$	12.6	6.28	4.19	3.15	2.51
感应电压理论值 v_{om}/V	2.44	1.22	0.813	0.609	0.488
感应电压测量值/V	2.24	1.12	0.800	0.600	0.480
测量误差/%	8.20	8.20	1.60	1.48	1.64

从表 3-4 中的数据可以看出，所设计的磁场测量传感器的磁场测量误差在 10%以内。当圆形载流回路的半径较小时，由于线圈与载流环的尺寸相当，导致其测量误差较高；当圆形载流回路的半径 $a \geqslant 15\text{cm}$ 时，磁场测量传感器的测量误差迅速降低，达到 1.5%左右，具有较高的精度。

按照相同的测量方法，通过增加线圈的级联叠加个数和增加滤波放大电路的放大倍数 A，利用本方案设计的磁场测量传感器的磁场信号的测量精度可以达到 nT 级别。

为了更直观地反映磁场测量传感器的测量准确性，绘制出输出感应电压与磁感应强度的线性曲线图。磁场测量传感器的输出感应电压与磁感应强度的线性曲线图如图 3-33 所示。

检测装置的抗干扰能力由磁场测量传感器的滤波电路和后面将要介绍的锁相放大电路共同构成。通过多个圆形载流回路的磁场测量实验，在磁场测量传感器模块后面加上锁相放大电路，验证磁场测量传感器的抗干扰能力。

将半径为 $a = 25\text{cm}$ 的圆形导线通入幅值 0.1A、频率 1kHz 的交流电流形成一个圆形载流回路，并将其轴线上的磁场作为被测目标磁场信号，同时在其内部分别放置两组半径不同的圆形载流回路作为干扰信号源。所有圆形载流回路的中心轴线重合，干扰回路中分别通有不同于 0.1A、1kHz 的交流电流。测试示意图如图 3-34 所示。

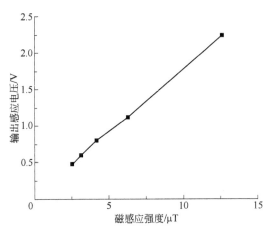

图 3-33　磁场测量传感器的线性度

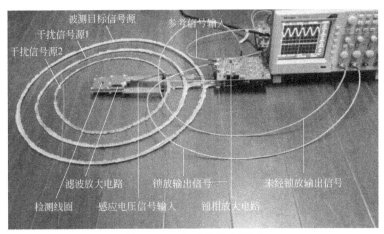

图 3-34　抗干扰能力测试

半径 a=25cm 的单个圆形载流回路的被测目标感应电压信号的准确测量值为 0.048V。

多次改变作为干扰信号源的圆形载流回路中的电流幅值大小和频率大小，得到的磁场测量结果如表 3-5 所示。

表 3-5　实验方案及测量结果

信号类型		$B/μT$	频率/Hz	测量值/V	误差/%
被测信号		0.251	1000	0.048	—
干扰信号组 1	干扰 1	20	50	0.044	8.33%
	干扰 2	4.19	1500		
干扰信号组 2	干扰 1	4.19	800	0.046	4.17%
	干扰 2	6.28	1500		
干扰信号组 3	干扰 1	6.28	800	0.045	6.25%
	干扰 2	12.6	1500		

从表 3-5 中的测试数据可以看出，当被测目标磁场信号周围存在干扰磁场信号时，本方案所设计的磁场测量传感器能够有效地抑制干扰，比较准确地将被测目标磁场信号提取出来，误差不超过 10%，具有较高的精度。

根据上述磁场测量传感器的性能测试实验，表明本方案所设计的基于多层可级联的 PCB 空心线圈磁场测量传感器，具有较高的测量精度，能够从复杂的电磁干扰环境中提取出微弱的被测信号，具有较好的性能，能够满足变电站现场的注入幅值 1A、频率 1kHz 的交流激励电流所产生的感应磁场的测量需求，具有不错的实用价值。

3.3
拓扑检测装置整体设计与实现

3.3.1　系统装置整体设计思路

根据系统装置模块化设计原则，系统装置的整体结构设计图如图 3-35 所示。系统装置包括交流激励电流源模块、磁场测量传感器模块、通道控制模块、锁相放大模块、同步采集模块、数据处理显示模块和主控制模块。系统装置的工作原理与过程如下：

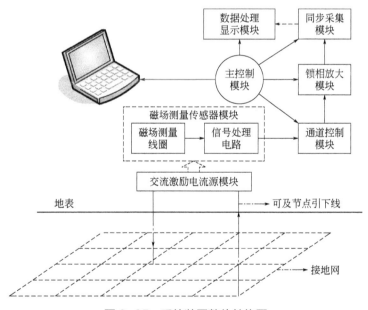

图 3-35　系统装置整体结构图

系统装置通过交流激励电流源模块与接地网的任意两个可及节点引下线连接，向接地网中注入一个特定频率的交流激励电流，并在接地网上方产生一个感应磁场；然后利用磁场测量线圈将注入接地网的交流激励电流所产生的感应磁场转化为感应电压信号；感应电压信号经过信号处理电路，对由磁场测量线圈得到的感应电压信号进行放大滤波处理；处理后的信号被送入通道控制模块，由通道控制模块对处理后的感应电压信号进行通道控制和选择；经过选择后的感应电压信号被送入锁相放大模块，由锁相放大模块对感应电压信号做一步的滤波处理，滤除多余的电磁干扰信号，同时对感应电压信号做进一步的提取。

至此，原始的感应磁场信号被转化为感应电压信号并经过滤波和放大处理，得到了能够被数据采集芯片所采集的信号。然后利用同步采集模块对这些信号进行同步采集和存储；最后利用数据处理显示模块对所存储的数据进行分析计算和图像显示；所存储的数据能够通过通信总线传输或者以 SD 卡存储的形式转送到上位机，利用上位机中成熟的软件对数据做最终的处理，确定导体的位置。系统装置的主控制模块通过 RS485 通信总线与通道控制模块、锁相放大模块、同步采集模块和数据处理显示模块连接，用于协调和控制各个模块的正常工作，并对整个检测系统进行通信控制。

(1) 交流激励电流源模块　交流激励电流源作为系统装置的一个关键部分，采用 ARM 微控制器控制 DDS 芯片 AD9833 产生一个幅值和频率可调的正弦信号输出，然后通过功率放大电路对正弦信号进行功率放大，放大后的信号加载到精密功率电阻两端，产生正弦交流激励电流输出。根据现场磁场测量的要求，交流激励电流输出具有良好的稳定性，输出幅值 0～1A 可调，默认为 1A；输出频率 0～2kHz 可调，默认为 1kHz。

(2) 磁场测量传感器模块　磁场测量传感器模块作为连接系统测量装置和接地网感应磁场的关键部分，其测量数据的准确性和可靠性在很大程度上决定着系统装置的整体测试效果。磁场测量传感器模块包括磁场感应线圈和信号处理电路两个部分，磁场感应线圈感应交变磁场产生感应电压，信号处理电路对感应电压信号进行滤波和放大，使信号达到可以测量的水平。本项目所采用的磁场感应线圈为 PCB 绕制线圈，信号处理电路为带通放大电路。

(3) 通道控制模块　系统装置采用 8 个磁场传感器阵列对感应磁场数据进行测量和采集，一次测量可以得到 8 个感应电压信号。通道控制模块由微控制器编程控制，可以任意选择打开或者关闭感应电压的输入和输出通道，实现对 8 路磁场测量传感器输出感应电压信号的测量和采集。

(4) 锁相放大模块　经过磁场测量传感器输出的感应电压信号往往存在着未滤除干净的工频奇次谐波干扰信号，而且经过放大的感应电压信号的幅值也只能达到 0.1～1mV 级别，此时需要利用锁相放大电路对存在干扰信号情况下的小信号进行提取，将其从干扰信号中分离。

(5) 同步采集模块　感应电压信号经过锁相放大模块后，已经得到所需单一频率的可采集信号，利用 4 通道同步采集模块对输入的感应电压信号进行同步采集。所采用的 A/D 芯片为 ADS1278。

(6) 数据处理显示模块　完成对感应电压信号的同步采集后，利用数据处理显示模块对所采集得到的感应电压信号进行初步的处理并进行绘图显示，方便在实际测量过程中的测量方式的调整优化以及观察测量结果。

(7) 主控制模块　主控制模块通过 RS485 通信总线与通道控制模块、锁相放大模块、同步采集模块和数据处理显示模块连接，用于协调和控制各个模块的正常工作，并对整个检测系统进行通信控制。

3.3.2　交流激励电流源设计

交流激励电流源是系统装置中的一个关键部分。根据相关文献中的相关研究结果显示，当激励电流频率在 0～2kHz 的时候，同一幅值的交流激励电流产生的感应磁场大小基本上相同，当频率大于 2kHz 后，感应磁场大小急剧下降。另外，根据前文中对变电站现场电磁干扰信号的分析可知，为了尽可能地避开工频奇次谐波干扰较强的频段[27]，所用的交流激励电流源的频率应该大于 850Hz。

根据已有的研究结论，结合本项目所设计的系统检测装置的需求，在满足现场磁场测量要求的基础上，本项目所设计的交流激励电流源的频率默认为 1kHz 可调，幅值默认为 1A 可调。

本项目所设计的交流激励电流源采用 ARM 微控制器 STM32F373RC 控制 ADI 公司的直接数字频率合成（DDS）芯片 AD9833 信号发生器芯片输出一个幅值为 300mV（AD9833 能输出的最大电压信号幅值的一半）的正弦波，然后分四路分别放大 10/3 倍、5/3 倍、1/3 倍和 1/30 倍，再通过 ARM 编程控制选择输出幅值为 1000mV、500mV、100mV 以及 10mV 的正弦波信号，其中 1000mV 信号增添外接接口，当作基准信号，用于同步信号采集；这四路正弦波信号经过一片 4 选 1 的模拟复用多通道开关芯片 ADG1204 后加到功率放大芯片 OPA561 上对信号进行功率放大处理，处理后的正弦波信号通过一个校准功率电阻后加载到一个精密电阻上产生交流激励电流源输出。交流激励电流源的产生原理框图如图 3-36 所示。

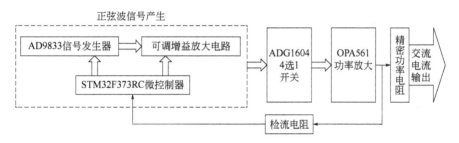

图 3-36　交流激励电流源产生原理框图

根据系统装置设计的参数要求，正弦波信号发生源选用 ADI 公司的直接数字频率合成芯片 AD9833，DDS 系统的参考时钟采用 10MHz 的有源晶振，可变增益放大电路部分由运算放大器构成的四路放大电路组成，多路模拟复用开关选用 ADG1604。正弦波信号发生电路的设计结构图如图 3-37 所示，其设计原理图如图 3-38 所示。

微控制器控制 AD9833 的引脚 VOUT 输出正弦信号后，该信号经过四路由运算放大器组成的可变增益放大电路之后，再由微控制器编程控制多路模拟复用开关 ADG1604 选择其中的一路作为输出正弦信号。

完成硬件原理图设计之后，对 AD9833 进行编程，完成对其相位和频率的参数配置。

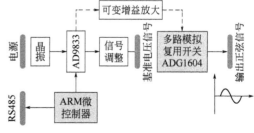

图 3-37　正弦波发生电路结构图

AD9833 的控制程序流程图如图 3-39 所示。

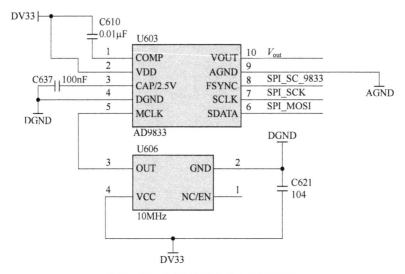

图 3-38　正弦信号产生电路原理图

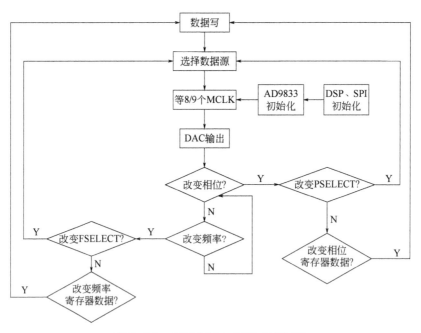

图 3-39　AD9833 控制程序流程图

　　在信号发生电路产生正弦波信号输出后，需要经过功率放大后才具备带载能力，文献所搭建的功率放大电路是由功率放大芯片 OPA561 构成。

　　功率放大电路的电路设计原理图如图 3-40 所示。

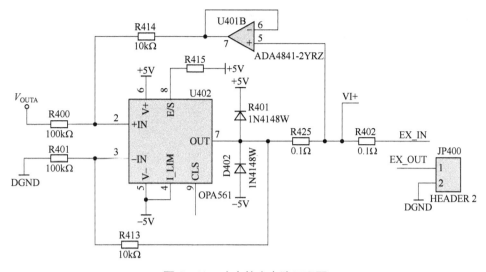

图 3-40　功率放大电路原理图

3.3.3　磁场信号采集及处理电路设计

经由磁场测量传感器模块阵列输出的感应电压信号通过射频连接线送入通道控制电路，通道控制电路由 8 路射频通道通过 8 选 1 的多路复用开关与微控制器的 I/O 口相连接，直接通过对微控制器编程实现对通道的控制和选择，实现对磁场感应电压信号的选择性输入。通道控制电路的结构示意图如图 3-41 所示。

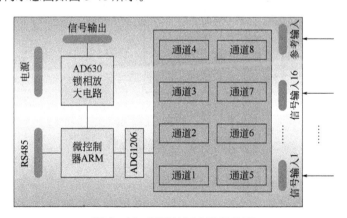

图 3-41　通道控制电路结构图

通过通道控制模块，能够任意控制所需要输入的信号通道，为实现磁场信号的同步采集奠定了基础。

感应电压信号经过磁场测量传感器模块的滤波放大电路之后，使输出信号达到 0.1～1mV 级别，但会夹杂着部分未滤除干净的工频奇次谐波信号，之后采用锁相放大电路对信号做进一步滤波和提取。

锁定放大是一种从干扰噪声中分离小窄带信号的方法，锁相放大电路充当检测器和窄带滤波器的作用，很好地改善了信噪比，能够在复杂电磁干扰环境下检测出非常小的被测目标信号。锁相放大电路的原理如图 3-42 所示。

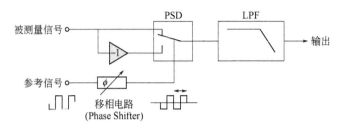

图 3-42　锁相放大电路原理

被测量信号经过相敏检波器（Phase Sensitive Detector，PSD）进行同步检波，实现频率变换；同时通过移相电路对参考信号进行相位调节，使被测信号与参考信号的频率和相位达到一致，再通过低通滤波器（LPF）实现对被测信号的提取和测量。

锁相放大电路采用高精度平衡调制器 AD630 芯片实现（图 3-43），内部有两路信号处理通道，包括被测目标信号处理通道和参考信号处理通道。被测目标信号处理通道包括前置低噪声放大器、陷波器和放大器，实现对含噪声被测目标信号中的噪声信号的衰减和对被测目标信号的调谐放大；参考信号处理通道包括触发、移相和驱动功率放大电路，实现对参考信号的相位调节。AD630 芯片中应用电阻网络提供±1 和±2 的精密闭环增益，精度为 0.05%（AD630B）。

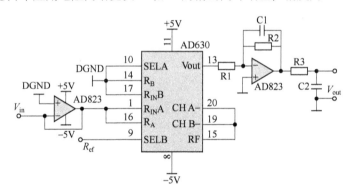

图 3-43　锁相放大电路

在被测目标信号的频率和相位特性已知的情况下，采用单路信号处理通道，另一路短接。被测信号 V_{in} 经过一个电压跟随器缓冲电路通过 $R_{IN}A$ 输入 AD630 芯片，参考信号由 SELB 端输入 AD630，输出端外接一个有源低通滤波器，通过微控制器编程控制选择 AD630 实现锁定放大功能，完成复杂干扰环境下的微小被测信号的测量和提取。

在测量接地网的感应磁场时，将注入接地网的交流激励电流输出作为锁相放大电路的参考信号输入。

感应电压信号经过锁相放大电路之后，得到了单一的能够被识别和采集的信号，然后这些信号通过射频线送入 4 通道同步采集电路进行同步采集。

同步采集模块未添加滤波模块，采集的信号为交流信号，采集信号前端串入一个小电容。输入为 8 通道端口电压和 1 通道电压基准信号（SMA 接口），输入信号经 5 片 8 通道选择器后，以通道 N（1~8）为参考节点，构建 4 路可变增益放大（选用芯片 AD8369ARUZ），与 1 通道基准信号一起，通过差分转换（选用芯片 OPA1632），将 5 路信号送给高精度 A/D 转换器 ADS1278IPAPT，整个电路由 ARM 控制。该模块的通信接口为 RS485。采集模块整体结构图如图 3-44 所示。

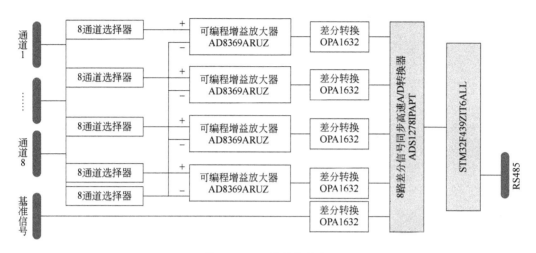

图 3-44　采集模块结构图

同步采集电路的微控制器选用 STM32F439ZIT6ALL，64Mbit SDRAM。A/D 转换器选用 ADS1278IPAPT，24 位同步 8 路 A/D 转换器，最高采样速率 105.469ksample/s（高速采样模式）。

可变增益放大电路的设计电路如图 3-45 所示。

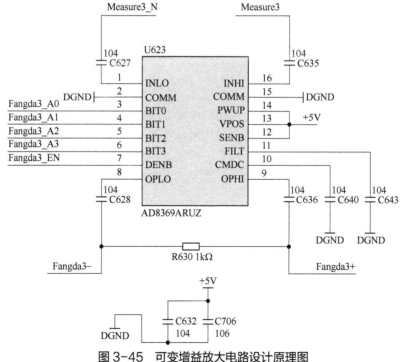

图 3-45　可变增益放大电路设计原理图

可变增益放大器选用 AD8369ARUZ，放大倍数为–5dB～+40dB（R_L=1kΩ），可变间隔为 3dB，放大倍数为数字量控制，输入信号为交流信号无直流分量，输出为交流的差分信号。

差分信号转换成差分信号采用 OPA1632D 差分运算放大器，供电电压为±5V，放大倍数为 1 倍，其设计电路如图 3-46 所示。

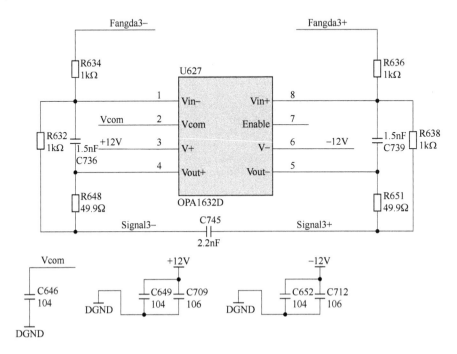

图 3-46　差分变换电路

3.3.4　系统整体装置的组装实现

考虑到变电站接地网的实际规模，要完成对接地网所有支路导体的埋设位置的检测，需要测量的磁场区域面积很大，为了增加磁场的测量效率，减少测量次数和测量时间，将磁场测量传感器模块组成一个阵列的形式。如图 3-47 所示，磁场测量传感器模块并排竖直固定在两块固定板上，每排 8 个，分 2 排放置，组成一个 2×8 的磁场测量传感器阵列。磁场测量传感器模块之间的水平间距为 10cm。

这样的组合方式，在一次测量过程中，能够得到 8 个点的磁场信号，测量的长度可以达到 40cm。测量得到的 8 个磁场测量传感器模块的感应磁场的输出感应电压信号通过射频线与通道控制板的 8 个控制通道相连接。

在完成系统的分模块设计与功能实现并确定磁场测量传感器以 2×8 的阵列形式组合之后，进行了系统装置整体的组装与调试工作。考虑系统内部各个模块可能会产生频率为 1kHz 的感应磁场，对磁场测量传感器进行目标信号的采集时产生干扰，将磁场测量传感器阵列作为一个独立的部分组合在一起，系统装置的其他模块组合成另一个独立的部分，两个部分再组合成一个完整的系统。系统的装置的组装模型如图 3-48 所示。

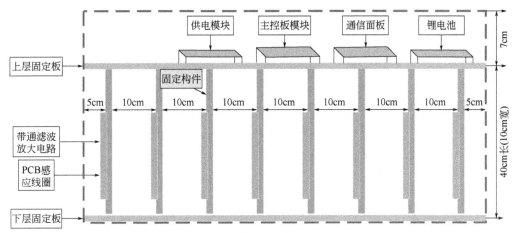

图 3-47　磁场测量传感器阵列

图 3-48　系统检测装置整体组装示意图

从图 3-48 可以看出，系统装置为左右结构。左侧为磁场测量传感器阵列部分，右侧为系统其他模块的组合部分。左侧磁场测量传感器阵列采用上下两块固定板，每一排的磁场测量传感器又另外对应一根尼龙支柱支撑上下固定板，使得磁场测量传感器的固定非常牢靠，基本上不会发生抖动，保证了在进行磁场测量时的稳定性。右侧的其他模块采用叠加的形式组合，用于系统供电的锂电池位于最底层，接着是电源板，电源板上面是交流激励电源板，板与板之间预留有足够的空间以备散热。系统装置采用左右结构的设计方法，后期考虑在两个部分中间加一个用于磁场屏蔽的硅钢片，这样就可以消除右侧各个功能模块所产生的感应磁场对左侧磁场测量传感器模块产生的干扰。

3.3.5　数据传输软件开发

运行及控制本装置需要借助通用的串口通信软件 SSCOM3.2 以实现电脑与装置的通信及数据传输，具体操作如下：

（1）装置初始化　按下装置的绿色开关按钮，等待 10s 后装置通电，此时打开上位机的 SSCOM3.2 软件，在字符串输入框内输入控制字符串"55 55 55 10 01 00 00 01 10 AA AA AA"，然后点击"发送"完成装置初始化。命令输入窗口如图 3-49 所示。

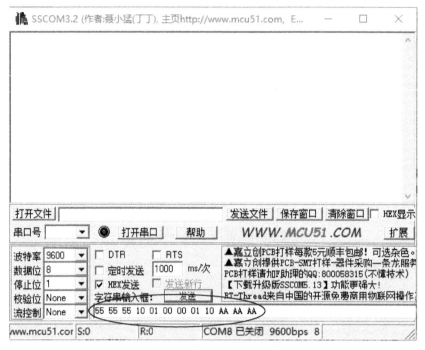

图 3-49　装置初始化命令输入

（2）数据测量　如图 3-50 所示在字符串输入框内输入"55 55 55 11 01 00 00 01 01 AA AA AA"，点击"发送"按钮，装置开始工作并采集相关测量数据上传到上位机。

图 3-50　装置测量命令输入

（3）数据处理　当装置测量数据上传完成后，将上传得到的数据的首部的 22 字节和尾部的 7 字节数据删除，然后将剩下的数据复制并另存为记事本文件备用。如图 3-51 和图 3-52 所示。

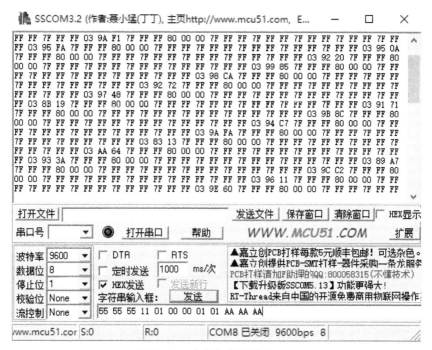

图 3-51　上位机数据接收界面

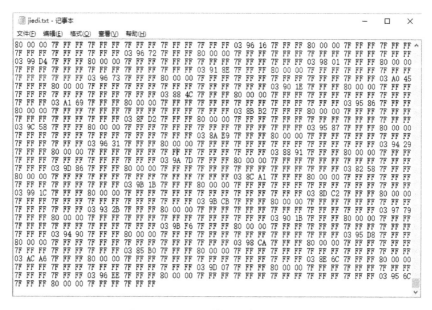

图 3-52　测量数据另存为记事本

如图 3-53 所示，此时打开微分法的 MATLAB 程序（文件名为 filter1.m），将记事本文件复制到微分法 MATLAB 程序的相同文件夹下，修改程序调用语句，使程序能够正确调用记事本文件，然后点击"运行"按钮，进行数据处理。

图 3-53　MATLAB 程序处理界面

（4）结果分析　分析 MATLAB 程序处理得到的测量点磁场分布如图 3-54 所示，其中峰值所对应的线圈位置即为所得接地网导体位置。装置每相邻两个测量线圈的距离为 0.1m，如果以装置的第一块测量线圈作为坐标原点，那么磁场峰值出现的位置到原点的距离乘以 0.1m 即为接地网导体的实际相对位置。

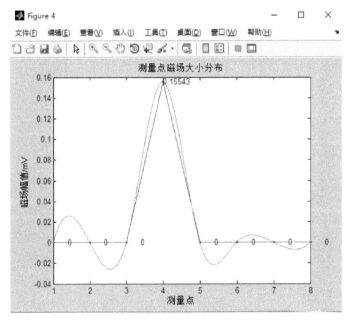

图 3-54　测量点磁场分布图

3.4
装置的功能以及性能测试

3.4.1 激励源功能以及性能测试

　　为了测试所设计激励源电路的带载能力,利用泰克科技公司生产的 MDO4034B-3 混合信号示波器,以 1Ω/10W 的精密功率电阻作为负载对激励源的波形进行测试, 测试现场图如图 3-55 所示, 示波器显示测试电流波形图如图 3-56 所示。

　　由示波器测得的波形可以直观看出,当负载为 1Ω 时, 波形是一个频率为 1kHz、幅值为 1A 的交流正弦波,波形效果较好,表明该激励源装置可以有效地驱动接地网导体负载,并且具有较好的输出稳定性。在正弦波中出现了一些尖刺脉冲信号, 分析其原因,可能是电路中的开关电源的高频自激振荡产生的。由于这些噪声频率都是 MHz 级别, 远高于所需正弦电流频率,在经过接地网导体后, 其对目标磁场的分布结果产生的影响十分微弱,在后续的磁场采集装置中采用的多级带通滤波放大器也能有效滤除这些噪声信号。根据 DL/T475 接地

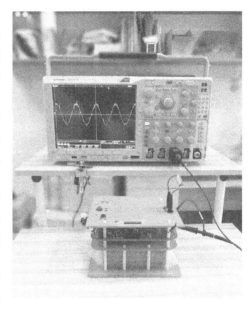

图 3-55　激励源示波器测试示意图

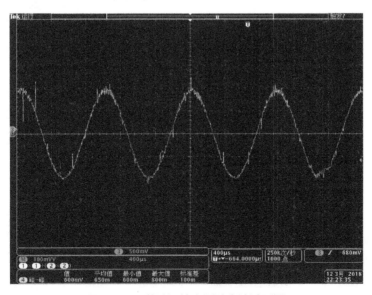

图 3-56　激励源输出测试电流波形图

143

装置特性参数测量导则规定[28]，运行良好的变电站其接地电阻在 0.05Ω 以内，当接地网电阻在 0.05~0.5Ω 之间时，说明接地网导通性能一般，需要对重要电力设备进行适当处理。当接地网电阻大于 0.5Ω 时，表明接地网运行状况已经十分不理想，需要重点关注。当接地网电阻大于 1Ω 时，可认为接地网无法正常对变电站运行设备和人员进行有效保护。在正常运行的变电站中，接地网的电阻一般达不到欧姆级别[29-30]，因此本设计的激励源输出的激励电流满足与接地网导体负载匹配的要求。

3.4.2 单支路测试

单导体测试如图 3-57 所示，利用长为 1.2m 的钢导体作为测试对象，将激励源通过导线向导体两端注入 1kHz、1A 的交流电流。图 3-57（a）建立了单导体测试原理示意图，单导体与 x 轴方向平行，两端点空间坐标分别为（0，0.4，0）、（1.2，0.4，0），由右手螺旋定则可知，导体正上方的感应磁场方向为 y 轴方向，将测量装置置于导体正上方 1.2m 处，与导体垂直，使得感应磁场通过 PCB 感应线圈的有效面积最大，增大感应电动势。测量装置长 0.8m，共 8 个传感器，每个传感器间隔 0.1m，第一个传感器距装置最左边和最后一个传感器距离装置最右边间隔均为 0.05m，因此对应 8 个传感器的纵坐标分别为 0.05，0.15，0.25，0.35，0.45，0.55，0.65，0.75。

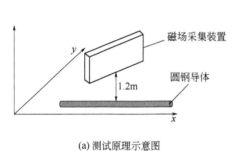

(a) 测试原理示意图　　　　　　　　　　(b) 测试现场图

图 3-57　单导体实验室测试示意图

单导体实验室测试过程如下：

① 将单导体置于水平地面，并以导体所在方向为 x 轴，建立空间直角坐标系。

② 通过示波器检测激励源的输出波形是否符合设计要求，确认符合设计要求后，通过导线连接到导体两端，连接导线尽量平行于待测导体，减小其对待测磁场造成的干扰。

③ 检测采集装置是否正常工作，将磁场信号采集装置置于导体正上方 1.2m 处，与地平面平行且方向与单导体垂直，尽量使得磁通有效面积最大。

④ 打开激励源和磁场采集装置，采集有激励电流下的磁场分布数据，为避免偶然误差，重复测量 3 次，存储磁场数据至上位机。

⑤ 关闭激励源，采集没有激励电流下的磁场分布数据进行参考，为避免偶然误差，重复测量 3 次，存储磁场数据至上位机。

⑥ 将测量装置向 y 轴负方向平移 1.5m，采集远离单导体情况下的磁场分布情况。

⑦ 分析磁场分布情况，验证装置的准确性。

　　由于采集装置采集到的信号是十六进制的,需要在上位机中利用 MATLAB 程序将数据转化成十进制的感应电压信号进行直观计算。根据第 2 章中对单导体磁场计算的分析可知:当注入激励源时,单导体周围的磁场分布与位置关系会存在峰值效应,其正上方的磁场应为最大,导体两边的磁场强度较小。图 3-58(a)是滤波前 8 通道磁场传感器的感应电压的时域信号分布,其分布近似于余弦波。将时域信号进行傅里叶变换至频域进行分析,其频域分布情况如图 3-58(b)所示,可以明显地看出,其频域信号集中在 1kHz。图 3-58(c)是滤波后的时域信号分布情况,图 3-58(d)是 8 通道磁场传感器采集到的感应电压信号幅值与其分布位置关系示意图,纵坐标表示采集得到的感应电压信号,横坐标表示的是 8 个传感器位置,每个传感器间隔 0.1m。可以看出感应电压幅值最大的点位于第 4 个传感器与第 5 个传感器中间,

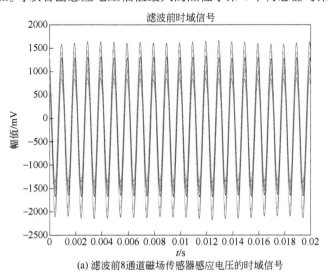

(a) 滤波前8通道磁场传感器感应电压的时域信号

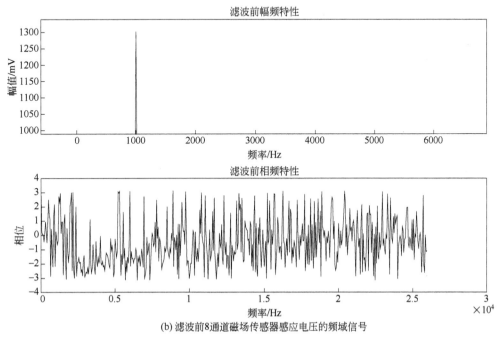

(b) 滤波前8通道磁场传感器感应电压的频域信号

图 3-58

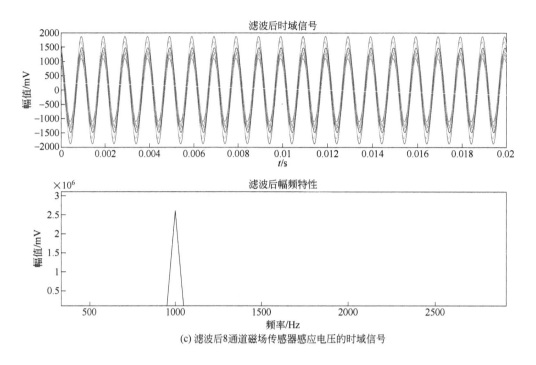

(c) 滤波后8通道磁场传感器感应电压的时域信号

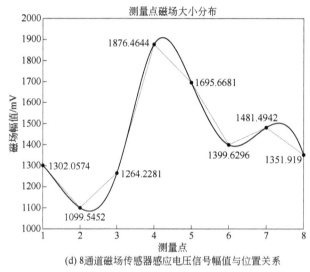

(d) 8通道磁场传感器感应电压信号幅值与位置关系

图 3-58　载流单导体测试结果

利用样条曲线差值函数模拟出 3 次检验到的导体位置分别在 0.374m、0.373m、0.372m，与实际值 0.4m 误差不超过 8%，在误差允许范围内，可以有效判断导体所在位置，验证了装置检测载流单导体的可行性。同时在相同条件下测量的数据都比较接近，也验证了装置测量的一致性。

作为对比，图 3-59 是无激励时的磁场频域信号与 8 通道传感器位置对应关系，由图可知，其分布情况没有明显的峰值特性，且感应电压测量数值也较小，与有激励时相差了 10^2 数量级，验证了测量装置对载流导体的敏感性。

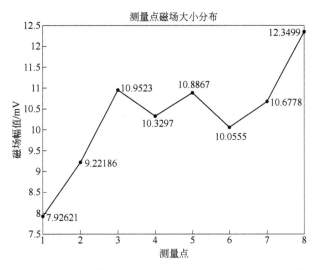

图 3-59　无激励时 8 通道磁场传感器采集的电压信号与传感器位置关系图

图 3-60 是在打开激励源时，磁场采集装置远离单导体 1.5m 远时传感器采集到的磁场时域信号，可以看出 8 通道磁场传感器采集得到的磁场信号没有特别的规律；图 3-60（b）是磁场频域信号分布情况，采集得到的频率以 1000Hz 为主，与预期情况一致；图 3-60（c）是磁场频域信号与 8 通道传感器位置对应关系，由图可知，磁场信号分布具有一定的波峰热性，且最大值同样出现在第 4 个和第 5 个 PCB 感应线圈之间，其对应实际位置的 y 轴坐标为 0.366，与实际导体位置接近，说明在远离导体 1.5m 处，装置仍能检测载流单导体所在位置。同时观察各个传感器输出的感应电压信号，其大小比装置在导体正上方时差 10^{-1} 数量级，说明检测装置测量值对载流导体的位置十分敏感，与理论相符。通常实际接地网导体直接间距规格都在 5～15m 之间，在此间隔内，本装置对接地网导体具有良好的分辨率。

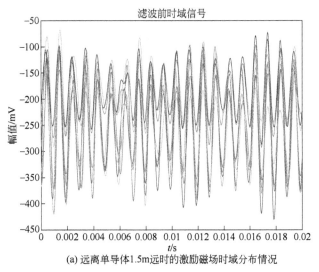

(a) 远离单导体 1.5m 远时的激励磁场时域分布情况

图 3-60

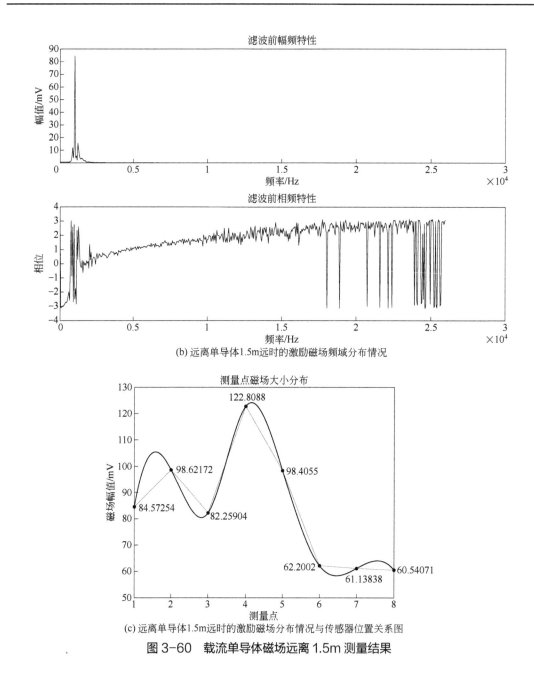

(b) 远离单导体1.5m远时的激励磁场频域分布情况

(c) 远离单导体1.5m远时的激励磁场分布情况与传感器位置关系图

图 3-60　载流单导体磁场远离 1.5m 测量结果

3.4.3　田字形模拟接地网测试

为了进一步验证装置检测导体的有效性，利用圆钢导体制成的 2.4m×2.4m 的田字形网格进行测试。该网络总共由 4 个小格焊接而成，每个小格的长宽均为 1.2m。测试时，为了便于移动测量，将装置置于工作台上，采集装置与导体垂直距离为 0.7m，测试原理示意图与现场图如图 3-61 所示。

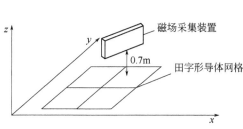
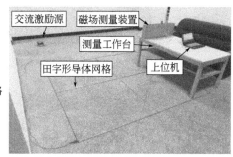

图 3-61　田字形网格导体测试示意图

测量时保持导体网格位置固定，建立空间直角坐标系，令导体四个定点坐标分别为 (0.4, 0.4, 0)、(0.4, 2.8, 0)、(2.8, 0.4, 0)、(2.8, 2.8, 0)。第一组测量时，将装置最左边与 (0.4, 0, 0.7) 对齐，另一端与 (0.4, 0.8, 0.7) 且与导体网格所在平面垂直，测量与 x 方向平行的导体位置。测量时，每次将采集装置沿着 y 轴正方向平移 0.8m，测量四次，测量线为点 (0.4, 0, 0.7) 到 (0.4, 3.2, 0.7) 之间的线段，总共测量 32 个空间点的磁场大小。同理，测量第二组数据，检测与 y 方向平行的导体位置，测量线为点 (0, 0.4, 0.7) 到 (3.2, 0.4, 0.7) 之间的线段，测量四次，共测量 32 个点的磁场大小。图 3-62 为第一组和第二组测量点位置与磁场幅值大小的关系。由于测量区域有限，导致测量点的个数较少，因此利用 MATLAB 程序中的拟合函数进行数据拟合。

图 3-62 (a) 中可以看出拟合曲线三个波峰点的横坐标分别为 0.45m、1.62m、2.91m，对应的导体位置横坐标分别 0.4m、1.6m、2.8m，误差分别为 0.05m、0.02m、0.11m；图 3-62 (b) 中可以看出拟合曲线三个波峰点的纵坐标分别为 0.39m、1.88m、2.69m，对应的导体位置纵坐标分别 0.4m、1.6m、2.8m，误差分别为 0.01m、0.28m、0.11m。上述结果中，6 根导体的检测误差均小于 0.3m，可以较好地定位导体位置。分析误差出现的原因，可能是导体之间间距过小，导致相邻载流导体产生的磁场相互影响作用较大，波峰出现位置由于磁场叠加作用出现偏差，但是误差也在允许范围之内。

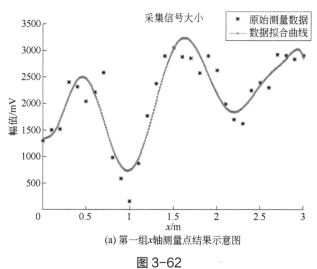

(a) 第一组 x 轴测量点结果示意图

图 3-62

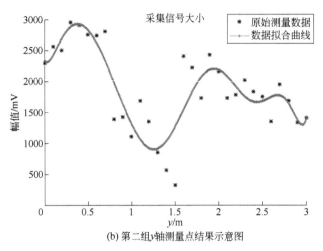

(b) 第二组 y 轴测量点结果示意图

图 3-62　导体网格测试结果图

3.4.4　接地网拓扑测试现场应用

基于上述研究内容，现场开展接地网拓扑结构重构工作主要可总结为如下步骤：

① 根据变电站的现场布局情况，设计测量方案；

② 在当前测量路径上固定米尺，通过接地网引下线注入电流；

③ 使用测量装置沿路径依次测量，测量间隔为 0.1m；

④ 以主要设备为参考记录测量位置，保存测量数据；

⑤ 运行分析软件，绘制拓扑结构。

根据以上步骤，国网浙江省电力有限公司以及重庆大学在 2018—2019 年间，陆续对浙江、郑州、重庆等十座变电站的接地网进行了现场实际检测，达到了良好的预期效果。以下仅列举两例说明。

3.4.4.1　案例一：110kV 浙江某变电站

（1）变电站接地网概况　2019 年 10 月 29 日，项目组赴浙江某 110kV 园区变电站进行了接地网导体定位实际应用试验。该变电站设备区面积为 2635m²，长为 50m，宽为 52.7m。该变电站的水平接地网采用 40%导电率 185mm² 的镀铜钢绞线，埋设深度约为 1m，垂直接地体为 ϕ17.56mm 的镀漆钢棒，支路间距约为 5～7m。该变电站的布局如图 3-63 所示。

（2）数据测量方案　本次实验为了验证本装置在背景磁场下的检测效果以及导体定位精度，根据图纸及现场引下线的分布情况分别选择 1 号主变及 2 号主变 10kV 避雷器与母线桥之间的区域进行了两组实验，测试区域如图 3-63 中的 1 号主变与 2 号主变上方方框部分所示。

在所测量的区域，其接地网设计图纸的结构如图 3-64 所示。本次实验在节点 1 和节点 2 两处附近选取接地引下线，通过项目开发的激励电流源注入电流，以节点 2 为中心，分别沿图中 x 轴和 y 轴测量磁场数据。测量实验现场如图 3-65 所示。

（3）计算结果及分析　测量数据并分析接地网导体支路位置主要经过如下步骤：

① 打开检测装置电源；

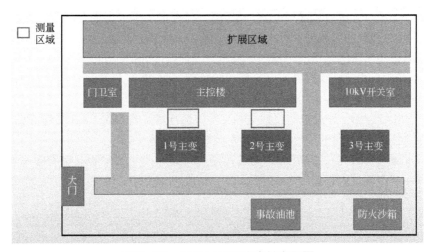

图 3-63　110kV 园区变电站布局图

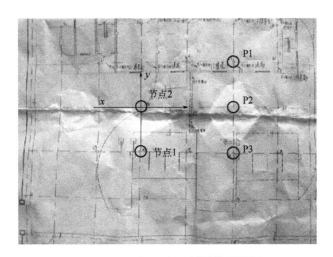

图 3-64　测量局部区域接地网图纸

图 3-65　测量实验现场图

② 通过 USB 串口连接装置与电脑，在电脑端打开串口通信软件，发送初始化命令；

③ 初始化装置状态完毕后，通过串口发送磁场数据采集命令，发送成功后装置采集磁场数据并以十六进制字符形式实时传输到电脑串口通信软件 SSCOM3.2；

④ 从通信软件中复制数据到文本文档，删除首部的 22 字节和尾部的 7 字节的通信命令数据，将剩余的检测数据命名为 jiedi.txt；

⑤ 打开 MATLAB，导入检测数据文本文件，运行写好的 MATLAB 文件 filter1.m，通过 MATLAB 绘制磁场分布图形，根据磁场分布波峰定位导体位置。

在正式测量前，首先在不加激励电流的情况下进行测量，测试设备在背景磁场下的抗干扰能力，其中单次测试结果如图 3-66 所示。

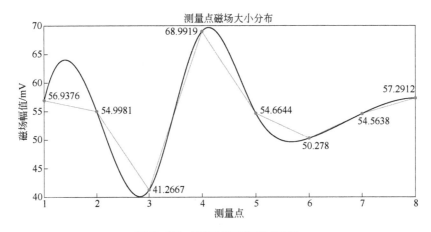

图 3-66　现场抗干扰测试结果

结果显示，在 1 号主变 10kV 避雷器与母线桥之间的附近区域，设备对背景磁场的敏感度很低。经多点重复测量证明传感器输出电压≤100mV，未超过传感器量程（2500mV）的 4%，可以验证设备抗干扰能力满足接地网导体定位需求。

按照前文所述的测量方案，沿 y 轴和 x 轴测量得到的测量及数据处理结果如图 3-67 所示。数据处理过程在前文所述步骤的基础上，使用磁场分析结果 k*(x–b)/((x–c)^2+a^2) 的函数形式进行拟合，并对拟合曲线做多次离散微分得到二阶微分结果。对于图 3-67（a）所示的该次测量距离为 16m，即共平移测量了 20 组数据，完成后又沿 y 轴负半轴测量了 1 组数据，每组数据包含 8 个测量点，传感器测量点间距 0.1m。从图中可以分析得到，根据该测量结果可以看出，对该区域的拓扑重构结果基本与施工图纸一致。对于图 3-67（b）所示的该次测量距离为 35.2m，即共平移测量了 43 组数据，完成后又沿 x 轴负半轴测量了 1 组数据，每组数据包含 8 个测量点，传感器测量点间距 0.1m。从图中可以分析得到，利用磁场微分法检测到 x 轴上的测量范围内存在 4 个竖直支路，且其位置与施工图纸一致。

2 号主变 10kV 避雷器与母线桥之间区域的局部测量结果如图 3-68 所示。从图 3-68（a）可以看出，不加激励时测量区域周围磁场峰值对应的传感器输出电压最大值在 65mV 左右，背景磁场对设备实验测量基本无影响。图 3-68（b）可以看出，加激励后在所测量区域出现三个较大的峰值，分别对应着图 3-64 所示图纸的 P1、P2、P3 节点所在的横向支路。对比可知，装置测量结果与设计图纸基本一致。

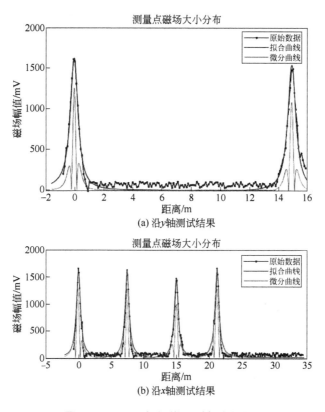

(a) 沿 y 轴测试结果

(b) 沿 x 轴测试结果

图 3-67　1 号主变附近区域测试结果

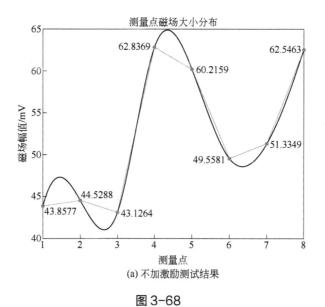

(a) 不加激励测试结果

图 3-68

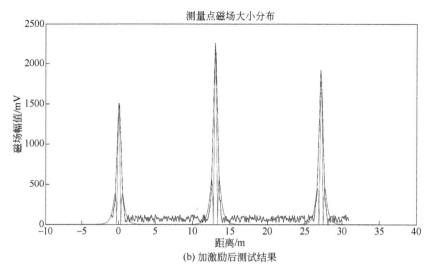

(b) 加激励后测试结果

图 3-68　2 号主变附近区域测试结果

　　分析上述的测试结果可以发现，在电磁环境复杂的 110kV 变电站、接地网支路间隔较大（本实验中相邻平行导体间隔均大于 7m）的情况下，现场测试的原始测量数据稳定性较好，原始波形规则，波形叠加情况基本可忽略。在直流场区噪声较弱，基本对目标峰值波形形状无影响；在交流场区受较强交流背景磁场干扰，测量噪声较大，噪声波动范围为±100mV，对于距离峰值点较远处的波形形状产生了影响，无法直接使用原始数据进行差分计算，但是使用形函数进行一定程度的拟合实现后处理可以达到预期效果。

　　分析 2 号主变 10kV 避雷器与母线桥之间区域的局部测试结果，以 P1 为原点，得到图纸标注位置与装置测得磁场主峰分布位置对比如表 3-6 所示。可以看到，使用本装置进行接地网导体支路定位，其导体水平位置的检测误差在 0.05m 以内，满足接地网拓扑精确检测的工作需求。

表 3-6　水平埋设位置误差分析

支路号	主峰位置/m	图纸标注位置/m	误差/m
P1	0.22	0.20	0.02
P2	7.11	7.08	0.03
P3	14.11	14.06	0.05

3.4.4.2　案例二：110kV 重庆变电站

　　(1) 变电站接地网概况　2018 年 9 月 10 日—12 日，项目组赴重庆市某 110kV 变电站进行了接地网拓扑重构实验。该变电站设备区长为 130m，宽为 88m。该变电站的水平接地网采用镀锌扁钢材料，垂直接地极为角钢，埋设深度为 0.8m，支路间距约为 5～10m。该变电站的布局如图 3-69 所示。

　　(2) 数据测量方案　基于项目的研究内容与方案，现场开展接地网拓扑结构重构工作主要可总结为如下步骤：

　　① 根据变电站的现场布局情况，设计测量方案；

② 使用"圆周法"确定初始导体位置；

③ 在当前测量路径上固定米尺，通过接地网引下线注入电流；

④ 使用测量装置沿路径依次测量，测量间隔为 0.1m；

⑤ 以主要设备为参考记录测量位置，保存测量数据；

⑥ 运行分析软件，绘制拓扑结构（图 3-70）。

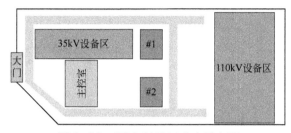

图 3-69　测试 110kV 变电站布局

图 3-70　拓扑检测现场照片

根据以上步骤，本项目开展了 110kV 变电站的接地网拓扑结构重构工作，本次重构的现场测量方案如图 3-71 所示。

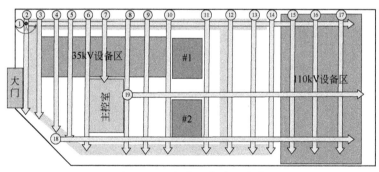

图 3-71　拓扑重构应用方案

① 根据"圆周法"确定测量的起始方案与坐标系。根据变电站布局，选择变电站西北角一引下线作为圆周法的测试点，由于实际装置的传感器采用直线分布，无法直接实现理论上的圆周测量，因此采用图 3-72 所示的正八边形测量路线进行替代。

如图 3-72 所示，与"圆周法"理论分析一致。首先选取距离引下线入地点 A 点 1m 的距离作为起始点，沿逆时针方向依次按照八边形边线测量，每条边测量一组数据，即0.8m，记录结果。然后选取半径2m，沿逆时针方向依次按照八边形边线测量，每条边测量两组数据，即1.6m，并将结果按照与直线测量相同的处理方式进行预处理。对于本次测量，其测量与数据处理结果如图3-73所示。

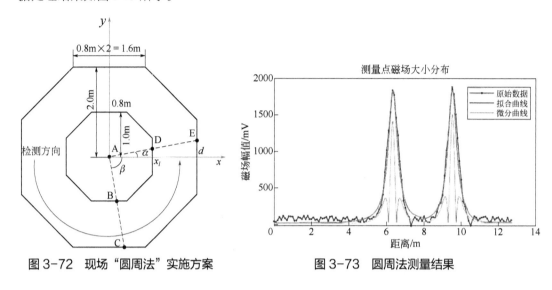

图3-72 现场"圆周法"实施方案　　　　图3-73 圆周法测量结果

由图3-73可以判断，在上述"圆周法"测量过程中，在测量距离约为6.4m和9.6m处存在接地网支路，即分别对应了图3-72中C点和E点的位置。可以推断检测到的两导体是相交于A点且相互垂直的，根据三角关系[公式（3-39）]确定导体实际走向与坐标轴夹角，选用直线AE和直线AC分别为新的坐标轴、A点为原点建立直角坐标系，辅助拓扑重构工作。

$$\alpha = \arctan\frac{d}{x_l} \tag{3-39}$$

式中，α为导体与水平坐标轴夹角；d、x_l分别为定位点与坐标轴的纵向和横向距离。

② 沿一坐标轴进行测量，为了提高重构效率选用较长的一边，即图3-71中序号①所示的箭头；测量得到序号①方向（记为第1组）的数据如图3-74所示，利用磁场微分法分析

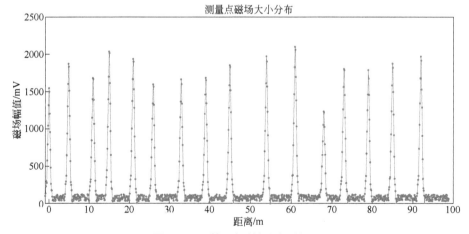

图3-74 第一组数据测量结果

测量结果，得到沿该方向上存在 16 个垂直支路及其所在位置，即初步获得了所有南北走向的接地网导体支路。依次沿这些导体支路的方向安排第 2～17 组测量，其路线如图 3-71 中箭头所示。

③ 分析利用 2~17 组的测量结果，记录其存在的节点位置，即可初步获得所有东西走向的接地网导体支路。结合 1～17 组的测量数据，基本可以获得该变电站接地网主网拓扑结构。

④ 为了避免存在南北走向的导体未通过测量①沿线，造成漏检，需要在东西走向进行验证性补充测试，本次测量选取了⑱和⑲所示的距离 1 较远的两条路径对南北走向接地导体进行验证性补测。

（3）计算结果及分析 对接地网导体的埋深进行探测，选取垂直方向的（箭头）前三个支路，即②、③、④号支路，根据其微分的主-旁峰距离得到的深度检测结果如表 3-7 所示。

表 3-7 深度检测结果

支路号	主-旁峰距离 L/m	深度计算值/m	开挖测量结果/m	误差/m
1	1.94	1.46	1.43	0.03
2	1.75	1.32	1.34	0.02
3	1.48	1.12	1.16	0.04

测试结果显示，在基于微分法的深度检测方面，检测误差约在±0.05m 范围内，通过计算多次深度检测均值，可将深度检测误差降低至 5%以内。分析上述测量与拓扑检测过程中的数据可以发现，对于 110kV 变电站，测量得到的原始数据噪声较小，不影响目标波形形状。对于距离较近的导体，原始波形存在一定的混叠现象，特别是在激励电流分布不均衡的情况下，其波形发生了较为明显的变形，采用原始信号进行拓扑定位存在误差，通过数据处理和微分法可以实现导体准确定位。

由于本次实验所在的变电站处于运行状态，无法大规模地开挖对接地网整体的拓扑结构进行验证。此外，根据变电站运维人员的经验，本变电站的施工图纸与实际埋设情况一致性很高，故主要参考接地网设计图纸对拓扑重构结果进行对比验证（图 3-75）。

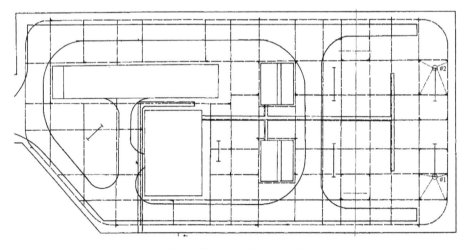

图 3-75 接地网设计图纸

根据上述的测量步骤，使用本方法的拓扑结构重构结果如图 3-76 所示。由于本方法主要是基于检测节点位置绘制拓扑结构，因此绘制过程对节点进行了编点，并记录各节点的坐标与连接关系。通过对比接地网设计图纸，可以看出使用本方法可以有效地重构接地网拓扑结构，检测结果与设计图纸的主要区别为：设计图纸角落处设计为弧线结构，而使用基于节点的方法难以对其进行重构，但是很多接地网在实际工程中同样使用直扁钢带的直角结构。

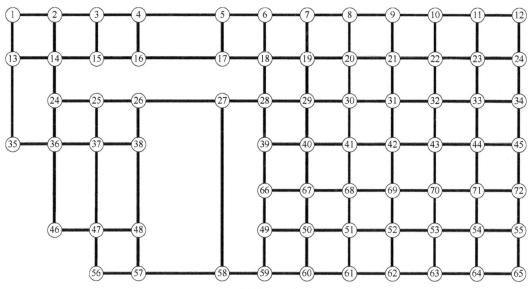

图 3-76　接地网拓扑重构结果

在现场测试过程中，项目组对测量效率指标进行了记录与估算。其中，单次测量（主要包括移动装置与测量等待过程）平均耗时 20s，平均每测量 25m 需要进行电流激励源换接线，完成上述全站测量的路径长度约 710m，完成全部的测量过程共耗时 5h，测量效率为 142m/h，按照以上效率对于所有的 110kV 及其以下的变电站都可以在 8h 内完成测量任务。

参考文献

[1] Yu C, Fu Z, Wu G, et al. Configuration detection of substation grounding grid using transient electromagnetic method[J]. IEEE Transactions on Industrial Electronics, 2017, 64(8): 6475-6483.
[2] 何金良, 曾嵘. 电力系统接地技术[M]. 北京: 科学出版社, 2007.
[3] Liu K, Yang F, Zhang S, et al. Research on grounding grids imaging reconstruction based on magnetic detection electrical impedance tomography[J]. IEEE Transactions on Magnetics, 2018, 54(3): 1-4.
[4] 许磊, 李琳. 基于电网络理论的变电站接地网腐蚀及断点诊断方法[J]. 电工技术学报, 2012, 27(10): 270-276.
[5] 王晓宇, 何为, 杨帆, 等. 基于微分法的接地网拓扑结构检测[J]. 电工技术学报, 2015, 30(3): 73-78.
[6] 肖磊石, 张波, 李谦, 等. 分布式等电位接地网与变电站主接地网连接方式[J]. 高电压技术, 2015, 41: 4226-4232.
[7] Zhang B, Zhao Z, Cui X, et al. Diagnosis of breaks in substation's grounding grid by using the electromagnetic method[J]. IEEE Transactions on Magnetics, 2002, 38(2): 473-476.
[8] 苏磊, 王丰华, 王劭菁, 等. 基于试验分析的变电站接地网冲击特性研究[J]. 高压电器, 2016, (52): 98-102.
[9] 周宁, 张树春, 王旭明. 变电站接地网综合性安全校核分析[J]. 电瓷避雷器, 2021, (3): 119-124.
[10] 刘铜锤, 姜龙. 特高压变电站接地优化设计[J]. 浙江电力, 2020, 39(7): 7-12.
[11] 张寅孩, 祝苇. 安培环路定律在磁场屏蔽中的应用[J]. 电气电子教学学报, 2009, 31(4): 47-49.

[12]　Yang F, Liu K, Zhu L, et al. A derivative-based method for buried depth detection of metal conductors[J]. IEEE Transactions on Magnetics, 2018, 54(4): 1-9.

[13]　崔巍, 梁波, 唐放. 特高压变电站接地网方案设计[J]. 吉林电力, 2017, 45(3):35-38.

[14]　杨鑫, 李景禄. 宁德 110kV 烟亭变电站接地改造分析[J]. 电力科学与技术学报, 2007, 22(3): 90-94.

[15]　李志忠, 汤亮亮, 王淼, 等. 基于感应视磁阻抗法的接地网拓扑结构和故障的检测系统[J]. 腐蚀与防护, 2021, 42(3): 57-63.

[16]　康云鹏. 基于磁感应强度的变电站接地网腐蚀诊断研究[D]. 西安: 西安科技大学, 2017.

[17]　何毅帆, 徐恒昌, 汤亮亮, 等. 基于虚拟锁相放大器的接地网无损检测系统[J]. 中国测试, 2020, 46(3): 84-90.

[18]　陈建伟, 钱洲亥, 祝郦伟, 等. 电化学噪声在接地网土壤腐蚀监控中的应用[J]. 腐蚀与防护, 2016, 37(5): 371-374.

[19]　曹英, 刘磊, 曹默, 等. 接地网材料在四种典型土壤中的电化学腐蚀研究[J]. 东北电力大学学报, 2014(1): 35-38.

[20]　GB 50065—2011, 交流电气装置的接地设计规范[S]. 北京: 中国计划出版社, 2011.

[21]　刘洋, 江明亮, 崔翔. 变电站接地网导体与网格结构探测方法[J]. 电工技术学报, 2013, 28(5): 167-173.

[22]　杨帆, 代锋, 姚德贵, 等. 基于最小二乘 QR 分解算法的接地网磁场重构方法及应用[J]. 电工技术学报, 2016, 31(5): 184-191.

[23]　叶青, 文远芳, 莫染, 等. 应用矩量法的变电站内工频电磁场计算及实测[J]. 电网技术, 2012, (2):189-194.

[24]　罗鹏. 超高压变电站工频电磁场计算分析与应用[D]. 重庆:重庆大学, 2015.

[25]　赵志斌, 崔翔, 张波, 等. 应用矩量法计算变电站内的空间电磁场[J]. 中国电机工程学报, 2004, (11): 148-153.

[26]　 Aamir Q, Yang F, He W, et al. Topology measurement of substation's grounding grid by using electromagnetic and derivative method[J]. Progress in Electromagnetics Research B, 2016, 67: 71-90.

[27]　王廷江. 超高压变电站工频电场仿真方法研究[D]. 重庆: 重庆大学, 2008.

[28]　DL/T 475—2017, 接地装置特性参数测量导则[S]. 北京: 国家能源局, 2017.

[29]　Chow Y, Salama M M A. A simplified method for calculating the substation grounding grid resistance[J]. IEEE Transactions on Power Delivery, 1994, 9(2): 736-742.

[30]　曾嵘, 何金良, 高延庆, 等. 垂直分层土壤中测试电极布置对变电站接地电阻测量值的影响[J]. 电网技术, 2000, (10): 36-39.

第4章
大型接地网腐蚀成像诊断及装置研发

4.1
接地网图纸自动识别建模技术

为了进一步提高对接地网的腐蚀诊断效率，研究了变电站接地网设计图纸的自动识别技术或手动快速构建方法[1]，可以分别对接地网各支路与节点进行自动编号，建立接地网的物理模型，将模型与现场测量数据输入诊断管理系统快速生成腐蚀诊断图像，指导接地网的维护工作[2]。该方法流程如图 4-1 所示。

基于图纸自动识别的模型构建方法，首先通过录入变电站接地网设计图纸的 JPEG 照片或 PDF 扫描件，确定图纸采用的标识规则，再通过图像预处理与向量化算法提取接地网的拓扑结构[3]。该方法包括如下几个步骤：

4.1.1 图像预处理

先采用二维 DB4 方法的多分辨分析方式进行图像去噪[4-5]。将图像进行四层分解，滤波参数的选取采用混合形式的硬阈值方法，避免滤除图中正常的圆点（图 4-2）。去噪后对图像进行二值化处理（图 4-3）。对以灰度形式保存的扫描件图片直接进行图像二值化处理；对以 RGB 形式保存的扫描件图片或相机拍摄的照片，先转为灰度图像，再将灰度图像转换为黑白二值图像，图像二值化阈值 t 的选取采用最大类间方差法。

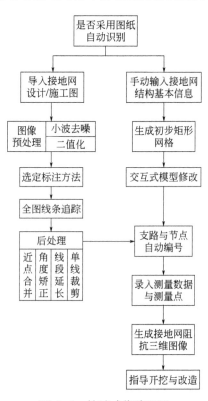

图 4-1 快速成像流程图

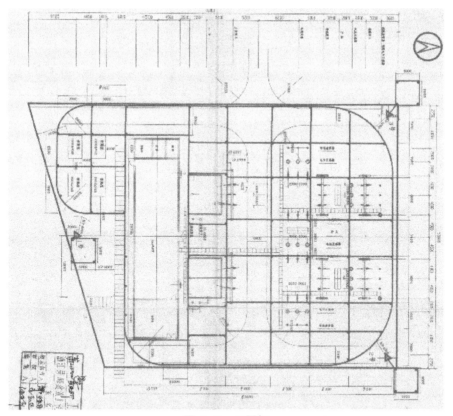

图 4-2 原图纸

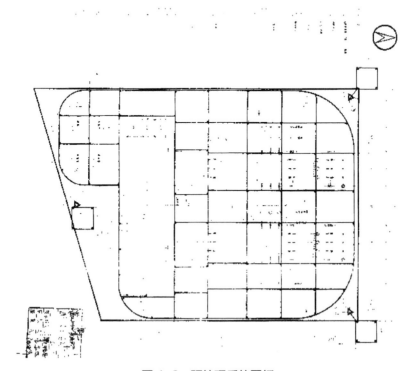

图 4-3 预处理后的图纸

最大类间方差法的阈值计算方法：将输入图像的像素灰度值平均分为 64 个灰度级，记为 l=0, 1, 2…63，并统计各个灰度级的像素点个数 N_l，则各个灰度级点的概率记为

$$P_l = N_l / N \tag{4-1}$$

式中，N 为所有像素点总数。

计算亮区和暗区占图像面积的比值 P_{light} 和 P_{dark}：

$$P_{light} = \sum P_l, \; l < t \tag{4-2}$$

$$P_{dark} = 1 - P_{light} \tag{4-3}$$

亮区和暗区的灰度均值 u_{light} 和 u_{dark}：

$$\sigma = P_{light} \times P_{dark} \times (u_{dark} - u_{light})^2 \tag{4-4}$$

$$u_{light} = \frac{\sum l \times P_l}{P_{light}}, \; l < t \tag{4-5}$$

$$u_{dark} = \frac{\sum l \times P_l}{P_{dark}}, \; l \geqslant t \tag{4-6}$$

依次取阈值 t=0, 1, 2, …, 63，分别计算间类方差 σ：

$$\sigma = P_{light} \times P_{dark} \times (u_{dark} - u_{light})^2 \tag{4-7}$$

取 σ 最大时的 t 值为图像二值化阈值。

4.1.2　图纸向量化

首先，手动设定接地网图纸采用的接地导体标识类型（默认采用实心单直线，亦可设定为虚线、点横线、点线等）。其次，确定接地网导体支路位置。采用线条跟踪算法，对选取的线型进行全图跟踪，记录所有特征点的坐标，根据特征点邻近的 8 个区间是否存在追踪的线条，将特征点分为四类：若 8 个邻近区间只有一个有目标线条，即 S8(P)=1，则该特征点类型为端点；若 S8(P)=2，则该特征点类型为连接点；若 S8(P)=3，则该特征点类型为分支点；若 S8(P)=4，则该特征点类型为交叉点。

4.1.3　后处理生成接地网拓扑结构

后处理为对向量化的线条设计规则进行整理，去除冗余并补充缺失部分。本技术设计了如下后处理规则：

若两条线段所在直线夹角小于 10°，需考虑近点合并：记两条线段长度分别为 L_1 和 L_2，

二者相距最近的端点之间的距离为 D,当 L_1 与 L_2 之和与 L_1、L_2 和 D 三者之和的比值大于 0.95 时,合并这两条线段。

角度矫正:如果线段方向与图像长或宽方向的夹角 θ 小于等于 15°,则将其调整为与图像长或宽方向平行,长度调整为 $L'=L\cos\theta$,L 为原始线段的长度,并保持调整前后线段中点位置不变。

线段延长:求近点合并处理与角度矫正后线段的平均长度 L'',并将所有线段向两端分别延长 $0.1L''$ 的长度。

单线裁剪:删除所有的端点类特征点及其所连接的线段(图 4-4)。

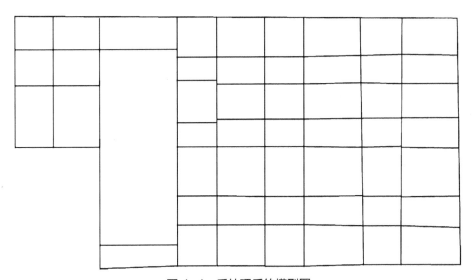

图 4-4　后处理后的模型图

在设计/施工图纸丢失、进行过大规模改造且无改造施工图或图纸质量差的条件下,图纸自动识别技术难以执行,因此作为上述技术方案的补充,设计了手动快速构建方法,包含如下步骤:

步骤一,录入接地网拓扑网格最大横向节点数 m 和最大纵向节点数 n。

步骤二,录入接地网导体间距数据:

① 对于等间距的接地网,只输入横向导体间距 i 和纵向导体间距 j 两个数据;

② 对于不等间距的接地网,依次输入 $m-1$ 条横向导体的间距与 $n-1$ 条纵向导体的间距。

步骤三,根据最大横向节点数、最大纵向节点数和支路长度生成初步矩形网格模型,通过可视化操作方法删除与新增网格的节点与支路。

根据情况使用上述两种接地网拓扑模型的快速构建方法,实现了建模、诊断、成像的一体化及自动化操作,降低了操作人员人工读图与建模技术难度,加快了接地网诊断周期,从而可实现现场诊断结束后对接地网进行开挖验证与维护的及时性。

4.2
接地网成像检测技术研究

4.2.1　接地网腐蚀状态诊断算法研究

接地网支路电阻小，注入电流时泄漏电流小，注入电流频率低时，可以忽略电感电容效应，因此可以看成纯电阻网络[6-8]。接地网的支路等效成一个电阻，接地网引下线等效成电阻网络的节点，这就是基于电网络理论的接地网腐蚀诊断的物理模型，模型示意图如图 4-5 所示。

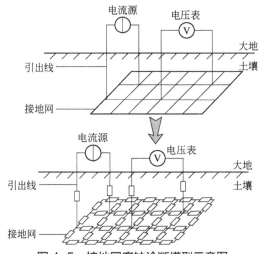

图 4-5　接地网腐蚀诊断模型示意图

对于建立的电阻网络模型，根据电网络理论[9-11]有

$$Y_n U_n = I_n, Y_n = A Y_b A^\mathrm{T}, U_b = A^\mathrm{T} U_n, I_b = Y_b U_b \tag{4-8}$$

式中，A 为网络的关联矩阵；Y_b 为支路导纳矩阵；Y_n 为节点导纳矩阵；U_b 为支路电压向量；U_n 为节点电压向量；I_n 为节点电流向量；I_b 为支路电流向量。

接地网完好时的支路电阻可以根据接地网最初的设计值（扁钢的长度、横截面积和电阻率）计算出来[12]，当我们求出每条支路腐蚀后的电阻的大小，再与最初接地网对应支路的初始电阻值进行比较后，就能够对接地网的腐蚀状态进行判断。

根据电网络理论的基本方程求出每一条支路的电阻值是一个欠定的问题，因为测量的节点的电压数据数比接地网的支路数要少。因此需要找到一个迭代方程对接地网支路电阻进行迭代求解[13-15]。对于一个未知支路电阻的电阻网络，如果测量的节点电位数据和计算得到的对应节点电位相等，那么可以确定理论计算的支路电阻就是实际的接地网支路电阻，从而判断接地网的腐蚀状态。

令 U_{n0} 为节点电压的测量值，$U_n(\boldsymbol{R})$ 为节点电压计算值，$\boldsymbol{R}$ 为支路电阻，实际工程中，测量电压值与计算电压值不可能完全相等，因此建立最小二乘解：

$$\min f(\boldsymbol{R}) = \left\| U_n(\boldsymbol{R}) - U_{n0} \right\|^2 , \quad \boldsymbol{R} = [R_1 R_2 \cdots R_B]^{\mathrm{T}} \tag{4-9}$$

这就是接地网腐蚀诊断的数学模型，即通过计算得到计算值与测量值之差最小时，可停止计算，此时的支路电阻即为最优解。

对于式（4-8）求解，是一个多元函数求极值的问题，对公式两边求导，有

$$\frac{\partial f}{\partial \boldsymbol{R}} = 2 \times [U_n(\boldsymbol{R}) - U_{n0}] \frac{\partial U_n(\boldsymbol{R})}{\partial \boldsymbol{R}} = 0 \tag{4-10}$$

将目标函数 $f(\boldsymbol{R}) = \left\| U_n(\boldsymbol{R}) - U_{n0} \right\|^2$ 在 $\boldsymbol{R}^{(k)}$ 处用泰勒级数展开，并忽略高阶无穷小项，近似为

$$f(\boldsymbol{R}) = f(\boldsymbol{R}^{(k)}) + \frac{\partial f}{\partial \boldsymbol{R}}(\boldsymbol{R}^{(k)})(\boldsymbol{R} - \boldsymbol{R}^{(k)}) + \frac{1}{2}(\boldsymbol{R} - \boldsymbol{R}^{(k)})^{\mathrm{T}} \frac{\partial^2 f}{\partial \boldsymbol{R}^2}(\boldsymbol{R}^{(k)})(\boldsymbol{R} - \boldsymbol{R}^{(k)}) \tag{4-11}$$

对上式得到的泰勒级数展开式求取极值，得到关于极值点 $\boldsymbol{R}^{(k+1)}$ 的方程

$$\frac{\partial f}{\partial \boldsymbol{R}}(\boldsymbol{R}^{(k+1)}) = \frac{\partial f}{\partial \boldsymbol{R}}(\boldsymbol{R}^{(k)}) + (\boldsymbol{R}^{(k+1)} - \boldsymbol{R}^{(k)})^{\mathrm{T}} \frac{\partial^2 f}{\partial \boldsymbol{R}^2}(\boldsymbol{R}^{(k)}) = 0 \tag{4-12}$$

若 $\dfrac{\partial^2 f}{\partial \boldsymbol{R}^2}(\boldsymbol{R}^{(k)})$ 可逆，则得到

$$\boldsymbol{R}^{(k+1)} = \boldsymbol{R}^{(k)} - \left[\frac{\partial^2 f}{\partial \boldsymbol{R}^2}(\boldsymbol{R}^{(k)}) \right]^{-1} \frac{\partial f}{\partial \boldsymbol{R}}(\boldsymbol{R}^{(k)}) \tag{4-13}$$

对 $f(\boldsymbol{R}) = \left\| U_n(\boldsymbol{R}) - U_{n0} \right\|^2$ 在 $\boldsymbol{R}^{(k)}$ 处求导数知

$$\frac{\partial f}{\partial \boldsymbol{R}}(\boldsymbol{R}^{(k)}) = 2 \left[\frac{\partial U_n}{\partial \boldsymbol{R}}(\boldsymbol{R}^{(k)}) \right]^{\mathrm{T}} [U_n(\boldsymbol{R}^{(k)}) - U_{n0}] \tag{4-14}$$

由上述推导并忽略高阶项得

$$\frac{\partial^2 f}{\partial \boldsymbol{R}^2}(\boldsymbol{R}^{(k)}) = 2 \left[\frac{\partial U_n}{\partial \boldsymbol{R}}(\boldsymbol{R}^{(k)}) \right]^{\mathrm{T}} \left[\frac{\partial U_n}{\partial \boldsymbol{R}}(\boldsymbol{R}^{(k)}) \right] \tag{4-15}$$

因此有

$$\boldsymbol{R}^{(k+1)} = \boldsymbol{R}^{(k)} - (\boldsymbol{J}_k^{\mathrm{T}} \boldsymbol{J}_k)^{-1} \boldsymbol{J}_k^{\mathrm{T}} [U_n(\boldsymbol{R}^{(k)}) - U_{n0}] \tag{4-16}$$

式中，$\boldsymbol{J}_k = \dfrac{\partial U_n}{\partial \boldsymbol{R}}(\boldsymbol{R}^{(k)})$ 为雅可比矩阵。

式（4-15）即为接地网故障诊断方程的 Newton-Rephson 法（NR 法）迭代公式，通过迭代可以求解出未知的支路电阻值。

为了保证诊断的准确性，需要提高算法的精确性。对于算法的优化可以从数据采集的精确性、数据处理的合理性和算法迭代求解的准确性等方面考虑。提高数据采集的精确性除了优化硬件电路的设计外，还应该降低测量接触电阻的影响和其他环境因素的影响，例如导线连接接触电阻和焊点的影响。在对数据的处理和数学算法的优化上，可以采用 EIT 正问题的

算法中的插值思想和适当增加迭代步数和步长来提高诊断准确性和收敛性。

4.2.2　接地网 EIT 成像诊断算法研究

电阻抗成像技术[16-19]（Electrical Impedance Tomography，EIT）是通过给求解区域注入已知的电流，测量相应电极的电位信息，以得到求解区域内部电阻率（电导率）分布或其变化的数据，并以图像的形式显示出来的技术。传统的 EIT 技术运用于生物医学[20]。基于接地网故障诊断和生物组织病变诊断的相似性，将传统 EIT 技术中的优化算法运用于接地网场域的电阻诊断成像之中。

4.2.2.1　基于 EIT 的接地网成像方法

由于变电站修建年代久远等原因造成的接地网拓扑结构未知的情况，将不利于采用目前的故障诊断方法对接地网的故障诊断。EIT 是通过求解电压与电阻率的关系来重建场域内部的电阻率分布[21-22]。因此，对于接地网，由于拓扑结构未知，将接地网导体与土壤看成统一整体，导体的电阻率与土壤的电阻率不同将造成测量电压的不同，从而可以通过电压来反映导体的电阻率与土壤的电阻率。

在将接地网导体与土壤看成统一整体后，需要获得引出线电压与要求解的场域电阻率的数学关系，通过电阻率求解电压的过程即为正问题，通过电压求解电阻率的过程即为逆问题。

建立电压与场域电阻率的关系后，为了得到电阻率，采用牛顿迭代法进行问题求解，首先设置初始电阻率，然后通过有限元方法计算引出线的电压，并与通过测量平台测量得到的电压数据进行比较，如果两者之差的平方和小于设定的误差限制，即认为此电阻率为所求，反之，则建立逆问题的求解迭代方程进行求解。

逆问题的求解往往是病态的[23-24]，因此，在通过牛顿迭代法进行逆问题求解的基础上，加入 Tikhonov 正则化[25]，通过罚函数改善逆问题求解的病态性，使求解问题收敛快速。对于正则化参数 α 的求解采用 L 曲线方法。最终在获得所求场域的电阻率后，对接地网进行电阻抗成像，实现接地网的图形化显示。

由于接地网导体与导体间土壤的尺寸对比强烈（一般接地网导体的宽度处于 10^{-2}m 数量级[26]，而接地网之间土壤尺寸处于 10^{0}m 数量级，尺寸相差达百倍）如果在一幅成像结果图中进行成像，将造成导体不易识别、成像效果不佳。因此，本书提出了接地网分块成像的思想与基于图论的接地网拓扑检测方法[27,28]，将接地网分成若干块分别进行成像。这将涉及成像分块区域的确定、测量节点（引出线）选择等问题，本章将进行详细分析。

综合上述的分析可得具体的成像思想如图 4-6 所示。

因此，接地网最终的成像过程为：首先将接地网导体与导体之间的土壤看为整体，然后进行基于图论的接地网拓扑检测以便于进行分块，并比较不同分块的影响从而实现接地网成像区域分块，分块后进行数据测量的引出线选择，进而通过测量平台对电压进行测量。然后设置初始电阻率，并基于初始电阻率通过有限元方法计算引出线上的电压，将计算的电压与测量电压进行比较，符合误差限制条件则停止迭代，进行接地网成像，否则,建立基于 Tikhonov 正则化算法的牛顿逆问题迭代公式，并计算雅可比矩阵及逆矩阵，从而迭代求解电阻率，最后再次计算引出线电压，并进行计算电压与测量电压的比较，直到满足误差限制条件为止。

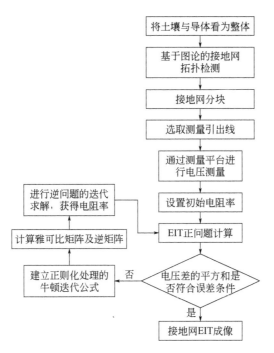

图 4-6　基于 EIT 的接地网成像思想

4.2.2.2　接地网 EIT 正则化牛顿迭代求解方法

假设 $U_{ij}(\rho)$ 为电阻率为 ρ 时，从第 i 对电极上施加电流激励，第 j 对电极的计算电压；V_{ij} 为从第 i 对电极上施加电流激励，第 j 对电极的测量电压。建立关于测量电压与计算电压的最小二乘关系式，然后找到一组 ρ 使得 $E(\rho)$ 最小，这时，ρ 即为所求。

$$E(\boldsymbol{\rho}) = \|\boldsymbol{U}(\boldsymbol{\rho}) - \boldsymbol{V}\|^2 = \sum_{i}^{N}\sum_{j}^{N}[U_{ij}(\boldsymbol{\rho}) - V_{ij}]^2, \quad \boldsymbol{\rho} = [\rho_1\,\rho_2\cdots\rho_M]^{\mathrm{T}} \tag{4-17}$$

其中

$$\boldsymbol{U} = [U_{11}\quad U_{12}\quad \cdots \quad U_{1N}\quad U_{21}\quad U_{22}\quad \cdots \quad U_{2N}\quad \cdots \quad U_{N1}\quad U_{N2}\quad \cdots \quad U_{NN}]^{\mathrm{T}}$$

$$\boldsymbol{V} = [V_{11}\quad V_{12}\quad \cdots \quad V_{1N}\quad V_{21}\quad V_{22}\quad \cdots \quad V_{2N}\quad \cdots \quad V_{N1}\quad V_{N2}\quad \cdots \quad V_{NN}]^{\mathrm{T}}$$

对 $E(\boldsymbol{\rho})$ 进行正则化处理，加入罚函数得到目标函数：

$$E(\boldsymbol{\rho}) = \|\boldsymbol{U}(\boldsymbol{\rho}) - \boldsymbol{V}\|^2 + \alpha\|\boldsymbol{L}\cdot(\boldsymbol{\rho} - \boldsymbol{\rho}_0)\|^2 \tag{4-18}$$

式中，α 为正则化参数；$\boldsymbol{L}$ 为正则化矩阵。

基于牛顿法的迭代求解过程，得到

$$\boldsymbol{\rho}^{(k+1)} = \boldsymbol{\rho}^{(k)} - [\boldsymbol{H}(\boldsymbol{\rho}^{(k)})]^{-1}\boldsymbol{F}(\boldsymbol{\rho}^{(k)}), \quad k = 0,1,2,\cdots \tag{4-19}$$

式中，$\boldsymbol{H}(\boldsymbol{\rho}^{(k)})$ 为 Hessian 矩阵，在忽略高阶项后，计算公式为

$$\boldsymbol{H}_{n,m}(\boldsymbol{\rho}^{(k)}) = 2\sum_{i=1}^{N}\sum_{j=1}^{N}\frac{\partial U_{ij}(\boldsymbol{\rho}^{(k)})}{\partial \rho_n}\times\frac{\partial U_{ij}(\boldsymbol{\rho}^{(k)})}{\partial \rho_m} + 2\alpha(\boldsymbol{L}^{\mathrm{T}}\boldsymbol{L})_{n,m} \tag{4-20}$$

$$F_m(\boldsymbol{\rho}^{(k)}) = 2\sum_{i=1}^{N}\sum_{j=1}^{N}[U_{ij}(\boldsymbol{\rho}) - V_{ij}]\frac{\partial U_{ij}(\boldsymbol{\rho})}{\partial \rho_m} + 2\alpha[\boldsymbol{L}^{\mathrm{T}}\boldsymbol{L}(\boldsymbol{\rho}^{(k)} - \boldsymbol{\rho}_0)]_m \tag{4-21}$$

将由电压对电阻率的导数组成的矩阵定义为雅可比矩阵，则式（4-20）可化为

$$\boldsymbol{\rho}^{(k+1)} = \boldsymbol{\rho}^{(k)} - (\boldsymbol{J}_k^{\mathrm{T}}\boldsymbol{J}_k + \alpha\boldsymbol{L}^{\mathrm{T}}\boldsymbol{L})^{-1}\{\boldsymbol{J}_k^{\mathrm{T}}[U(\boldsymbol{\rho}^{(k)}) - V] + \alpha\boldsymbol{L}^{\mathrm{T}}\boldsymbol{L}(\boldsymbol{\rho}^{(k)} - \boldsymbol{\rho}_0)\} \tag{4-22}$$

式中，$\boldsymbol{J}_k$ 为雅可比矩阵，有

$$\boldsymbol{J}_k(\boldsymbol{\rho}) = \begin{bmatrix} \dfrac{\partial U_{11}(\boldsymbol{\rho})}{\partial \rho_1} & \cdots & \dfrac{\partial U_{11}(\boldsymbol{\rho})}{\partial \rho_M} \\ \vdots & & \vdots \\ \dfrac{\partial U_{1N}(\boldsymbol{\rho})}{\partial \rho_1} & \cdots & \dfrac{\partial U_{1N}(\boldsymbol{\rho})}{\partial \rho_M} \\ \vdots & & \vdots \\ \dfrac{\partial U_{N1}(\boldsymbol{\rho})}{\partial \rho_1} & \cdots & \dfrac{\partial U_{N1}(\boldsymbol{\rho})}{\partial \rho_M} \\ \vdots & & \vdots \\ \dfrac{\partial U_{NN}(\boldsymbol{\rho})}{\partial \rho_1} & \cdots & \dfrac{\partial U_{NN}(\boldsymbol{\rho})}{\partial \rho_M} \end{bmatrix}$$

式中，M 为单元数；N 为电极数。

于是，通过上面推导过程，可以得到采用 Tikhonov 正则化牛顿迭代算法的迭代格式为

$$\begin{cases} \Delta\boldsymbol{\rho}^{(k)} = -(\boldsymbol{J}_k^{\mathrm{T}}\boldsymbol{J}_k + \alpha\boldsymbol{L}^{\mathrm{T}}\boldsymbol{L})^{-1}\{\boldsymbol{J}_k^{\mathrm{T}}[U(\boldsymbol{\rho}^{(k)}) - V] + \alpha\boldsymbol{L}^{\mathrm{T}}\boldsymbol{L}(\boldsymbol{\rho}^{(k)} - \boldsymbol{\rho}_0)\} \\ \boldsymbol{\rho}^{(k+1)} = \boldsymbol{\rho}^{(k)} + \Delta\boldsymbol{\rho}^{(k)} \end{cases} \tag{4-23}$$

式中，$\boldsymbol{L}$ 为正则化矩阵；α 为正则化参数。

通常选均匀电阻率分布作为初始电阻率分布，即 $\boldsymbol{\rho}_0 = c(1\ 1\ \cdots\ 1)^{\mathrm{T}}$，也就是说有限元模型中每个三角单元的电阻率均为 c，初始电阻率 $\boldsymbol{\rho}_0$ 的选取问题就变为如何确定 c 值。

令

$$\boldsymbol{\rho} = c\boldsymbol{l} \tag{4-24}$$

其中，$\boldsymbol{l} = (1\ 1\ \cdots\ 1)^{\mathrm{T}}$。

将式（4-24）代入式（4-17），有

$$E(c\boldsymbol{l}) = \sum_{i=1}^{N}\sum_{j=1}^{N}[U_{ij}(c\boldsymbol{l}) - V_{ij}]^2 \tag{4-25}$$

电阻率 $\boldsymbol{l} = (1\ 1\ \cdots\ 1)^{\mathrm{T}}$ 变为原来的 c 倍后，成像场域的电压也将变为原来的 c 倍，即

$$U_{ij}(c\boldsymbol{l}) = cU_{ij}(\boldsymbol{l}) \tag{4-26}$$

因此，式（4-25）等效为

$$E(c\boldsymbol{l}) = \sum_{i=1}^{N}\sum_{j=1}^{N}[cU_{ij}(\boldsymbol{l}) - V_{ij}]^2 \tag{4-27}$$

为使 $E(c\boldsymbol{l})$ 值最小，可以先对 c 求偏导数，再令其为 0，即

$$0 = \frac{\partial E(c\boldsymbol{l})}{\partial c} = 2\sum_{i=1}^{N}\sum_{j=1}^{N}[cU_{ij}(\boldsymbol{l}) - V_{ij}]U_{ij}(\boldsymbol{l}) \tag{4-28}$$

因此，下式成立：

$$cU_{ij}(\boldsymbol{l}) - V_{ij} = 0 , \ i,j = 1,2,\cdots,N \tag{4-29}$$

即

$$cU_{ij}(\boldsymbol{l}) = V_{ij} , \ i,j = 1,2,\cdots,N \tag{4-30}$$

用矩阵形式表示式（4-30），有

$$\boldsymbol{U}c = \boldsymbol{V} \tag{4-31}$$

其中

$$\boldsymbol{U} = [U_{11} \ \ U_{12} \ \cdots \ U_{1N} \ \ U_{21} \ \ U_{22} \ \cdots \ U_{2N} \ \cdots \ U_{N1} \ \ U_{N2} \ \cdots \ U_{NN}]^{\mathrm{T}}$$

$$\boldsymbol{V} = [V_{11} \ \ V_{12} \ \cdots \ V_{1N} \ \ V_{21} \ \ V_{22} \ \cdots \ V_{2N} \ \cdots \ V_{N1} \ \ V_{N2} \ \cdots \ V_{NN}]^{\mathrm{T}}$$

用矩阵 $\boldsymbol{U}^{\mathrm{T}}$ 同时乘以式（4-31）左、右端，则有

$$\boldsymbol{U}^{\mathrm{T}}\boldsymbol{U}c = \boldsymbol{U}^{\mathrm{T}}\boldsymbol{V} \tag{4-32}$$

进行矩阵展开，则有

$$c\sum_{i=1}^{N}\sum_{j=1}^{N}[U_{ij}(\boldsymbol{l})]^2 = \sum_{i=1}^{N}\sum_{j=1}^{N}V_{ij}U_{ij}(\boldsymbol{l}) \tag{4-33}$$

由上式可求出 c 值：

$$c = \frac{\sum_{i=1}^{N}\sum_{j=1}^{N}[V_{ij}U_{ij}(\boldsymbol{l})]}{\sum_{i=1}^{N}\sum_{j=1}^{N}[U_{ij}(\boldsymbol{l})]^2} \tag{4-34}$$

因此，选取的初始电阻率为 $\boldsymbol{\rho}_0 = c\boldsymbol{l}$，其中 c 由式（4-34）确定。

对于雅可比矩阵的运算，一般计算量比较大，因此，本项目将采用一种快速微分算法，相较于传统的将微分化为差商进行计算的方法，减少了计算量。

将电流条件综合到有限元方程则有

$$\boldsymbol{K\varphi} = \boldsymbol{I} \tag{4-35}$$

将上式中的节点电压转换为引出线电压，得

$$\boldsymbol{\varphi}_{lw} = \boldsymbol{Q\varphi} = \boldsymbol{QK}^{-1}\boldsymbol{I} \tag{4-36}$$

式中，$\boldsymbol{\varphi}$ 为节点电压；$\boldsymbol{\varphi}_{lw}$ 为引出线电压；$\boldsymbol{Q}$ 为转换矩阵。

因此，雅可比矩阵中，电压对第 j 个单元的电阻率求导为

$$\frac{\partial \boldsymbol{\varphi}_{lw}}{\partial \rho_j} = \frac{\partial (\boldsymbol{Q}\boldsymbol{K}^{-1}\boldsymbol{I})}{\partial \rho_j} = \boldsymbol{Q}\frac{\partial (\boldsymbol{K}^{-1})}{\partial \rho_j}\boldsymbol{I} = -(\boldsymbol{Q}\boldsymbol{K}^{-1})\frac{\partial \boldsymbol{K}}{\partial \rho_j}(\boldsymbol{K}^{-1}\boldsymbol{I}) \tag{4-37}$$

对式（4-37）进行分析可知：

① 在 $\boldsymbol{Q}\boldsymbol{K}^{-1}$ 中，在电压对不同电阻率求导时，$\boldsymbol{Q}$、$\boldsymbol{K}^{-1}$ 都是相同的值，即与每次求导无关。通过分析可知，$\boldsymbol{K}$ 与 $\boldsymbol{K}^{-1}$ 为对称矩阵，因此

$$\boldsymbol{K}^{-1} = (\boldsymbol{K}^{-1})^{\mathrm{T}} \tag{4-38}$$

于是

$$\boldsymbol{Q}\boldsymbol{K}^{-1} = [(\boldsymbol{Q}\boldsymbol{K}^{-1})^{\mathrm{T}}]^{\mathrm{T}} = [(\boldsymbol{K}^{-1})^{\mathrm{T}}\boldsymbol{Q}^{\mathrm{T}}]^{\mathrm{T}} = [\boldsymbol{K}^{-1}\boldsymbol{Q}^{\mathrm{T}}]^{\mathrm{T}} = (\tilde{\boldsymbol{\varphi}})^{\mathrm{T}} \tag{4-39}$$

通过对比式（4-39），可以把 $\tilde{\boldsymbol{\varphi}}$ 等效为虚拟电压，$\boldsymbol{Q}^{\mathrm{T}}$ 为虚拟电流。

② $\dfrac{\partial \boldsymbol{K}}{\partial \rho_j}$ 中的 $\boldsymbol{K}$ 与 ρ_j 有关，分析可将 $\boldsymbol{K}$ 矩阵化为

$$\boldsymbol{K} = \boldsymbol{K}_1 + \boldsymbol{K}_2 + \cdots + \boldsymbol{K}_j + \cdots + \boldsymbol{K}_N = \sum_{j=1}^{N}\boldsymbol{K}_j \tag{4-40}$$

式中，$\boldsymbol{K}_j$ 为第 j 单元的系数矩阵拓展为 $N \times N$ 矩阵；N 为剖分单元节点个数。

于是

$$\frac{\partial \boldsymbol{K}}{\partial \rho_j} = \frac{\partial \sum\limits_{j=1}^{N}\boldsymbol{K}_j}{\partial \rho_j} = \frac{\partial \boldsymbol{K}_j}{\partial \rho_j} \tag{4-41}$$

由于 $\boldsymbol{K}$ 是关于单元电阻率（电导率）的矩阵，因此可以把 $\boldsymbol{K}_j$ 展开为

$$\boldsymbol{K}_j = \frac{\tilde{\boldsymbol{K}}_j}{\rho_j} \tag{4-42}$$

其中，$\tilde{\boldsymbol{K}}_j$ 与电阻率无关。

因此，式（4-42）可以化为

$$\frac{\partial \boldsymbol{K}}{\partial \rho_j} = \frac{\partial \boldsymbol{K}_j}{\partial \rho_j} = \frac{\partial \left(\dfrac{\tilde{\boldsymbol{K}}_j}{\rho_j}\right)}{\partial \rho_j} = -\frac{\tilde{\boldsymbol{K}}_j}{\rho_j^2} \tag{4-43}$$

③ $\boldsymbol{K}^{-1}\boldsymbol{I}$ 等于节点电压 $\boldsymbol{\varphi}$，即为电阻抗成像正问题的计算。

综合上述，式（4-43）可以化为

$$\frac{\partial \boldsymbol{\varphi}_{lw}}{\partial \rho_j} = -(\boldsymbol{Q}\boldsymbol{K}^{-1})\frac{\partial \boldsymbol{K}}{\partial \rho_j}(\boldsymbol{K}^{-1}\boldsymbol{I}) = \frac{(\tilde{\boldsymbol{\varphi}})^{\mathrm{T}}\tilde{\boldsymbol{K}}_j\boldsymbol{\varphi}}{\rho_j^2} \tag{4-44}$$

因此，为了计算电压对第 j 个单元电阻率的导数，只需要将 $(\tilde{\boldsymbol{\varphi}})^{\mathrm{T}}$、$\tilde{\boldsymbol{K}}_j$、$\boldsymbol{\varphi}$ 三个矩阵进行

乘积运算再除以 ρ_j^2 即可。而 $(\tilde{\varphi})^{\mathrm{T}}$、$\tilde{K}_j$、$\varphi$ 分别可以通过式（4-39）、式（4-42）和电阻抗成像的正问题进行求解。需要进行说明的是，本公式的电压 φ_{hv} 仅仅为一种电流输入输出方式下的电压值，为了得到式（4-21）中雅可比矩阵，需要进行不同输入输出方式下的求导运算。

4.2.2.3　EIT 逆问题改进方法

对于 EIT 逆问题，如果成像区域太大，则因接地网导体宽度太窄且导体间土壤尺寸太大，将导致成像效果不好，因此，需要选择合适大小的成像区域，以利于较好地实现接地网的电阻抗成像。而由于接地网拓扑未知，不利于成像区域的确定，因此，本书提出了基于图论的接地网拓扑结构检测方法。然后确定成像区域的具体大小，即需要在得到拓扑结构的基础上进一步确定成像区域边界。

（1）基于图论的接地网拓扑结构检测方法　图论法检测接地网拓扑结构的原理为：通过测量获得接地网的接地电阻、接地网引出线的坐标、接地网的边界，并设置一定的限制条件（如接地网横、纵导体数最大值等），得到接地网的横、纵导体数，然后通过导体之间的距离限制来确定导体之间的距离，最后以接地网引出线上的电压值作为判断条件，如果仿真得到的引出线电压与测量电压一一对应相等，则此时的仿真拓扑结构即为最终的接地网拓扑结构。

接地网的拓扑结构决定于 2 个因素，即接地网横、纵导体数与导体之间的距离。例如：对于图 4-7（a）所示接地网，如果知道横导体数为 5，纵导体数为 9，且横导体之间的距离为 2m，纵导体之间的距离为 1m，则可以得到接地网的拓扑结构，如图 4-7（b）所示。其中，此处的导体指图 4-7（b）中加粗的整段导体。

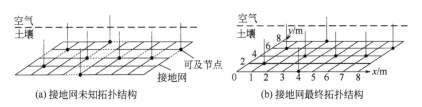

(a) 接地网未知拓扑结构　　　　　(b) 接地网最终拓扑结构

图 4-7　接地网拓扑结构图

图论法通过接地网电阻及接地网条数限制来确定接地网横、纵导体数，通过接地网引出线电压及导体之间的距离限制来确定导体之间的距离。

具体步骤为：

① 通过磁场法确定接地网的边界。接地网的覆盖面积一般与变电站的面积接近，因此，通过测量围墙处的磁场即可确定接地网边界。

② 以接地网边界建立直角坐标系，测量引出线节点的坐标，并通过磁场法检测引出线节点所处位置（横导体、纵导体、导体相交节点）。

③ 通过测量接地网电阻，计算接地网导体的横、纵导体数，为了减小计算量，增加横、纵导体数的限制：一般两侧的网格的比例通常为 1∶1～1∶3。

根据 GB 50065《交流电气装置的接地设计规范》[29]，接地网的电阻可以通过下式来计算：

$$R_{\mathrm{n}} = \beta_{\mathrm{l}} R_{\mathrm{e}} \tag{4-45}$$

其中

$$\begin{cases} \beta_{\mathrm{l}} = (3\ln\frac{L_0}{\sqrt{S}} - 0.2)\frac{\sqrt{S}}{L_0} \\ R_{\mathrm{e}} = 0.213\frac{\rho}{\sqrt{S}}(1+b) + \frac{\rho}{2\pi L_{\mathrm{t}}}(\ln\frac{S}{9hd} - 5b) \\ b = \dfrac{1}{1+4.6\dfrac{h}{\sqrt{S}}} \end{cases} \tag{4-46}$$

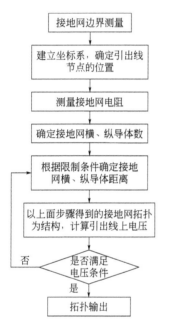

图4-8 基于图论法的接地网拓扑结构检测方法

件的可能的拓扑结构。

具体的流程图如图4-8所示。

由此可知：图论法从确定接地网导体数与导体之间的距离入手，通过接地网电阻及接地网导体数限制确定接地网横、纵导体数，通过接地网引出线电压及导体之间的距离限制来确定导体之间的距离，在导体数与导体之间距离确定的情况下，可以最终确定接地网的拓扑结构。

(2) 区域边界的确定 本书选择2×2网格的接地网分块作为成像目标，其示意图如图4-9所示，如果需要实现全网的成像可以通过图像拼接实现最终的接地网成像。

图4-9所示接地网在无故障与存在故障（图4-9中黑圈所示位置

式中，R_{n}为任意形状边缘闭合接地网电阻，Ω；S为接地网的总面积，m^2；R_{e}为等值（即等面积和等水平接地极总长度）方形接地网的接地电阻，Ω；ρ为土壤电阻率，$\Omega\cdot\mathrm{m}$；L_0为接地网的外边缘长度，m；d为水平接地极的直径或等效直径，m；h为水平接地极的埋设深度，m；L_{t}为水平接地极的总长度，m。

④ 在得到横、纵导体数的基础上，通过随机选取导体之间的距离，并增加一定的限制条件，搜索符合条件的拓扑，其中限制条件为：所有处于横导体上的节点必须有横导体经过，但不能有纵导体经过；所有处于纵导体上的节点必须有纵导体经过，但不能有横导体经过；所有处于导体交点上的节点必须有横和纵导体经过。为了减小计算量，增加导体间距的限制：一般导体的间距为 3～7m。因此，通过限制条件确定了节点上的导体位置和导体之间的距离。

⑤ 通过比较接地网测量电压与计算电压的大小（以搜索出的接地网拓扑作为接地网结构，计算出引出线节点电压大小），如果两者之差的平方和满足误差限制条件，即认为搜索出的拓扑为所求，反之，回到第④步，直到最终找到符合条

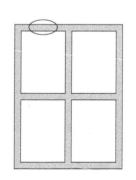

图4-9 2×2网格的接地网成像单元

发生腐蚀故障）情况下的成像结果如图 4-10 所示。为了减小土壤与导体电阻率的差距，对成像结果的电阻率 ρ 进行对数处理：$\lg\rho+10$，本书其他成像结果亦采用此种处理方式。

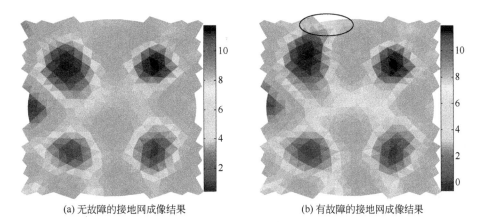

(a) 无故障的接地网成像结果　　　　　　　(b) 有故障的接地网成像结果

图 4-10　2×2 网格的接地网成像

为了进行比较，图 4-11 为 3×2 网格的接地网和 3×3 网格的接地网的无故障成像效果图。

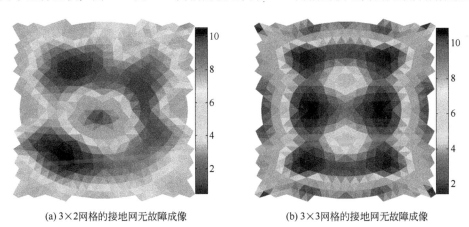

(a) 3×2 网格的接地网无故障成像　　　　　(b) 3×3 网格的接地网无故障成像

图 4-11　3×2 网格与 3×3 网格的接地网无故障情况下的成像

从图 4-10 和图 4-11 可以看出：深色区域为土壤，并且由土壤的分块数可以确定接地网的网格数，如图 4-10 所示的四个土壤分块反映了接地网结构为 2×2 网格、9 个节点，将 9 个节点依次连接即组成为接地网；随着接地网网格的增多，成像效果变差；2×2 网格的接地网在正常情况与故障下的成像效果较好，而 3×2 网格和 3×3 网格的接地网在正常情况下的成像效果较差，如果接地网发生故障将不利于进行故障识别。因此，所选择的 2×2 网格的接地网分块相对来说成像效果更佳。

对诊断结果成像效果的优化：测量的接地网节点电位信息是对接地网腐蚀状态的反映，尽量获取较多的电位数据可以提高诊断的准确性和提高成像的分辨率，为了获取尽量多的节点电位数据，在应用了循环测量方法后，将测量得到的数据进行适当的插值处理来增加数据量，这样有效避免了接地网可及节点的数量和位置的限制。通过插值方法增加了数据量，这

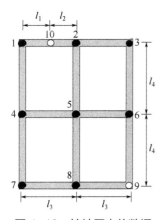

图 4-12　接地网电位数据
插值示意图

样就降低了诊断方程的欠定性和逆问题计算的病态性，实现了算法的优化。插值方法如图 4-12 所示。

对电位数据进行线性插值，即

$$\begin{cases} U_9 = U_8 + \dfrac{l_3}{l_3 + l_4}(U_6 - U_8) \\ U_{10} = U_2 + \dfrac{l_2}{l_3}(U_1 - U_2) \end{cases} \tag{4-47}$$

通过不同数据量得到的 EIT 成像结果如图 4-13 所示。

从成像的结果看出通过插值，成像的分辨率提高了，成像效果得到了优化。这一结果表明，将 EIT 的优化成像思想运用于接地网的幅值故障诊断是有效的，可以达到优化诊断算法的目的。

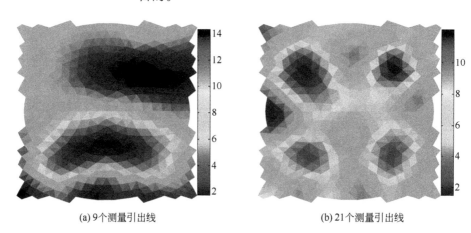

(a) 9个测量引出线　　　　　　　　(b) 21个测量引出线

图 4-13　不同节点数据数量的成像结果

地网电阻抗成像可以采用传统的 Tikhonov 正则化方法：

$$\min E(\boldsymbol{\rho}) = \left\| \boldsymbol{U}(\boldsymbol{\rho}) - \boldsymbol{V} \right\|^2 + \alpha \left\| \boldsymbol{L}(\boldsymbol{\rho} - \boldsymbol{\rho}^{(0)}) \right\|^2 \tag{4-48}$$

传统的 Tikhonov 正则化提高了电阻抗成像的求解稳定性，使生物电阻成像的图像包含了更清晰丰富的信息。对于接地网电阻抗成像，成像场域的物理尺寸和电学参数更加复杂，病态性更加严重。本书将 Tikhonov 正则化和对角权重正则化（牛顿半步残差正则化）相结合，提出一种改进的正则化，即

$$\min E(\boldsymbol{\rho}) = \left\| \boldsymbol{U}(\boldsymbol{\rho}) - \boldsymbol{V} \right\|^2 + \alpha \left\| \boldsymbol{L} \cdot (\boldsymbol{\rho} - \boldsymbol{\rho}^{(0)}) \right\|^2 + \beta \left\| \boldsymbol{\varLambda} \boldsymbol{\rho} \right\|^2 \tag{4-49}$$

式中，α、β 为正则化参数；$\boldsymbol{L}$、$\boldsymbol{\varLambda}$ 为正则化矩阵，$\boldsymbol{L}$ 为单位阵，$\boldsymbol{\varLambda}$ 的选取基于对角权重正则化。

$$\boldsymbol{\varLambda}^{\mathrm{T}} \boldsymbol{\varLambda} = \mathrm{diag}(\boldsymbol{J}^{\mathrm{T}} \boldsymbol{J}) \tag{4-50}$$

在不施加正则化和运用改进正则化、传统 Tikhonov 正则化情况下，对雅可比矩阵进行奇

异值分解，得到的雅可比矩阵奇异值分布如图 4-14 所示。

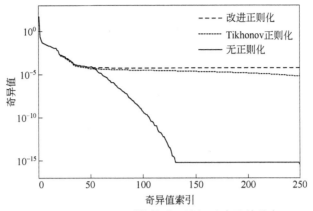

图 4-14　不同正则化的雅可比矩阵奇异值分布

经过正则化后，成像分辨率和抗噪声能力得到了有效提高，不同正则化的结果如图 4-15 所示。

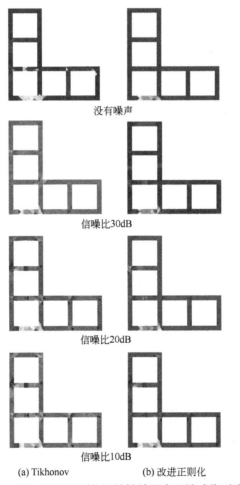

没有噪声

信噪比30dB

信噪比20dB

信噪比10dB

(a) Tikhonov　　　　　(b) 改进正则化

图 4-15　不同正则化下的接地网电阻抗成像对比

从仿真实验结果看出，电阻抗分布图像能够清晰反映接地网支路的腐蚀，不仅能实现腐蚀故障点的定位，还能对接地网支路的局部腐蚀和腐蚀程度进行有效的判断。

4.2.2.4 健康状态界定方法研究

为了对算法的腐蚀诊断结果给出一个对应的腐蚀程度界定标准，根据 NACE 的腐蚀标准 RP 0775—2005 对金属腐蚀程度做出界定。RP 0775—2005 腐蚀程度及速率规定如表 4-1 所示。

表 4-1　RP 0775—2005 腐蚀程度及速率规定

腐蚀程度	年腐蚀速率/（mm/a）
正常/轻微腐蚀	<0.13
明显腐蚀	0.13～0.38
严重腐蚀断点	>0.38

根据《电力设备预防性试验规程》DL/T 596 对运行 10 年以上的变电站要进行接地网腐蚀检测的规定，以 10 年接地网扁钢的腐蚀程度作为界定依据，根据公式 $R=\rho l/S$ 计算扁钢腐蚀对应电阻增大倍数。对应的结果如表 4-2 所示。

表 4-2　腐蚀标准与腐蚀程度对应的增大倍数关系

腐蚀程度	腐蚀速率/（mm/a）	对应电阻增大倍数
正常/轻微腐蚀	<0.13	0～2
明显腐蚀	0.13～0.38	2～20
严重腐蚀/断点	>0.38	>20

根据上述腐蚀标准定义以及计算的 10 年之后的接地网腐蚀情况的扁钢金属对应电阻增大倍数，考虑实际情况下接地网的各支路节点连接处的焊接电阻对腐蚀诊断的支路电阻增大倍数结果也有影响，算法诊断过程中，将焊点的电阻分摊到与之相连接的 3 条或者 4 条支路上。根据对扁钢焊点电阻的实测结果，其大小在 0.1～5mΩ 之间，分摊到各条支路上，会使其对应电阻增大倍数增大约 3 倍，同时结合实验室的扁钢网络实验诊断数据，对理论电阻增大倍数进行修订。

目前系统的腐蚀诊断算法对腐蚀程度的界定分为三个程度：一是正常/轻微腐蚀，此时支路电阻的诊断倍数为 1～5；二是存在腐蚀情况，此时的支路电阻诊断倍数为 5～20 倍，需要做进一步的考察；三是严重腐蚀或者断开，此时的支路电阻诊断倍数为 20 倍以上。因此，结合腐蚀标准规定并结合实际情况[30]，算法对腐蚀程度界定依据如表 4-3 所示。

表 4-3　算法诊断腐蚀程度界定依据

地网腐蚀程度	正常/轻微腐蚀	明显腐蚀	严重腐蚀/断点
支路电阻增大倍数	1<A<5	5<A<20	A>20

4.3

接地网腐蚀诊断装置开发

4.3.1　系统整体结构

如图 4-16 所示，系统整体结构设计成"一点对多点"的射线型结构，采用微控制器控制数据采集装置、激励电流源、数据通信装置和其他模块，系统结构简单，便于模块化集成设计，方便控制。

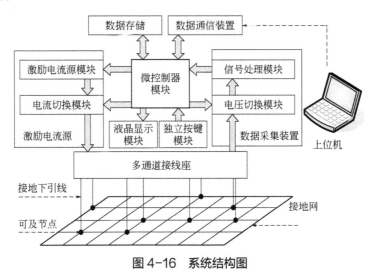

图 4-16　系统结构图

微控制器采用具有 ARM Cortex-M3 内核的 32 位处理器 STM32F103ZE，具有丰富的外设接口，方便与其他模块通信。数据采集装置采用 24 位可调增益 A/D 转换器 ADS1241，具有 1～128 倍的可调增益和 21 位有效采样结果。激励电流源设计成 0～3A 恒流源，产生的电流注入接地网的可及节点，待电流源稳定后，通过数据采集装置对可及节点的电位进行采样。采集的数据通过数据通信装置上传给上位机，在上位机上对数据进行处理。

4.3.2　数据采集模块

数据采集模块是变电站接地网腐蚀检测装置中的前端模块，它的功能就是要完成对变电站接地网可及节点间电压差的测量（图 4-17）。

在数据采集过程中，通过 ARM 控制两个 16 路模拟选择开关，采集两个节点间的电压差值信号，信号经电压隔离、低通滤波送到 A/D 转换器，数据多次采集并求均值。为了方便测量，在测量时可以以电流流出节点为电位参考点，测量其他节点的电位。

在实验室搭建了 4×4 的 1Ω 功率电阻网格，利用研制的数据采集装置对其进行测量，注入电流为 1.0A。如图 4-18 所示，将测量的数据与仿真的数据进行对比，可以看出测量的数据与仿真的数据的变化趋势相同，两个数据的最大差值小于 20mV，小于测量数据的 4%。

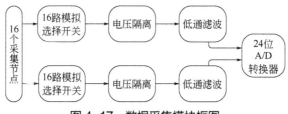

图 4-17   数据采集模块框图

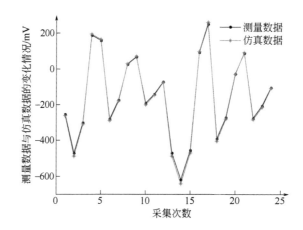

图 4-18   测量数据与仿真数据的对比情况

检验数据采集装置的稳定性是为了确保测量的可重复性，同时间接地反映数据的准确性。在相同情况下利用数据采集装置对电阻网格进行两次测量，并求差值，如图 4-19 所示，两次测量数据间的差值在 −1～1mV，数据的波动范围小于测量数据的 0.1%，测量装置稳定性良好。

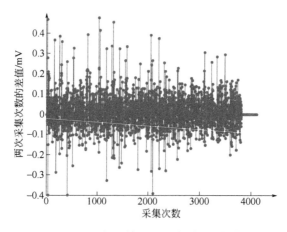

图 4-19   相同情况下两次测量的差值

4.3.3　数据通信装置

在整个系统中，采集的信号会先存储在微控制器 ARM 芯片内部闪存存储器内，并实时将数据通过 RS485 传输给 GPRS 模块（图 4-20）。为了安全考虑，采集的数据要经过数据加密和数据压缩处理后，再传输给 GPRS 模块。接收端通过连接互联网的 TCP 转虚拟串口软件接收数据。采集的数据会备份到外部的大容量 SD 卡中，SD 卡的容量最大可达 16GB，应定期删除数据。

为了保证测量数据的传输安全性和减少传输数据的容量，需要对测量数据进行加密和压缩处理。由于

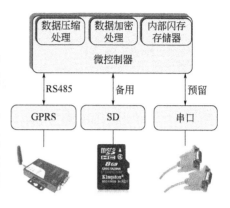

图 4-20　通信装置框图

SD 的最大容量可达到 16GB，为解决数据存储问题，测量终端测量的数据先存储到内部闪存存储器，再备份到外部的大容量 SD 卡中。采集数据加密后，可采用常用无损压缩算法——霍夫曼算法和 LZW 压缩算法对数据进行重新组织，避免数据冗余，降低存储的空间。

4.3.4　数据循环测量

如图 4-21 所示，以 16 通道为例采集数据，Px 代表第 x 节点，则电流流出节点与电流流入节点的循环测量次序为 P1-P2、P1-P3、P1-P4…P1-P16、P2-P1、P2-P3…P2-P16、P3-P1…P15-P16。最后电流流入与流出情况共 16×15=240（组），每组情况都以电流流出节点为参考来测量全部节点的电位，共测得 240×16=3840（个）数据值。整个测量过程按照三电极法进行测量，为了消除测量过程中接触阻抗对测量结果的影响，要将测量的数据转换成四电极法测量数据。若以节点 z（节点 z 在 1～16 节点内）为电压参考节点，在测量的数据中剔除电流流出节点、电流流入节点两个节点的电压数据和以节点 z 为电流注入点、流出点所测量的各节点电压数据，最后有效的四电极法测量数据为 15×14×13=2730（个）。

这种多通道循环测量方法的优越性是将接地网任意两个引出节点间的电阻情况全部检测出来，为接地网监测提供丰富的完整的信息，有助于准确检测出接地网故障。同时整个测量过程都是程序自动循环测量的，检测时间短，耗费的人力少。对于小型接地网，引出节点少于 16，可以通过参数配置 4～16 个测量通道；对于大型接地网，引出节点多于 16，可以根据实际情况按区域进

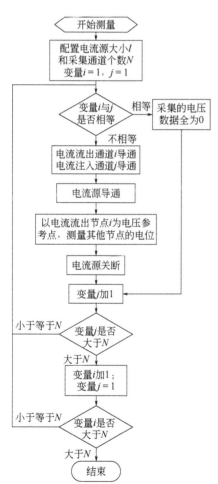

图 4-21　循环测量流程图

行分块测量。

4.3.5　装置外观

　　图 4-22 为接地网腐蚀诊断装置的正面及背面，为便于现场施工，该装置还可进行拆分。装置实现了接地网腐蚀状态的免开挖诊断及故障定位排除，并建立接地网长期运行的参数数据库，可以解决国内目前接地网腐蚀诊断难的问题。

图 4-22　接地网腐蚀诊断装置的正面及背面

4.4
接地网诊断软件及数据
管理系统开发

4.4.1　接地网诊断软件算法研究

　　用传统电网络理论，以灵敏度矩阵的形式建立了故障诊断方程，再结合能量最低原理建立利用优化方法中的 BFGS 变尺度法求解各段导体电阻增量的数学模型，然后利用 VC++编程开发了可视界面友好且使用方便的接地网诊断软件系统。通过仿真计算和模拟试验证明了该诊断系统的实用性和可靠性。

4.4.1.1　算法原理

　　在系统检测原理中已阐述，通过求解各支路电阻的最优解，然后与各支路的电阻设计值对比，就可以判断各支路导体的腐蚀和断裂情况。

由最小二乘原理知

$$\frac{\partial f}{\partial \boldsymbol{R}} = -[\boldsymbol{U}_n(\boldsymbol{R}) - \boldsymbol{U}_{n0}]\frac{\partial \boldsymbol{U}_n(\boldsymbol{R})}{\partial \boldsymbol{R}} = 0 \tag{4-51}$$

将目标函数 $f(\boldsymbol{R}) = \|\boldsymbol{U}_n(\boldsymbol{R}) - \boldsymbol{U}_{n0}\|^2$ 在 $\boldsymbol{R}^{(k)}$ 处用泰勒级数展开近似为

$$f(\boldsymbol{R}) = f(\boldsymbol{R}^{(k)}) + \frac{\partial f}{\partial \boldsymbol{R}}(\boldsymbol{R}^{(k)})(\boldsymbol{R} - \boldsymbol{R}^{(k)}) + \frac{1}{2}(\boldsymbol{R} - \boldsymbol{R}^{(k)})^{\mathrm{T}}\frac{\partial^2 f}{\partial \boldsymbol{R}^2}(\boldsymbol{R}^{(k)})(\boldsymbol{R} - \boldsymbol{R}^{(k)}) \tag{4-52}$$

对上式得到的泰勒级数展开式求取极值得到极值点

$$\frac{\partial f}{\partial \boldsymbol{R}}(\boldsymbol{R}^{(k+1)}) = \frac{\partial f}{\partial \boldsymbol{R}}(\boldsymbol{R}^{(k)}) + (\boldsymbol{R}^{(k+1)} - \boldsymbol{R}^{(k)})^{\mathrm{T}}\frac{\partial^2 f}{\partial \boldsymbol{R}^2}(\boldsymbol{R}^{(k)}) = 0 \tag{4-53}$$

若 $\dfrac{\partial^2 f}{\partial \boldsymbol{R}^2}(\boldsymbol{R}^{(k)})$ 可逆，则得到

$$\boldsymbol{R}^{(k+1)} = \boldsymbol{R}^{(k)} - \left[\frac{\partial^2 f}{\partial \boldsymbol{R}^2}(\boldsymbol{R}^{(k)})\right]^{-1}\frac{\partial f}{\partial \boldsymbol{R}}(\boldsymbol{R}^{(k)}) \tag{4-54}$$

对 $f(\boldsymbol{R}) = \dfrac{1}{2}\|\boldsymbol{U}_n(\boldsymbol{R}) - \boldsymbol{U}_{n0}\|^2$ 在 $\boldsymbol{R}^{(k)}$ 处求导数知

$$\frac{\partial f}{\partial \boldsymbol{R}}(\boldsymbol{R}^{(k)}) = -2\left[\frac{\partial \boldsymbol{U}_n}{\partial \boldsymbol{R}}(\boldsymbol{R}^{(k)})\right]^{\mathrm{T}}[\boldsymbol{U}_n(\boldsymbol{R}^{(k)}) - \boldsymbol{U}_{n0}] \tag{4-55}$$

由上述推导并忽略高阶项得

$$\frac{\partial^2 f}{\partial \boldsymbol{R}^2}(\boldsymbol{R}^{(k)}) = 2\left[\frac{\partial \boldsymbol{U}_n}{\partial \boldsymbol{R}}(\boldsymbol{R}^{(k)})\right]^{\mathrm{T}}\boldsymbol{U}_n(\boldsymbol{R}^{(k)}) \tag{4-56}$$

因此有

$$\boldsymbol{R}^{(k+1)} = \boldsymbol{R}^{(k)} - (\boldsymbol{J}_k^{\mathrm{T}}\boldsymbol{J}_k)^{-1}\boldsymbol{J}_k^{\mathrm{T}}\left[\boldsymbol{U}_n(\boldsymbol{R}^{(k)}) - \boldsymbol{U}_{n0}\right] \tag{4-57}$$

式中，$\boldsymbol{J}_k = \dfrac{\partial \boldsymbol{U}_n}{\partial \boldsymbol{R}}(\boldsymbol{R}^{(k)})$ 为雅可比矩阵。

式 (4-57) 即为接地网故障诊断方程的 NR 法迭代格式。为有效解决雅可比矩阵的病态性，通常采用正则化方法来改善重构过程的病态性，使得求解过程稳定收敛。Tikhonov 正则化算法是通过对高阶特征向量施加阻尼作用，再计入模型参数的重构过程。它通过在目标函数中加入一个罚函数来实现对解的阻尼作用，达到使解稳定的目的，同时在一定程度上保证了解的空间分辨率。在牛顿-拉弗逊法的基础上加入罚函数项得新的目标函数：

$$f(\boldsymbol{R}) = \|\boldsymbol{U}_n(\boldsymbol{R}) - \boldsymbol{U}_{n0}\|^2 + \alpha\|\boldsymbol{L}(\boldsymbol{R} - \boldsymbol{R}_0)\|^2 \tag{4-58}$$

针对上式的目标函数重复牛顿-拉弗逊法的推导过程可以得到一个新的迭代公式：

$$\boldsymbol{R}^{(k+1)} = \boldsymbol{R}^{(k)} - (\boldsymbol{J}_k^{\mathrm{T}}\boldsymbol{J}_k + \alpha\boldsymbol{L}^{\mathrm{T}}\boldsymbol{L})^{-1}\left\{\boldsymbol{J}_k^{\mathrm{T}}[\boldsymbol{U}_n(\boldsymbol{R}^{(k)}) - \boldsymbol{U}_{n0}] - \alpha\boldsymbol{L}^{\mathrm{T}}\boldsymbol{L}(\boldsymbol{R}^{(k)} - \boldsymbol{R}^{(0)})\right\} \tag{4-59}$$

算法流程：

① 令 $k=0$，设定精度 ε，选定初值为正常状况下的支路电阻，$\boldsymbol{R}^{(0)} = [R_{10}\ R_{20}\ \cdots\ R_{B0}]^{\mathrm{T}}$。

② 计算雅可比矩阵 $\boldsymbol{J}(\boldsymbol{R})$，由 L 曲线法选择正则化参数 μ_k。

③ 计算 $\boldsymbol{p}^{(k)} = -[\boldsymbol{J}^{\mathrm{T}}(\boldsymbol{R}^{(k)})\boldsymbol{J}(\boldsymbol{R}^{(k)}) + \mu_k \boldsymbol{E}]^{-1}\boldsymbol{J}^{\mathrm{T}}(\boldsymbol{R}^{(k)})[\boldsymbol{U}_n(\boldsymbol{R}^{(k)}) - \boldsymbol{U}_{n0}]$。

④ 计算 $\boldsymbol{R}^{(k+1)} = \boldsymbol{R}^{(k)} + \boldsymbol{p}^{(k)}$，并迭代误差计算 $\varepsilon^{(k+1)} = \left\| \boldsymbol{U}_n(\boldsymbol{R}^{(k+1)}) - \boldsymbol{U}_n(\boldsymbol{R}^{(k)}) \right\|_2$。

⑤ 若 $\varepsilon^{(k+1)} < \varepsilon$，则令 $\boldsymbol{R} = \boldsymbol{R}^{(k+1)}$，否则令 k=k+1，并转②。

⑥ 输出最优解 $\boldsymbol{R}$。

将以上算法编写为 MATLAB 程序并利用 MATCOM 软件将 MATLAB 程序编译生成 DLL 文件供故障诊断软件调用，利用测量得到的电压数据对接地网进行故障诊断计算，得出支路阻抗变化。

4.4.1.2 软件实现

图 4-23（a）为接地网故障诊断软件的界面，主界面菜单和工具栏包括接地网设置、接地网建模、节点管理、支路管理、通信设置、测量参数设置、故障诊断计算、诊断结果图等主要功能。

(a) 软件系统主界面

(b) 接地网设置

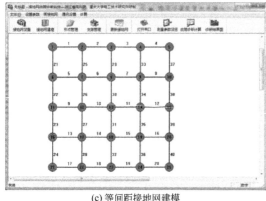
(c) 等间距接地网建模

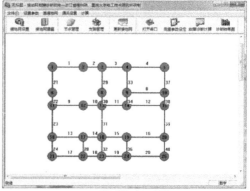
(d) 不规则接地网建模

图 4-23　接地网建模界面

（1）接地网建模　在对接地网进行建模时首先要对接地网进行设置，其设置界面如图 4-23（b）所示，主要包括节点设置和导体设置。可利用 $R = \rho L / S$ 计算每条导体的设计电阻。对接地网的节点和支路进行编号，其编号规则为从左向右和从上向下依次编号。建立的等间距接地网模型如图 4-23（c）所示。对于不等间距接地网和不规则接地网可以通过对节点和支路的编辑来实现，不规则接地网的建模效果如图 4-23（d）所示。

（2）接地网测量参数设置　在完成了接地网的建模后，需对接地网故障诊断的测量参数进行设置。在实际的接地网故障诊断测量中，需要将 16 个通道与 16 个接地网引出线连接，故需要设置每个通道所连接的接地网节点号，如图 4-24 所示。在电压测量中，按照 16 个通道的先后顺序进行电流激励，每一行为一次激励每个通道的测量结果，并将电流激励节点相同情况的电压测量值置零。

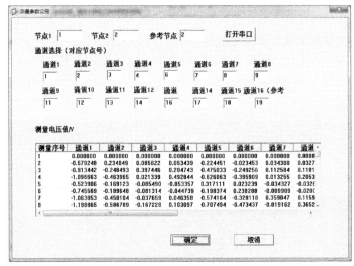

图 4-24　测量参数设置界面

（3）诊断结果显示　将接地网故障算法的 MATLAB 程序与 VC++进行混合编程完成故障诊断的计算，并将故障诊断结果以图形的方式表现出来。本软件以两种方式表现接地网故障诊断的结果，一种是如图 4-25（a）所示对于不同故障程度的支路使用不同颜色来进行标记，可直观地找到故障支路，对故障进行定位；另一种是使用柱状图来表现各条支路电阻的增大倍数，如图 4-25（b）所示，可对每条支路的诊断结果进行精确的表示。

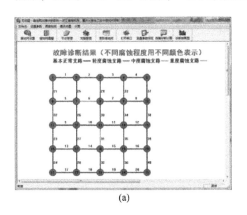

(a)

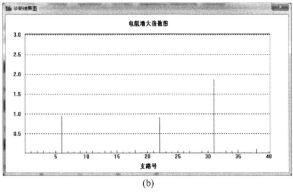

(b)

图 4-25　故障诊断结果显示

4.4.2　接地网诊断软件开发

接地网三维成像和数字化管理软件最大的一个功能就是进行接地网单次腐蚀状态诊断。接地网腐蚀检测通过变电站接地网建模，测量数据导入后，软件通过内部集成的诊断算法进行诊断，诊断结果可以通过柱状图、饼图、数据表和三维成像图显示，结果直观形象。

4.4.2.1　状态监控模块

目前接地网的结构参数以及运行数据大多采用纸质档案记录，由于时间跨度大且存放零散，数据记录的价值得不到充分挖掘。状态监控模块以数据可视化为核心，支持多种数据源接入，通过终端数据层能够对杂乱的监控数据进行快速过滤筛选和特征变量提取，同时将关键信息根据重要程度的不同分别以图表、2D/3D 模型、动画等多种形式展示。工作人员无须进行烦琐的数据分析工作就能实时监测到接地装备的状态变化，从而及时发现并排除接地装备的重大隐患。

图 4-26　状态监控模块效果图

状态监控模块的效果图如图 4-26 所示，监控的状态量主要有土壤电阻率、土壤腐蚀情况、接地网电阻、节点电压、温湿度等。考虑到接地网的相关监测物理量短期变化不大，相关量的采集周期从小时到天不等。

4.4.2.2　数字化建模模块

数字化建模模块对变电站和接地网模型进行管理，一个接地网的具体建模步骤如下。

① 变电站选择的软件界面内容如图 4-27 所示。在这一界面的右侧有一个"查询"按钮，点击这个按钮可以查找变电站的施工图纸，但是必须在最初导入这个变电站的信息时有这个

变电站的图纸。需要说明的是，一般的老旧变电站图纸普遍存在丢失现象，因此该项设置为选填项。若要新增检测人员，需要在"数字化档案系统"选项卡的"变电站管理"功能中操作。

图 4-27　变电站选择界面

② 接地网模型选择。接地网模型选择是在确定变电站的基础之上选择这个变电站的接地网拓扑结构，由于诊断计算可能需要分区进行，因此允许一个站保存多个拓扑结构。该页面如图 4-28 所示，在软件中储存有检测的接地网模型时，选择后点击"下一步"即到达参数设置的界面。

图 4-28　接地网选择界面

③ 建立模型。在需要新增接地网模型时，点击"新增模型"按钮，设置了接地网的基本参数后（图 4-29），点击"新建模型"就可以得到一个新的接地网模型图。在这个模型图中，

可以进行接地网支路导体的删减，方法是点击想要删除的导体支路，点击鼠标右键再点击"删除"即可（图 4-30）。

图 4-29　接地网模型参数设置

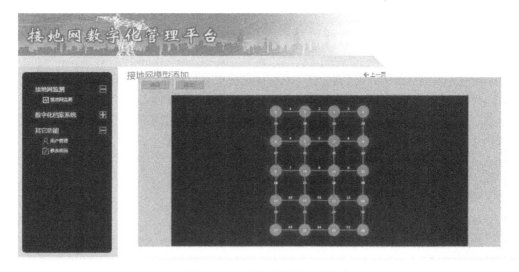

图 4-30　接地网模型手动修改

选择好或建立好一个接地网的模型后，点击"保存"后，就可以进行接地网测量参数的设置。

4.4.2.3　三维腐蚀成像诊断模块

（1）参数设置　软件在参数设置界面需要设置与实际接地网数据测量相匹配的参数，包括接地网腐蚀诊断仪的连线要与实际节点一样，注入电流也要一致，参考节点一般选择最后一个节点，这样实际测量的数据导入软件进行诊断计算后才能得到正确的结果。"数据传输配置"有一个下拉菜单可以用于选择测量数据的传输方式。

（2）数据采集　在测量参数与软件参数设置匹配后，点击"数据采集"就可以选择数据，通过点击"选择"就可以选择数据路径来导入测量的数据。

（3）状态诊断　在导入测量的数据后，点击"状态诊断"系统就会进行腐蚀状态诊断。系统支持数据列表、柱状图、饼状图和三维成像四种显示方案（图 4-31）。

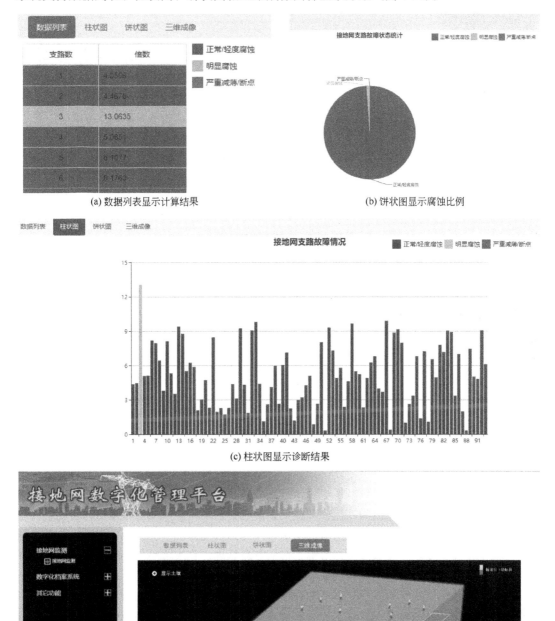

图 4-31

(d) 三维成像结果(有/无土壤)

图 4-31　诊断结果显示形式

在诊断结果的界面点击"三维成像"就可以得到成像效果图。在三维成像界面中，滚动鼠标滚轮可以实现放大缩小功能，点击界面左上方的地表显示和支路号显示前面的小方框，可以实现对接地网的单独显示和将接地网与土壤同时显示。

通过对接地网的诊断结果进行三维成像，可以更加直观地反映接地网的腐蚀状态。根据不同三维成像结果确定接地网的工作状态，并通过对不同工况、不同故障状态下的接地网进行成像分析，建立接地网三维成像专家评估系统，实现对变电站接地网状态的系统评估。

4.4.3　接地网数字化档案管理技术研究

4.4.3.1　接地网数字化平台设计

变电站接地网三维成像及数字化管理评估系统包括接地网数字化管理平台网页前端和接地网成像计算及数字化管理服务器后端的由信息专网运行的管理系统。通过客户端与服务器相结合实现用户对变电站、接地网、检测人员的信息管理，实现接地网的腐蚀诊断和历史数据分析，最终实现变电站及接地网的信息化管理、数字化管理、可视化管理，为接地网状态的跟踪与预测提供支撑。本发明的创新性在于高度整合了变电站、接地网、作业人员等相关信息，并将其密切联系起来，提供了科学的管理体系和管理平台，最终实现了对接地网运行状态的长期跟踪和评估，极大地节约了资源，提高了工作效率。

系统功能模块主要包括：数据采集、诊断计算、结果显示（包括三维成像显示与诊断结果表格显示）、数据查询、数据存储、数据分析、状态评估和数据交互。其整体结构功能框图如图 4-32 所示。

系统实现了接地网模型建立，诊断结果图表化显示。基于测量数据，通过诊断算法得出接地网腐蚀故障诊断结果，最终通过图、表的形式进行三维结果呈现。流程图如

图 4-33 所示。

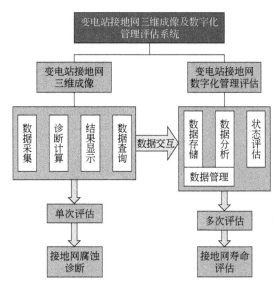

图 4-32　变电站接地网三维成像及数字化管理评估系统功能框图

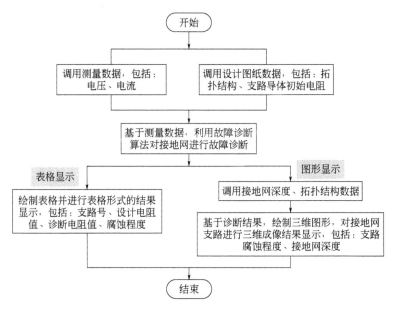

图 4-33　诊断结果图表化显示功能的流程图

接地网状态评估：通过对接地网进行测量诊断，得到接地网实际的诊断结果，基于多次的腐蚀诊断结果分析，得到接地网的状态评估结果，最后通过可视化图形呈现接地网状态评估结果，并生成接地网状态评估报告。具体流程图如图 4-34 所示。

可以得到详细的接地网信息和接地网的诊断结果，可以清楚地查看诊断的三维成像结果和柱状图结果等。

历史检测信息及详细界面如图 4-35 和图 4-36 所示。

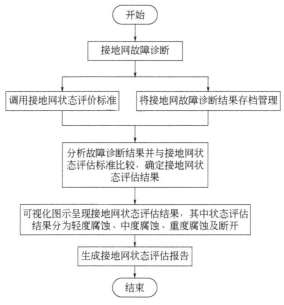

图 4-34　接地网状态评估流程

图 4-35　历史检测信息界面

4.4.3.2　变电站接地网寿命评估

　　为了实现接地网寿命评估需要进行跟踪检测与记录。本系统对于每个接地网，建立了独立的健康档案。通过将每个站的接地网健康评估结果独立管理，并在每次开挖诊断工作结束后将健康指标录入，可以构建各个接地网的健康档案。分析接地网健康档案，以主要健康指标为依据，可以判断出接地网的腐蚀趋势，为各接地网独立定制运检计划。对于腐蚀趋势明显的接地网，应当加强开展腐蚀诊断工作，缩短检测周期；对于腐蚀速率缓慢的接地网，可以适当延长检修年限，保证接地网诊断工作有的放矢。

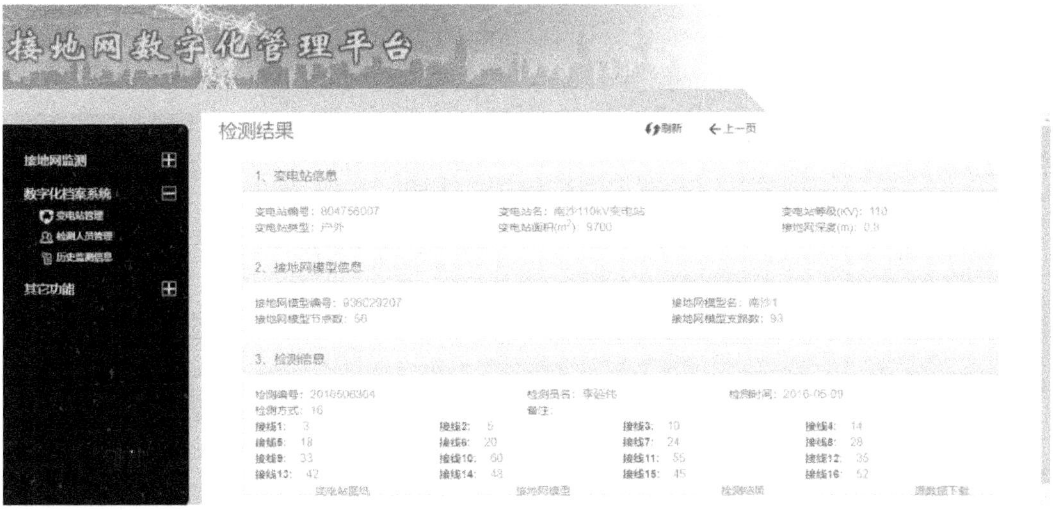

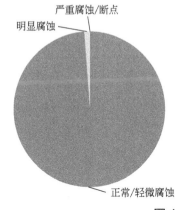

图 4-36　接地网诊断历史查询详细界面

通过系统装置和腐蚀诊断算法完成对接地网的腐蚀状态检测后，能够通过系统软件中历史检测信息的状态分析功能对得到的单次腐蚀诊断结果和不同历史时期多次腐蚀诊断结果进行统计分析，统计内容如图 4-37 所示。

多次诊断结果跟踪

测量日期	轻微腐蚀支路数	严重腐蚀支路数	引下线断点数	腐蚀系数 A/%
2018年1月1日	5	0	4	23
2019年1月1日	6	0	5	28
2020年1月1日	10	0	1	32

图 4-37　同一变电站多次诊断结果统计

图 4-37 所示的饼状图为当前变电站所有诊断结果的统计情况，能够清晰地观察整个接地网的支路腐蚀情况的占比情况，并给出接地网的整体性能判定。该图通过整合长期的测量结果，能作为变电站整体腐蚀情况的客观评价。

本方法以腐蚀支路数占全部支路的比值作为评价接地网整体腐蚀情况的标准：

$$A = \frac{\text{严重腐蚀支路数} \times h_1 + \text{轻微腐蚀支路数} \times h_2 + \text{引下线断点数}}{\text{总支路数}} \times 100\% \qquad (4\text{-}60)$$

式中，$h_1 = 2.5$，$h_2 = 1.5$，此处断点数仅限于引下线断点。由于引下线一部分暴露在地面上，容易受到冲击力,且土壤与空气接触面处最易产生腐蚀,故需单独考虑引下线断点,但空气中引下线局部断点与土壤中的接地主网腐蚀情况相关性较弱,故其权重最低。引下线断点数在导通测试和腐蚀诊断工作中都可以较为方便地进行统计。权重 h_1 和 h_2 的取值为对前期测量结果数据进行统计分析后择优选取。

另外,系统也可以对不同时期多次的腐蚀诊断结果进行数据统计分析和对比,得到接地网的状态发展规律,以对接地网的长期运行状态给出评价,同时也通过这个数据统计规律,预测未来变电站接地网的腐蚀状态。

鉴于目前没有对同一个变电站接地网的腐蚀状态进行长期的跟踪测量的实例,导致无法对变电站接地网的状态评估给出结果呈现。项目通过对历史诊断结果数据的横向比较与统计分析,可以找寻接地网腐蚀的规律与特点,根据这些规律和特点,对接地网的腐蚀速率以及可使用的寿命做出估算,为接地网的安全稳定运行提供指标参考。

具体实施方法是通过不同时期的接地网腐蚀诊断结果的支路电阻增大倍数与诊断时间的关系,得到接地网支路腐蚀速率与时间的关系曲线,同时结合表 4-3 所得到的电阻增大倍数与腐蚀程度的界定依据,并基于所拟合的曲线函数关系式对接地网的寿命进行估算,实现接地网的状态评估。

假设对某变电站接地网的状态进行长期跟踪测量,基于其多年的腐蚀诊断结果的电阻增大倍数与时间的关系绘制出关系曲线,如图 4-38 所示。

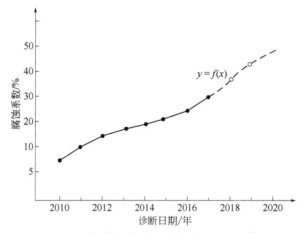

图 4-38　接地网腐蚀速率与时间的关系曲线

对这个曲线进行拟合得到其函数解析关系式为 $y=f(x)$。根据这个函数解析式,就可以对接地网的寿命进行预估。

具体实施原理如下:一般可以认为当腐蚀诊断的腐蚀系数达到 50%时,根据算法对接地网腐蚀程度的界定关系,此时接地网支路会发生严重的腐蚀,其安全运行面临着潜在的威胁。此时根据曲线的拟合关系式,可以求得时间值,这个诊断时间实际上就是该变电站接地网的寿命年限。

根据这种思路,工程人员可以使用项目所开发的变电站接地网数字化管理评估系统实现对接地网寿命的预测和评估[31]。

4.5
接地网诊断技术及其装置
的应用实践

4.5.1　现场真型模拟实验

110kV 徐家变电站位于杭州富阳市郊,投入使用十余年后于 2010 年退出运行。通过对该变电站接地网开挖后选定支路切割的方式来实现如表 4-4 所示的故障状态,之后利用接地网故障诊断测量装置对已开挖接地网进行了数据测量,并进行故障诊断。

表 4-4　故障诊断实验分组情况

实验组	支路状态
实验一	对支路 11 进行开挖,并将其利用钢锯锯断
实验二	在支路 11 断开的情况下开挖支路 4,并将其锯掉一半
实验三	在支路 11 断开的情况下将支路 4 完全断开

4.5.1.1　实验一测试结果

支路 11 的原始状态如图 4-39 所示,该支路埋深 1.6m,且支路状态良好。通过钢锯将其断开,此时可以认为该支路为严重故障状态,如图 4-40 所示为利用接地网诊断装置测量此时的接地网状态,并进行分析。

图 4-39　正常支路

图 4-40　人为断开支路

故障诊断结果见图 4-41。诊断结果显示支路 11 的电阻增大倍数达 15.9 倍,这与第一组状态的情况相符,可以对支路 11 的故障进行定位。在诊断软件中也可以看出支路 11 的电阻增大倍数超过了 10,因此这条支路可以看成故障严重的支路,结论与实际情况相符。

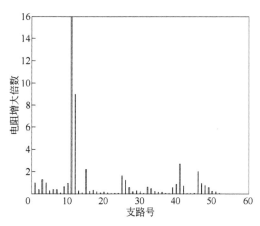 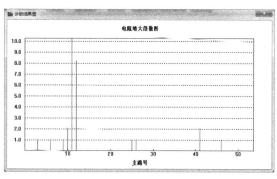

图 4-41　第一组状态的诊断结果

4.5.1.2　实验二测试结果

支路 4 的原支路状态如图 4-42 所示，该支路埋深 0.8m，且支路状态良好。为了模拟接地网支路轻度腐蚀的状态，将支路 4 的一个部位断开 1/2，见图 4-43。利用接地网诊断装置测量此时的接地网状态，并进行分析。

图 4-42　正常支路　　　　　　　　　　图 4-43　人为断开一半支路

在第二组状态下，故障诊断结果见图 4-44。诊断结果显示支路 4 的电阻增大倍数为其周围支路的 1.5 倍。但支路 4 的电阻增大倍数为 3.0，电阻增大倍数较小。因此可以得到结论：将支路锯掉一半的情况下，支路电阻发生变化，但对整个接地网的电阻影响有限。

4.5.1.3　实验三测试结果

在第二组实验的基础上，采用钢锯继续断开支路 4（图 4-45），该支路完全断开的状态如图 4-46 所示，此时该支路状态模拟为严重腐蚀，利用接地网故障诊断测量装置测量此时的接地网状态，并进行分析。

对第三组状态进行故障诊断，结果如图 4-47 所示。从结果中看出支路 11 同样出现了电阻增大倍数超过 10 的严重故障状态，这样的结果与实际情况是相符的。

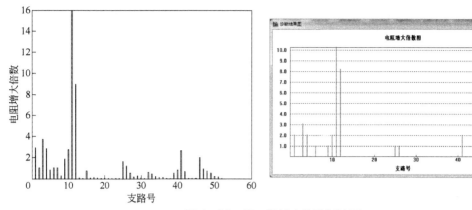

图 4-44　第二组状态的诊断结果

图 4-45　用钢锯断开支路

图 4-46　整个支路断开

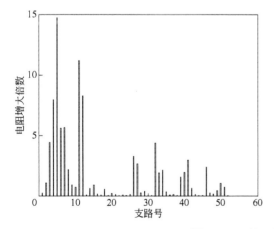

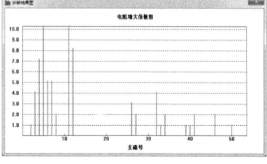

图 4-47　第三组状态的诊断结果

通过以上三组实验，可以证明本系统可实现接地网断裂故障及不同程度腐蚀故障的诊断和定位。

195

4.5.2　现场应用实践

在国网浙江电力公司大力推动下，2013—2019 年接地网二维扫描故障诊断技术及其装置陆续对在役的嘉兴共建变、中管变、衢州仙霞变、古田变等数十座变电站的接地网进行了现场实际检测，达到了良好的预期效果。以下仅对 220kV 共建变、110kV 开化变的诊断情况进行举例说明。

4.5.2.1　嘉兴共建变现场应用

为了验证接地网电阻抗成像方法对实际变电站的诊断效果，在我国东南地区一个 220kV 变电站进行了内源式 EIT 的接地网腐蚀诊断实验。该变电站的接地网拓扑结构如图 4-48 所示。

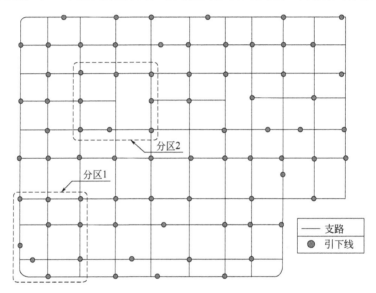

图 4-48　接地网拓扑结构

选取接地网中的两个小分区进行成像。从拓扑结构和现场变电站情况，找到分区上方分别有 9 条和 8 条接地引下线，通过引下线用 16 通道电位采集装置进行电流注入和电位循环采集，现场测量照片如图 4-49 所示。

将接地网分区拓扑结构和测量数据导入成像程序，得到的成像结果如图 4-50 所示。

从成像结果看出，在两个接地网分区中，在支路的连接处发生腐蚀现象比较严重，可能由于焊接处更容易发生腐蚀。对分区二的最右边支路进行开挖，找到支路下方的腐蚀部分，如图 4-51 所示。

从变电站现场腐蚀成像来看，成像结果对接地网支路的腐蚀情况进行了准确的定位。电阻抗成像技术对含有土壤的拓扑结构未知的接地网进行腐蚀诊断，图像分辨率较差，诊断准确度较低。通过研究的磁场微分法可以对接地网的拓扑结构进行检测，基于检测结果，运用电阻抗成像技术进行土壤分离的电阻抗成像，提高了成像图像分辨率，在实际变电站结构不太复杂、获取数据的引下线数量充足的情况下，能够对接地网腐蚀进行较准确的诊断。

图 4-49　变电站现场测量图

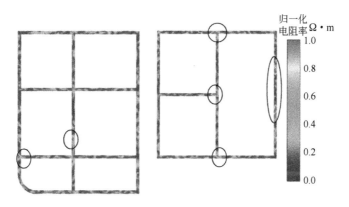

图 4-50　接地网分区成像结果

图 4-51　接地网分区二腐蚀支路

测量前，将变电站分为 10 个区域，依次编号为 A～J；在每一区域分别选取 16 个接地网引出线并编号，区域的划分以及接地网引出线选取位置如图 4-52 所示，利用研发的接地网腐蚀状态检测装置分别对每个区域的引出线及各支路进行状态诊断。

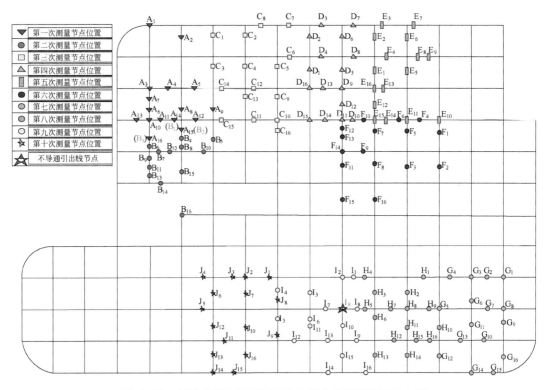

图 4-52　共建变接地网区域划分及引出线位置选取示意图

表 4-5 为 I 区域引出线 16 处引出点的节点电压数据。数据显示，8 号引出线节点电压抬升明显，为 241.0235～380.3144mV，明显大于其他注入节点的电压，可以判断，8 号引出线与接地网不导通。其余区域未见数据异常。

表 4-5　I 区域引出线 16 处引出点的节点电压数据

变电站引出点编号	对应接线编号	I1 节点流出 I2 节点注入 节点电压/mV	I1 节点流出 I16 节点注入 节点电压/mV	I2 节点流出 I16 节点注入 节点电压/mV
I5	5	200.5925	201.1331	181.1482
I6	6	200.4801	200.8826	180.9909
I7	7	201.3414	201.1295	181.0511
I8	**8**	**441.3743**	**534.141**	**561.9054**
I8 邻近节点	8	200.3508	200.5234	181.591
I9	9	200.5041	201.0799	181.7932
I10	10	201.1907	201.3794	181.543
I11	11	200.8376	201.2727	181.3428

通过定点开挖，发现该处存在隐蔽断点（见图 4-53），有力证明了所研发接地网二维扫描

腐蚀状态诊断技术及其装置对地网故障定位的准确性。

图 4-53　引下线隐蔽断点

4.5.2.2　衢州开化变现场应用

衢州 110kV 开化变电站建于 1984 年，接地网长 65m、宽 62m。测量前，将变电站接地网分为 2 个区域，依次编号为 A～B，区域的划分以及接地网引出线选取位置如图 4-54 所示。

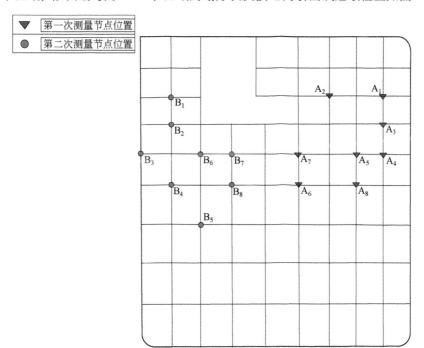

图 4-54　开化变接地网区域划分及引出线位置

利用该检测装置测量的衢州开化变接地网区域支路阻抗变化如图 4-55 所示，并依据表 4-6 判断水平地网支路腐蚀程度及故障情况。

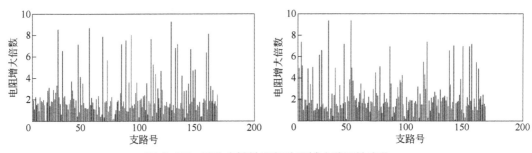

图 4-55 开化变接地网部分区域支路阻抗变化

表 4-6 支路故障存在判据

变电站规格	存在支路故障判据
110kV 变电站	支路电阻增大倍数>10
220kV 变电站	支路电阻增大倍数>20

利用二维扫描成像技术中数据建模成像软件,绘制形成 110kV 开化变电站水平地网腐蚀程度示意图,如图 4-56 所示。

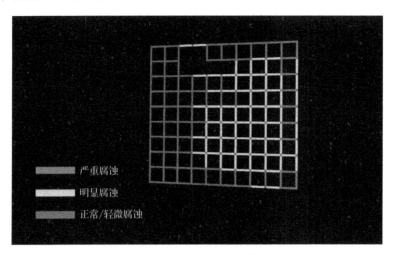

图 4-56 开化变接地网腐蚀成像图

图 4-57 水平地网开挖检查情况

如图 4-55 所示,水平地网支路电阻最大增大倍数为 9.3 倍;根据表 4-7 中算法判据,虽然支路电阻增大倍数未达到故障诊断倍数,但是电阻结果整体较高,水平支路接近严重腐蚀状态。现场水平地网验证性开挖情况见图 4-57,检查发现水平地网已发生明显锈蚀。现场验证结果与二维扫描成像结果高度一致。

通过上述应用实例可知,采用二维扫描成像技术,可直观建模形成接地网水平支路的腐蚀程度图像,实现故障断裂的精确定位、水平支路腐蚀程度成像以及腐蚀区域定位三大功能（图 4-58～图 4-74）。

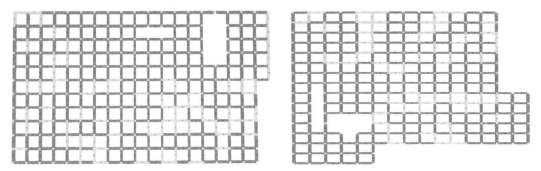

图 4-58 台州某 220kV 变电站腐蚀成像图（1）图 4-59 台州某 220kV 变电站腐蚀成像图（2）

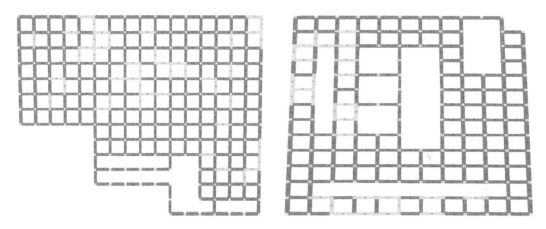

图 4-60 台州某 220kV 变电站腐蚀成像图（3） 图 4-61 舟山某 220kV 变电站腐蚀成像图（1）

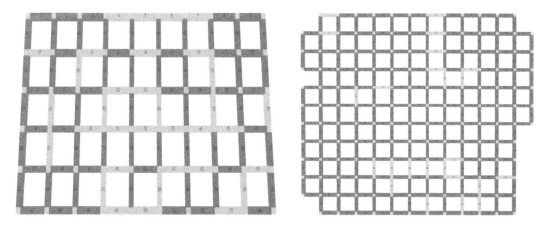

图 4-62 舟山某 110kV 变电站腐蚀成像图（2） 图 4-63 杭州某 110kV 变电站腐蚀成像图（1）

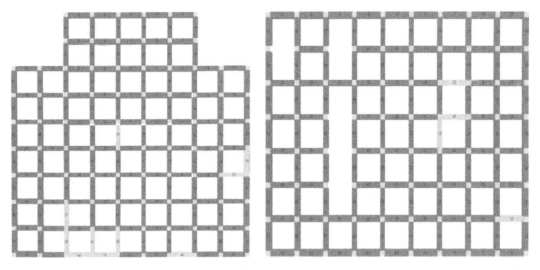

图 4-64　杭州某 110kV 变电站腐蚀成像图（2）　图 4-65　杭州某 110kV 变电站腐蚀成像图（3）

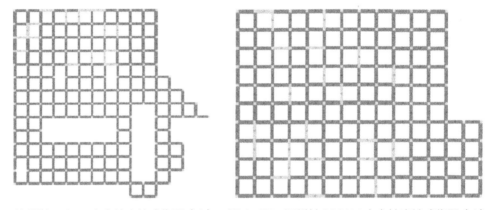

图 4-66　杭州某 110kV 变电站腐蚀成像图（4）　图 4-67　温州某 220kV 变电站腐蚀成像图（1）

图 4-68　温州某 220kV 变电站腐蚀成像图（2）　图 4-69　温州某 220kV 变电站腐蚀成像图（3）

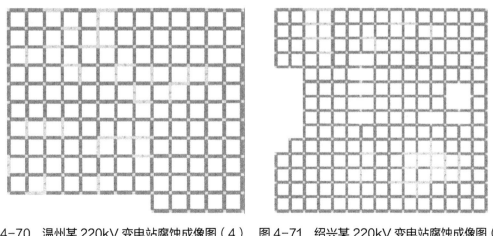

图 4-70　温州某 220kV 变电站腐蚀成像图（4）　图 4-71　绍兴某 220kV 变电站腐蚀成像图（1）

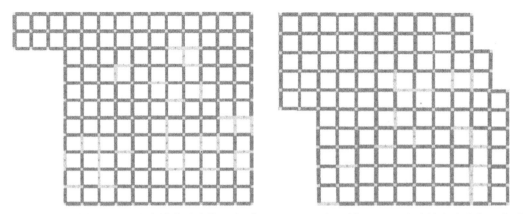

图 4-72　绍兴某 220kV 变电站腐蚀成像图（2）　图 4-73　绍兴某 220kV 变电站腐蚀成像图（3）

图 4-74　绍兴某 220kV 变电站腐蚀成像图（4）

参考文献

[1] 李四明. 工程图纸输入与自动识别系统的研究[D]. 北京: 中国农业大学, 2000.

[2] 明菊兰, 胡建根, 胡家元, 等. 一种用于接地网维护的快速成像方法[P]. 2021.

[3] 唐龙, 黄爽英, 钟晓军, 等. 基于拓扑结构表示的向量化方法[J]. 计算机工程, 1994, (S1): 542-548.

[4] 张久文, 敦建征, 孟令锋. 基于Contourlet的图像PCA去噪方法[J]. 计算机工程与应用, 2007, 43(21): 46-48.

[5] 杨正权. 基于改进小波变换的图像去噪技术研究[J]. 镇江: 江苏大学, 2017.

[6] Sturley K R. The theory of electrical networks[J]. Nature, 1958, 181(6): 560.

[7] 许磊, 李琳. 基于电网络理论的变电站接地网腐蚀及断点诊断方法[J]. 电工技术学报, 2012, (10): 270-276.

[8] 刘渝根, 滕永禧, 陈先禄, 等. 接地网导体状态的诊断方法[J]. 重庆大学学报, 2004, 27(2): 92-95.

[9] 杨虹, 刘国强, 张来福, 等. 电力系统接地网缺陷诊断方法及发展趋势[J]. 电工电能新技术, 2016, 35(10): 35-42.

[10] Hu J, Hu J, Lan D, et al. Corrosion evaluation of the grounding grid in transformer substation using electrical impedance tomography technology[J]. The 43rd Annual Conference of the IEEE Industrial Electronics Society, 2017: 5033-5038.

[11] 肖磊石. 变电站接地网腐蚀诊断方法及其影响因素研究[D]. 重庆: 重庆大学, 2011.

[12] 倪云峰, 刘健, 王树奇, 等. 接地网导体腐蚀诊断原理及其应用[J]. 西安科技大学学报, 2008, (2): 318-322.

[13] 张电. 重庆220kV人和变电站接地网现场腐蚀优化诊断方法应用研究[J]. 重庆: 重庆大学, 2008.

[14] 祝郦伟, 沈晓明, 杨帆, 等. 基于正则化的接地网断开故障诊断方法[J]. 中国电力, 2016, 49(11): 31-35.

[15] He Y, Shao X, Hu J, et al. Corrosion condition detect of entire grounding system in a 500kV converting station using electrical impedance imaging method[J]. 2018 IEEE International Conference on High Voltage Engineering and Application(ICHVE), 2018: 1-4.

[16] 李星, 杨帆, 余晓, 等. 基于自诊断正则化的电阻抗成像逆问题研究[J]. 生物医学工程学杂志, 2018, 35(3): 460-467.

[17] Li X, Yang F, Ming J L, et al. Imaging the corrosion in grounding grid branch with inner-source electrical impedance tomography[J]. Energies, 2018, 11(7): 1739.

[18] Yang F, Dai F, Liu X, et al. Investigation on the magnetic bias current and electromagnetic force of power transformer in multi-layer soil area[J]. International Journal of Applied Electromagnetics and Mechanics, 2015, 47: 791-804.

[19] Liu K, Yang F, Wang X, et al. A novel resistance network node potential measurement method and application in grounding grids corrosion diagnosis[J]. Progress in Electromagnetic Research M, 2016, 52: 9-20.

[20] 徐桂芝, 王明时, 杨庆新, 等. 基于EIT技术颅内电阻抗特性分析[J]. 中国生物医学工程学报, 2005, (6): 705-708.

[21] 李星, 杨帆, 余晓, 等. 基于内源式电阻抗成像的接地网缺陷诊断逆问题研究[J]. 电工技术学报, 2019, (5): 902-909.

[22] 张瑞强, 何为, 李羿, 等. 基于正逆问题分析方法的变电站接地网研究综述[J]. 中国电机工程学报, 2014, (21): 3548-3560.

[23] 杨帆, 李星, 刘凯, 等. 一种基于内源式EIT的接地网腐蚀诊断方法[P]. 2019.

[24] 张瑞强. 变电站接地网接地性能及其故障诊断成像系统研究[D]. 重庆: 重庆大学, 2014.

[25] 傅初黎, 李洪芳, 熊向团. 不适定问题的迭代Tikhonov正则化方法[J]. 计算数学, 2006, (3): 237-246.

[26] 庄池杰, 曾嵘, 张波, 等. 高土壤电阻率地区变电站接地网设计思路[J]. 高电压技术, 2008, (5): 893-897.

[27] Qamar A, Yang F, Xu N, et al. Solution to the inverse problem regarding the location of substation's grounding grid by using the derivative method[J]. International Journal of Applied Electromagnetics and Mechanics, 2018, 56: 549-558.

[28] 代锋. 接地网的电阻抗成像系统与方法研究[D]. 重庆: 重庆大学, 2015.

[29] GB 50065—2011, 交流电气装置的接地设计规范[L]. 北京: 中国计划出版社, 2011.

[30] DL/T 1532—2016, 接地网腐蚀诊断技术导则[L]. 北京: 国家能源局, 2016.

[31] 陈敬友, 陈超, 吴迪, 等. 接地网腐蚀性评价方法与腐蚀速率预测[J]. 腐蚀与防护, 2021, (3): 64-67.

第 5 章
输电杆塔的腐蚀与防护

5.1
输电杆塔腐蚀概述

5.1.1 概述

输电杆塔是输电线路的重要的组成部分，起着支撑和架空电力导线的作用，保证电能安全可靠地输送到电网或用户。输电塔杆可以分为钢管塔和桁架塔，各种塔型均属空间桁架结构。桁架塔由角钢、连接钢板通过螺栓连接而成，也有一些部件如塔脚则由焊接方式构成一个组合件。根据杆塔结构的力学强度需要，杆塔所使用的金属材料一般为结构钢，螺栓材料为高强钢。

2020 年，全球电力塔架（电线杆）安装数量约为 1800 万座。随着我国经济的快速发展，用电需求的逐步增加，十多年来国内输电杆塔的使用量也在逐渐增加，国家电网公司每年投产 220kV 及以上的输电线路在 3 万～4 万千米以上，输电杆塔年均需求钢材 40 万吨左右。由于长距离、大容量电力传输的需要，电压等级不断升级，以 1000kV 交流、±800kV 直流和±1100kV 直流的特高压线路为骨干网的线路正在建设中，输电杆塔也在向大型化、钢结构化、规模化方向发展。由于处于野外环境中，杆塔受风吹雨淋或者大气腐蚀容易锈蚀，其本体运行强度将大大下降，运行寿命严重缩短，对系统安全运行造成重大隐患[1]。同时，随着全球气候的逐渐恶化和工业快速发展造成的工业污染，以及空气中 CO_2、SO_2 等的降尘与降水，暴露在大气中的电网设备和构件材料表面形成电解液而发生腐蚀。

以某条 500kV 输电线路为例[2]，在设计线路时接地网采用直径为 10mm 的圆钢。经多年服役运行后，接地网腐蚀严重，大部分钢筋腐蚀后直径不足 6mm，少数圆钢腐蚀后直径只剩 3mm，甚至有的钢筋已经腐蚀断开，导致接地网几乎失去作用。又如，2009 年山东烟台龙沈等多条输电网线路出现严重的架空导线腐蚀断股和杆塔构件腐蚀断裂，导致大面积电网线路的更换。沿海地区如广州等，气候潮湿，空气中含盐量大，严重影响了输配电系统设施的长期运行。当腐蚀对构件材料性能的削弱积累到一定程度，或出现冰雪、台风等极端恶劣的天气时，将可能导致输配电设备及构件的突发性失效，极大地影响输电线路的安全运行。图 5-1 给出了因腐蚀破坏而发生倒塌的输电杆塔。输电杆塔的自然环境腐蚀是缓慢自发进行的不可逆过程，是导致杆塔关键部件材料在长期正常运行条件下失效的主要原因之一，对输电杆塔进行腐蚀防护是非常重要且必要的。

图 5-1　输电杆塔倒塌实物图

5.1.2　南方冰雪灾害导致输电杆塔破坏情况

2008 年，我国南方冰雪灾害导致输电线路大面积倒塔、断线，造成了严重的破坏。从现场踏勘及调查得知，杆塔首先破坏，然后导致其他元件（导线、地线、绝缘子、金具）的破坏，这些输电线路的破坏造成了极大的损失，而且杆塔倒塌后不易修复。冰雪灾害导致杆塔的受损情况统计结果见表 5-1。从表中可以看到，各电压等级的输电线路均有破坏。杆塔倒塌和受损的数量，随电压等级的降低呈增多趋势。

表 5-1　2008 年电网冰雪灾害杆塔受损情况统计结果

电压等级/kV	倒杆塔/基	受损杆塔/基	电压等级/kV	倒杆塔/基	受损杆塔/基
500	506	142	35	2305	1041
220	821	239	10	166371	10503
110	1788	421			

以 500kV 输电线路为重点，按杆塔功能统计，在 500kV 输电线路 506 基倒塔中，直线塔占 453 基，转角塔占 53 基，如图 5-2 所示，直线塔倒塔较多。造成这种破坏现象的原因是我国输电线路元件强度的设计理念为：直线塔的设计强度最弱，其次为导线、地线，然后是绝缘子和金具，最后是基础[4-5]。

目前，输电杆塔材料主要是选用镀锌钢（Q345）。杆塔锈蚀后维护方式为刷油漆，常用油漆为冷涂锌漆，油漆的防锈蚀寿命为 2~3 年，维护频繁，且工程量大。输电杆塔建设的时间不同，不同时期输电杆塔加工工艺、安装和防腐维护水平的差异，致使输电杆塔的锈蚀情况也呈现出差异。

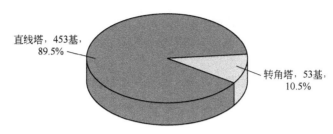

图 5-2　500kV 输电线路倒塔统计图

输电杆塔接地装置主要由接地通道和接地网组成，如图 5-3 和图 5-4 所示。

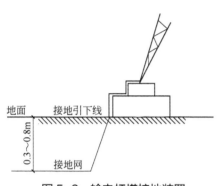

图 5-3　输电杆塔接地装置

图 5-4　输电杆塔基座与接地引下线

5.2
输电杆塔腐蚀分类

5.2.1　按腐蚀部位分类

按照腐蚀部位的不同，杆塔腐蚀自上而下分为 3 类：导线、地线腐蚀；杆塔本体腐蚀；杆塔基础腐蚀。

（1）导线、地线腐蚀　输电线路使用的导线、地线通常为钢芯铝绞线和钢绞线，导线、地线腐蚀是由于其中的金属元素与大气中的水分、腐蚀性气体以及盐类构成的电解质溶液在导线、地线表面构成原电池，通过氧化还原反应发生的腐蚀。

（2）杆塔本体腐蚀　常用的角钢塔和钢管杆主要由碳钢所制，钢材中的杂质与大气、水分接触同样构成原电池。在腐蚀微电池长久作用下，加上风吹日晒、绝缘层老化，加速了杆塔本体腐蚀。

（3）杆塔基础腐蚀　杆塔基础长埋于地下，与土壤直接接触，其腐蚀主要受土壤土质、土壤 pH 值以及地下水等影响。基础部分属于地下隐蔽工程，发生腐蚀后，在日常运维工作中很难被发现。

输电杆塔构件腐蚀对线路运维影响不同，其中杆塔本体作为直接承载导地线、金具、绝缘子的主体，一旦发生大面积腐蚀或局部严重腐蚀，极易造成严重安全隐患。

5.2.2　按腐蚀介质分类

按引起输电杆塔腐蚀的介质不同，主要可分为大气腐蚀、水腐蚀和土壤腐蚀。

（1）大气腐蚀　大气腐蚀主要是材料受大气中所含的水分、氧气和腐蚀性介质（包括 NaCl、CO_2、SO_2、烟尘、表面沉积物）的联合作用而引起的破坏。

（2）水腐蚀　水腐蚀一般指自然界中存在的水（如海水、江河水、雨水、地下水等）对金属构件和设备产生的腐蚀作用，这些水大部分为近中性介质，其腐蚀过程的去极化剂为溶解氧，在某些受污染的或含有 H_2S 的水介质中，还会发生氧化还原的过程。在水介质中，除了发生一般的电化学腐蚀外，某些条件下（如厌氧环境）也会发生微生物腐蚀，微生物主要为真菌、藻类和细菌，一般真菌和藻类并不直接引起金属的腐蚀，但它们的分泌物或沉积物下金属表面则常发生腐蚀。细菌主要指产黏泥细菌、铁沉积细菌、产硫化物细菌和产酸细菌，它们引起的金属腐蚀速率较大，除了钛合金具有耐微生物腐蚀能力外，其他合金几乎都有发生微生物腐蚀的实例。水腐蚀的影响因素较多，主要有溶解氧、电导率、pH 值、水质及流速、温度等。

（3）土壤腐蚀　土壤腐蚀指土壤的不同组成部分和性质对材料的腐蚀。由于土壤是一个由气、液、固三相物质构成的复杂系统，其中还存在着若干数量不等的土壤微生物，其新陈代谢也会对材料产生腐蚀。如果把气候、地区分布考虑进去，那么，即使是同一种土壤，腐蚀性也是不同的。由此可见，土壤腐蚀性的研究是一个非常复杂的问题。接地装置中，接地引下线的腐蚀主要是大气腐蚀，而接地网的腐蚀主要是土壤腐蚀。而接地引下线进入土壤的部分，既有大气腐蚀的环境，又有土壤腐蚀的环境。

接地网在不同土壤中的腐蚀速率相差悬殊。碳钢接地网腐蚀速率首先取决于周围土壤的性质，如土壤的电阻率、含水量、含盐量、酸碱度及氧化还原电位等。而这些影响因素也是相互联系、共同作用的。

土壤电阻率是土壤介质导电能力的体现，常用作土壤腐蚀性评价的基本参数。土壤电阻率会受其他理化性能（如含水率、酸碱度、土壤质地、松紧度、有机物含量等）影响。土壤的腐蚀程度常用土壤电阻率来进行区分，大多数情况下，土壤电阻率越低，其腐蚀性越强。

水分使土壤具有电解质特征，这是形成电化学腐蚀的必要条件。另外，土壤的含水量会在一定程度上影响土壤的透气性和导电性，因此，土壤含水量对金属的腐蚀速率有着很大的影响。当土壤含水量很高时，即饱和度大于 95%，氧的扩散渗透受到阻碍，导致土壤含氧量较低，金属腐蚀缓慢；随着含水量减少，饱和度降为 90%～10%，土壤含氧量有所增加，吸氧腐蚀变得容易，腐蚀加快；当饱和度降到 10% 以下，由于水分短缺，阳极极化和土壤电阻加大，腐蚀速率又会急速降低。

土壤含盐量对土壤电阻率影响较大，同时也影响氧在土壤中的溶解度。土壤中的主要离子有 Ca^{2+}、Mg^{2+}、K^+、Na^+、Cl^-、SO_4^{2-} 和 CO_3^{2-} 等。其中，Ca^{2+}、Mg^{2+}在中性或碱性条件下易反应生成不溶性的氧化物和碳酸盐，在金属表面形成保护层，抑制金属的腐蚀；而 Cl^-、SO_4^{2-} 的存在则会破坏金属表面的保护性氧化膜，从而促进金属的腐蚀。

土壤的酸碱度指的是土壤的 pH 值，土壤中的 H^+ 浓度会影响金属的电极电位。通常认为 pH<5 的土壤是腐蚀性土壤；而 pH 值在 5～9 范围内时，pH 值不是影响腐蚀速率的主要因素。

5.3
输电杆塔腐蚀机理与影响因素

5.3.1　杆塔腐蚀影响因素

根据杆塔所处环境，杆塔腐蚀的主要原因有杆塔高度、土壤性质、生产质量问题、大气环境。

（1）杆塔高度　对于输电杆塔，不同高度，大气腐蚀程度也不同。研究表明：地表的腐蚀最严重，在 1～9m 高度内腐蚀率有明显下降，9～25m 高度内腐蚀率的下降幅度很小，说明随高度增加大气腐蚀的影响逐渐减弱。

（2）土壤性质　考察杆塔所处区域的土壤性质，对腐蚀防护也有重要意义。有些杆塔的接地装置在建成初期是合格的，但经一定的运行周期后，由于接地体的腐蚀，使其与周围土壤的接地电阻变大，特别是在山区酸性土壤中，接地体的腐蚀相当快，焊接头处因腐蚀断裂会造成一部分接地体脱离接地装置。因此，有以下几点需要注意[3]。

一方面，在杆塔建设前，应评价所处区域土壤腐蚀性。然而，目前尚未有相关标准涉及杆塔建设时对土壤腐蚀性评价的问题。在 GB 50021—2001《岩土工程勘察规范》中按地层渗透性水和土对混凝土结构的腐蚀性进行了评价，主要评价指标有 pH 值、侵蚀性（CO_2）等。在杆塔建设相关标准中，增加类似土壤腐蚀性评价是必要的。另一方面，针对位于易腐蚀土壤区域的杆塔，已经发生腐蚀的，应采取措施避免塔身与土壤直接接触。值得注意的是，有案例显示部分增加了基础保护帽的塔腿，在塔腿与保护帽顶端连接部位，往往发生严重的腐蚀，如图 5-5 所示，这与保护帽顶端排水性能、保护帽浇筑工艺、保护帽材质都有关联[4]。

（3）生产质量问题　高压输电线路杆塔结构在生产过程中或出厂前表面镀锌时常见的质量问题有：

① 金属构件本身问题，包括飞边、皱纹、泡疤、渣滓麻点、伤痕、变色和白锈等；

② 镀锌工艺及技术不当导致的未镀上锌、无金属光泽等。

杆塔结构的上述问题一般在出厂前通过一定的技术手段已经消除。

（4）大气环境　我国幅员辽阔，各地气候差异巨大，大气腐蚀环境复杂多变，服役于自然环境中的输电杆塔由于与周围环境发生作用而导致失效破坏，严重影响了输电网络的正常运行[5]。因此，应该根据不同区域杆塔在大气环境中的腐蚀性差异，进行区别对待。传统的大气腐蚀性分类方法是根据环境分类的，如工业大气、海洋大气、乡村大气、城市大气等。由于工业大气腐蚀性气体较多，海洋（滨海）大气湿度大等原因，杆塔腐蚀严重，将在后面详细讲解，本节只介绍乡村大气和城市大气对杆塔的腐蚀。

图 5-5　保护帽拆除后的腐蚀照片

以北京某运行 20 年左右的、位于三环路附近的 220kV 线路铁塔与近郊区某新建的、位于河道、农田、高速公路与城镇附近的 220kV 线路铁塔为例[6]，对这几处铁塔的镀锌层状况进行观测，结果表明城区和公路附近的铁塔腐蚀情况明显比河道、农田区域的铁塔严重，说明大气污染物对输电铁塔的腐蚀有显著影响。在空气湿度小或比较洁净的城市或乡村地区，钢材腐蚀轻。如北京西郊，气候干燥、湿度较小，钢材表面形成液膜的时间长，而且大气污染物较少，大气腐蚀性较温和，输变电钢构架腐蚀较轻，腐蚀速率小，在该地区，低碳钢、低合金钢和耐候钢的耐腐蚀性能差异不大。虽然乡村大气环境优良，但部分乡村的铁塔存在总体服役环境较差、排涝不良、土壤接触面积大等问题。如图 5-6 所示，在雨水丰富的夏季过后，很多地处乡村的铁塔，有 10～50cm 的塔腿浸泡在水中，有些持续数月，加快了水气界面处塔腿的腐蚀速率。另外，塔腿被土壤和草丛覆盖，也将加剧腐蚀。

(a) 塔腿浸泡在水中(1)　　　　　　　　(b) 塔腿浸泡在水中(2)

(c) 塔腿处于杂草中(1)　　　　　　　　(d) 塔腿处于杂草中(2)

图 5-6　服役环境恶劣的铁塔

5.3.2　杆塔腐蚀机理

在我国，接地网所用材质主要为普通碳钢（扁钢、圆钢）。由于接地网长期在地下运行，服役环境十分恶劣，极易发生腐蚀。本节只讨论土壤腐蚀，按机理分为电化学腐蚀和化学腐蚀，主要是电化学腐蚀。埋设在土壤中的碳钢表面因腐蚀介质的理化性质不同而形成不同的电极电位，这种电位差通过土壤介质构成回路，形成腐蚀原电池，从而引发电化学腐蚀反应。

碳钢在土壤中的电化学腐蚀阴极过程主要为氧的去极化作用：

$$O_2+2H_2O+4e^- \longrightarrow 4OH^- \tag{5-1}$$

碳钢在土壤中的电化学腐蚀阳极过程是碳钢溶解并释放出电子：

$$Fe \longrightarrow Fe^{2+}+2e^- \tag{5-2}$$

在中性或碱性土壤中，Fe^{2+} 则与 OH^- 反应生成 $Fe(OH)_2$。$Fe(OH)_2$ 在氧和水的作用下生成溶解度更小的 $Fe(OH)_3$。如下所示：

$$Fe^{2+}+2OH^- \longrightarrow Fe(OH)_2 \tag{5-3}$$

不稳定的 $Fe(OH)_3$ 将进一步转变为稳定的 $FeOOH$ 或 Fe_2O_3。如下所示：

$$Fe(OH)_3 \longrightarrow FeOOH+H_2O \tag{5-4}$$

$$2Fe(OH)_3 \longrightarrow Fe_2O_3+3H_2O \tag{5-5}$$

当土壤中有 S^{2-}、HCO_3^-、CO_3^{2-} 存在时，Fe^{2+} 将与其发生反应生成不溶性腐蚀产物 FeS 或 $FeCO_3$。如下所示：

$$Fe^{2+}+S^{2-} \longrightarrow FeS \tag{5-6}$$

$$Fe^{2+}+ CO_3^{2-} \longrightarrow FeCO_3 \tag{5-7}$$

碳钢接地网在土壤环境中的腐蚀产物主要为铁的氧化物、氢氧化物以及铁离子与土壤中的其他阴离子反应生成的不溶性物质。FeOOH 和 Fe_2O_3 形成一种紧密层，随着时间增加会阻碍阳极过程发展，导致腐蚀速率下降；而其他腐蚀产物与基体之间的结合力差，且比较疏松，对碳钢基体几乎没有保护作用。

5.3.3 杆塔防腐的相关标准

现行标准、规定中，涉及杆塔防腐要求的有 20 项，其中国家标准 9 项、行业标准 6 项、企业标准和规定 5 项。从部件角度划分，针对镀锌和涂装的标准和规定有 14 项，主要规定了在结构件表面热喷涂锌、铝及其他涂层的技术要求、试验方法等。

特别是在 GB/T 19355.1—2016《锌覆盖层 钢铁结构防腐蚀的指南和建议 第 1 部分：设计与防腐蚀的基本原则》、DL/T 1424—2015《电网金属技术监督规程》中，对暴露在不同使用环境中的结构件所使用的防腐蚀方法提出了规定和建议，给出了在役金属部件的腐蚀防护或修复方法，对电网杆塔腐蚀防护具有指导意义。针对杆塔母材的标准有 3 项， DL/T 1425—2015《变电站金属材料腐蚀防护技术导则》规定了变电站金属材料的防腐蚀设计、制造及安装质量检验等防腐蚀技术要求。

针对腐蚀评价、更换与修复的标准和规定有 3 项，其中没有国家标准和行业标准，主要是 Q/GDW 173—2008《架空输电线路状态评价导则》规定了杆塔钢管塔材锈蚀情况的状态评价分级。

5.4
工业大气中杆塔的腐蚀与防护

5.4.1 输电杆塔大气腐蚀概述

影响工业大气中杆塔腐蚀的因素有很多，主要包括气候条件、大气中的腐蚀性组分、杆塔表面因素 3 类。气候条件包括相对湿度、表面湿润时间、日照时间、气温、降雨、风向与风速、降尘等。大气中的腐蚀性组分主要以干、湿沉降两种形式传输到材料表面，这也导致材料表面存在与大气同样的化学组分，主要包括 CO_2、O_3、NH_3、NO_x、H_2S、SO_2、氯化物、有机酸、气溶胶颗粒等。

在大气环境中，潮湿的工业污染大气腐蚀活性最大，其中 SO_2 被认为是工业污染环境中最具腐蚀性的气体。SO_2 分子极性强且易溶于水，使得它能够快速地溶解在钢材表面的薄液膜中，使液层的 pH 值降低，增加钢材的腐蚀速率。在对碳钢在工业污染大气中的腐蚀行为的研究中发现，SO_2 是关键因素，不同浓度的 SO_2 将导致不同的腐蚀行为。

在 SO_2 浓度一定的情况下，环境湿度越高，锌层腐蚀越快；环境温度越高，锌层腐蚀越快。由于杆塔材质主要是镀锌钢，在该工业大气环境中，杆塔表面腐蚀严重。

以贵州地区的大气腐蚀为例。贵州地区是我国主要的矿产资源基地，省内矿产企业较多，导致工业大气污染较为严重，成为了我国酸雨污染的典型区域。酸雨大气环境特点主要是雨水 pH 值低于 5.6，呈酸性，大气中 SO_2 含量偏高。据资料报道，以贵阳为例，降水酸度年平均 pH 值为 4.2 左右，冬季的雨水 pH 值一般在 4.0 以下，SO_4^{2-} 占阴离子总量的 70%～90%，属典型硫酸型酸雨，是全国大气环境受 SO_2 污染最严重的城市之一。原中科院金属腐蚀与防护研究所对贵州酸雨大气对金属腐蚀的影响开展的研究表明，在我国酸雨地区（川、黔、渝）无论是酸性湿沉积还是酸性干沉积，都比内陆其他城市高出许多，这种工业大气污染必对杆塔腐蚀与破坏带来很大影响。贵州东部城市铜仁、中部城市贵阳、西部城市六盘水等 3 个具有典型气候特征的地区的具体情况如表 5-2 所示[7]。除此之外，某些地区年平均温度高、湿度大，又由于工矿企业多（如湖南株洲），导致大气中 SO_2 含量较高，引起严重的输电杆塔腐蚀。

表 5-2　三个典型地区气候特点

地点	大气特点	位置	年平均气温/℃	平均海拔/m
铜仁	工业大气	贵州东部	17	500
贵阳	工业大气、城市废气	贵州中部	15.3	1100
六盘水	工业大气	贵州西部	13	1700

5.4.2　工业大气中杆塔腐蚀机理

工业发展造成的环境污染，使大气中含有一定的 SO_2 成分，会造成输电杆塔的锈蚀。一部分 SO_2 在高空中能直接氧化成 SO_3 并溶于水生成 H_2SO_4，另一部分 SO_2 被吸附在金属表面上与铁起作用生成易溶的 $FeSO_4$。$FeSO_4$ 会进一步氧化并由于水解作用变成 H_2SO_4 后侵蚀铁变成 $Fe_2O_3 \cdot H_2O$。

SO_2 引起锌镀层腐蚀的主要作用有两个：其一，易形成水溶性硫酸盐，为腐蚀的发生提供电解液；其二，与锌的氧化保护膜反应，加速镀锌层的腐蚀溶解。反应式如下：

$$2Zn+O_2 \longrightarrow 2ZnO \tag{5-8}$$

$$ZnO+H_2O \longrightarrow Zn(OH)_2 \tag{5-9}$$

$$2Zn(OH)_2+CO_2 \longrightarrow Zn_2(OH)_2CO_3+H_2O \tag{5-10}$$

$$Zn_2(OH)_2CO_3+2SO_2+O_2 \longrightarrow 2ZnSO_4+H_2O+CO_2\uparrow \tag{5-11}$$

首先镀锌层与空气中的氧反应生成氧化膜，然后锌氧化膜与空气中的水反应生成氢氧化物（白锈）；锌的氢氧化物与空气中的二氧化碳进一步反应生成碱式碳酸锌，该物质属于微溶物质，且较致密，减缓了腐蚀，起到了腐蚀防护作用。但由于二氧化硫等酸性气体的存在，与碱式碳酸锌生成可溶性的硫酸盐，破坏了镀锌层的保护膜。

腐蚀的发生是由点及面的，一旦出现锈蚀产物，将更容易吸收水分，形成有利于腐蚀的电解液环境，如此构成了恶性循环。金属构件上的镀锌层如果存在热镀缺陷，或者在运输安装过程中碰撞摩擦而损坏，又没有及时进行修补，将成为腐蚀源，引起周围部位的腐蚀。

镀锌层损坏处和杆塔材料边角部位是腐蚀起源点。杆塔材料边角部位一方面镀锌层易坏，另一方面涂层由于应力收缩在此处最薄弱，而且容易吸湿，水分滞留时间较长，腐蚀的环境条件更充分。边角越锐利，上述缺陷越明显。

5.4.3 工业大气中杆塔防护方法

针对工业大气中的输电杆塔的腐蚀，防护方法主要包括热镀锌、涂料覆盖等，同时还应加强腐蚀运维管控。

5.4.3.1 换用耐蚀材质

对于螺栓等小部件的腐蚀，可以换用更耐蚀的材质。输电杆塔地脚螺栓通常选用 Q235、Q345、35 碳素钢、45 碳素钢等碳钢作为螺栓主体材料，存在易断、焊接困难、抗腐蚀性较弱等问题。在某些特殊应用情况下，可以采用在钢中添加铬元素以及钼元素的 40Cr、42CrMo 合金钢。钢中添加铬元素后将使合金钢内部钝化以提升抗腐蚀能力，加入钼能促使钢表面钝化，增强合金钢材料的抗点腐蚀和缝隙腐蚀的能力。在部分对地脚螺栓强度及混凝土裹握力要求不高，但对抗腐蚀性要求较高的情况下，可以用耐腐蚀性更强的镁铝合金和铜质金属进行地脚螺栓材质改良，但此类螺栓适用范围较小，加工周期长，因此在进行螺栓材质选择时应综合考虑各方面因素确定。

5.4.3.2 热镀锌技术

（1）热镀锌防腐的基本原理 输电杆塔的防腐主要采用热镀锌技术。热镀锌是将纯锌作为镀层材料对杆塔进行热浸镀。锌的电极电位比铁更负，可以作为钢铁材料的阳极，在电解质条件下，锌会不断溶解，产生的电流对被保护的钢铁进行阴极极化，使钢铁得到保护。反应方程式如下所示。

阳极： $$Zn-2e^- \longrightarrow Zn^{2+}$$ (5-12)

阴极： $$2H_2O+O_2 \longrightarrow 4OH^-+4e^-$$ (5-13)

总反应： $$2Zn+2H_2O+O_2 \longrightarrow 2Zn(OH)_2$$ (5-14)

反应生成的 $Zn(OH)_2$ 很容易与空气中的 CO_2 反应生成 $ZnCO_3$。同时，由于 Zn 比铁活泼，即使在干燥的大气中也能与氧气发生反应生成 ZnO。因此，钢铁表面的镀锌层受到腐蚀后，生成的氧化皮主要由 $Zn(OH)_2$、$ZnCO_3$ 和 ZnO 组成。由于腐蚀产物膜很致密，反应速率很慢，也就是说总体的耐腐蚀性能大大提高。此外，镀锌板在整个使用寿命周期内，首先发生的腐蚀是表面镀锌层的氧化，生成"白锈"。时间稍长以后，表面的"白锈"进一步在潮湿的空气中与 CO_2 等杂质气体反应，生成"黑斑"。当镀锌板使用了较长时间，镀锌层腐蚀较严重以后，钢基体失去了 Zn 的"牺牲防腐"的作用，便开始氧化，生成"红锈"。一旦钢基体开始氧化，腐蚀速率就变得很快。

（2）热镀锌产品的主要质量标准　有关热镀锌的国家标准（GB/T 2694—2018）规定，热镀锌件的锌层质量应符合下列质量标准[8]：

① 外观　镀锌层表面应连续完整，并具有实用性，光滑，不得有过酸洗、漏镀、结瘤、积锌和锐点等在使用上有害的缺陷。镀锌颜色一般呈灰色或暗灰色。

② 锌层附着量　当铁件厚≤5mm 时，附着量不少于 460g/m²，即锌层厚度应不少于 65μm；当铁件厚度 > 5 mm时，附着量不少于 610g/m²，即锌层厚度应不少于 86μm。

③ 镀锌层均匀性　镀锌层应均匀，做硫酸铜试验，耐浸蚀次数不少于四次而不露铁。

④ 镀锌层附着性　用锤击试验装置，经落锤试验镀锌层不凸起、不剥离。

（3）热镀锌输电杆塔的运行寿命　新的输电杆塔通常采用热镀锌的方法来进行防腐，在内陆空气干燥、纯净或腐蚀不严重的环境中，热镀锌可以起到很好的防护作用，防护时间可达几年甚至十几年。但是,在重污染的工业区或尾气排放量较高的市区，由于二氧化硫浓度高，在潮湿的环境中可与锌发生反应生成可溶锌。生成可溶锌后，锌层便失去了它的防护作用，而且二氧化硫污染越重，锌层腐蚀越严重。日本热镀锌协会经过 10 年热镀锌大气试验，得到热镀锌的耐用年限如表 5-3 所示。

表 5-3　热镀锌的耐用年限

锌附着量/（g·m⁻²）	年腐蚀量（g·m⁻²）及耐用年限			
	重工业区	海滨	郊外	城市
400	40.1/9	10.8/33	5.4/67	17.5/21
500	40.6/11	10.9/41	5.2/86	17.7/25
600	40.1/13	10.8/50	5.2/104	17.7/30
600（无金属光泽）	18.1/30	11.5/104	5.2/104	17.5/31

注：估计的耐用年限是镀锌层消耗到 90%的时间。

现行的架空线路的标准要求输变电设备构架建设必须采用热镀锌钢材，其锌层厚度不得少于 50μm。资料显示，一些国家要求热镀锌层使用寿命超过 20 年，但比如我国贵州等地区，由于气候和地域环境相对复杂，材料和施工安装质量存在一定缺陷，普遍使用寿命只能达到 8～15 年，并且在线路运行过程中还存在较高的维护和管理成本。

输电杆塔理论的设计寿命一般为 30～40 年，热镀锌层的防腐寿命约 30 年，全寿命周期内输电杆塔最多进行 1 次防腐处理即可。而实际调研情况如表 5-3 所示，由于材料本身的质量降低以及户外大气污染及酸雨侵蚀的双重因素影响下，实际输电杆塔寿命已不足 30 年，而且传统热镀锌层的寿命也仅能维持 10～15 年，全寿命周期内输电杆塔需做 4～6 次防腐维护，运行维护成本明显提高。

这是由于纯锌镀层表面的腐蚀产物为氧化锌，氧化锌为疏松多孔结构，易从镀层表面脱落，导致镀层很快失效，极大地缩短了其防腐寿命。受复杂大气环境及自身工艺缺陷的影响，仍会出现不同程度的腐蚀，达不到其应有的使用寿命。此外，由于镀锌层不耐酸侵蚀，酸雨环境和工业污秽环境可使其腐蚀速率加快 1～3 倍，从而达不到预期的使用寿命，并在运行周期内需频繁地进行维护，否则会存在倒塔的隐患。表 5-4 给出了杆塔全寿命周期内输电杆塔防腐维护情况。

表 5-4　杆塔全寿命周期内防腐维护情况分析

项目	输电杆塔设计寿命/年	热镀锌层寿命/年	首次开始防腐的年限/年	防腐涂料寿命/年	全周期内防腐次数/次
理论预期	30～40	30	30	10	0～1
实际结果	<30	10～15	10～15	5	4～6

5.4.3.3　涂料覆盖

（1）涂料的防腐作用　涂刷防腐蚀涂料能够使金属与水、大气隔离，同时涂料中可作为阳极的金属粉也可以在构件表面形成覆盖层，起到阴极保护作用。且涂覆涂料具有成本低、施工工艺简单等优点，因此成为杆塔防护的主要手段之一。涂料的防腐蚀作用主要包括以下内容[9]：

① 屏蔽作用。防腐涂料可以阻止或抑制水、氧和离子透过漆膜，使得腐蚀介质与金属隔离，从而防止形成腐蚀电池或抑制其活动。

② 阴极保护作用。在涂料中含有大量的阳极金属粉，可在金属基体上形成覆盖层，这是防腐涂料保护金属免遭腐蚀、延长使用寿命的主要原因。

③ 漆膜的电阻效应。在腐蚀电池的回路中，人们无法阻止金属内部电子从阳极向阴极流动，但是绝缘良好的漆膜却可以抑制溶液中阳极金属离子的溶出和阴极的放电现象。

④ 颜料的缓蚀作用和钝化作用。

普通涂料体系，耐腐蚀性能差，防护时间只有 2～3 年。随着输电铁塔防腐技术的发展，重防腐涂料体系逐渐应用于输电杆塔防护。重防腐涂料体系是指在恶劣腐蚀环境中具有长效防护作用的一类高性能涂层，通常是由底漆、中间漆、面漆组成，漆膜厚度在 200μm 以上，三者构成的涂层发挥总体效果，防护时间可达 15 年以上。

（2）涂装技术　涂刷涂料前首先要对腐蚀部位进行除锈，常用的除锈方法有人员手工除锈和酸洗除锈。手工除锈由作业人员手持钢刷在杆塔上对锈蚀部位进行打磨处理；酸洗除锈则是在锈蚀部位擦拭或者喷涂酸性溶剂，利用强酸的腐蚀性溶解锈渍。除锈后在腐蚀构件上刷底漆、中间漆和面漆 3 层防腐蚀漆。底漆常用具有较强附着力的富锌涂料，起到将漆面与杆塔隔离的作用；中间漆是过渡层，起到抗渗透、缓腐蚀的作用；面漆常用环氧树脂、聚氨酯类化合物，能够长时间抵抗各类腐蚀。涂刷防腐蚀涂料容易受到检修、技改时间节点的限制，且容易出现过防、漏防现象，不具备针对性。

以下将以贵州地区的涂料使用为例[10]，介绍传统防腐涂料与涂装技术和高性能带锈防腐涂料与涂装技术。

贵州地区输电杆塔一般处于户外大气环境中，存在高度高、构件排布复杂、难以维护与管理等问题，防腐处理的方式较为单一。多方走访调研表明，贵州地区输电杆塔的防腐维护主要采用涂刷防腐涂料的方式，现有的防腐涂装技术分为传统输电杆塔防腐涂料与涂装技术和高性能带锈防腐涂料与涂装技术。

目前，输电杆塔用的传统防腐涂料一般分为底漆和面漆两种，底漆大多采用无机锌底漆与环氧富锌底漆，部分采用银粉漆；面漆大多采用耐候型面漆，主要成分为醇酸树脂、聚氯化乙酰树脂、丙烯酸树脂、丙烯酸聚氨酯树脂及氟碳树脂，颜色以浅灰或中灰为主。任振兴[11]采用化学聚合法制备了盐酸掺杂的聚苯胺（PANI-Cl）和木质素磺酸掺杂的聚苯胺（PANI-LGS），并采用循环伏安法在碳钢电极上聚合聚苯胺涂层，其防腐效果较好。

传统防腐涂装工艺一般采用人工除锈方式进行，按照 GB/T 8923.1—2011 标准要求，钢构件除锈等级应达到 St25 以上，采用涂刷两道防腐底漆和两道面漆。经正确有效的防腐涂装后，防腐涂料的防腐年限一般在 5～10 年，输电杆塔全寿命周期内一般需要进行多次防腐涂装。

该高性能带锈防腐涂料与涂装技术来源于贵州电网有限公司输电运行检修分公司 2014 年科技项目"输电杆塔用高性能带锈防腐涂料应用技术研究"的科技成果。高性能带锈防腐涂料包括原位带锈处理液、纳米低表面处理底漆、带锈防腐面漆及高分子专用稀释剂。其防腐涂装工艺为：先试用原位带锈处理液，再涂装一遍纳米低表面处理底漆，再涂装两遍带锈防腐面漆。带锈防腐涂装技术相比传统防腐涂装技术，无须人工除锈打磨，只需要除去表面松散的锈层，并用带锈处理液代替了一道底漆涂装过程，能解决杆塔锈蚀严重和人工除锈困难、防腐涂装效果差的问题，再通过配套性能优异的防腐涂料，可延长输电杆塔防腐涂层的寿命 3～5 年。经实际测算，采用带锈防腐涂装技术相比传统防腐涂装技术而言，每吨塔材的防腐成本可降低约 30%，平均缩短单基杆塔施工时间超过 1/3，提升 1 倍的运行周期，降低了施工和运行维护与管理成本。杆塔全寿命周期内不同防腐方式的成本分析如表 5-5 所示。

表 5-5　杆塔全寿命周期内不同防腐方式的成本分析

防腐方式	单次防腐费用/（元/吨塔材）	全寿命周期内防腐次数/次	防腐维护费用/（元/吨塔材）
传统防腐涂装	1600～1800	4～6	6400～9600
高性能带锈防腐涂装	1500	3	4500

5.4.3.4　加强腐蚀运维管控

（1）严控杆塔防腐蚀验收　现阶段杆塔验收侧重点往往在本体、金具是否有缺陷，构件安装是否到位以及通道环境等，很少关注甚至忽略主材镀锌层防腐蚀检验。应该在杆塔组立前，增加主材表面检测环节，检查主材表面有无伤痕，查看镀锌层厚度，做镀锌层附着性抽检；检查镀锌层是否均匀，在主材构件连接部位是否因施工存在镀锌层破损。

（2）拟定杆塔防腐蚀等级　结合杆塔投运前的勘查，确定杆塔运行区段所在腐蚀区域等级。在设计阶段结合杆塔所处污染环境、污秽等级，对处在恶劣腐蚀环境中的杆塔提高防腐蚀标准；施工阶段，注意构件连接是否牢固，腐蚀易发部位防腐蚀措施是否落实到位；运行阶段结合状态巡视、诊断，密切监控杆塔运行环境的变化，动态更新区域防腐蚀等级，联动变更防腐蚀措施。

（3）加强防腐蚀运维管控　线路运维管理单位定期开展防腐蚀专项巡视，结合杆塔运行年限、运维环境、时段性特点等，重点关注新投运 10 年和距离上一次防腐蚀 10 年左右的杆塔。一旦发现某基杆塔锈蚀严重，立刻结合腐蚀区段性特点，检查附近全部杆塔，将防腐蚀工作作为大修、技改工程重要项目，列入年度检修计划，结合春检、秋检落实整改。

$$5.5$$

滨海大气中杆塔的腐蚀与防护

5.5.1 滨海大气中杆塔腐蚀概述

我国现有的输电杆塔大多采用钢结构，主要采用热镀锌方式作为其防腐蚀措施。在一般大气环境中，现有的输电杆塔能正常服役多年，基本满足输电杆塔的运行要求。然而，在沿海地区或者环境恶劣的工业区，其潮湿多盐的气象因素与严重的空气污染等环境因素将使输电杆塔的耐用年限明显缩短。根据统计，广东沿海地区全年相对湿度在75%左右，其中广州、汕尾、阳江等地相对湿度超过80%，各地的平均温度大多在21℃左右，日最大降水量平均在200mm左右。由于海水的蒸发，沿海地区具有大气相对湿度大且盐分含量高的特点。空气中有大量盐类颗粒，很容易黏附在金属表面，特别是NaCl、$MgCl_2$等氯化物具有很强的吸湿性，当降水量大或者湿度较大时容易使杆塔表面积水，并形成较厚的水膜，腐蚀速率会明显加快。

而且，沿海地区作为我国改革开放的门户地区，其经济发展速度快，居民人口和工业密集程度高。因此，该类地区的工业生产、城市交通和日常生活所造成的废气排放常常使其面临着严重的空气污染问题。根据统计，近年来广东各地SO_2的排放量均在0.015mg/m³以上，佛山地区的SO_2排放量最大，达到0.04mg/m³以上。

我国输电杆塔主材为16Mn，辅材为Q235，防腐蚀主要采用热镀锌方式。沿海地区潮湿多盐的气象因素与工业发展造成的空气污染等环境因素容易加速输电杆塔的腐蚀，从而明显缩短该类地区的输电杆塔的耐用年限。

以青岛沿海15km范围内的三条输电线路为例[12]（110kV珠开线、220kV琅珠线、110kV前南甲线），见图5-7，可以看出三条线路跨越档铁塔锈蚀情况各异，部分部位变为黑色，基本上都出现了腐蚀。

5.5.2 滨海大气杆塔腐蚀机理

热镀锌层腐蚀产物是形成于被腐蚀钢铁表面的固态物质，由于是处于钢铁与大气环境之间的一个物相层，腐蚀产物很大程度上影响了镀锌钢的腐蚀行为。由于镀锌钢所处大气腐蚀环境的不同，腐蚀产物在成分、结构、形貌和性能上不尽相同。已经得到确认的滨海大气中杆塔锌腐蚀产物的成分[13]包括ZnO、$Zn(OH)_2$、$ZnSO_4$、$ZnCO_3$、$Zn_5(CO_3)_2(OH)_6$、$Zn_4CO_3(OH)_6 \cdot H_2O$、$Zn_5(OH)_8Cl_2 \cdot H_2O$、$Zn_4SO_4(OH)_6 \cdot nH_2O$、$NaZn_4Cl(OH)_6SO_4 \cdot 6H_2O$等。

由于大气污染物及浓度、环境温度、季节性气候转变及降雨量、空气湿度等方面的不同，即使是同一类型的大气，也常常会形成不一样的腐蚀产物。许多锌的化合物能够形成于各种类型的大气中，但是，对于一个具体的大气环境仅有某一些化合物占主导地位。通常，氧化物、氢氧化物和碳酸盐是Zn的腐蚀产物中最常见的化合物。在沿海地区，碱式氯化锌$Zn_5(OH)_8Cl_2 \cdot H_2O$、氯代碱式硫酸锌钠$NaZn_4Cl(OH)_6SO_4 \cdot 6H_2O$是常见的化合物[18]。而且大气环境中所形成的腐蚀产物往往会随着时间而变化。

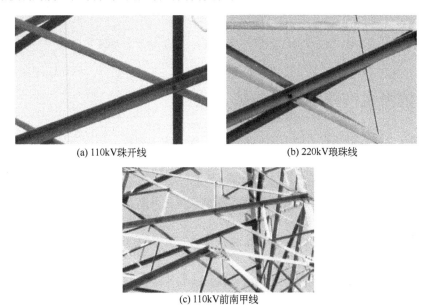

(a) 110kV珠开线　　　　　　　　(b) 220kV琅珠线

(c) 110kV前南甲线

图 5-7　沿海 110kV 珠开线、220kV 琅珠线、110kV 前南甲线杆塔腐蚀情况

Graedel 根据锌化合物组成的大气腐蚀产物的稳定性，提出了锌化合物形成反应[14]。过程中的第一步通常是形成氧化物和氢氧化物，随后碳酸锌在系统与空气中的 CO_2 达到平衡的过程中形成。在含有 SO_2 或 Cl^- 的环境中，可能会形成硫酸锌或氯化锌。反应式如下：

碱性碳酸锌：

$$Zn(OH)_2 + 4Zn^{2+} + 4OH^- + 2CO_3^{2-} \longrightarrow Zn_5(CO_3)_2(OH)_6 \tag{5-15}$$

碱性氯化锌：

$$Zn(OH)_2 + 4Zn^{2+} + 6OH^- + 2Cl^- \longrightarrow Zn_5(OH)_8Cl_2 \tag{5-16}$$

硫酸锌：

$$Zn^{2+} + SO_4^{2-} + xH_2O \longrightarrow Zn(SO_4) \cdot xH_2O \quad (x=4, 6, 7) \tag{5-17}$$

在外层锌腐蚀后，内层的铁将暴露并发生腐蚀。由于内层 Q345 中含有其他元素，各腐蚀电位不同，在潮湿的空气中形成铁碳原电池，发生阳极反应，与氧气和水一起形成氢氧化亚铁。氢氧化亚铁进一步被氧化为氢氧化铁，脱水形成锈蚀。反应式如下：

$$Fe - 2e^- \longrightarrow Fe^{2+} \tag{5-18}$$

$$2H_2O + O_2 + 4e^- \longrightarrow 4OH^- \tag{5-19}$$

$$Fe^{2+} + 2OH^- \longrightarrow Fe(OH)_2 \tag{5-20}$$

$$4Fe(OH)_2 + 2H_2O + O_2 \longrightarrow 4Fe(OH)_3 \tag{5-21}$$

$$2Fe(OH)_3 \longrightarrow Fe_2O_3 + 3H_2O \tag{5-22}$$

滨海大气中海风含有盐分，如果盐分沉积在杆塔上，将会增大表面液膜的导电作用，加速了锈蚀过程。其化学反应如下：

$$Fe - 2e^- + 2Cl^- \longrightarrow FeCl_2 \tag{5-23}$$

$$2H_2O+4Na^++O_2+4e^- \longrightarrow 4NaOH \tag{5-24}$$

$$4FeCl_2+8NaOH+O_2 \longrightarrow 2Fe_2O_3+4H_2O+8NaCl \tag{5-25}$$

5.5.3　滨海大气杆塔腐蚀防护方法

滨海大气中杆塔腐蚀的防护手段主要有热镀锌、喷涂涂料。热镀锌是将除锈后的金属构件表面镀上一层锌层（也是牺牲阳极的阴极保护），从而起到防腐蚀的目的，在前文已有叙述，本节不做赘述，本节侧重于涂料和喷涂工艺的选择。

根据 GB/T 2694—2018《输电线路铁塔制造技术条件》要求，在修复镀锌层有损伤的塔材时，需做到以下标准：

① 修复的总漏镀面积不应超过每个镀件总表面积的 0.5%，每个修复漏镀面不应超过 10cm^2，漏镀面积过大应返镀；

② 修复的方法可以采用热喷涂锌或涂富锌涂层；

③ 修复层的厚度应比镀锌层要求的最小厚度厚 30μm。

然而沿海地区空气潮湿、富盐易腐蚀，此类区域的杆塔防腐工作的修复塔材镀锌层，除满足国标要求的镀锌层均匀性和附着性外，可考虑达到更高标准：

① 镀锌修复时不应存在漏镀区域，否则漏镀区域角钢暴露在潮湿多盐的空气中将成为腐蚀源加速腐蚀；

② 不应继续使用普通镀锌涂料，可升级使用诸如重防腐体涂料体系等防腐效果更佳的涂料，增强防腐能力；

③ 新涂刷的修复层厚度应高于国标要求，如比国标镀锌层要求的最小厚度厚 50μm。

鉴于上述沿海地区防腐标准，设计单位应在设计阶段便考虑沿海易腐蚀区域塔材镀锌防腐效果及年限，在生产制造阶段提高防腐标准，以减少后期运行维护工作量。110kV 珠开线 12 号塔塔材防腐处理效果如图 5-8 所示。

对于塔材热镀锌层已接近耗尽的铁塔，应立即进行防腐工作；对于热镀锌层仍有少量剩余、角钢尚未裸露的铁塔，应将其防腐工作优先列入近期计划；对于投运年限较短、热镀锌层剩余充裕的铁塔，也需考虑气候特点，建议结合每年秋检工作对塔材热镀锌层厚度进行检测，形成塔材腐蚀状况的动态监测机制。

涂防腐涂料方法是将非金属有机和无机化合物涂覆在金属表面形成保护层。常用的防腐涂料有富锌涂料、带锈涂料、纳米涂料和含氟涂料等。防腐涂料具有成本低、施工工艺简单的特点，是金属防锈的主要手段之一。目前，90%以上的钢构件采用的是该类方法。

涂料的选择和施工工艺是确保涂料防腐蚀性能的关键因素。防腐涂料选用不当会与镀锌层中的碱性物质发生皂化反应，影响附着性而剥落。涂装

图 5-8　110kV 珠开线 12 号塔塔材
防腐处理效果

过程中表面处理不到位，涂刷工艺粗糙，会在成膜后产生橘皮、起泡等缺陷。水汽透过这些缺陷引发膜下腐蚀，腐蚀产物膨胀会进一步造成涂层的破坏。当涂层开裂形成孔隙后，将以缝隙腐蚀的形式加速扩展，形成严重腐蚀。

（1）输电杆塔防腐蚀工作流程为先开展腐蚀评判，再根据评判结果制定改造和防腐蚀技术方案。腐蚀评判准则如表 5-6 所示[15]。

表 5-6　输电杆塔腐蚀评判准则

杆塔部位	改造准则	维护准则
塔材	局部改造： 　塔材出现锈蚀穿孔、边缘缺口需进行更换。需对除去浮锈后最薄处厚度减至原规格 90%及以下的主材进行更换；需对除去浮锈后最薄处厚度减至原规格 80%及以下的斜材、辅材进行更换	① 塔材局部腐蚀出现可见黄褐色锈蚀时进行局部防腐维护 ② 塔材防腐层开裂、起泡、剥离时进行局部防腐维护
	整体改造： 　主材的 10%受损、辅材的 30%受损、主材螺栓或主材联板的 10%受损，三者任意一个达到标准时进行整体更换；当局部更换比较困难或影响安全时进行整体更换	当局部防腐维护的塔材达到整塔的 10%及以上时，进行整体维护
螺栓	① 需对产生可剥落层片状锈蚀物的螺母进行更换 ② 需对锈掉螺栓丝牙的螺栓进行更换	① 螺栓边角局部腐蚀出现黄褐色锈迹的进行局部防腐维护 ② 螺栓边角防腐涂层开裂出现裂纹缝隙的进行局部防腐维护

（2）对腐蚀防护外委单位须进行技术监督。在招标时须对技术协议进行专业审查，在施工中应对表面处理、涂料涂刷和施工安全进行全过程监督，对涂层厚度、附着力进行检测。

（3）做好输电设备防腐蚀的维护工作。设备的腐蚀为局部腐蚀，且大部分涂层状况良好，为节省成本、减少工作量，在设备维护时应针对不符合要求的部位重点进行局部维护。

（4）腐蚀防护用涂料应有耐腐蚀试验报告。

（5）腐蚀防护施工单位应具备输变电设备涂料施工资质，并有相关业绩，施工技术人员须持带电作业证。

（6）做好腐蚀防护的档案管理工作。腐蚀防护的技术资料要收集归档，资料应包括输电线路名称、杆塔段、涂料检测报告、施工单位资质等。

杆塔改造技术要求如表 5-7 所示。

表 5-7　杆塔改造技术要求

杆塔部位	改造设备的防腐要求	非改造设备的防腐维护要求
主体	局部改造要求： 　辅材提高 1 个规格等级进行更换，更换的新塔材应进行防腐处理 整体改造要求： 　联板提高 1 个规格等级设计，辅材与斜材选用同 1 个规格等级设计；在城市平坦区、施工条件便利区小型铁塔更换为钢管塔，新塔应进行防腐处理	① 手工或动力工具打磨除锈到 ST2 级 ② 清洗表面 ③ 涂刷防腐涂料，边角处强化处理

续表

杆塔部位	改造设备的防腐要求	非改造设备的防腐维护要求
螺栓	更换之前进行清洗，更换之后防腐涂装，螺栓端面和螺母处强化涂装	① 手工除锈 ② 打磨表面和边角处 ③ 清洗表面 ④ 涂刷防腐涂料，边角处强化涂装

针对塔材、螺栓等部位，可选用以下方案：环氧磷酸锌底漆或纯环氧底漆，厚度不少于40μm；环氧云铁中间漆，厚度不少于80μm；丙烯酸聚氨酯面漆，厚度不少于40μm。对于有旧涂层的杆塔，应先对旧涂层进行溶剂擦洗试验，验证底漆的配套性后才能涂装。涂料成膜后应进行缺陷、厚度和附着力检测。螺栓涂刷完后，再补涂一道厚浆型的环氧漆或氯化橡胶漆，封住缝隙和边角，也可用弹性密封胶进行封装。

目前关于涂料防护的研究非常多，均取得了较好的成效。如一种针对杆塔塔脚与基座连接部腐蚀严重的防腐涂料[16]，即丙烯酸树脂+罗曼哈斯胶+Megum538胶+改性环氧树脂砂浆+防水防渗涂料，该防腐涂料可以明显增强滨海大气中杆塔塔脚和主体的抗腐蚀能力。

在环境恶劣的重污染区和沿海地区，涂层体系需要具有优异的耐腐蚀性（尤其是耐酸性和耐盐雾性）和耐候性。该类地区输电杆塔防护方案可选用：低表面处理底漆2道+环氧云铁中间漆1道+氟碳改性丙烯酸酯面漆2道。氟碳树脂涂料具有高耐候性、耐热性和高稳定性，可耐多种化学介质腐蚀，但是其较高的价格和高温固化要求，限制了实际使用范围。经氟碳树脂改性的丙烯酸酯面漆，既保持了优异的耐候性，同时还具有了耐水、耐酸、耐盐、耐污等优点。选择低表面处理底漆与氟碳改性丙烯酸酯面漆的防护体系可以起到很好的防护作用，并通过环氧云铁中间漆进一步增强防护体系的屏蔽作用。

5.6

冷涂锌技术

5.6.1　冷涂锌概述

对于户外钢结构的防腐保护开始都是采用醇酸涂料和油性涂料等，但这些有机涂层往往在不到一年的时间就出现开裂、脱落、粉化等情况而失去保护作用。同时为了解决热镀锌工艺中能耗高、污染大、工艺复杂等问题，英国剑桥大学于20世纪50年代最早提出冷涂锌的概念，即热镀锌的常温化。

冷涂锌技术是指镀锌过程中没有经过高温，是将经过除油、除锈后无污、浸润的工件，挂入专门的电镀槽里的阴极上，阳极用锌的一种镀锌工艺。冷涂锌涂料（简称为冷涂锌）是一种高锌含量，能够替代热镀锌、热喷锌的高性能涂料，又名冷镀锌、涂膜镀锌，一般由超细锌粉、导电包覆树脂以及有机挥发溶剂组成。国外的 Zinga Metall、Roval 公司都已经有50

多年的发展历程，承接了大量的工程。2001 年，比利时 Zinga Metall 公司的"锌加"通过尚峰公司进入中国钢结构市场，在粤海通道、广州白云机场、崖门大桥、杭州湾大桥等重点工程上取得了成功应用。2003 年，深圳彩虹公司研制出"强力锌"，获得国家专利。2004 年，日本 Roval 公司在上海建厂、销售。2008 年，无锡锌盾公司生产了锌盾产品，在新疆头屯河大桥等大型桥梁上初露头角。十几年来，国内很多公司纷纷研制开发了冷涂锌涂料。

HG/T 4845—2015《冷涂锌涂料》标准已于 2016 年 1 月 1 日起正式颁布实施，表 5-8 所示为 HG/T 4845—2015 规定的冷涂锌产品技术要求。

冷涂锌属于化学固化型涂料，它的漆膜特性是各组分之间以及与钢基体之间复杂的相互作用的综合体现。在涂刷过程中，树脂上的极性官能团与锌粉、钢铁通过化学键紧密结合，同时树脂与空气中的水和二氧化碳反应生成不溶性涂膜，并使已生成的锌盐聚合物转化为网状锌盐配合物，进一步提高涂层与基体间的结合力，得到致密牢固的涂膜。形成涂膜后，树脂将锌粉均匀包覆并作导电通道，使电子可沿着相互接触的粒子进行传递而使整个涂膜具有导电性。

表 5-8　冷涂锌产品技术要求

序号	项目	指标
1	在容器中状态	搅拌后无硬块，呈均匀状态
2	不挥发含量/%	≥80
3	不挥发分中金属锌的含量/%	≥92
4	不挥发分中全锌的含量/%	≥95
5	干燥时间/h 表干	≤0.5
	干燥时间/h 表干	≤24
6	涂膜外观	正常
7	柔韧性/mm	≤2
8	耐冲击性/kg·cm	50
9	划格试验/级	≤1
10	附着力（拉开法）/MPa	≥3
11	耐盐雾性（2000h）	划线处无红锈，单向扩饰≤2.0mm 未划线处无开裂、剥落生锈现象 允许起泡密集等级≤1 级 允许起泡大小等级≤S3 级
12	配套性	涂膜平整、不起皱、不咬起、附着力≥3MPa

在钢材防护过程中，导电包覆树脂和超细锌粉共同作用，使冷涂锌涂层能够同时提供阴极保护和屏障保护，并利用自修补效应强化防腐蚀效果。

冷涂锌涂膜完好无破损时，致密的涂层能够有效隔绝空气保护基材，但涂膜一旦受损而露出钢铁基材时，锌粉与钢铁基材会通过导电网迅速形成腐蚀原电池，锌的标准电位比铁低，较铁活泼，在腐蚀过程中锌作为阳极优先被氧化，钢铁基体作为阴极受到保护。锌在氧化过程中生成多种腐蚀产物，如 ZnO、$ZnCO_3$、$ZnCO_3 \cdot 2Zn(OH)_2 \cdot H_2O$ 等。这些氧化产物粒径小，表面活化能高，形成后会沉积在涂层间隙及缺陷中，使涂膜更为致密。致密的涂膜不仅阻止了钢铁基体与腐蚀介质进一步接触，延缓了腐蚀，而且提高了涂膜的机械强度，避免了涂膜再度受损。随着锌氧化物的形成，涂层与基材间的电位差降低，锌粉损耗减慢，对钢铁基材的保护逐步以屏蔽保护为主。但当涂膜继续破损而露出新鲜的金属锌时，电位差又立即增大，阴极保护重新起主导作用，并对钢结构基材提供后续防护。

5.6.2　冷涂锌特点

冷涂锌属于本征型导电涂料，干膜中锌含量在96%以上，能够提供长效的阴极保护，这是冷涂锌与富锌涂料的根本区别，性能之间也存在明显差异，如表5-9所示。

锌粉是冷涂锌中的唯一填料，通过优先氧化、缓蚀、屏蔽等方式阻止钢铁基材被腐蚀。涂膜中锌粉含量较少时，锌粉间的树脂层较厚，锌粉间、锌粉与基材间无法有效接触，难以构成有效的导电网链进行阴极保护，并且随着锌粉的消耗，涂层表面出现坑洞，涂膜机械性能下降，屏蔽能力降低，无法实现对钢材的有效保护；但如果涂层中锌粉含量过高，则锌粉间的树脂层较薄，锌粉易滑移、脱落，力学性能反而下降。为避免上述缺陷，冷涂锌多采用高纯度（高于99.995%）、小粒径（3～5μm）片状锌粉作为防锈填料。高纯度锌粉中不含金属杂质元素，避免了因锌粉本身形成微电池而造成损失，且小粒径片状锌粉施涂后呈堆叠嵌套结构，锌粉间排列紧密，接触面大，使涂层致密，孔隙率低，电流导通性强，也解决了球状锌粉常见的滑脱问题，对涂层有补强效果。

冷涂锌防腐性能与热镀锌相当，且其可操作性及安全性甚至比富锌涂料优秀，具体表现为：

（1）涂料为单组分包装，不需要添加固化剂，使用方便，无混合使用期的限制。施工方式灵活便捷，可刷、可喷涂，制得的涂层致密、可控。

（2）重融性好，配套性强，既可单独作防腐涂层，也可与环氧树脂、丙烯酸酯、聚氨酯等组成复合涂层。

（3）可直接用于混凝土钢筋防腐，也可用于热镀锌、电弧喷锌层的修补、加厚，特别适用于镀锌钢件焊接安装后电焊缝的修补。

（4）涂料本身不含重金属成分，不含卤代烃、酮类等毒性大的有机溶剂。

（5）触变性好，可不加稀释剂，经充分搅拌即可涂装施工；固体分含量高，一次无气喷漆可获得较大膜厚，减少有机溶剂挥发量，有利于环境保护。

（6）附着力强，对基材的表面预处理要求低。

表5-9　冷涂锌与富锌涂料性能对比

对比项	冷涂锌	富锌涂料
组分数	单组分，即开即用	多组分，需要用前添加固化剂
干膜中锌含量（质量分数）/%	≥96	70～90
耐蚀性能	盐雾试验≥2000h	盐雾试验≥168h
导电性	导电	不导电
固化速度	表干0.5h，实干24h	表干1h

5.6.3　冷涂锌的涂装应用

冷涂锌其锌粉含量达到 96%以上，单组分体系，与多种涂料具有良好的配套性，是一种防腐寿命长的防锈底漆。特别是中海油常州涂料化工研究院有限公司颁布 HG/T 4845—2015 标准后，国内较多涂料厂相继开发、研制了冷涂锌。但在实际使用过程中，因涂装技术应用不当，导致多处工程出现了一些弊病。由此可见，涂装技术的选择及实施非常重要。

5.6.3.1　涂装设计原则

涂料涂装的设计原则参考 ISO 12944-5—2018《色漆和清漆　防护涂料体系对钢结构的防腐蚀保护　第 5 部分：防护涂料体系》。该标准规定了各类涂层配套体系以及这些配套体系所能应用于何种腐蚀环境条件，预期的涂层防护寿命；相关涂料主要成膜物质的基本化学成分和成膜过程以及每种涂料对底材表面处理的要求等。

参考文献[17]中案例的涂料方案如表 5-10 所示，工艺流程如图 5-9 所示。

表 5-10　涂料方案

配套方案	规定膜厚/μm	道数	生产厂家
冷涂锌	65	1	Zinga Metall（比利时）
环氧底漆	30	1	AkzoNobel（苏州）公司
环氧云铁中间漆	120	1~2	AkzoNobel（苏州）公司
氟碳面漆（厂内）	40	1	AkzoNobel（苏州）公司
氟碳面漆（现场）	40	1	AkzoNobel（苏州）公司

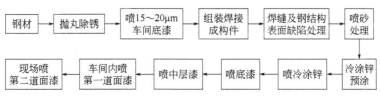

图 5-9　工艺流程图

在这个涂装工艺流程中，最关键的是焊缝及钢结构表面缺陷处理和冷涂锌预涂两个关键工艺。特别要强调的是，钢构件现场安装后，不能再动明火、电焊，恐引起冷涂锌涂层破坏，修补较为麻烦。

5.6.3.2　表面预处理

表面预处理是在涂装前，除去工件表面附着物、生成的氧化物以提高表面粗糙度，提高工件表面与涂层的附着力，或赋予表面一定的耐腐蚀性能。在上述的工艺流程中，以下 3 点为关键点。

（1）车间底漆。在户外钢结构制作过程中，钢板势必进入预处理工序，进行抛丸除锈，等级达到 ISO 8501 中 Sa2 级；平均粗糙度 $Rz=40\sim70\mu m$；及时喷涂无机硅酸锌车间底漆干膜厚度15～20μm，使钢板具有3个月的防锈能力。

（2）焊缝及钢结构表面缺陷处理。根据大气腐蚀等级评定结果按照GB/T 8923.3选择缺陷处理级别，如表5-11所示。以长安大桥为例[19]，其对应的大气腐蚀环境为C4级，故缺陷处理级别为P2级。其要求为：

① 焊渣：表面应无焊渣；

② 气孔：表面的孔应被充分打开以便涂料渗入，或孔被磨去；

③ 咬边：表面应无尖锐的或深度的咬边；

④ 焊接飞溅物：表面应无任何疏松的和轻微附着的焊接飞溅物；

⑤ 弧坑：弧坑应无尖锐边缘。

（3）磨料是用作喷射处理介质的天然或合成固体材料。磨料的种类和大小是决定粗糙度大小和形状的关键。与常规重防腐涂料底漆不同，冷涂锌喷砂，必须达到平均粗糙度Rz=40～65μm，不宜太大。磨料应能满足ISO 11124和ISO 11126系列标准规定的要求，并且不含腐蚀性成分和影响涂层附着力的污物；不允许使用已永久性污染的磨料。

目测检查工件上油类、脂类、盐和类似污染物存在的状况。遮蔽拟不进行喷射清理的区域。合适的清除污染物的方法可参见ISO 12944-4。

通过喷砂工艺，使钢板表面平均粗糙度达到Rz=40～65μm，除锈等级达到ISO 8501中Sa2.5级。

表5-11　钢结构表面待处理级别与腐蚀环境对应表

处理级别	文字叙述	腐蚀等级 ISO 12944-2
P1	轻度处理：涂覆前不需处理或最小程度处理	C1和C2
P2	彻底的处理：大部分缺陷已被处理	C3和C4
P3	非常彻底的处理：表面无重大可见缺陷	C5-1和C5-m

5.6.3.3　冷涂锌喷涂

预涂可以达到更好的漆膜覆盖性，在户外钢结构的端口不易喷到处、流水孔、排气孔、狭小角、反面难喷处、手工焊缝等难于喷涂的部位必须进行预涂。

特别需要强调的是预涂需采用刷涂的办法，不能用辊涂的办法，以防止漏涂或者涂层厚度不足。

冷涂锌的无气喷涂技术：无气喷涂是通过给涂料加高压，使涂料喷出时雾化成极细小微粒，雾化的涂料喷射到被涂物的表面，形成连续的涂膜。无气喷涂法喷涂效率高，每小时可达1000m²；由于涂料内不含空气，涂层质量好，特别是边角处成膜好；一次喷漆可获得65～80μm膜厚，减少喷漆次数，是节能环保的有效措施。

冷涂锌含有大量的锌粉，沉降速度快，需要充分搅拌，使锌粉均匀分散，喷涂过程中避免沉淀。须使用专用无气喷漆机。

具体喷涂操作如下：

① 喷枪与工件之间的距离控制在250～400mm之间；

② 喷枪尽量垂直于工件表面；

③ 喷枪移动速度为0.3～1.5m/s；

④ 喷涂施工要遵循先上后下、先难后易的原则。

根据涂料的施工黏度及被涂工件的大小选用高压无气喷涂设备，这是保证涂层质量和耗漆量的关键。由于材质上的差异，推荐采用国外厂家，如 Graco、WIWA、Wagner 等公司的设备。每喷涂约 5000m² 时就要更换一个喷嘴。下列情况之一发生时，建议及时更换喷嘴：

① 涂料雾化效果差；

② 耗漆量变大，喷幅变窄；

③ 施工效率明显降低，扣枪瞬间压力损失超过 20%。

一般冷涂锌在无气喷涂时，需用专用搅拌机进行充分搅拌，注意搅拌的速度不能过快，以免引起涂层起泡。

5.6.3.4 环境条件的控制

钢材表面清洁、干燥；环境气温>10℃；相对湿度 75%～85%；钢材表面温度高于露点温度 3℃以上。

喷完漆后，要保持一定的通风量，否则容易造成中层漆脱落；冷涂锌在北方冬季必须有保温装置；存储温度 5～30℃条件下，一般存储期为 1a。

5.6.3.5 质量保证

按照 ISO 12944-5 的 C411，环氧富锌底漆、无机富锌底漆在 65～80μm 时配套中层漆、面漆总膜厚达到 260μm，就有超过 25 年的涂层使用寿命。三分涂料，七分涂装。做好涂装，可以发挥冷涂锌的最大作用，减少昂贵的中途维修。涂层使用寿命，又称涂层的耐久性，它不是商业上的保质期，而是一个技术指标，是预期的设计寿命，是制定配套涂层达到第一次大修前的时间。当涂层状态有 10%表面达到 ISO 4268-3 标准 Ri3 级时，通常就要进行第一次大修了，此时大修是最经济有效的。

5.6.3.6 防腐寿命预测

冷涂锌配套体系采用 LCC（全寿命周期成本）分析法进行防腐寿命预测[18]。目前，国际上普遍采用全生命周期（LCC）分析法来评价工程设计的合理性。在防腐行业中，LCC 分析法是将整个使用寿命过程中，前期投资、寿命中维修和保养费用，包括材料费、人工费、停工损失、材料损失等直接和间接费用之和进行综合评价并提出最优方案。采用冷涂锌涂装体系能获得较长的防腐年限，减少昂贵的维修，会取得更大的综合经济效益。

冷涂锌作为单一防腐涂层大量用于钢铁表面防锈、防腐，是替代热镀锌、电弧喷锌、电镀锌的最佳防腐材料。单层冷涂锌防腐年限可根据锌含量、综合腐蚀环境条件、锌层每年的消耗量来估算。计算公式如下：

$$N=(7.14 \times F \times T \times K)/G \tag{5-26}$$

式中，7.14 为 1m² 的 1μm 锌层的质量，g/(m²·μm)；F 为锌层厚度，μm；T 为干膜中锌的含量，%；K 为锌涂层折减系数，一般取 0.8；G 为腐蚀环境等级下，锌一年时间的腐蚀率，g/m²。

以北京地区钢箱梁外测 80 μm 冷涂锌为例来估算防腐蚀年限。该案例冷涂锌配套方案如表 5-12 所示。

表 5-12　某冷涂锌配套方案

项目	冷涂锌数据	说明
干膜厚度/μm	80	喷两道
干膜中锌含量/%	96	HG/T 4845—2015
折减系数	0.8	常规值
C3～C4 大气腐蚀下锌 1a 腐蚀率/(g/m^2)	15	ISO 12944—2018

计算得到该冷涂锌寿命为（7.14×80×0.96×0.8）/15=29.25（a）。冷涂锌体系一道喷涂可以在 30a 内免维护，Roval（上海）公司冷涂锌产品系用丙烯酸树脂制成，上面再加一道同为丙烯酸的银富锌面漆，2006 年用于北京昆明湖东路、光辉桥箱外侧，10a 后调查涂膜情况，涂层能达到 25a 的寿命。同样的配套，同样用在广州巴特勒公司生产的国外钢构工程产品，颜色与热镀锌相同，现已过去十几年，防腐效果十分显著。

冷涂锌用于钢结构表面的各种镀锌层的腐蚀、焊接、切割、钻孔、铆接等引起的破损处的修补，防腐年限的估算用相同的方法。

5.6.3.7　冷涂锌产品选择

市场上有近 20 家生产冷涂锌涂料的公司，如无锡锌盾、湖南金磐、上海昊锌、西北永新、江苏兰陵、常州特种等，再加上国外的 Zinga Metall 和 Roval，冷涂锌市场处于激烈的竞争之中。在工程应用中，冷涂锌产品在开发、配套设计、涂装施工等方面容易出问题，导致涂膜性能下降，修补十分困难。以下就三个问题做阐述。

（1）冷涂锌产品的树脂选择　冷涂锌产品的开发首先考虑的是树脂体系。树脂不同，冷涂锌产品的技术性能是完全不同的。

① 聚苯乙烯树脂　如锌加、锌盾、海隆、坚邦、特种、强力锌等冷涂锌是以聚苯乙烯为主体的树脂制成的，性能最好，特别是配套性能良好；丙烯酸树脂应用最广泛，产量最高，但配套性能不如聚苯乙烯。

② 环氧酯树脂　Roval 公司的 EPO-Roval、西北永新公司的环氧酯冷涂锌，它们的防腐性能优异、配套性能也好，但价格较高。

③ 水性冷涂锌　随着环保力度的加强，各种树脂制成的水性冷涂锌也相继问世；最早的是 Roval 公司的双组分水性丙烯酸聚氨酯冷涂锌，锌粉含量在 95%以上。另外，Zinga Metall 公司的水性硅酸锌涂料，在深圳某厂使用过，也是双组分产品，施工相比溶剂型较为困难。锌盾、昊锌也研制了水性冷涂锌。

含片状锌粉是高级冷涂锌的标志，含锌量达 96%的涂料是用片状锌粉制成的。Roval 也是用片状锌粉制成的，但它的含锌量只达到 92%。片状锌粉制成的冷涂锌防锈效果好，涂层的配套性能也好，硬度适中，但施工中搅拌较为困难。

（2）中间漆的选择　冷涂锌是有机富锌涂料，有别于无机硅酸锌涂料，更有别于电弧喷锌铝等作底涂。有些涂料公司研制的封闭漆，失去了封闭的意义。尤其是双组分强溶剂型涂料，喷涂在单组分冷涂锌上，如果不控制膜厚，会使底漆与封闭漆同时剥落，如广州大学城钢结构、澳门四条圆形地天桥中层漆用的环氧云铁中层漆，固体含量高达 80%，一次膜厚大于 100μm，使底漆与中层漆同时脱落。

（3）重防腐涂装体系　从理论上分析，除醇酸类涂料之外，冷涂锌可以与其他品种的中间漆及面漆配套使用，取得优异的防腐蚀性能。对此配套的耐久性探讨，参考 ISO 12944—2018。

5.6.3.8　冷涂锌施工时应注意事项

（1）施工方法　喷涂推荐采用专用的无气喷涂机，如 9C，压力比 32∶1；建议在预涂时采用刷涂，但必须达到规定的干膜厚度。

（2）施工参数　冷喷锌专用稀料无气喷涂的指导性数据，如表 5-13 所示。

表 5-13　无气喷涂的技术参数

参数	指标	参数	指标
喷涂压力/MPa	<15	喷嘴幅度/(°)	40～80
喷嘴孔径/mm	0.4～0.5	稀释度/%	≤10

（3）注意事项　涂层未完全干燥前避免受热（20℃时最少 24h）。高含锌涂层表面能形成锌盐（又称白锈），在涂装后道漆之前不应长时间暴露。如已产生锌盐，应在有锌盐的表面进行二次清除处理。

5.7
氟碳防腐涂料及其应用

5.7.1　氟碳防腐涂料概述

无论是变电站还是输电杆塔，都不可避免会发生不同程度的腐蚀，为减少腐蚀带来的损失，防护措施必不可少。目前主要防护措施包括涂涂料、电镀、采用阴极保护（牺牲阳极、外加电流）等方法，其中涂层防护是最有效、最经济的防护手段。涂层防护机理主要是通过对基底进行机械防护，隔绝腐蚀介质渗透。目前防腐涂料主要包括聚氨酯类、环氧类、丙烯酸类、氟碳类，其中氟碳涂料以优异的耐候性、耐腐蚀性逐渐成为防腐蚀领域中的研究热点。

氟碳涂料是以含氟共聚树脂或氟烯烃与其他单体的共聚物为主成膜物质，经加工改性、研磨制成的涂料。其主要特征是树脂分子链中含有大量 C—F 键，C—F 键是目前已知有机物中的最强分子键，分子结构异常稳定，使得氟碳涂料与一般涂料相比，有无可比拟的耐自然老化性、耐酸碱性、耐化学腐蚀性、耐热性、耐寒性、自熄性、不黏性、自润滑性、抗辐射性等优良性能，其使用寿命达普通涂料的 3～5 倍。

氟碳涂料经历了熔融型、有机溶剂可溶型、反应交联型等阶段[20]。熔融型氟碳涂料是最早的氟碳涂料品种，需高温烘烤成膜。聚四氟乙烯、聚偏氟乙烯 PVDF 等均为熔融型氟碳涂料，该类型涂料具备优良的耐蚀性，属结晶性聚合物，不溶或很难溶于有机溶剂，但由于加工过程需高温烘烤导致应用范围受限。因此在熔融型氟碳涂料基础上开发出以三（四）氟烯烃和烷基乙烯基醚（酯）交替共聚物 FEVE 树脂为成膜物的常温固化型氟碳涂料。FEVE 树脂使氟树脂涂料进入热固性时代，加速了氟碳涂料发展，克服了其他氟碳树脂涂料的施工局限性，成为国内氟碳涂料主流产品。

近十年来国内 FEVE 常温固化氟碳涂料发展迅猛，其优异的防腐性能被船舶、石油平台、石油管道、建筑外墙、钢构高塔等重防腐领域广泛使用。电力输电杆塔分布地域广泛，运行环境各异，氟碳涂料应用于输电杆塔，凭借其优异的耐候防腐性能，即使在恶劣环境中仍能起到很好的防腐作用，因此越来越多地受到电力行业的关注。

1938 年，美国杜邦（Dupont）化学公司推出 PTFE，商品牌号为特氟龙，广泛用作炊具等的不粘涂料。1965 年美国 Pennwalt 公司和 Elf Altochem 公司研制出 PVDF 涂料，商品名称为 Kynar 500，由于其优异的耐候保色性，且可以实现工厂化涂装，在高档建筑铝幕墙行业取得大量成功应用。1982 年，日本旭硝子公司研究开发出常温固化氟烯烃-乙烯基醚共聚物（FEVE）氟碳树脂，商品名为 Lumiflon，使溶剂型氟碳树脂由热塑性进入热固性（反应交联型）时代，标志着氟碳涂料开始进入现场施工领域，极大拓宽了氟碳涂料应用领域，主要用于防腐、建筑、新能源等领域。1990 年日本大金公司开发出四氟乙烯-乙烯多元共聚物为主成膜物的 GK-570 树脂，常温固化型氟碳涂料应用领域进一步拓宽。

5.7.2 氟碳涂料在防腐蚀行业的研究现状

5.7.2.1 氟碳涂料的种类

如前文所述，氟碳涂料的发展经历了熔融型、有机溶剂可溶型、反应交联型等阶段。近年来，又研发了水溶性、高固分和粉末状类氟碳涂料。不同种类的氟碳涂料耐腐蚀性差别比较大，同一种类的氟碳涂料因其共聚物单体不一样，故结构单元不一样，其防锈特性也会存在差异。

（1）熔融型氟碳涂料 熔融型氟碳涂料是最早的氟碳涂料种类，需高温烤制涂膜。聚氟乙烯（PVF）、聚偏氟乙烯（PVDF）和聚四氟乙烯（PTFE）均可生产加工成熔融型氟碳涂料。

① PVF，聚氟乙烯 由美国杜邦公司于 1940 年发明（图 5-10）。PVF 膜由 PVF 共聚体挤压而成，这一形成过程保证了 PVF 装饰层致密无暇，绝无 PVDF 涂料喷涂或滚涂过程中经常发生的针孔、发裂等缺陷。PVF 膜的隔绝性优于 PVDF 涂料。PVF 覆膜板可以用在腐蚀环境更为恶劣的地方（例如海边区域），日本及其他国家更规定这些地区的金属壁板要用 PVF 膜覆盖。曾经进行过试验：将 PVDF 涂层钢板和 Tedlar PVF 覆膜钢板同时置于盐酸上方，暴露在 HCl 气雾中，30min 以后，HCl 气体透过 PVDF 涂层侵蚀钢板表面，而 PVF 保护的钢板丝毫未变。PVF 具备良好的防腐蚀性，极好的物理性能、可塑性和耐老化性。对比于别的氟碳树脂，PVF 对金属材料和非金属材质有较强的黏合力，应用时不需另用面漆，涂层柔韧、耐折、耐冲击，故而运用广泛。但 PVF 的热分解温度与熔体流动温度接近，因此不能进行通常的熔融加工，须使用大量潜溶剂（在常温下不能溶解树脂，达到一定温度可以溶解树脂的溶剂为潜溶剂），以增大滞流状态的温度区间及降低 PVF 树脂的流动温度，使涂料的加工成

膜成为可能。

综合来看，PVF 的优缺点分别为：耐腐蚀、耐化学药品性能优良，价格相比于其他氟碳树脂较为低廉；需烘烤，要求快干，光亮度和丰满度较差，故不适宜刷涂[21]。

② PVDF，聚偏氟乙烯 聚偏氟乙烯树脂是以—CH₂—CF₂—为结构单元的链状结晶聚合物（图 5-11），由偏二氟乙烯单体采用悬浮、乳液或溶液聚合方法合成，乳胶干燥后分散成粒径均匀的树脂粉末。聚偏氟乙烯树脂与其他氟碳树脂类似，F 原子电负性强，C—F 键牢固，是强极性共价键，具有高化学惰性。

聚偏氟乙烯树脂涂料目前主要用于铝制建材及外部装饰建材上，需在熔点 220℃以上高温成型，成型要求严苛限制了其应用；同时由于对基材附着力差，在涂料体系中通常与丙烯酸酯类聚合物共混以改善附着力。另一方面，丙烯酸树脂的加入还可提高涂膜的硬度和光泽，改善树脂和颜填料的分散性及最终涂膜的稳定性。近年来提高聚偏氟乙烯涂料应用水平，改善涂料体系防腐蚀性能已成为热点研究方向。

③ PTFE，聚四氟乙烯（Poly Tetra Fluoroethylene，PTFE） 俗称"塑料王"，是一种以四氟乙烯作为单体聚合制得的高分子聚合物（图 5-12），为白色蜡状、半透明物质，具有耐热、耐寒、抗酸、抗碱、抗各种有机溶剂等特性，可在–180～260℃长期使用；同时，聚四氟乙烯摩擦系数极小，可起润滑作用；但其工艺性能、溶解度和相溶性很差，成型和二次生产加工艰难。这些缺点在一定水平上限制了其在耐腐蚀行业的广泛运用，常被作为防腐涂料中的填料来使用。

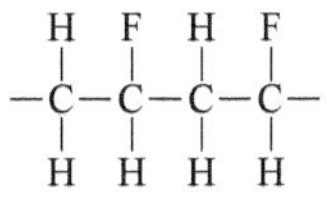

图 5-10 PVF 的分子结构 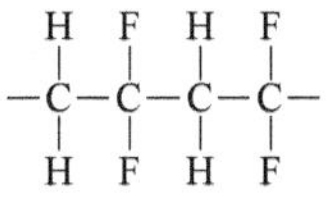　　图 5-11 PVDF 的分子结构 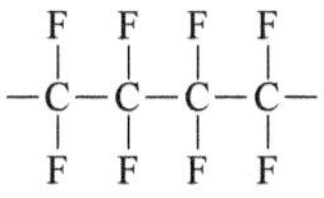　图 5-12 PTFE 的分子结构

（2）可溶型、反应交联型氟碳涂料 可溶型氟碳涂料是在熔融型氟碳涂料基础上研发的另一种氟碳涂料，它是以多种含氟单体与带侧基的乙烯单体或其他极性乙烯单体共聚的方式制得，减少了结晶，提升了有机溶剂可溶性。在开发了溶液型氟碳涂料后，为了提升固体含量，改进工程施工特性，在氟碳树脂中引进了—OH—及—COOH—等官能团异构，可与丙烯酸酯、三聚氰胺和氨基树脂等开展化学交联固化。与 PVDF 对比，氟碳树脂被给予了一定的活力官能团异构后，不仅具有本身的优质特性，并且因为官能团异构的引进，提升了其在有机溶液中的溶解度，与色浆及偶联剂的相溶性、光泽度、柔韧度及工程施工特性都取得了改进。

FEVE 树脂是氟乙烯单体与四氟乙烯（TFE）或三氟氯乙烯（CTFE）与乙烯基醚（酯）的共聚物。FEVE 树脂分子结构见图 5-13，不同结构单元赋予树脂不同性能[22]：烷基基团—R₁ 为聚合物提供溶解能力；—OH 作为常温固化交联点，使树脂与异氰酸酯或氨基树脂在较宽温度范围内交联固化，提供与基材的附着力；乙烯基醚—R₂ 赋予树脂被乳化能力，有助于提高柔韧性；含氟链段则提供涂层超强耐候性。—OH、—COOH、—Cl 等活性官能团的引入，可有效改善氟碳涂料溶解性能，促使施工作业更加规范。此外，氟烯烃与烷基乙烯基醚严格交替排列，使氟烯烃链节形成立体屏蔽结构，保护稳定性较差的乙烯基醚链节不受化学侵蚀，赋予树脂良好的稳定性。中低温固化涂膜同样具有优异耐腐蚀、耐候性能，广泛用于

231

户外建筑、重防腐领域。通过选择不同乙烯基醚（或酯）与不同含氟烯烃的种类并调整比例可得到性能各异的 FEVE 树脂。FEVE 树脂作为一种交替共聚物，其结构交替性愈好，螺旋结构愈规整，氟碳树脂整体耐候性才可提高。近年来 FEVE 氟碳涂料在防腐涂料中的应用得到逐步推广，有关 FEVE 树脂防腐蚀领域改性已成为热点研究方向。

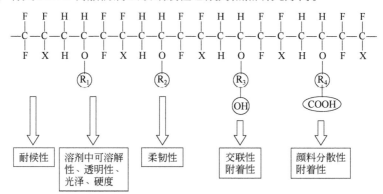

图 5-13　FEVE 氟碳树脂的分子结构

FEVE 氟碳涂料可常温固化，因此可以应用于在运的输电杆塔施工现场，方便推广应用。相比普通防腐涂料，使用 FEVE 氟碳涂料防护输电杆塔具有以下特点：

① 优良的防腐蚀性能　氟碳树脂分子中高键能的 F—C 键环绕保护 C—C 主链，使分子结构异常稳定，宏观表现为极好的化学惰性，耐酸、碱、盐等化学物质和多种化学溶剂，耐氧化，为杆塔提供保护屏障，隔绝各种化学、电化学腐蚀物对杆塔的腐蚀。

② 维护、自清洁　高键能的 F—C 键紧密排列在材料表面，使氟碳涂层具有极低的表面能，宏观表面不沾污、自洁性好，表面灰尘可通过风、雨自洁，极好的疏水性（最大吸水率小于 5%）且斥油，极小的摩擦系数（0.15～0.17），防污性好，避免杆塔表面积累过多的可溶性污秽。

③ 超强保色性　普通涂料在露天环境下 3～5 年就会显著失色。氟碳涂料由于对紫外线等外界因素具有很高的耐受性，色泽可多年光亮如新，20 年户外使用色泽保持在 80%以上，可以使输电杆塔上的色标、线路牌、相色牌等标示色泽长久保持。

④ 超长耐候性　涂层中含有大量的 F—C 键，环绕 C—C 主链，并且保护不稳定的酯键、醚键不被氧化，整个分子结构稳定，决定了其可以长久使用，有超强的稳定性，不粉化、不褪色，使用寿命长达 20 年，具有比其他类涂料更为优异的使用性能。

（3）水溶性氟碳涂料　近些年，氟碳涂料在防腐蚀行业的发展切合了全球建筑涂料的发展趋向，向水溶性化、高固体分化和粉末状发展，以能够更好地融入防腐蚀及其环境保护的规定。

水溶性氟碳涂料通过将氟碳树脂用非离子型乳化剂进行乳化得到水溶性氟碳乳液，在生产时将水溶性氟碳乳液加入到预制水性色浆中形成基本水溶性氟碳涂料。水溶性氟碳涂料可以直接用水进行稀释并进行涂装，节约了溶剂型稀释剂，也大幅度降低了 VOC 排放。在氟碳涂料中只含有很少量的助溶剂，对环境影响较小；同时水溶性氟碳涂料保持了氟碳涂料优异的耐化学腐蚀性和耐老化性。

水溶性氟碳涂料具备传统氟碳涂料优异的防腐蚀效果，同时具有安全、环保等优势，符合涂料的低碳环保发展趋势，可应用在航空器材、船只、机械设备、车辆、桥梁、电气、混凝土构筑物等行业。但目前水溶性氟碳树脂因技术、成本等原因应用有限。表 5-14 给出了水溶性氟碳涂料在钢板上的检测数据。

表 5-14　水溶性氟碳涂料在钢板上的检测数据

项目	指标	实测	检验方法
耐水性	≥240h	312h	GB/T 1733　1993
耐碱性	≥120h	168h	GB/T 9265—2009
耐酸性	≥120h	168h	GB/T 9274—1988
耐洗刷性	≥6000 次	8000 次	GB/T 9266—2009
耐沾污性	≤5%	1.92%	GB/T 9780—2013
耐老化性	≥2000h	2160h	GB/T 1765—1979

(4) 高固体分和粉末氟碳涂料　涂料行业"油改水""漆改粉"已成为近年来的热门课题，在汽车、高铁、港机、铝型材等大型企业和重点行业，水性涂料和粉末涂料替代溶剂型涂料已成为行业发展共识，是企业绿色发展的大趋势。此处，以常温固化的 FEVE 氟碳涂料的水性化和粉末化产品为例。

① 高固体分 FEVE 氟碳涂料　在可持续发展的道路上，涂料用树脂的高性能化、多功能化、水性化已成为现代涂料工业发展的趋势。一般认为，固体含量 70% 以上的涂料是高固体分涂料。高固体分氟碳涂料具有固体含量高、环境友好、一道涂膜厚、作业效率高的特点[24]。另外，该涂料所含的溶剂少，涂层的密闭性能好，提升了涂料的防腐性能。高固体分氟碳涂料一次涂装的膜厚是溶剂型涂料的 1～4 倍，一次施工可得到较厚的涂层，减少了施工次数，降低了成本。以氟碳树脂和 HDI 三聚体为基体树脂，配以功能性颜填料和助剂研制的高固体分氟碳涂料，具有高固体含量、耐水/化学介质腐蚀、高耐候性等优点，环境友好易施工。涂膜对金属基材有较好的附着力，配套富锌底漆或磷酸锌底漆和云铁中间漆，可对水工钢结构、钢构桥梁、钻井平台等起到长效保护作用，因此在输电杆塔的防腐上有一定的应用前景。

② 粉末 FEVE 氟碳涂料　解决 VOC 问题的另一有效手段就是研发粉末氟碳涂料。热塑性粉末氟碳涂料具有优异的综合理化性能，可抵抗盐酸、氟硼酸、硫酸以及 NaOH 等介质腐蚀，且涂层黏着牢固、坚韧、无针孔，表面光洁、不沾垢，显示了优良的耐腐蚀性能。相比普通粉末涂料，粉末 FEVE 氟碳涂料的网状交联结构赋予了涂膜更优的耐候性、耐老化性和耐腐蚀性。但是，特有的交联结构也使得粉末氟碳涂料的流平变差、橘纹明显、韧性欠缺、附着力差。粉末 FEVE 氟碳树脂由于低表面能作用，成膜过程中会出现明显的上浮和上迁移特性。科技人员应用这种特性开发了氟碳和羧基聚酯混拼改性配方，一步法共同挤出，提高了羧基聚酯的耐候性和耐老化性。

粉末 FEVE 氟碳涂料主要应用在高端建筑铝型材领域，占绝大部分市场份额，在铝单板、钢结构防腐领域也有少量应用。面对日益提高的市场需求、越来越严苛的建筑标准和环保压力，氟碳改性羧基聚酯配方已经不能满足很多客户的刚性要求。近几年，国内粉末涂料行业越来越重视欧洲 Qulicoat 标准认证，铝合金建材标准 GB/T 5237.4—2017《铝合金建材　第 4 部分：喷粉型材》开始正式实施。粉末氟碳涂料市场从之前大多以炒"氟"概念为主，回归理性。粉末氟碳涂料技术发展，应该符合市场经济逻辑，在产品性能满足行业相关技术标准的前提下，追求最佳性价比。满足 Qulicoat Ⅲ级和 GB/T 5237.4 标准，其技术性能完全可以替代液体 PVDF 氟碳涂料，一次喷涂可以使用 20 年甚至 25 年以上，哑光和低光粉末 FEVE 氟碳涂料是当前重要的开发方向。技术性能满足或超过 Qulicoat Ⅱ级的中高端粉末氟碳改性羟基聚氨酯涂料也是值得开发的优先方向之一。

总之，在传统钢结构和混凝土桥梁防腐等领域，溶剂型 FEVE 氟碳涂料在性能上仍然占绝对优势，水性 FEVE 氟碳涂料还需增强防腐蚀方面的性能，解决施工和应用中存在的问题。目前，高固体分涂料还存在干燥时间长，易出现缩孔和流挂，以及涂装成本高、所用固化剂毒性大、对施工者危害较大等缺点，要运用到输电杆塔的防腐上还存在一定差距，需要通过改性的方法降低成本。

5.7.2.2 氟碳涂料的改性

尽管氟碳涂料有很多优异的性能，但也存在一些问题：一般均需高温固化，固化时间长、大面积施工不方便、附着性差、与颜填料的润湿性差、价格较贵等。为了能更好地发挥和体现氟碳涂料的防腐蚀性，在不断开发新品种的同时，也有许多学者通过多种方法对氟碳涂料进行改性。目前，改性的方法主要集中在化学改性、物理共混和填料改性 3 个方面。

(1) 化学改性　氟碳涂料的化学改性是指通过氟碳树脂与低分子化合物的反应，氟碳树脂的相互转变、降解与交联以及聚合物大分子间的反应来改变它的结构、提高性能，从而扩大氟碳涂料的应用范围。常用于氟碳涂料改性的材料主要有有机硅、环氧树脂和丙烯酸树脂等。

某新型氟碳涂料是引入有机氯、有机硅来改性氟碳树脂，然后将树脂与其他组分进行复配制成，发现既可以降低成本，又能赋予基质理想的疏水疏油性、耐溶剂性和耐腐蚀性。而用环氧树脂改性偏二氟乙烯-四氟乙烯-六氟丙烯共聚物，可以大大提高氟碳树脂在金属底材表面的附着力，防腐性能更加优良。相关研究也表明利用环氧树脂对氟碳聚合物进行改性后，将环氧改性氟碳树脂、N-3390 固化剂和纳米 TiO_2 组成氟碳涂料。改性后的涂料具有良好的物理与力学性能和耐盐雾性能，并且随着氟碳树脂用量的提高，表干时间和凝胶时间缩短，交联速率提高。原因是环氧树脂与氟碳树脂反应，使环氧基团形成了部分开环，增加了主链上的羟基密度，提高了与固化剂中—NCO 基团的反应活性；环氧树脂与氟碳树脂通过接枝共聚增强了与固化剂的相容性，从而增加了主链上—OH 与—NCO 的反应概率。

化学改性氟碳树脂作用机理主要包括：

① 通过与氟碳树脂发生化学反应，产生牢固的化学交联点，提高涂层与基材的附着力，增大涂层的交联密度，提高氟碳涂料的耐腐蚀性；

② 通过引入官能团—COOH 和—OH，可以提高与固化剂中—NCO 基团的反应活性，从而增大涂层的交联密度，提高氟碳涂料的成膜性，改善氟碳涂料的耐腐蚀性。

而化学改性氟碳树脂的缺点在于：

① 发生化学改性的反应条件要求精确，存在不可控因素；

② 由于发生化学反应，虽然可以改善其某方面性能，但有时也会引起其他性能的下降。

(2) 物理共混　物理共混就是将合适的树脂与氟碳树脂混合，再加入固化剂、促进剂和添加剂等固化成型。相比化学改性，物理共混改性较为容易，但存在可共混树脂种类有限、要求较高（相容性需良好）、各分子间的相互结合力较弱等缺点。

（3）填料改性

① 无机纳米粒子改性　无机纳米粒子改性氟碳涂料可以大大提高涂层的防腐性能，其作用机理为：首先，无机纳米粒子尺寸小，可以有效填充有机涂层固化过程产生的结构微孔，形成致密化的涂层；其次，纳米粒子在涂料中起到物理交联点作用，可以改善氟碳涂料的成膜性，增大有机涂层与基体间的结合力，增强防腐蚀性能；再次，无机纳米粒子的加入还可以降低腐蚀介质渗透速率，提高涂层的耐腐蚀性。例如，纳米 TiO_2 和 SiO_2 的加入既可以填充缺陷，又可以改善涂层的成膜性，增大结合力，片状材料（如钛纳米鳞片、玄武岩鳞片等）添加到涂料中可产生"迷宫效应"，使腐蚀介质渗透到基材的路径大大加长，从而增强涂层的防腐蚀性能。

② 导电填料　在氟碳涂料中加入炭黑、石墨烯、碳纳米管和导电高分子材料等填料，可以形成功能网络，提高涂层的致密性，阻止腐蚀液体的进入，使氟碳涂料的耐腐蚀性更好。其次，从电化学角度，可以提高复合材料的热、电性能，使电位趋于一致，或者起到阳极保护和屏蔽的作用，从而抑制金属的电化学腐蚀，增强氟碳涂料的耐腐蚀性。但是，导电填料添加到涂料里形成涂膜时受到填料表面形状、粒径、涂料体系中表面润湿剂和溶剂的影响，在树脂和填料之间会形成结合的缺陷，从而影响整个涂膜的致密性，使得涂层的耐腐蚀性下降，故添加导电填料时应注意导电填料的电极电位大小以及导电填料与树脂的相容性问题。

5.7.2.3　氟碳涂料在输电杆塔上的应用

（1）在新建杆塔上应用　新建输电杆塔使用氟碳涂料非常方便，不存在带电作业的风险，且由于底材是新材料，易于保护，可最大限度发挥氟碳涂料的防护性能。

2008 年，220kV 舟山与大陆联网工程螺头水道大跨越输电铁塔，地处浙江舟山一岛屿，塔高 370m，塔身钢结构重 5710 吨，处于 ISO 12944 C5-M 海洋气候环境。为保证 30 年保色保光性能，该钢塔在 80μm 热镀锌层上，采用三重防腐措施，底漆为干膜厚度 50μm 的环氧底漆，中间漆为干膜厚度 50μm 的环氧云铁漆，面漆则使用了具有重防腐特性的氟碳涂料，干膜厚度为 80μm，以此确保铁塔在恶劣的海洋大气腐蚀环境中安全运行。该项目的落成，标志着氟碳涂料可以在最恶劣的海洋大气环境中对新建的输电铁塔进行有效防护，获得电力行业认可，为氟碳涂料在输电杆塔上的应用起到了很好的示范作用。图 5-14 是铁塔竣工照片。

表 5-15 是该铁塔所用环氧底漆性能参数。表 5-16 是环氧中间漆性能参数。表 5-17 是氟碳面漆性能参数。

图 5-14　杆塔竣工照片

表 5-15　环氧底漆性能参数

项目	测试项	测试结果	测试方法
1	漆膜外观	平整	目测
2	黏度（涂 4#杯）/S	50	GB/T 1723
3	细度/μm	45	GB/T 1724
4	固体含量/%	82	GB/T 1725
5	干燥时间（表干）/h	1.5	GB/T 1728
	干燥时间（实干）/h	10	
6	附着力（划圈法）/级	0	GB/T 1720
7	结合力/MPa	10	GB/T 5210
8	硬度（铅笔）	2B	GB/T 6739
9	柔韧性/mm	2	GB/T 1731
10	耐冲击性/kgf·cm	50	GB/T 1732
11	耐 3%NaCl（浸泡），7d	无起泡、剥落	GB/T 1763
12	耐 3%NaOH（浸泡），7d	无起泡、剥落	GB/T 1763
13	耐 3%H_2SO_4（浸泡），7d	无起泡、剥落	GB/T 1763

表 5-16　环氧中间漆性能参数

项目	测试项	测试结果	测试方法
1	漆膜外观	平整	目测
2	黏度（涂 4#杯）/S	30	GB/T 1723
3	细度/μm	50	GB/T 1724
4	固体含量/%	78	GB/T 1725
5	干燥时间（表干）/h	1.5	GB/T 1728
	干燥时间（实干）/h	24	
6	附着力/MPa	10	GB/T 5210
7	硬度（铅笔）	2B	GB/T 6739
8	柔韧性/mm	2	GB/T 1731
9	耐冲击性/kgf·cm	50	GB/T 1732
10	耐 3%NaCl（浸泡），7d	无起泡、剥落	GB/T 1763
11	耐 3%NaOH（浸泡），7d	无起泡、剥落	GB/T 1763
12	耐 3%H_2SO_4（浸泡），7d	无起泡、剥落	GB/T 1763

表 5-17　氟碳面漆性能参数

项目	测试项	测试结果	测试方法
1	漆膜外观	平整光滑	目测
2	不挥发物/%	55	GB/T 1725
3	流出时间（ISO 6#）/s	35	GB/T 1753
4	细度/μm	30	GB/T 1724
5	溶剂可溶物含氟量/%		HG/T 3792 附录 B

项目	测试项	测试结果	测试方法
6	干燥时间（表干/实干）/h	0.5/20	GB/T 1728
7	附着力/MPa	7	GB/T 5210
8	硬度（双摆）	0.6	GB/T 1730 B 法
9	弯曲性能/mm	2	GB/T 6742
10	耐冲击性/kgf·cm	50	GB/T 1732
11	耐磨性/(500r/500g)	0.05	GB/T 1768
12	耐 3%NaCl（浸泡），10d	无起泡、剥落	GB/T 1763
13	耐 3%NaOH（浸泡），10d	无起泡、剥落	GB/T 1763
14	耐 3%H_2SO_4（浸泡），10d	无起泡、剥落	GB/T 1763
15	耐人工加速老化性能，3000h	不生锈、不起泡、不剥落、不开裂、不粉化、变色 1 级、失光 1～2 级	GB/T 1865
16	试用期/h	6	HG/T 3792 中 5.11 节
17	施工性能	施工性能好，可复涂	制板实验检测

　　2015 年，中科院宁波材料研究所薛群基院士和王立平研究员带领的海洋功能材料团队以环氧树脂复合石墨烯制备了海洋钢管桩用高固厚膜防护涂料。该涂层的涂覆厚度仅为 500～1000μm，耐中性盐雾试验时间 2000h，可在水下固化。该产品已经被应用于东营港、上海港、宁波港、舟山港等港口金属的防腐。2016 年，该团队研制的石墨烯基沿海储油罐重防腐涂料实现了规模化量产，后续还大规模应用在国家电网沿海地区和工业大气污染地区大型输电杆塔、西南地区光伏发电支架、石化装备以及航天装备等领域。2020 年，该团队研制的新型石墨烯改性重防腐涂料，耐中性盐雾试验时间超过 6000h，远高于世界 3000h 的平均标准，被"柬埔寨 200MW 双燃料电站"和"印尼雅万高铁"的燃料刚体和附属钢结构所用，并且雅万高铁的铁路桥梁支座的腐蚀防护也使用了该产品，目前该产品已经量产。

　　(2) 在运行中的输电杆塔上的应用　已经运行多年的输电杆塔防腐方面，还未见有应用氟碳涂料的报道。由于运行中的输电杆塔表面情况较新建杆塔复杂，而对遍布全国各地的运行中的输电杆塔进行防腐处理，提高运行中输电杆塔的安全是电力防腐的重点，也是难点。运行中的输电杆塔防腐施工对工艺的要求非常苛刻。运行多年的镀锌铁塔，表面存在各种影响防腐涂料附着力及其他性能的附着物，如污垢、油脂、铁锈、氧化皮、起皮的油漆涂层和镀锌层、可溶性盐、焊渣等，在施工前首先需要清除输电杆塔表面的不牢固的附着物。

　　根据氟碳涂料使用特点，可以将运行中的输电杆塔的防腐工艺分为四个步骤。

　　① 除锈　使用手工或动力工具除锈，钢构件表面处理后应达到 St3 标准，即无可见的油脂和污垢，并且没有附着不牢的氧化皮、铁锈、旧漆皮等，钢构件表面具有金属光泽，钢构件夹角等不宜清理的部位也应达到 St2 标准。

　　② 氟碳底漆涂覆　除锈完毕后应立即进行第一道底漆的涂覆，时间不宜超过 4h 氟碳涂料使用的底漆属于低表面处理漆，可以应用于表面相对复杂的运行中的输电杆塔，用于封闭底材及表面锈空。

　　③ 氟碳中间漆涂覆　待第一道底漆固化后涂覆氟碳中间漆，保护封闭衬底涂层，提高涂层强度与覆盖厚度。

④ 氟碳面漆涂覆　具有超强的耐候性及耐腐蚀性，赋予整个涂层体系长久的使用寿命。

氟碳涂料应用于输电杆塔，相比普通涂料，在 20 年的运行维护中可节省约 50%的防腐成本，节约 2～4 次的施工，减少每次施工涂料中约 40%的有机气体排放。除此之外，在施工存在登高作业风险和由施工带来的影响输电线路安全运行的风险，微小的错误都有可能导致线路事故，并给一个地区的居民生活、企业生产造成停电影响，因此使用 FEVE 氟碳涂料对输电杆塔进行防护，有更突出的经济价值和社会效益。

5.7.2.4　氟碳涂层的防护机理

涂层能在外界与金属基底起到良好隔绝作用，达到延缓腐蚀反应目的。涂层防护机理主要包括以下方面：隔离屏蔽作用、电化学阴极保护作用、有机涂层附着力作用。

（1）隔离屏蔽作用　涂层成膜物质通常为高分子聚合物，一般具有优异的绝缘性能。涂膜固化完成后在基底表面形成致密保护膜，能有效隔绝外界环境中的氧气、水及各种化学介质离子，起到保护基底的作用。屏蔽作用良好的有机涂层仅能渗透极少量的氧气、水，有效抑制了腐蚀反应发生。

（2）电化学阴极保护作用　在有机涂层中添加活泼性金属，如锌或铝，当涂层与外界接触发生腐蚀原电池反应时，较活泼金属填料作为阳极首先产生腐蚀现象，进而达到保护金属基底的目的。

（3）有机涂层附着力作用　有机涂层附着力强弱是评价涂层失效快慢的有效途径，一般情况下涂层附着力越强，涂层能发挥的防护性能越好。因此，可通过提高涂层附着力的方式来提高金属基材在各种环境中的承受能力。

5.7.2.5　氟碳涂层失效原因分析与应对措施

以钢铁为主要材料的装备在使用过程中，涂层防腐失效的现象时有发生，特别在高温、高湿、高盐雾的气候下尤为严重，腐蚀严重情况下甚至影响装备性能。

涂层失效是指涂层服役过程中，外界环境中氧气、水及介质离子引起涂层发生物理、化学变化，导致涂料失去原有保护作用。目前研究学者们针对涂层失效机制主要从两方面进行研究分析，一方面是从涂层降解角度，另一方面是从扩散渗透起泡角度。某种角度上讲，涂层降解归属于涂层内应力破坏，其中诱导涂层破坏的因素均可称为内应力。涂层服役期间，周围介质、环境综合因素影响使得成膜树脂分子链结构发生降解，导致涂层失去防护作用。氧气与紫外线结合导致的氧化降解是涂层降解的主要因素。高聚物由紫外线引发的氧化作用是自动催化过程，涂料组分吸收紫外线处于激发态，产生的自由基活性较高，不断与氧气发生自动催化氧化作用，导致树脂结构产生降解。

涂层起泡是涂层对金属基底局部逐渐失去粘接力后，腐蚀产物在失效界面处不断累积呈小泡凸起，最终导致涂层防腐蚀性能失效。起泡是最常见的涂层失效破坏形式，是防腐能力降低的直接体现。涂层起泡微观机理研究是从介质扩散渗透角度分析涂层失效的多因素综合影响结果。研究学者阐述了多种起泡学说，包括应力起泡、渗透压起泡与电渗透起泡等。应力起泡是指涂层存在的内应力是引发涂层起泡的关键因素。涂料固化成膜过程中随溶剂挥发体系黏度升高，高聚物分子链移动减慢，结构内部逐渐产生内应力。涂料不能及时通过收缩释放内应力，因此一旦涂层受外界应力作用便会迅速释放内应力产生破坏。若涂层附着力较强，便会产生持续性内应力作用在界面处，随后当涂层附着力不能承受变形便会通过起泡释放内应力，涂层发生脱粘失效。

渗透压起泡被认为是涂层在水溶液中的主要起泡机制[25]。腐蚀产物在金属基底破坏处构成高浓度盐溶液，外部环境水分不断向腐蚀界面处渗透，产生渗透压，使水不断形成半渗透膜。随腐蚀产物累积，渗透压增强，界面处发生体积膨胀，随后在附着力较差区域生成鼓泡。

涂层防腐失效的主要原因有以下几点[26]：

（1）附着力不足　在以钢铁材料为基体的装备中，涂装一般为底漆、中间漆、面漆的涂层防腐设计。底漆在整个涂层防腐过程中起着至关重要的作用。底漆和钢铁基体的附着力不足，往往使涂层产生起皮、开裂、脱落等现象，使得钢铁基体材料暴露在外部环境中，长期的暴露环境会使钢铁基体由于水汽、盐雾等作用发生化学腐蚀，导致涂层防腐失效。

影响底漆附着力的原因主要有以下两个方面：①钢铁基材涂装前处理不彻底，主要包括除油、除锈以及氧化膜去除等处理；②钢铁基体的表面粗糙度不够。

应对措施：①加强钢铁基体涂装前处理，应严格按照工艺设计要求进行每道工序的操作；②底漆附着在基体上的前提是基体需要有一定的粗糙度，钢材基体表面要经过喷砂或扫砂后才可以涂装底漆。

（2）面漆选择不当　对于一些装备，主要的应用环境是户外，环境相对恶劣，不合理的面漆选择会导致涂层防腐失效。长时间的紫外线照射或者高温、高湿、高盐雾等环境因素，容易导致常规面漆（如聚氨酯漆、丙烯酸漆等）出现开裂、粉化等现象，最终导致涂层防腐失效。应对措施：应该考虑选用耐候性能更强的氟碳涂料。氟碳涂料是以偏二氟乙烯树脂为基料配以色料制成的涂料。氟碳涂料基料的化学结构中氟碳化学键是最稳定和最牢固的，化学结构的稳定与牢固使氟碳涂料的物理性质不同于普通的涂料，除了具有耐磨性、抗冲击等优良性能外，在恶劣的气候和环境中更显示出长久的抗褪色及抗紫外线等优异的化学稳定性能。

（3）涂层厚度不足　由于涂层使用的环境不同，对涂层本身的破坏及老化作用也不同，在一定的腐蚀环境和年限下，涂层应该保证最低的厚度要求，特别是人工喷涂厚度要保证均匀一致。

应对措施：在涂装工艺设计阶段，应根据 ISO 12944-2 中的特定环境及使用年限要求来规定涂装厚度，并在涂料涂装过程以及涂装以后严格控制涂层质量。

（4）装备结构设计欠佳　在装备结构设计初期，就应该考虑整体结构的防腐需求，因为结构设计上的不合理是导致涂层防腐失效的原因之一。在装备部件的不同位置的连接处，大多采用铆接、焊接、螺栓连接等连接方式，这些连接处如果采用的是不同的金属材料，那么这些金属的电位必会不同，不同金属接触或者通过其他导体相连接，如果处于同一介质当中，就会造成不同金属接触部位的局部腐蚀，也就是产生了电偶腐蚀。再者，结构设计缺陷产生的缝隙（结构设计中有些缝隙是不可避免的），遇到降水或者湿气等作用形成原电池，在狭小的缝隙能发生剧烈的腐蚀。涂层的腐蚀从不同金属材料连接处或结构上的缝隙处以电偶腐蚀或缝隙腐蚀开始，会慢慢向整个涂层蔓延，最终导致涂层防腐的失效。

应对措施：对于电偶腐蚀，在结构设计初期，要尽量避免缝隙以及连接件的电位差异，尽量选择电位接近的金属作为相接触的电偶对，并且应该在相接触的金属之间增加绝缘材料，如绝缘胶垫、绝缘胶水等将异种金属绝缘，以此阻断电偶腐蚀的产生。对于缝隙腐蚀，在结构设计初期应尽量避免缝隙的产生，对于不可避免的结构设计缝隙，应该在装备部件组装以后，涂装之前，进行密封处理，可以采用密封胶等材料，密封处理之后再进行涂装，以防止缝隙腐蚀的产生。

总的来讲，涂层腐蚀的原因很多，腐蚀的种类也很多，需要综合考虑。在产品的结构设计阶段，要进行合理的结构设计，避免不必要的结构缺陷，以及选择相接触的异种金属材料。在工艺设计阶段，要根据使用的环境和服役年限的要求正确地选择合适的涂料以及制定涂层的厚度等要求。在产品的生产阶段，要严格遵循工艺设计要求做好每个环节的工作，特别是基材的前处理，以及密封操作，保质保量地完成涂装。在产品仓储阶段，要控制产品的存储环境，避免高湿高热及高盐雾环境。在产品的使用阶段，要避免机械磨损、疲劳断裂等因素造成的涂层破损。最重要的是，要定期进行维护，对于出现腐蚀斑点的位置进行及时的修补，避免产生涂层整体的防腐失效。

5.7.2.6 氟碳涂料的防腐性能评价

防腐性能包括物理性能、化学性能和电化学性能。常规评价涂料的方法主要包括物理机械性能评价、浸泡实验等。物理性能包括附着力测试和硬度测试，化学性能包括耐盐水性能测试、耐酸碱性能测试和耐盐雾性能测试，电化学性能包括开路电位测试、交流阻抗测试和极化曲线测试。

为检验涂层对腐蚀介质的反应，还包括浸泡实验、耐盐雾实验及湿热老化实验，此类实验大多制定了相应评定标准，但均属于定性评价，且具有实验周期较长、实验结果分散性较差、重现性不高等缺点。仅通过此类分析方法对涂膜防腐性能进行分析远远不够，另外此类方法实验条件一般与实际服役环境具有一定差距，通过这些方法来预测涂层耐腐蚀性具有一定局限性。

有机涂层失效过程中，可通过对腐蚀电化学信号检测得到涂层防护过程中的动态信息，实现涂层防腐性能的定量分析。随着电化学理论技术的革新如电化学交流阻抗谱（EIS）的使用，可仅通过系列数据便能反映有机涂层防腐蚀性能，有效推动了腐蚀电化学失效分析研究的快速发展。

（1）附着力测试　附着力是有机涂层与金属基底之间的结合力，是涂层寿命影响因素之一。涂膜柔韧性一定程度上反映了涂膜的综合性能。涂膜耐冲击性能是指金属基底上涂层在高速重力作用下发生变形而涂膜不出现开裂与脱落的能力，反映了涂膜与基底粘接力及涂膜柔韧性。附着力的测试依照标准 GB/T 9286—2021《色漆和清漆　划格试验》进行：

① 先使用单刃切割刀在试片涂层上切割 6 道相互平行的、间距相等（可分为 1mm 或 2mm）的切痕，然后再垂直切割与前者切割道数及间距相同的切痕。当涂层厚度小于或等于 60μm 时，用单刃切割刀切割出 1mm 的间距，当涂层厚度大于 60μm 时，用单刃切割刀切割出 2mm 的间距。

② 采用手工切割时，用力要均匀，速度要平稳无颤抖，以便使刃口在切割中正好能穿透涂层而触及基底。用力过大或不均可能影响测试结果。

③ 切割后，在试板上将出现 25 个方格，用软毛刷沿方格的两对角线方向轻轻刷掉切屑，然后检查并评价涂层附着。

④ 在样板上至少进行 3 个不同位置的切割，且 3 个位置的相互间距与样板边缘间距均不小于 5mm。如果 3 次结果不一致，差值超过一个单位等级，在 3 个以上不同位置重复上述试验，必要的话，则另用样板，并记下所有的试验结果。

⑤ 附着力测试依据表 5-18 进行判断。

表 5-18 附着力测试

分级	说明	脱落表现
0	切割边缘完全平滑，无一格脱落	
1	在切口交叉处涂层有少许薄片分离，但划格区受影响明显不大于 5%	
2	切口边缘或交叉处涂层明显脱落大于 5%，但受影响明显不大于 15%	
3	涂层沿切割边缘，部分或全部以大碎片脱落，或在格子不同部位上，部分或全部脱落，明显大于 15%，但受影响明显不大于 35%	
4	涂层沿切割边缘，大碎片剥落，或一些方格部分全部脱落，明显大于 35%，但受影响明显不大于 65%	
5	大于 4 级的严重剥落	—

（2）硬度测试 涂层硬度依据 ASTMD3363—2005 进行测试。通过硬度已知的绘图铅芯或铅笔芯，以快速而经济的方式确定基底上有机涂层的涂膜硬度。将涂层样品放在水平面上。握紧铅笔，使其与样品表面成 45°（笔尖远离操作者），然后向远离操作者的方向划出一条 6.5mm 的线。从最硬的铅笔用起，依次降低所使用铅笔的硬度，直到出现下面任一情况后停止：一是铅笔不会切入涂层，或者说不会刮破涂层（铅笔硬度）；二是铅笔不会擦伤涂层（擦伤硬度）。温度控制在（23±2）℃，相对湿度在 45%～55%。具体操作步骤为：

① 对于铅笔，用削刀削去木头，露出 5～6mm 的笔芯，小心保证笔芯为未损坏的圆柱形。使铅笔固定器（当使用绘图笔芯时）与砂纸垂直，保持这种垂直状态打磨笔芯的头，直至得到一个光滑平整的圆截面，截面周边没有碎片或缺口。符合要求的边缘也可以通过将砂纸粘在一个由马达带动的平台上来打磨笔芯而得到。将铅笔固定在垂直于平台的方向上，所得到的笔芯的一致性会更好。

② 将样品放在一个平整水平的台面上，从最硬的铅笔用起，握住铅笔或用固定器固定铅笔，使其与样品表面成 45°，笔尖方向远离操作者，并向远离操作者的方向划动。无论是挂破、擦伤漆膜还是弄碎笔芯，均应尽力保证向前和向下的压力在这集中情况下的一致性。建议划痕的长度为 6.5mm。

③ 选择一组符合下述硬度标度的标准绘图铅芯（首选）或类似的标准木质铅笔：

6B—5B—4B—3B～2B—B—HB—F—H—2H—3H—4H—5H—6H
较软   较硬

依次选用较软的铅笔，重复上述步骤，直到某支铅笔不会刮破漆膜露出基材（基材可以是金属也可以是下一层涂层）长度至少有 3mm。注意：

a. 操作者必须仔细观察漆膜的刮破和擦伤。某些涂料中可能含有一些组分对漆膜有润滑作用。应当进行近距离的目视检查并用手指进行感触。

b. 进行试验时，如果笔芯的边缘出现即使是轻微的碎片或缺口，也要重新进行修整。

④ 继续进行上述试验，直到某支铅笔既不会刮破样品，也不会擦伤样品。除挂破外，涂膜的任何损伤都可视为擦伤。记录刮破和擦伤时的硬度。注意：有些涂层的刮破硬度和擦伤硬度是一样的。

⑤ 每支铅笔或笔芯至少做两次刮破和擦伤测试。

(3) 耐盐水性能试验　用蒸馏水将氯化钠配成 10%（质量）的水溶液。将涂层三分之二面积浸入温度为（25±1）℃的盐水溶液中，浸泡 300 天后取出涂层样板，用自来水洗除盐迹，并用滤纸吸干，观察漆膜有无剥落、起皱、起泡、生锈、变色和失光等现象。

(4) 耐酸碱性能测试　按照 DL/T 627—2012《绝缘子用常温固化硅橡胶防污闪涂料》标准，在 25℃的酸、碱试剂（浓度 3%）中浸泡 24h，观察有无脱落、起皱、起泡、变色等现象。

(5) 耐盐雾性能测试　绝缘涂层材料的耐盐雾试验按照标准 GB/T 1771—2007《色漆和清漆 耐中性盐雾性能的测定》进行。将涂有涂层的试样划伤后斜置于盐雾箱中，经过一定的时间后观察试样的锈蚀、蔓延和起泡程度。醋酸盐雾试验 144～240h，采用 5%氯化钠水溶液，用醋酸将溶液的 pH 值调至 3.1～3.3，盐雾箱的温度为（35±1.1）℃或（35±1.7）℃。

(6) 电化学测试　包括开路电位测试、交流阻抗测试和极化曲线测试。采用电化学工作站及三电极体系进行电化学测试。工作电极为制作的金属-涂料电极，参比电极为饱和甘汞电极（SCE），辅助电极为铂电极。电解液为 3.5%的 NaCl 溶液，温度设为常温。

① 涂层材料的开路电位测试。反应前将电极浸泡于溶液中 30min，开路电位扫描时间设置为 300s。

② 涂层材料的极化曲线测试。起始电位设为开路电位+300mV，终止电位为开路电位 −300mV，扫描速率为 1mV/s，自动灵敏度。

③ 涂层材料的交流阻抗测试。交流阻抗测试的正弦波电压幅值为 0.005V，测试频率为 10^{-2}～10^5Hz，振幅为 0.01V，测试电位值与开路电位相同。测试结果用 ZSimpWin 软件拟合。

EIS 技术是在被测体系上施加振幅较小的正弦交变信号，通过测量信号响应得到与涂层失效过程有关的信息，包括涂层电阻、电容及界面双电层电容等，可用于评估经受环境腐蚀的涂层的金属失效机理分析。由于交变信号振幅很小，对涂层与界面影响可忽略不计，其是一种原位非破坏性技术，可对涂层进行多次测量得出不同阶段的涂层等效电路参数，从不同角度分析涂层体系失效过程。曹楚南[27]认为涂层体系实际是涂层覆盖金属的电极系统，根据不同浸泡时期有机涂层阻抗谱特征总结得出与不同浸泡时期相匹配等效物理模型。涂层体系电化学行为乃至对涂层电化学测量方法具有特殊性，因此每种涂层防护机制各不相同，在用 EIS 方法研究涂层与涂层的破坏过程时需根据不同涂层体系建立具体模型进行处理。

EIS 方法研究涂层性能过程中，一方面要根据测得的 EIS 谱图建立对应的物理模型，以此推断涂层体系结构与性能变化；同时用建立的物理模型对阻抗谱进行分析求得相关阻抗参数（涂层电容、电阻涂层、双电层电容和涂层电荷转移电阻），进而通过分析阻抗参数时间依赖性[28]评价涂层防腐性能。另一方面可通过获得体系信息，比如存在缺陷、界面反应性及黏附性评估涂层降解并用于寿命预测，实现对涂层改进的目的。EIS 方法已广泛用于金属基材涂层体系失效分析过程。

除对阻抗谱数据进行分析建立物理模型得到涂层性质外，还可通过交流阻抗谱获得一种更为便捷的分析方法即特征频率法。特征频率为阻抗谱中从高频区到低频区首个相位角为 45°

时对应的频率值。刘倞[18]等通过研究环氧涂层在 3.5%NaCl 溶液中电化学阻抗谱（EIS）随浸泡时间的变化，提出基于交流阻抗谱数据，可利用修正特征频率法快速评价涂层防护性能。特征频率不用复杂计算容易得到，最重要的是数据源于高频范围，避免了低频范围内数据的不稳定，已成为快速评价涂层失效过程的一种重要手段。有机涂层对基底的防护作用主要是由涂层隔绝屏蔽作用、涂层电阻作用及颜填料缓蚀等多方面共同作用结果，与涂层电化学行为、涂层力学性能及涂层微观形貌密切相关。因此，在对涂层进行失效分析评定时应综合考虑多方面信息，深入分析涂层防腐蚀行为。

参考文献

[1] 多俊龙, 王大众, 冉畅. 输电线路杆塔腐蚀特性和防腐蚀措施研究[J]. 东北电力技术, 2020, 41(01): 35-37.
[2] 唐政, 李碧君. 超高压输电线路杆塔接地装置腐蚀分析[J]. 重庆电力高等专科学校学报, 2011, 16(01): 72-74, 87.
[3] 李景禄, 李卫国, 唐忠. 输电线路杆塔接地及其降阻措施[J]. 电瓷避雷器, 2003, (03): 40-43.
[4] 滕越, 聂元弘, 缪春辉, 等. 全国输电铁塔腐蚀情况调研[J]. 安徽电气工程职业技术学院学报, 2020, 25(01): 47-52.
[5] 蒋武斌. 南网区域输电杆塔大气腐蚀等级评估及腐蚀行为研究——海南省和云南省[D]. 广州: 华南理工大学, 2017.
[6] 默增禄, 程志云. 输电线路杆塔的腐蚀与防治对策[J]. 电力建设, 2004, (01): 22-23, 36.
[7] 解淑艳, 王瑞斌, 郑皓皓. 2005—2011 年全国酸雨状况分析[J]. 环境监控与预警, 2012, 4(05): 33-37.
[8] 王秀玉, 朱德祎, 程学启. 对运行输电线路铁塔防腐问题的探讨[J]. 山东电力技术, 2006, (06): 55-57.
[9] 陈云, 强春媚, 王国刚, 等. 输电铁塔的腐蚀与防护[J]. 电力建设, 2010, 31(08): 55-58.
[10] 王立, 刘恒, 杨世平, 等. 贵州地区输电杆塔腐蚀类型及防腐技术初探[J]. 企业科技与发展, 2019, (09): 114-115, 9.
[11] 任振兴. 电力接地网防腐涂料的制备及其性能研究[D]. 长沙: 长沙理工大学, 2015.
[12] 王栋, 孙永杰, 马祥飞, 等. 沿海地区输电铁塔的腐蚀监测[J]. 山东电力技术, 2018, 45(10): 32-36.
[13] 章小鸽. 锌的腐蚀与电化学[M]. 北京: 冶金工业出版社, 2008.
[14] 刘静, 黄青丹, 张亚茹, 等. 输电杆塔用热浸镀锌的大气腐蚀及影响因素[J]. 腐蚀科学与防护技术, 2016, 28(06): 570-576.
[15] 刘纯, 陈军君, 陈红冬, 等. 输电铁塔的腐蚀特性和防护[J]. 湖南电力, 2012, 32(03): 24-26, 42.
[16] 李晓斌, 陈亦. 输电线路杆塔主材与基础接触部的腐蚀及防护研究[J]. 现代工业经济和信息化, 2018, 8(06): 88-90.
[17] 王庆军, 李敏风. 冷涂锌的涂装技术[J]. 涂层与防护, 2019, 40(10): 1-4, 24.
[18] 刘倞, 胡吉明, 张鉴清, 等. 基于高频电化学阻抗谱测试的涂层防护性能评价方法[J]. 腐蚀科学与防护技术, 2010, 22(004): 325-328.
[19] 李敏风, 王庆军. 冷涂锌的配套设计探讨[J]. 中国涂料, 2019, 34(08): 48-51.
[20] 2019 氟硅涂料行业年会暨 20 周年庆系列报导——氟碳涂料行业发展概况[J]. 涂料工业, 2019, 49(03): 57.
[21] 房亚楠, 秦立光, 赵文杰, 等. 氟碳涂料在防腐领域的研发现状和发展趋势[J]. 中国腐蚀与防护学报, 2016, 36(02): 97-106.
[22] 李苗. 新型含活性基团氟碳涂料制备及防腐蚀性能研究[D]. 武汉: 武汉理工大学, 2019.
[23] 巩永忠, 陶冶. 水性、粉末环保 FEVE 氟碳树脂合成技术及涂层应用进展[J]. 涂层与防护, 2020, 41(10): 47-54.
[24] 刘景, 段衍鹏, 陈宝林, 等. 高固含氟碳涂料的制备与性能研究[J]. 山东化工, 2021, 50(14): 31-33.
[25] Funke W. Blistering of paint films and filiform corrosion [J]. Progress in Organic Coatings, 1981, 9(1): 29-46.
[26] 尚庆丽. 浅谈涂层防腐失效的原因及应对措施[J]. 科技风, 2019, (30): 150.
[27] 曹楚南. 腐蚀电化学原理[J]. 第 3 版. 北京: 化学工业出版社, 2008.
[28] Monetta T, Nicodemo L, Scatteia B, et al. Electrochemical characterisation of multilayer organic coatings [J]. Progress in Organic Coatings, 1996.

第 6 章
超高压直流输电系统的腐蚀与防护

6.1
超高压直流输电概述

6.1.1　直流输电

　　直流输电是一种重要的电能传输方式，其线路造价低，无感抗和容抗等无功损耗，有功损耗小，短路电流易控制，调节速度快，运行可靠，无电容充电电流，无交流输电方式的同步运行稳定性问题，可实现不同频率的交流系统间的联系，适宜远距离、大功率输电场合。特高压直流输电（Ultra High-Voltage Direct Current transmission，UHVDC）是指±800kV 及以上电压等级的直流输电及相关技术。一回±800kV 直流工程可输送电力 500 万～640 万千瓦，输电距离可达 2500km，是±500kV 线路输送能力的 2 倍以上，是交流 500kV 线路输送能力的 5 倍以上，适于跨海输电、大区域电网互联、远距离输电及风力发电等系统的联网。

　　自 20 世纪 80 年代以来，世界上已经实施并运行了超过 100 个直流工程，巴西、印尼、韩国、美国、墨西哥等国都规划有高压直流输电工程。巴西美丽山±800kV 特高压输电二期工程已经投运，印度比斯瓦纳特恰里亚利—阿格拉±800kV 特高压直流输电工程已经建成，赖格尔—普加卢尔±800kV 特高压直流输电线路正在建设。未来，特高压直流输电工程的建设对解决巴西、印度等许多国家所面临的远距离输电问题有很大的优势[1]。

　　我国地域辽阔，经济发展和资源分布极不均衡。东部沿海地区经济发展迅速，相对应的电力需求量就巨大，其用电负荷约占全国总负荷的 2/3，但能源缺乏；西部内陆地区如山西、内蒙古、新疆等地的煤炭资源储量巨大，西南地域的水力资源蕴藏丰厚。这就要求在西部建设超大容量火电、水电的同时，必须建设超大规模输电能力的线路网络将电能输送到东部地域，在全国境内实现西电东送、南北互供、全国联网、资源优化的电网格局[2-3]。

　　随着我国西南水电的开发，西南地区将有大量的电力需要远距离输送到华中、华东和华南，而采用特高压直流输电能够有效地节约线路走廊、有助于改善网络结构、减少输电瓶颈和实现大范围的资源优化配置，经济和社会效益十分明显。因此，建设特高压直流输电工程是我国电力工业发展的必由之路。随着我国电力系统规模的扩大、输电功率的增加、输电距离的增长以及海底电缆输电、不同步电网之间的联网与送电等的实际需求，直流输电得到了广泛的应用。同时，特高压直流输电工程也是国家重要的能源战略通道和骨干电网的重要组成部分。2010 年首批 2 个试点±800kV 特高压直流输电项目投入运行，国家电网公司向家坝—上海±800kV 高压直流输电示范工程为±800kV、4000A、6.4GW，输电距离为 1917km。目前国家电网公司已建成 10 回±800kV 特高压直流工程，额定输送功率主要是 8GW，其中 3 个工程额定功率已到达 10GW。与国内标准化的±500kV、3000A、3GW 直流输电工程相比，特高压直流输电技术具有以下优势：①每千瓦每千米造价由 2.5 元降低到 1.5 元；②损耗率由每千瓦千米的6.94%降低到2.79%；③单位走廊宽度传输容量由 120MW/m 提高到 235MW/m[3-5]。

6.1.2　我国特高压直流输电发展概况

2012 年 12 月，我国建成了当时世界上输送容量最大（720 万千瓦）、送电距离最远（2100km）的四川锦屏—江苏苏南±800kV 超高压直流工程，标志着我国的直流输电技术已走到了世界的前列。2019 年 9 月，全长 3324km、输送电能 1200 万千瓦的准东—皖南±1100kV 高压直流输电工程正式投入运行，是国际高压输电领域的重大技术跨越和重要里程碑[3]！

1989 年，伴随我国第一个高压直流输电工程葛洲坝—上海工程的建成和投运，直流接地极在我国的使用已有 30 多年历史（图 6-1）。虽然我国的特高压直流输电工程可以借鉴国外的一些研究结果，但因我国大气污染严重，"西南水电"送出又带来高海拔、覆冰等问题，而不同的气候和大气环境对电磁环境指标及外绝缘特性的影响很大，且各国研究得出的结论也不尽相同。更重要的是，我国建设的是世界上电压等级最高、输送容量最大、输送距离最长的直流输电工程，实现这一世界性创举，面临着许多重大技术难题，必须根据我国实际情况开展系统的研究工作，才能保证工程的顺利建设和投运。直流接地极的数目伴随着高压直流输电工程的建设而愈来愈多。

图 6-1　±500kV 葛洲坝—上海直流工程换流站

尤其是近十年来，随着清洁能源比例迅速增长，电能生产与负荷中心间的距离不断增大。为此，国家电网共建成并投运高压直流输电工程 30 多个，包含 10 个±800kV 特高压直流输电工程，将大量西部地区的能源输送至东部负荷中心，有效解决了西部水电、风电、光伏等清洁能源开发、输送和消费的问题，产生了巨大的经济和社会效益。2007 年，中国第一个直流自主化示范工程——±500kV 贵州至广东 2 回直流工程投运，标志着我国建成了高压直流输电成套设计集成技术体系；2009 年，世界首个特高压直流输电工程——±800kV 云南至广东直流工程投运，标志着世界进入特高压直流时代；2013 年，世界首个多端柔性直流工程——广东南澳直流工程投运；2014 年，世界容量最大的特高压直流输电工程——±800kV 哈密至郑州直流工程投运，容量达 800 万千瓦，标志着特高压直流输电达到一个新的高度；2014 年，世界首个五端柔性直流工程——浙江舟山直流工程投运；2016 年，云南鲁西背靠背直流工程投运，百万千瓦柔性直流单元的电压和容量均处于世界最高水平。目前，中国直流输电技术在世界范围内电压等级最高、规模最大。

6.2

直流接地极与接地极电流
引发的腐蚀与防护问题

6.2.1　概述

世界上有接地极运行的高压直流工程，至少有一半的一个接地极进行过重建或是发生过重大问题。目前已投运的高压直流输电系统（HVDC）的主要接线方式有：①单极大地回路方式；②单极金属回路方式；③双极两端不接地方式；④双极两端接地方式；⑤双极一端接地方式。其中①和④接线方式中，接地极不仅起到钳制中性点电位的作用，而且还为直流电流提供通路。当直流输电以大地为回路时，电流将由作阳极运行的接地极流入土壤，经作阴极运行的接地极流回线路。电流在土壤中的流动主要靠土壤中的电解质来实现[6]。

通常而言，用作接地极的材料必须具有良好的电气性能（如电导率）及物理性质（如对机械损害和腐蚀的耐受能力）。接电极材料可分为可溶性材料（如铁、铜、铝等金属材料）、难溶性材料（如石墨、高硅铁类合金）和不溶性材料（如铂、镀铂钛）三类。其中不溶性金属材料具有很高的耐蚀性，但由于价格昂贵很少在直流输电中采用，一般可用来做电极馈电棒的材料有铁、高硅铸铁、石墨棒、铜、铁氧体和其他合金。

接地极在长时间直流电流通过并注入大地时，导致极址土壤发热，由此会引起一系列问题，其中腐蚀问题较为严重，越来越受到电力行业的重视。接地极的寿命问题主要涉及极址条件、发热问题、接地极材料的腐蚀问题等，其中影响接地极使用寿命的主要因素是馈电材料溶解——电腐蚀。

当前，直流输电接地极材料主要参考国外经验，一般选用碳钢或高硅铸铁类材料。但随着高电压等级、大输电容量直流输电技术的快速发展，碳钢腐蚀过快以及高硅铸铁在高溢流密度下腐蚀速率急剧增大的问题将变得更加突出，直接威胁直流输电工程的运行安全和可靠性。而直流接地极开挖检修维护的费用很高，会造成相应的投入成本增加，因此，电极本体材料防腐已逐渐成为直流接地极设计中不可忽视的问题。

6.2.2　直流输电接地极材料的耐蚀与应用

为使直流接地极在设计寿命内长期有效运行，接地极材料的选择非常关键。基本原则是材料应具有良好导电性，耐电腐蚀性强，加工方便，经济性好，无污染，使用寿命长。通常可作为直流接地极的材料有碳钢、铜、石墨、高硅铸铁、铁氧体、高硅铬铁合金等[7-8]。

(1) 碳钢　碳钢接地极在土壤和海水介质中的耐腐蚀性差，埋在土壤中的最大电解腐蚀速率为 $9.130kg/(A \cdot a)$，但因其成本低廉，仍是目前直流输电接地极常用材料之一。实际应用时多采用增大碳钢设计截面，以及在陆地直流接地极周围回填活性材料（如焦炭碎屑）的方式，以减缓碳钢的腐蚀速率。钱之银等[9]研究发现，碳钢接地极附设焦炭床，可使国产 20、45 低碳钢在土壤中的电解腐蚀速率分别降低到无焦炭直接作阳极腐蚀的 1.6% 和 5.3%。但含水量增加，特别是地下水中含丰富导电物质如 NaCl、Ca^{2+}、Mg^{2+} 等时，附设焦炭床结构的钢棒的电解速率将大大增加。试验研究表明，随着湿度增加，放置在焦炭中的不同材料的腐蚀速率均增大，当湿度为 30% 时，铁（钢）材料的腐蚀速率为 $5.945kg/(A \cdot a)$，已接近其理论值。

随着现有直流输电工程投入运行年限的增加，其接地极活性填充材料焦炭会逐渐损耗失效〔焦炭的损耗速率 $0.5 \sim 1kg/(A \cdot a)$，与焦炭表面的电流密度相关〕，碳钢直流接地极材料的腐蚀问题将逐渐变得突出，直接威胁直流输电工程的运行可靠性。而直流接地极开挖检修维护的成本费用很高，将使碳钢接地极材料的技术经济性优势不再存在。特高压、超高压等大输电容量直流输电工程的投资建设，对传统接地极材料的耐腐蚀性能提出了更高的要求，需要开发新的高耐腐蚀环保型直流接地极材料进行替代。

(2) 铜　铜导电性能好，热导率高，易于加工，具有比碳钢高的抗自然腐蚀的能力，是交流接地网中比较常用的接地材料。铜的理论电解速率为 $10460g/(A \cdot a)$，比铁的理论值略大。经在同一土壤及相同电流密度下实测，铜的电解速率为 $7008g/(A \cdot a)$，与铁相近，而其价格却比铁贵几十倍，且铜进入土壤会污染地下水，造成环境污染，因此，铜不宜作直流输电接地阳极使用。

(3) 石墨　石墨是一种电子导体，其阳极电化学反应只是在阳极处析出氧气或氯气，不存在电解腐蚀。石墨阳极消耗率与阳极表面电化学反应关系密切。当石墨接地极埋设在土壤中时，析氧过程中初生的原子氧会扩散并渗入石墨的层状结构内，破坏层片间较弱的结合部位，使石墨变成疏松的粉状物质，甚至将碳氧化成 CO_2 气体[9-10]，此时的石墨阳极也会发生溶解，其溶解速率和溢流密度有关，在溢流密度为 $20mA/cm^2$ 时，约为 $36g/(A \cdot a)$。

石墨接地极在海水中的消耗速率要比土壤中小，在溢流密度为 $20mA/cm^2$ 时，约为 $18g/(A \cdot a)$，因此石墨在早期直流输电工程的海岸和海水接地极中应用较广泛。但在海岸和海水环境中，石墨阳极表面的电化学反应以析氯为主，Cl_2 会浸渍破坏合成树脂的固化，使石墨点蚀而溶解，故石墨电极的寿命取决于浸渍剂保护周期的长短。石墨具有松散层状结构和明显的多孔性，在运输和安装中易损坏，且其成本较高，因此目前直流输电接地极中很少采用。

(4) 高硅铸铁　高硅铸铁是一种耐蚀合金，其优点是表面氧化后形成一层 SiO_2 薄膜，能减缓腐蚀。3 种常用高硅铸铁的成分组成见表 6-1。一般在高硅铸铁中加入 4.25% 的 Cr 可使其具有更强的耐受卤族气体腐蚀的能力，因此高硅铸铁类合金既可用作陆地电极也可用作海水电极。

表 6-1　高硅铸铁的成分组成

铸铁种类	Si	Mn	C	Cr	Mo	Fe
一般	14.5	0.7	0.95	0	0	余量
加 Cr	14.5	0.7	1.0	4.25	0	余量
加 Mo	14.5	0.7	1.0	0	3.0～3.5	余量

自 20 世纪 80 年代以来，高硅铸铁和高硅铬铁在国外直流接地极工程中获得了较为广泛的应用。目前，在阴极保护中，国内外基本上都用高硅铸铁替代石墨电极。但高硅铸铁类合金电极的腐蚀速率随溢流密度的增加而加剧。如高硅铸铁电极在溢流密度为 5mA/cm² 时，接地极的溶解速率只有 160g/(A·a)；当溢流密度上升为 80mA/cm² 时，溶解速率将上升为 3000g/(A·a)，为低碳钢的 1/3。美国腐蚀工程师学会（NACE）收集了 230 个地区使用高硅铸铁用户的反映，使用比例为土中 53%，淡水中 37%，仅 10%在低电阻率的海水中使用，可见高硅铸铁系电极实际使用时对电极电流密度要求较高。另外，高硅铸铁硬度非常高，力学性能及热冲击性能差，加工连接十分困难，通常需要使用配电电缆，较大程度影响其在国内接地极工程中的应用。

（5）铁氧体　铁氧体电极的耐腐蚀性明显优于高硅铸铁类电极，它具有允许电流密度大、消耗率小且成本低的特点。其主要成分是 Fe_2O_3，成本低廉，使用过程中不会产生二次污染危害环境，是一种很有应用前景的环保经济型直流接地极材料，在国外直流输电接地极、阴极保护技术领域中得到了较广泛应用。

铁氧体电极材料的化学分子式为 MFe_2O_4 或 $MO·Fe_2O_3$，其中 M 常为 Fe^{2+}、Ni^{2+}、Cu^{2+}、Mg^{2+}、Zn^{2+} 等二价金属离子。当 M 为 Fe^{2+} 时，铁氧体电极又可称为磁性氧化铁电极[11-12]。铁氧体的晶体结构为反尖晶石结构，决定了其具有优良的耐腐蚀性能。

表 6-2 给出了各种电极材料的消耗率和电流密度的关系[11-12]。从表 6-2 中可以看出，即使在电流密度较大的情况下，磁性氧化铁电极的消耗速率仅为 4g/(A·a)，远低于石墨和高硅铸铁电极。这是由于在磁性氧化铁的反尖晶石结构中，Fe^{2+} 离子和半数 Fe^{3+} 离子处于八面体间隙中，而余下一半 Fe^{3+} 离子处于四面体间隙中，晶格各节点间距离较小且离子间堆积相对紧密，强烈阻碍了离子的扩散[12]。当 M 具有比 Fe^{2+} 更小的离子半径时，材料的消耗速率还会降低。由表 6-2 可知，$NiFe_2O_4$ 的年消耗速率低于磁性氧化铁电极。这是因为 Ni^{2+} 的离子半径（0.78Å）要比 Fe^{2+} 的离子半径(0.83Å)小，Ni^{2+} 进入反尖晶石结构使晶格参数变小，导致氧与金属离子的扩散更加困难。

表 6-2　各种电极材料的消耗率和电流密度的关系

电极材料	电流密度/(mA/cm²)	消耗速率/[g/(A·a)]	环境
碳钢	1.3～25	均接近 9000	土壤/海水
石墨	1.0～5.0	30～450	海水
高硅铸铁（一般）	5.0～10.0	150～430	海水
	5.0～10.0	150～500	土壤
磁性氧化铁	3.0～19.0	1.45～4.00	海水
$NiFe_2O_4$	1.0～20.0	0.137～1.37	海水

直流接地极材料应具有良好的导电性，但铁氧体在室温条件下电阻率波动范围很大，一般在 $10^{-2}\sim10^{12}\Omega\cdot cm$，铁氧体作为电极材料则要求电阻率在 $10^{-1}\Omega\cdot cm$ 以下。不同 MFe_2O_4 的导电机理因 M 不同而异，但都主要源于 Fe^{2+}—Fe^{3+} 或 Fe^{2+}—Mn^{+}—Fe^{3+} 金属离子之间 d 电子的交换，通过离子取代，可以改变晶格局部能级，提高材料体相电导率，且在晶格中形成的离子空位也能提高其电导率。对于铁氧体电极材料，气孔及其他缺陷的存在会使其腐蚀加剧，因此在材料配方及制备工艺上都必须严格控制，以获得良好电性能的高致密铁氧体材料。

（6）高硅铬铁合金 在高硅铁中加入 4.25%的铬形成的高硅铬铁合金具有更强的耐受卤族气体腐蚀的能力，所以高硅铁类合金既可用作陆地电极，也可用作海水电极。胡小青等[13] 介绍了一种新型的耐腐蚀材料——高硅铬铁电极，对高硅铬铁电极的物理化学特性进行了阐述，并在线路接地改造中得到了实际应用，为高压输电线路接地降阻处理提供了一种新的方法。含硅 14.5%铸铁阳极被发现在海水中很容易发生腐蚀，所以以后在强腐蚀或海水中使用阳极都会添加铬这种金属，加入铬的作用是为了减小原始阳极的腐蚀速率。加入铬的硅铁阳极简称为高硅铬铁。高硅铬铁广泛应用于高压直流接地极工程，充当馈电元件材料，俗称馈电棒，这种材料能抵抗土壤腐蚀和通电电解，使用寿命长，通常有超过 40 年的使用寿命。高硅铬铁的抗腐蚀能力随着硅含量的增加而增加，低于 14.5%硅含量时，其抗腐蚀能力会明显下降，而高于 14.5%硅含量时，其抗腐蚀能力增加不多。但当硅含量达 18%以上时，高硅铬铁将变得极脆，以至于实际情况中不能使用。

±500kV 葛洲坝—上海直流输电工程南桥换流站接地极，极址地处海边，土壤含盐量较高，离子浓度大。在这样的环境中，接地极馈电体与土壤的离子交换速度远大于内陆。为减小接地体电化学损耗，延长接地极寿命，鉴于高硅铬铁属于难溶性材料，抗腐蚀能力强于铁（钢），因此改造后的南桥接地极馈电材料选取了高硅铬铁。国内还有几个近海接地极，如三沪直流输电工程上海侧的接地极，馈电材料也使用了高硅铬铁。

6.2.3 特高压直流接地极电流对管道腐蚀的影响

通常而言，直流接地极入地杂散电流对金属管道的腐蚀程度受到多方面因素的影响[14]，如入地杂散电流强度及作用时长、土壤类型、埋管深度、接地极运行方式和接地极类型等。

① 影响腐蚀速率最主要的因素是杂散电流强度，电流越大，时间越长，造成的腐蚀影响越严重；

② 不同的土壤类型其电阻率可能不同，而在相同的入地电流条件下，土壤电阻率高，流入管道的电流更大，对其造成的腐蚀更严重；

③ 金属管道埋设越深，距离接地极形成的电场越远，则受到的腐蚀影响越小，因此增大接地极与埋设管道的距离是目前避免杂散电流腐蚀的主要措施之一，但是随着特高压直流输电工程的大量投入运行和土地资源的限制，这种措施将逐渐不满足实际工程应用。

埋地管道即使采取阴极保护措施也会受到杂散电流腐蚀影响，董泉玉等[15]通过模拟地下管道阴极保护的现场，测定了土壤电位梯度及管道保护电位，分析发现杂散电流使保护电位正移，严重影响并降低阴极保护效果。曹阿林[16]研究了杂散电流对埋地金属的腐蚀与防护影响，发现杂散电流会加速埋地管线的腐蚀，甚至导致管线涂层的破裂剥离、影响管线阴极保护效果及牺牲阳极的性能。查鑫堂等[17]通过电化学交流阻抗图谱技术研究了直流杂散电流干扰和两种保护电位下外加电流的阴极保护技术单独及共同作用下对模拟土壤溶液中碳钢腐蚀随时间的影响。发现杂散电流干扰使得碳钢的阻抗幅度和容抗半径发生变化，表明腐蚀产物在不同杂散电流大小下随时间的产生、积累及破坏的过程差异，阴极保护下的低频阻抗模值较高，且宏观腐蚀轻微，表明阴极极化使得金属基体受到电流屏蔽效应的保护，二者共同作用时发现阴极保护在杂散电流条件下仍起保护作用，但效果下降。其中，−850mV（CSE）阴极保护效果欠佳。杂散电流越大，生成的腐蚀产物的基体保护作用越小，阴极保护效果越差，碳钢腐蚀程度越严重；一定范围内阴极保护电位越负，对碳钢的保护效果越好。利用电化学交流阻抗技术监测杂散电流对阴极保护下管道的腐蚀状况影响是可行的。张益铭[18]研究了与X80钢连接的牺牲阳极镁合金在不同杂散电流工况下的腐蚀行为，发现加载杂散电流会加速镁合金的腐蚀失重，腐蚀后表面结构变松软容易去除，镁合金表面点蚀坑平均直径变大，深度加深且不同工况腐蚀坑情况不一致，宏观上，直流电使镁合金均匀变薄，表面呈现高低起伏；进行了不同杂散电流密度干扰下的镁合金的使用寿命模型建立，包括镁合金失重量及维钝电流密度等参数，对用牺牲阳极的开挖更换来维护埋地钢质管道的服役安全具有重要意义。秦润之等[19]结合广东土壤参数变化研究了高压直流干扰对X80钢的腐蚀行为影响，发现大幅干扰电压造成短时间内试片周围土壤温度升高、含水率降低及局部电阻大幅增大，导致电流密度先急剧上升到峰值，然后随时间回落到较低水平的稳定值，X80钢腐蚀速率随干扰电压的升高呈先增大后减小的趋势；进行了3种形式电流密度计算的理论腐蚀速率与试样失重速率的相关性研究，发现电流密度曲线积分计算的误差最小。

特高压直流输电系统常见的运行工况有两种，分别是双极运行和单极大地回路运行。在这两种工况下，直流接地极流过的电流不同[7]，见表6-3，I_N为额定电流，单极大地回路运行方式时长短但杂散电流大，双极运行方式杂散电流小但时长长，因此，需要综合考虑两种不同运行方式下杂散电流对金属管道腐蚀的影响。

表6-3　直流接地极等效运行时间

直流输电系统运行方式及合计	运行时间/a	流过接地极电流/A	直流接地极运行"安·年"数/A·a
单极大地回路（建设初期）	实用寿命的0.5%	I_N	$0.5I_N$
单极大地回路（强迫停运）	实用寿命的0.5%	I_N	$0.2I_N$
单极大地回路（计划停运）	实用寿命的1%	I_N	$0.4I_N$
双极运行（常运行）	实用寿命	不平衡电流	$0.4I_N$
合计	—	—	$1.5I_N$

我国特高压直流输电工程在建设初期和特殊情况时大多采用单极大地回路运行方式，即直流输电线路经直流接地极与大地直接形成回路。虽然大地回路运行方式作为过渡形式运行时间短，但是入地电流非常大，所以其造成的金属腐蚀影响最为严重，其示意图见图6-2（a）。此外，特高压直流输电系统在正常运行情况下采用双极运行方式，即直流输电线路通过两根正负极线形成回路，见图6-2（b），直流接地极起到将两条直流线路之间的不平衡电流排至大地的作用，这种杂散电流非常小，一般不超过额定输电电流的1%，但是由于运行工况连续，所以其对金属管道的影响也不容忽视。

当HVDC电极处于正极运行时，电流将在管道靠近接地极的一端由防腐蚀层破损处流入管道，由远端流出管道，远端流出点作为腐蚀原电池的阳极发生腐蚀，如图6-3所示；当HVDC

电极处于负极运行时，电流将在管道远端由防腐蚀层破损点流入管道，再由近端流出管道，导致近端流出点发生腐蚀，如图 6-4 所示。

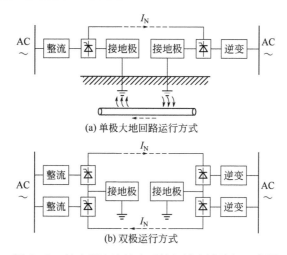

图 6-2　特高压直流输电系统入地电流路径示意图

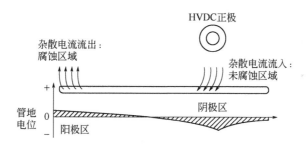

图 6-3　HVDC 输电系统电极处于正极运行时管道腐蚀模型

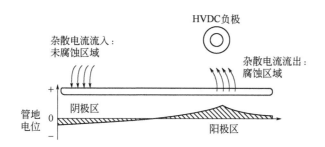

图 6-4　HVDC 输电系统电极处于负极运行时管道腐蚀模型

随着中国经济的高速增长，对能源的需求也日益增加，采用管道运输石油、天然气等是目前长距离输送能源的主要方式。因直流输电工程与输油输气管道工程在选址方面的要求十分相似，二者在传输路径上可能出现交叉或重合，埋地金属管道不可避免地会受到直流接地极入地电流的影响。

晋北换流站接地极为晋北—南京±800kV 特高压直流输电工程的送端接地极，位于山西省忻州市神池县八角镇境内的郭家村。根据系统设计，该特高压直流系统输送容量为 800 万千瓦，额定电流为 5000A，接地极极址南边存在一条陕京一线天然气管道。在接地极附近，绝缘法兰将该条管道分隔为三段：西段为府谷压气站至神池清管站，长 106.1km；中段为神池清管站至朔州分输站，长 32.7km；东段为朔州分输站至应县压气站，长 63.7km。其中西段管道距离接地极最近，最近距离约 9.9km。输气管道的走向与郭家村接地极的相对位置关系如图 6-5 所示。

图 6-5　晋北接地极与陕京一线天然气管道布置图

虽然该天然气管道被绝缘隔离为三段，但因接地极电流可达数千安倍，在接地极附近数十千米范围内形成电位分布差，地电流通过接地极附近的埋地管道防腐涂层缺陷点流入（出）金属管壁，并通过接地极远端漏点流出（入），在绝缘涂层和漏点处形成杂散电流；杂散电流正向升高使管地电位正向偏移，此时管道外壁电流密度增大，导致吸氧腐蚀；杂散电流负向升高使管地电位负向偏移，此时管道外壁附着的氢离子析出，导致析氢腐蚀，管道的腐蚀速率随之升高。因此必须采取排流保护等措施。

6.2.4　接地极电流下金属管道的防护措施

对于金属管道的腐蚀防护，美国的 NACE SP0169—2013 标准中提出了杂散电流的控制方法[20]：合理规划管道走向以避开干扰源、安装接地排流装置、在干扰电流排出区对管道施加阴极保护、在被干扰构筑物中合理安装绝缘组件、提高管道外防腐层质量、减少大地中的杂散电流、在干扰源和受影响的结构之间设计和安装合适的电阻连接等。我国的 GB 50991—2014 标准提出的直流干扰防护措施则包括排流保护、阴极保护、防腐层修复、等电位连接、绝缘隔离、绝缘装置跨接、屏蔽等，是我国油气管道直流干扰防护工作的主要技术依据。目前，排流保护、阴极保护、分段绝缘层、防腐涂层等方法得到了国内外的普遍应用。

（1）排流保护　排流保护旨在将管道中流动的杂散电流直接引流回干扰源的负回归网络，而不经过大地，保护管道不遭受电腐蚀。常见的排流法有直接排流法、极性排流法、强制排流法和接地排流法，见图 6-6。

直接排流法见图 6-6（a），适用于管道阳极区较稳定且可以直接向干扰源排流的场合，但其可能会受到与干扰源负回归网络连接的限制，有逆流风险，且使用时须征得干扰源方同意。极性排流法见图 6-6（b），适用于管道阳极区不稳定且被干扰管道位于干扰源负回归网络附近的场合，但对防逆流装置要求较高，需能承受短时 2～4h 大电流冲击，且使用时须征得干扰源方同意。强制排流法见图 6-6（c），适用于管道与干扰源电位差较小的场合，或者位于交变区的管道，但其核心元器件双向强制排流器研发水平不够成熟，且被干扰管道需位于干扰源负回归网络附近，在使用时同样须征得干扰源方的同意。与前 3 种排流法有所不同，接地排流法适用于管道阳极区较稳定且不能直接向干扰源排流的场合，原理图见图 6-6（d），其接地端可采用镁、铝和锌等作为牺牲阳极，实施简单灵活，有利于管地电位的调整，但其排流驱动电压低，使排流效果受到影响，同时还需定期检查、及时更换。

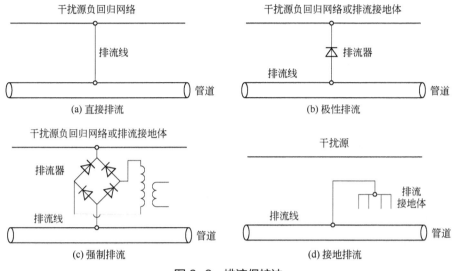

图 6-6　排流保护法

（2）阴极保护　阴极保护是基于电化学腐蚀的原理，在被保护金属管道上连接一种电位更低的金属或给管道串接直流电源，前者为牺牲阳极法而后者为外加电流法，见图 6-7。两种方法均使保护金属成为阴极，防止其受到化学腐蚀，达到保护管道的目的。

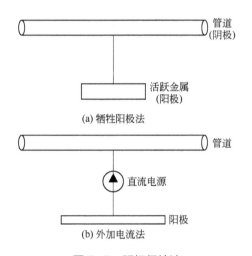

图 6-7　阴极保护法

牺牲阳极法的原理是构造腐蚀电池，将被保护管道作为阴极，镁、锌等还原性较强的合金材料作为阳极，利用原电池效应不断消耗阳极的方式使阴极（金属管道）得到保护，它既是有效抑制管道腐蚀的阴极保护方法，也是良好的接地排流措施，可降低管地电位。其优点在于运行成本低，简便易用，对邻近的其他金属机构影响小，但是其保护范围小，仅对其所连接的管道起到短距离保护，且阳极输出电流可控性小。

外加电流法是将外加直流电源的负极与金属管道相连，使金属管道成为阴极，正极与辅助阳极相连，在外加电流的作用下，电子从阳极流向金属管道，从而抑制管道的电子迁移，减少腐蚀。该方法的优点在于不受土壤电阻率的限制，保护电压的大小可以调节以适应不同情况，但存在对附近的金属设备造成干扰等不足。

（3）分段绝缘　分段绝缘是对管道安装绝缘接头，将管道进行分段隔离，缩短受干扰管道长度，见图6-8。这种分段隔离法在一定程度上减小了管道的极化电位，但会形成新的干扰点，需要和其他方法结合使用。

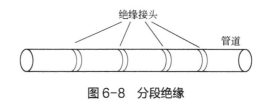

图6-8　分段绝缘

（4）防腐涂层　管道外加防腐涂层是当今金属及管道保护普遍应用的一种技术，防腐绝缘层一般是电绝缘材料，具有良好的绝缘性、抗渗透性和抗冲击性等，通常它在金属表面形成一层连续的膜，以高阻态将金属与周围电解质溶液隔离。常用的防腐涂层材料可分为沥青类、聚烯烃类、环氧类及一些新型多功能的防腐防水材料如 TO-树脂等。然而，在涂覆、运输和安装预制管线的过程中，防腐层上不可避免会形成漏点，同时在管道服役的过程中由于绝缘老化、土壤应力等原因也可能会造成防腐层的缺陷。因此，防腐绝缘层很少单独用于埋地管线，一般还与阴极保护等其他防护措施联合使用。

6.3
阀冷系统的腐蚀与防护

6.3.1　换流站阀冷系统概述

换流站作为实现超高压直流输电系统直流电和交流电转换的主要场所，其关键设备就是换流阀。换流阀中的晶闸管技术在超高压直流输电系统中起着至关重要的作用，它实现了直流和交流的相互转换，实现了直流输电的目的，因此，保障其正常工作是确保超高压直流输电工程安全稳定运行的关键。晶闸管是换流阀的核心组成部分，该项技术使用的晶闸管整流元件，是一种大功率半导体元件。晶闸管结构简单，容量大，体积小。晶闸管技术能够提高设备运行可靠性、降低维修成本、缩小占地面积并且可以消除逆弧故障，进而确保换流站的安全运行。

但是在晶闸管整流元件正常运行时，通常情况下其工作电压较高，甚至能够达到±1000kV，并且换流阀是一种拥有较大功率的电子设备，其工作状态时的最高功率可达到

6000MW，期间会释放出大量的热，这部分热量就需要借助循环内冷水对其进行冷却，避免因为温度过高而损伤换流阀中的元件，从而确保整个换流站能够在正常温度范围内安全运行。换流阀的阀冷系统是换流阀系统的核心组成部分，起到给晶闸管等高温元件降温的作用，这是决定换流站安全可靠运行的必要条件[21-22]。

为保证晶闸管工作时的温度维持在正常范围内，在超高压直流输电工程中专门为换流阀配备阀冷系统。浙江某±800kV 换流站阀冷系统（内冷、外冷）如图 6-9 所示。阀冷系统由阀内冷系统和阀外冷系统两部分组成，其中，阀内冷系统中的循环冷却介质（内冷水）通过热传导的方式对晶闸管、电阻、电抗器等高温元件进行降温冷却，阀外冷系统再将升温后的内冷水介质通过开放式的冷却方式（水冷、风冷）进行冷却，最终达到保护阀冷系统内各元件安全稳定运行的目的。

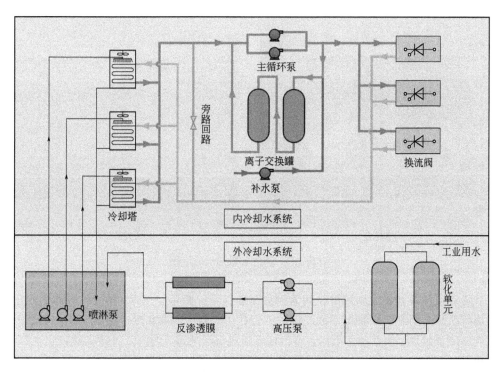

图 6-9 某换流站阀冷系统流程图

换流站阀冷系统具体流程为：内冷水介质经主循环水泵升压后，进入阀段（铝合金散热器），对换流阀晶闸管、电阻、电抗器等高温元件进行降温，此时内冷水温度升高，升温后的内冷水通过管道进入室外散热单元（阀外冷系统），与室外空气或水等冷却介质进行热交换，降温后的内冷水流经缓冲罐（稳压罐），再回到主循环水泵，形成密闭式循环冷却回路，即阀冷系统通过对各高温元件进行强制冷却，来确保超高压直流输电系统的安全稳定运行。其中，一小部分（10%）内冷水流经离子交换器，除盐后进入缓冲罐（稳压罐），与缓冲罐（稳压罐）连接的氮气稳压系统将内冷水与空气隔绝，同时也维持阀内冷系统压力恒定与管路中内冷水充满状态。

内冷水系统所使用的冷却介质为除盐水，水质较好，其控制指标为：电导率≤0.3μS/cm，pH 值为 7.0±0.2，溶解氧小于 200μg/L[21-22]；水中仅有微量（痕量）Cl^-、SO_4^{2-}，能够在最大程度上减少杂质离子，特别是 Cl^-、SO_4^{2-} 对阀冷系统铝合金散热器的腐蚀，同时降低均压电极结垢的可能性，也间接降低了腐蚀产物与沉积物对阀冷系统换热效率的影响，并且减少了因管道堵塞引起设备紧急停运的风险。因此，避免内冷水系统发生故障是超高压直流输电换流站安全稳定工作的重要保障。

但自从高压阀冷系统因腐蚀导致的漏水事故出现以来，散热器等金属元件的腐蚀问题得到了世界范围内的关注。在国内天广、贵广等直流工程中，最早发现的阀冷系统均压电极结垢导致换流元件散热失灵而烧毁，甚至迫使直流系统停运等问题，经研究证实也与腐蚀关系密切。也就是说，铝散热器的腐蚀产物引起了电极的结垢。目前，阀冷系统中由均压电极结垢引发的水路堵塞、漏水等问题在兴仁、宝鸡、德阳、伊敏等多地的换流站中仍广泛存在，作为结垢源头的散热器腐蚀问题仍是威胁高压换流阀安全运行的一大隐患[23-31]。铝合金散热器如图 6-10 所示。

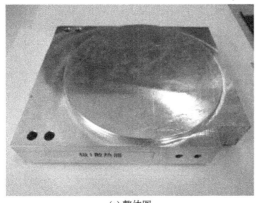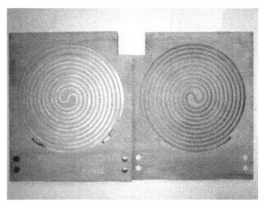

<table>
<tr><td>(a) 整体图</td><td>(b) 对称剖开图</td></tr>
</table>

图 6-10　铝合金散热器构造图

换流站阀冷系统发生腐蚀引起的故障主要是以下三种情况[32-34]：第一种故障是均压电极表面垢样沉积，有些沉积物被溶液冲走后，停在细小处或者弯头处，造成堵塞，有些沉积在均压电极表面过厚，使其发生短路；第二种故障是仪器故障，即部分仪器本身有一定的问题，诸如流量传感器发生误报、水温传感器测量出现误差等，也存在一部分故障是因为电极沉积物堵住水管后导致压强升高或者无法正常循环散热，从而使得电气元件局部高温，最终毁坏元件；第三种故障是水路系统漏水而导致的换流站停运事故，而且大部分的漏水事故的漏水处都是均压电极的密封 O 形圈处。综上所述，水路系统中发生故障的原因大部分是水路中的腐蚀和沉积造成的。

国内外研究者对阀冷系统中泄漏电流对腐蚀影响的认识大体分成 2 个阶段。在 20 世纪 90 年代，冷却水路泄漏电流被普遍认为是导致散热器等金属元件腐蚀的主要原因。Jackson[35] 在这一时期估算了单一阀段内冷却水路中的泄漏电流，之后，随着阀冷系统限流措施的提出和应用，尤其是当在冷却水路安装均压电极这一做法被广泛推广后，阀段内水路电压分布被强制与晶闸管排保持一致，进而使得水中绝大部分泄漏电流被均压电极吸收，而几乎不会流经金属散热器。因此，如今研究者们普遍认为改进后的换流阀内冷却系统中散热器的腐蚀并非由水路泄漏电流导致。

　　然而，尽管在阀冷水路中安装了均压电极，但散热器与冷却水中的泄漏电流并非完全没有接触。冷却水路中普遍安装的均压电极为针状设计，由之产生的特殊电场分布是导致水中泄漏电流流经散热器的主要原因。刘学忠等[36]的研究表明：冷却水路泄漏电流是导致或加剧散热器腐蚀的主导因素，且引起的腐蚀量在散热器腐蚀总量中所占比重随着运行时间增加而增加。泄漏电流对同一阀段中不同电位处散热器腐蚀的影响机理存在差异：阀段高电位处散热器只受到阳极泄漏电流的影响，发生具有点蚀形貌特征的杂散电流腐蚀；而低电位处散热器则在阴极泄漏电流作用下，发生具有均匀腐蚀形貌特征的碱性腐蚀。

　　均压电极安装在冷却水路中，用以消除泄漏电流，目前均压电极的设置，不同的公司采取不同的方法。西门子（SIEMENS）公司在进出水管和进出水阀门对应位置安装铂电极。经过一段时间的运行后，均压电极上存在一定的沉积物，同时部分密封圈也出现漏水现象，因此西门子公司用的方法并不能避免水路系统的腐蚀结垢现象发生。与其相对的 ABB 公司则将不锈钢环安装在散热器的连接处，泄漏电流通过不锈钢环流出，同时在阀塔出口和入口也设有均压电极，用以平衡泄漏电流。然而运行一段时间后，也有一定的结垢现象，说明水路中存在腐蚀。

　　对均压电极表面的垢样进行分析，其主要成分为 $Al(OH)_3$，在整个系统中，由铝元素分布分析可知，在冷却水路中铝合金的散热座发生了腐蚀，腐蚀后游离出的铝离子被均压电极吸引，在电极表面结垢，形成棒状的固体。一些工程检修中，在冷却水路中也发现了类似的棒状物，分析后发现为均压电极表面的沉积物，即电极表面的沉积物在水路系统中水的冲刷下脱落，在水管中循环最后停留在较难通过的部位，而这种部位也往往容易被堵塞造成冷却水溶液难以通过，之后极有可能导致需散热的晶闸管难以及时通过水冷系统散热，造成重大损失或者严重事故。

　　除电极表面结垢外，在工程中也发现了很多由电极密封圈故障引起的漏水事故。研究表明，均压电极的表面沉积物厚度越大，密封圈所受到的腐蚀溶解强度就越大，而且均压电极结垢可能引起放电，生成臭氧，从而腐蚀密封圈。在工程中，很多 O 形圈都有不同程度的损坏，有的发生变形，有的发生一定程度的溶解，造成水路的漏水事故。但是除了均压电极的结垢对其造成破坏外，也存在部分人为或者材料本身问题，例如可能由于安装过程时用力过大导致其变形或者是其本身材质或设计的问题。

6.3.2　换流站均压电极结垢问题

6.3.2.1　换流站均压电极结垢

　　阀冷系统中内冷水路将阀塔内各个处于不同电位的水冷电抗器、水冷电阻以及紧靠晶闸管的铝合金散热器连接起来，处于不同电位的金属件之间的水路就有可能会产生电解电流，导致金属件发生电解腐蚀。为了防止金属件发生电解腐蚀，通常在内冷水路的不同位置上安装均压电极（铂制均压电极或者不锈钢制均压电极），以消除不同金属件之间的电位差。

　　SIEMENS 阀段冷却系统采用并联水路方式，各散热器进水管/出水管均与汇流水路连接，进而流经各金属构件。SIEMENS 公司的铂制均压电极安装位置为进水管和出水管，如图 6-11 所示；ABB 换流阀电极分布图如图 6-12 所示。这样，均压电极的电位将与晶闸管（铝合金散热器）的电位保持一致，减少内冷水路中的泄漏电流，从而避免了金属件的电解腐蚀。但在实际运行过程中，安装铂均压电极的换流阀内的电极上存在一定量的沉积物，表明系统内铝合金散热器存在一定程度的腐蚀。

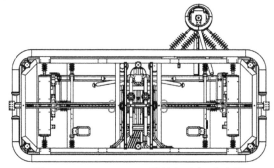

图 6-11　SIEMENS 换流阀电极分布图

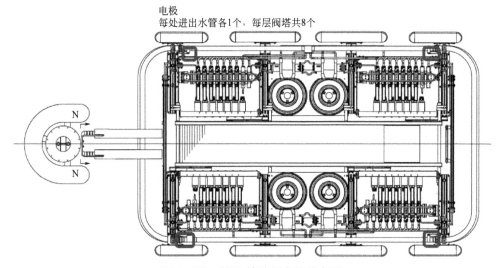

图 6-12　ABB 换流阀电极分布图

现场运行经验表明：均压电极表面形成的垢层如果得不到及时处理，在管路中水流的冲刷下部分垢层可能会脱落，另外，检修人员在拔出均压电极时部分垢层受到碰撞脱落留在管路中。脱落的垢层会随着内冷水转移至细管路中，堵塞这部分管路，阻碍内冷水通过，造成电抗器、电阻、晶闸管等高温元件散热不良，甚至烧毁，导致直流输电系统停运。同时，均压电极表面垢层过厚还可能造成电极无法拔出、密封圈腐蚀等问题。如图 6-13 所示是浙江某±800kV 换流站检修期间均压电极结垢前后对比。

6.3.2.2　均压电极结垢和腐蚀分析

对结垢电极进行 EDS 元素分析，结果如表 6-4 所示。表 6-5 所示是滤网截留物垢——内层、外层元素分析结果。

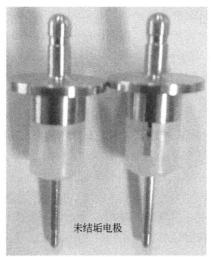

图 6-13　均压电极和垢样

表 6-4　均压电极垢层内外元素分析

元素		Al	C	Cr	F	O	S	Si
均压电极水垢	内层/%	26.00	7.23	0.64	23.48	40.29	1.87	0.48
	外层/%	35.45	—	—	—	64.55	—	—

表 6-5　滤网截留物垢——内层、外层元素分析

元素		Al	C	Cr	Fe	O	Na	Si
极 1 滤网截留物垢	内层/%	33.03	6.94	0.22	0.20	59.61	—	—
	外层/%	30.84	9.97	—	—	58.50	0.32	0.38

从表中可以发现电极垢样与滤网截留物垢样主要元素为铝和氧，除此之外，还有较多的碳和少量的硫、硅等元素，系统内仅晶闸管散热器底座中含有铝，因此铝元素的来源只能是铝合金散热器。其过程可能为：铝制散热器表面发生腐蚀，产生铝离子或者偏铝酸根离子，在电场作用下迁移至均压电极表面结垢；碳和硫可能来自系统中加入的乙二醇或离子交换树脂粉末[37-39]。

对阀冷系统造成腐蚀的因素主要有以下几个方面：

（1）泄漏电流对阀冷系统铝合金散热器的腐蚀影响　泄漏电流是造成阀冷系统铝合金散热器腐蚀的主要因素之一。由于水路中各个电气元件所产生的电势不同，阀冷系统中内冷水路将阀塔内各个处于不同电位的水冷电抗器、水冷电阻以及紧靠晶闸管的铝合金散热器连接起来，处于不同电位的金属件之间的水路就有可能会产生电解电流（称为泄漏电流）。不同的高压直流换流站均会产生泄漏电流，泄漏电流容易造成与内冷水接触的金属表面腐蚀。泄漏电流将会破坏铝合金散热器表面形成的氧化铝保护膜。在泄漏电流的作用下发生反应如下：

$$2Al+6H_2O+2OH^- \longrightarrow 2Al(OH)_4^- +3H_2 \tag{6-1}$$

(2) 离子交换树脂粉末对阀冷系统铝合金散热器的腐蚀影响　为保证换流阀在运行过程中阀内冷系统中内冷水水质的电导率一直维持在较低水平（≤0.5μS/cm），内冷水回路中设置有树脂罐（除盐系统），将一小部分（10%）内冷水持续送入离子交换树脂罐，去除内冷水中的杂质，使内冷水不断得到净化。经过长时间的运行以及输送过程中碰撞、水流扰动等作用，树脂的机械强度降低，会有部分树脂颗粒破碎，导致少量离子交换树脂粉末从树脂罐中泄漏，随内冷水进入主回路中。为此，一般会在树脂罐的出水口处设置精密过滤器，达到拦截离子交换树脂粉末的目的。但仍然存在少量的离子交换树脂粉末穿过精密过滤器进入到主回路中。虽然进入到内冷水中的离子交换树脂粉末不会明显改变内冷水的电导率，但是这些离子交换树脂粉末会与铝合金散热器的表面相接触，从而形成一个局部的碱性小环境，破坏铝合金表面的氧化铝保护层，生成四羟基合铝酸盐溶于去离子水当中，从而加速铝合金散热器的腐蚀。

在碱性环境中，铝及其合金发生反应生成偏铝酸根离子，偏铝酸根离子在电场作用下迁移至阳极均压电极，在阳极均压电极表面最终生成氢氧化铝沉淀物。氢氧化铝沉淀物呈电绝缘性，且在均压电极表面的厚度分布不均匀，电极顶部较厚，中部次之，在安装孔附近（电极底部）较薄，当此处电极产生的电流密度大到一定程度后会电解水产生氧气，进而生成臭氧，臭氧会加速腐蚀均压电极底部的橡胶密封圈，从而使其密封能力丧失，导致水管接头漏水。反应如下：

$$Al_2O_3 + 3H_2O + 2OH^- \longrightarrow 2Al(OH)_4^- \tag{6-2}$$

$$4Al(OH)_4^- - 4e \longrightarrow 4Al(OH)_3 + 2H_2O + O_2 \tag{6-3}$$

生成的 $Al(OH)_3$ 也会沉积在均压电极阳极表面，形成沉积物。

(3) 树脂溶出物和杂质离子（Cl^-、SO_4^{2-}）对阀冷系统的腐蚀影响　离子交换树脂本身是一种高分子聚合物，不溶于水，但在温度较高的水中浸泡一段时间以后，会有一些有机杂质产生，这些有机杂质主要来自树脂合成过程中残留在树脂骨架间隙中的原料溶出，也可能来自树脂骨架自身的降解产物溶出；也会产生一些无机离子，这些无机离子主要来源于树脂活性官能团的脱落。

另外，阴树脂与阳树脂混合不均匀也是普遍存在的问题。由于阳树脂的湿真密度大于阴树脂的湿真密度，在沉降过程中阳树脂的沉降速度大于阴树脂的沉降速度，导致混床底部阳树脂所占比例明显增大，混床底部树脂层中阳树脂溶出的 SO_4^{2-} 或磺酸基团等物质就不能完全被阴树脂捕获，从而使阳树脂溶出物漏过混床进入主回路中。

此外，阳树脂溶出物中可能存在有机硫化物，这类物质有可能通过范德华力吸附或电性吸引作用使阴树脂污染，造成混床底部阴树脂交换性能下降，从而使大量阳树脂溶出物进入内冷水中。

铝离子与硫酸根离子之间存在缔合作用，随着溶液中硫酸根离子浓度的增加，铝合金表面逐渐生成碱式羧基硫酸铝。因此，当溶液中有大量硫酸根离子存在时，会加速铝合金散热器的腐蚀速度。

当内冷水中存在卤素离子（主要为 Cl^-、F^-）时，这些卤素离子与 Al^{3+} 络合，形成一系列产物，不利于氧化铝保护膜的形成，加速铝的腐蚀。随着 Cl^- 浓度增大，铝合金的孔蚀临界电位变负，即腐蚀介质中的卤素离子（Cl^-、F^-）会轻易破坏氧化膜，在铝及其合金表面形成点蚀，发生以下反应：

$$Al(OH)_3 + Cl^- \longrightarrow Al(OH)_2Cl + OH^- \tag{6-4}$$

$$Al(OH)_2Cl+Cl^- \longrightarrow Al(OH)Cl_2+OH^- \tag{6-5}$$

$$Al(OH)Cl_2+Cl^- \longrightarrow AlCl_3+OH^- \tag{6-6}$$

除铝离子的腐蚀沉积外，虽然在闭冷水系统中氧和氯离子的浓度很低，但依然具备闭塞电池腐蚀的条件，其腐蚀过程分为以下几步：第一步，组成腐蚀电池，因为冷水管内部表面的电化学特性并非一致，由于闭冷水管表面的电化学不均性，可以组成腐蚀电池，阳极反应为铁的离子化，生成的 Fe^{2+} 会水解使溶液酸化，阴极反应为氧的还原；第二步，形成闭塞电池，腐蚀反应的结果产生铁的氧化物，所生成的氧化物不能形成保护膜，却阻止氧的扩散，腐蚀产物下面的氧在反应耗尽后得不到补充，会形成闭塞区；第三步，闭塞区内继续腐蚀，不锈钢中铁变成 Fe^{2+}，并且水解产生 H^+，为了保持电中性，Cl^- 可以通过腐蚀产物的电迁移进入闭塞区，O_2 在腐蚀产物外面蚀坑的周围还原成为阴极保护区。此外，各种离子腐蚀进入去离子冷却水当中后，也会在电极表面形成多种沉积物，但根据实际情况测量其他元素沉积物远少于铝元素所形成的沉积。

（4）乙二醇防冻液对阀冷系统的腐蚀影响　建设在温度较低区域（东北、新疆等地）的换流站，为了防止阀冷系统停运时内冷水结冰，通常会在内冷水中加入一定量（体积分数为 20%、40%）的乙二醇防冻液，从而降低内冷水的冰点，达到防冻目的。乙二醇防冻液流动性良好、冰点低（不易结冰）、腐蚀性小。尽管乙二醇防冻液的腐蚀性较小，但在长时间的运行过程中也会被氧化，生成具有腐蚀性的物质，造成铝合金散热器腐蚀。金星等的研究表明，在腐蚀初期，乙二醇分子起到缓蚀的作用，吸附在试样表面，将腐蚀介质隔绝，抑制试样腐蚀；随着浸泡时间延长，乙二醇分子被氧化，生成乙醇酸、乙二酸等酸性物质，增强溶液的腐蚀性，加速试样腐蚀。从该研究可以看出，铝及其合金在乙二醇防冻液中的腐蚀行为并非单纯受到抑制或者促进[40]。

（5）丙二醇防冻液的腐蚀特性研究　虽然乙二醇防冻液得到广泛使用，但是乙二醇不环保、毒性较强，且在长时间的运行过程中易被氧化生成乙醇酸、乙二酸等腐蚀性物质，对铝合金散热器（6063 铝合金）造成腐蚀或生垢堵塞[41]。一旦冷却水管被异物堵塞会造成水冷阻尼电阻、水冷电抗器等元件散热不良而过热损毁，易引发换流阀事故，给换流站的安全稳定运行带来隐患。丙二醇防冻液作为一种绿色环保低毒的防冻液，因其使用温度范围广、毒性低、生物降解性好等优点被许多国家用来代替乙二醇防冻液，在汽车发动机行业有较多的应用[42]。两者毒性相差较大，1.5%（质量分数）的乙二醇 LD_{50} 约为 4500mg/kg，同浓度的丙二醇为 16300mg/kg。因此，研究绿色环保低毒的丙二醇作为阀冷系统防冻液的可行性是必要的。

研究换流站阀内冷系统中 6063 铝合金和 316L 不锈钢在乙二醇、丙二醇以及含有阴阳混合树脂粉末溶液中的腐蚀特性，相关结论如下[43]：

① 丙二醇防冻液理化性能与腐蚀特性　对比乙二醇以及丙二醇防冻液各项性能数据，分析得出丙二醇相较于乙二醇具有工作温度范围更广、毒性更低、生物降解性好等优点，是一种优于乙二醇的防冻液。6063 铝合金和 316L 不锈钢在不同浓度的乙二醇和丙二醇溶液中电化学测试的分析结果表明：两种金属在丙二醇溶液中的腐蚀更少，且随着丙二醇浓度的增加，6063 铝合金和 316L 不锈钢的腐蚀倾向均变小，对金属起到一定的缓蚀作用。相同条件下，316L 不锈钢的耐腐蚀性明显优于 6063 铝合金。

② 6063 铝合金在不同体系中的腐蚀特性

a. 在 50℃、通 10mA 直流电流下，6063 铝合金试样在乙二醇和丙二醇溶液中腐蚀规律相似，随浸泡时间增加，腐蚀速率均是先平缓后快速增加，但 6063 铝合金在丙二醇溶液中总体腐蚀速率低于乙二醇；SEM 与 EDS 结果显示腐蚀层由大量的 Al、O 以及少量的 C 构成，说明二元醇参与 6063 铝合金腐蚀，且 6063 铝合金在丙二醇中形成的腐蚀产物膜更加致密，耐腐蚀性更强。

b. 6063 铝合金试样在乙二醇-混合树脂-水溶液和丙二醇-混合树脂-水溶液中的腐蚀速率基本一致，都低于在混合树脂-水溶液中的腐蚀速率，说明二元醇防冻液一定程度上抑制了混合树脂粉末带来的腐蚀影响；电化学分析结果表明随浸泡时间增加，6063 铝合金在防冻液-混合树脂-水溶液中的自腐蚀电流密度不断增加，腐蚀倾向变大；SEM 和 EDS 显示腐蚀层由大量的 C、Al、O 以及少量 N 和 S 构成，表明树脂粉末溶解出的离子参与并加剧了铝合金的腐蚀；同时，二元醇吸附于试样表面形成了醇膜，一定程度上抑制了树脂粉末溶出物对试样的腐蚀。

③ 316L 不锈钢在不同体系中的腐蚀特性

a. 在 50℃、通 50mA 直流电下，316L 不锈钢在乙二醇溶液和丙二醇溶液中的腐蚀规律相似，浸泡腐蚀后的试样表面出现一些点蚀坑，点蚀坑处存在 Fe、O、Si 以及少量的 C，说明二元醇参与腐蚀过程；其电化学测试表明，随浸泡时间增加，自腐蚀电位均是先正移再负移，自腐蚀电流密度持续增加，溶液的交流阻抗均逐渐变小，腐蚀倾向变大。

b. 316L 不锈钢试样在混合树脂-水溶液中，自腐蚀电位持续负移，自腐蚀电流密度逐渐变大，且溶液的交流阻抗均逐渐变小，腐蚀倾向变大；SEM 和 EDS 分析点蚀坑内主要有 Fe、O、Si 和 Al，还有少量的 C、N、S、Cl，树脂粉末溶出的 Al^{3+} 加速了点蚀坑的形成；原子力显微镜（AFM）测试表明：不同腐蚀介质中形成的点蚀坑不同，在混合树脂-水溶液中点蚀坑深最大，丙二醇-混合树脂-水溶液次之，丙二醇-水溶液中腐蚀较轻。说明树脂溶出的离子参与腐蚀，且丙二醇抑制了树脂粉末溶出离子对试样的腐蚀。

综上，丙二醇相较于乙二醇具有更广的工作温度范围、更低的毒性、良好的生物降解性等优点，同时在模拟换流站阀冷系统加速腐蚀试验中，丙二醇防冻液较于乙二醇防冻液对 6063 铝合金以及 316L 不锈钢的腐蚀更少，可作为阀冷系统的备选防冻液。

6.3.2.3　防护措施

目前常用的均压电极除垢方法为人工除垢，在换流站检修期间，检查均压电极结垢情况，发现有结垢现象，通过手工或工具去除垢层，更换密封垫圈后将均压电极重新安装。但由于均压电极较小，数量较多，导致均压电极清洗困难，工作量大。

程正波[44]等建议结合停电时间段，扩大对双极阀塔均压电极的检查范围，逐年完成对全站双极阀塔均压电极的检查与除垢工作，消除设备隐患。同时，针对长期运行后均压电极的结垢问题，组织专业机构对内冷水水质进行检测，停电期间对内冷水进行整体更换。

吴俊杰[45]等针对高压直流输电阀冷系统的腐蚀问题，结合《高压直流输电换流阀冷却水运行管理导则》探讨了冷却水水质控制指标，提出了水冷系统运行监督、水质异常原因及处理措施、运维管理建议：

（1）冷却水水质控制　换流阀冷却水取样包括内冷水和外冷水，取样操作应方便且不影响系统运行，取样点见表 6-6。取样方法、存放与运送应符合 GB/T 6907—2022《锅炉用水和冷却水分析方法　水样的采集方法》。

表 6-6　换流阀冷却水取样点

项目	内冷水系统			外冷水系统	
	内冷水	离子交换器出口水	补充水	外冷水	补充水
取样点	进、出水母管	离子交换器出口	补充水箱出口	平衡水池或喷淋泵出	工业水池

内冷水水质一般参考 DL/T 801—2010《大型发电机内冷却水质及系统技术要求》和 DL/T 1010.5—2006《高压静止无功补偿装置 第 5 部分：密闭式水冷却装置》，具体指标由厂家提供。厂家一般只提出最基本的要求［电导率≤0.5μS/cm（或≤0.3μS/cm）］，其余指标不作要求，但是实际运行中按照电导率控制的系统出现了腐蚀、结垢、堵塞等问题。根据研究结果及运行经验，《高压直流输电换流阀冷却水运行管理导则》对各项水质指标提出了明确要求，见表 6-7。

表 6-7　内冷却水质标准

项目		质量标准	
		标准值	期望值
电导率（25℃）/（μS/cm）	内冷水	≤0.50	≤0.30
	交换器出口水	≤0.15	≤0.10
溶解氧含量/（μg/L）		≤200	≤100
pH（25℃）		6.5～8.0	
铝离子含量/（μg/L）		≤2	

离子交换器出水电导率则参考 GB/T 12145—2016《火力发电机组及蒸汽动力设备水汽质量》中精除盐装置要求，标准值为≤0.15μS/cm，期望值为≤0.1μS/cm。

综合考虑，《高压直流输电换流阀冷却水运行管理导则》规定除氧处理的阀冷系统内冷水中溶解氧应小于 200μg/L，期望值小于 100μg/L。由于内冷水以及铝被泄漏电流电解会产生氧气加速腐蚀，建议采用除氧处理技术。

2016 年，某换流站 4 个内冷水系统测得铝离子含量接近 2μg/L，检修时发现均压电极结垢较为严重，厚度达 1mm，安全隐患较大。因此《高压直流输电换流阀冷却水运行管理导则》把 2μg/L 作为铝离子含量指标，一旦超过应及时检查和处理。

需指出的是，氯离子是导致外冷水系统腐蚀的重要因素，不同厂家的外冷水系统材质不同。因此，需针对材质规定外冷水中氯离子含量，具体应按 DL/T 712—2010（现为 2021 版）《发电厂凝汽器及辅机冷却器管选材导则》执行。

（2）冷却水系统运行监督　为使阀冷系统水质快速达标，系统投运前或检修后注水，补充水宜采用蒸馏水或者除盐水。注水完成后，应排尽系统内空气，并投运离子交换器和在线化学仪表，调节内冷却水质符合要求，然后进行水压试验。

换流阀内冷水系统投运时，应先调节内冷却水主回路和离子交换器流量至额定值。系统运行时，离子交换器应连续投运，除氧装置可根据溶解氧含量间断投运。

换流阀冷却水的水质试验应每 3 个月进行一次。试验项目中，除铝离子可取样回实验室进行测试，其余项目应在现场进行测试，且电导率及 pH 值应采用带流通池的仪器进行测试。如果水质试验结果异常，应缩短试验周期，加强监督。

阀冷却水水质若出现异常，应分析可能原因并进行处理。对于内冷水系统，若主水路电导率＞0.5μS/cm 或者交换器出口电导率＞0.15μS/cm，可能是树脂失效或外冷却水漏入，应更换树脂或检查水系统；若 pH＜6.5 或 pH＞8.0，则可能是漏入树脂或其他杂质，应检查内冷水系统；除氧处埋的系统若溶解氧＞200μg/L，可能是氮气压力不足或膨胀罐不能正常排气，应补充氮气、检修或更换排气阀；若铝离子含量＞2μg/L，可能是铝质散热器腐蚀，应加大旁路处理流量，必要时更换树脂以及严格控制溶解氧。对于外冷水系统中水质异常，应首先检查对应的水处理装置是否正常，并加强外冷却水排污。

（3）日常管理维护　运行人员每日至少进行下列项目的巡视检查：去离子水流量；在线化学仪表，上位机与就地数据一致性；氮气瓶压力；补充水罐液位；加药箱药剂量；软化装置运行和再生情况；超滤、反渗透装置压差变化。

水处理设备维护不当是阀冷系统故障的重要原因。系统中水处理装置等可按照电厂维护要求进行。另外，若有通氮除氧装置，应注意每日检查气瓶压力、排气阀密封和排气功能，压力下降应及时更换气瓶，排气阀异常应及时消缺或更换。内冷却水系统停运一周至六个月，每周应启动系统并循环运行一次（至少 30min）；若超过六个月，应放空系统并清除树脂。外冷却水系统停运一周至六个月时，应每周投入全部水处理设备循环系统一次（至少 30min）；若超过六个月，应整体排空喷淋系统并清洁平衡水池。

均压电极结垢是内冷水系统故障的重要隐患，应重点维护管理，检查和检修应按照 DL/T 351—2010《换流阀检修导则》（现为 DL/T 351—2019《晶闸管换流阀检修导则》）的规定执行。每 2 年应按照阀塔上、中、下部位，抽取总数 5% 的均压电极检查，正电位均压电极抽取数应大于 5%。结垢覆盖电极长度 90% 以上，或结垢直径接近安装孔径 90% 时，应扩大抽检范围，发生结垢的均压电极应进行除垢。电极弯曲、折断或密封圈融化粘上密封面无法除去，或长度小于原长 60%，或铂金含量小于原值 60% 的，应更换相应电极和密封圈，电极结垢无法去除的应更换电极。

应制定换流阀水冷系统管理制度，建立设备、水质及检修台账，实施痕迹化、规范化管理。应加强在线化学仪表的维护管理，按照 DL/T 677—2009《发电厂在线化学仪表检验规程》规定进行检验校准，必要时维修或更换。

张朝辉[46]等针对内冷水铝合金散热器腐蚀和均压电极结垢问题，提出了以下措施：可从均压电极本身的结构设计上进行改进优化，将均压电极底座材质更换为 PVDF 材质，保证与内冷水汇流管材质相同，方便检修拆卸及运维，又可以防止底座腐蚀，以确保回路中均压电极的有效性；需要对水处理回路进行优化处理，如在内冷水回路中加装 EDI 装置，尽可能减小内冷水回路中离子浓度；为了减少内冷水中树脂的进入，可以在电导率可控范围内，降低离子回路水的流速，并相应减小离子回路过滤器孔径，让树脂粉末得到有效过滤。

参考文献

[1] 谷琛, 范建斌, 李鹏, 等. 特高压直流输电国际标准化研究进展[J]. 中国标准化, 2020, (S01): 291-296.

[2] 舒印彪, 刘泽洪, 高理迎, 等. ±800kV 6400 MW 特高压直流输电工程设计[J]. 电网技术, 2006, 30(1): 1-8.

[3] 刘泽洪. ±1100kV 特高压直流输电工程创新实践[J]. 中国电机工程学报, 2020, 40(23): 7782-7791.

[4] 梁旭明, 张平, 常勇. 高压直流输电技术现状及发展前景[J]. 电网技术, 2012, 36(4): 1-9.

[5] 葛东阳. 换流阀冷却系统腐蚀与沉积分析模型与影响因素研究[D]. 北京: 华北电力大学, 2016.

[6] 祝志祥, 韩钰, 惠娜, 等. 高压直流输电接地极材料的应用现状与发展[J]. 华东电力, 2012, 40(2): 265-269.

[7] 高理迎, 郭贤珊, 董晓辉. 接地极入地电流对杆塔腐蚀及防护研究[J]. 中国电力, 2009, 42(12): 38-41.

[8] 张劲松. 高压直流输电共用接地极主要设计原则[J]. 中国电力, 2007, 40(6): 48-50.

[9] 钱之银, 郁祖培. 直线型直流接地极腐蚀特性研究[J]. 高电压技术, 1995, 21(3): 40-43.

[10] Tykeson K, Nyman A, Carlsson H. Environmental and geographical aspects in HVDC electrode design[J]. IEEE Transactions on Power Delivery, 1996, 11(4): 1948-1954.

[11] 许立坤, 王延勇, 尤良谦, 等. 地下结构物外加电流阴极保护用阳极评述[J]. 电化学, 2000, 6(2): 200-205.

[12] 冯士明. 铁氧体电极——一种新型导电耐蚀材料[J]. 陶瓷研究, 1993, 8(4): 192-195.

[13] 胡小青, 吕炜, 汤乐招, 等. 高硅铬铁接地极在线路接地工程中的应用[J]. 低碳世界, 2016, (18): 46-47.

[14] 古彤, 白锋, 岳晨, 等. 高压直流接地极入地电流对埋地金属管道的腐蚀影响[J]. 腐蚀与防护, 2019, 40(12): 902-906.

[15] 董泉玉, 王健. 杂散电流对阴极保护效果影响的模拟实验[J]. 全面腐蚀控制, 2003, (04): 16-17, 41.

[16] 曹阿林. 埋地金属管线的杂散电流腐蚀防护研究[D]. 重庆: 重庆大学, 2010.

[17] 查鑫堂, 张建文, 陈胜利, 等. 杂散电流干扰和阴极保护作用下碳钢腐蚀规律研究[J]. 表面技术, 2015, 44(12): 12-18, 26, 8.

[18] 张益铭. 杂散电流对埋地管道镁合金牺牲阳极腐蚀行为的研究[D]. 哈尔滨: 哈尔滨工业大学, 2018.

[19] 秦润之, 杜艳霞, 路民旭, 等. 高压直流干扰下 X80 钢在广东土壤中的干扰参数变化规律及腐蚀行为研究[J]. 金属学报, 2018, 54(6): 886-894.

[20] SP 0169—2013 埋地或水下金属管线系统外腐蚀控制标准[S]. NACE SP0169—2013.

[21] 丁德. 高压直流输电换流阀均压电极腐蚀结垢防护技术研究[D]. 西安: 西安理工大学, 2017.

[22] Q/GDW 527—2010. 高压直流输电换流阀冷却系统技术规范[S]. 北京: 国家电网公司, 2010.

[23] 刘振亚. 特高压交直流电网[M]. 北京: 中国电力出版社, 2013: 479-480.

[24] 冯雪玉. 换流阀内冷水系统腐蚀行为研究[D]. 北京: 华北电力大学, 2017.

[25] 郭贤珊, 郏鑫, 曾静. ±800kV 换流站通用设计研究与应用[J]. 电力建设, 2014, 35(10): 36-42.

[26] 刘辉. 换流站换流阀冷却系统的选型研究[J]. 吉林电力, 2012, 40(1): 30-32.

[27] 姜海波, 翟宾, 贺新征, 等. 换流站阀冷却系统可靠性分析与评估[J]. 东北电力技术, 2014, 35(3): 52-55.

[28] 丁德, 左坤, 谷永刚, 等. 换流阀均压电极结垢分析及其去除方法[J]. 清洗世界, 2014, 30(6): 15-19.

[29] Sharafian A, Dan P C, Huttema W, et al. Performance analysis of a novel expansion valve and control valves designed for a waste heat-driven two-adsorber bed adsorption cooling system[J]. Applied Thermal Engineering, 2016, 100: 1119-1129.

[30] Thomas H, Marian A, Chervyakov A, et al. Efficiency of superconducting transmission lines: An analysis with respect to the load factor and capacity rating[J]. Electric Power Systems Research, 2016, 141: 381-391.

[31] 李振宇, 丁德, 曹顺安. 二氧化碳对换流阀铝合金散热器冲刷腐蚀影响分析[J]. 清洗世界, 2016, 32(10): 28-32.

[32] 王远游, 郝志杰, 林睿. 天广直流工程换流阀冷却系统腐蚀与沉积[J]. 高电压技术, 2006, (09): 80-83.

[33] 付纪华, 李庆宇, 谷永刚, 等. 高压直流输电光触发换流阀塔均压电极除垢技术和工艺研究[J]. 智慧电力, 2014, 42(10): 72-75.

[34] 王萌. 换流阀水路冷却系统腐蚀实验及腐蚀机理研究[D]. 北京: 华北电力大学, 2018.

[35] Jackson P O, Abrahamsson B. Corrosion in HVDC valve cooling systems [J]. IEEE Transactions on Power Delivery, 1997, 12(2): 1049-1052.

[36] 刘学忠, 王晨星, 刘宁, 等. 换流阀内水冷系统泄漏电流对散热器腐蚀的影响[J]. 高电压技术, 2020, 46 (5): 1781-1790.

[37] 杨磊, 宋小宁, 朱志平, 等. 阴树脂粉末对换流站阀冷系统 6063 铝合金腐蚀的影响[J]. 材料保护, 2019, 52(1): 27-33.

[38] 钱洲亥, 程一杰, 宋小宁, 等. 阳树脂粉末对阀冷系统 6063 铝合金的腐蚀影响研究[J]. 腐蚀科学与防护技术, 2019, 31(2): 197-204.

[39] 宋小宁, 程一杰, 杨磊, 等. 混合树脂粉末对换流站阀冷系统 6063 铝合金的腐蚀的影响[J], 腐蚀与防护, 2020, 41(2): 39-44

[40] 于志勇, 宋小宁, 程一杰, 等. 乙二醇对阀冷系统 6063 铝合金的腐蚀影响[J]. 腐蚀与防护, 2020, 41(4): 7-12.

[41] 刘德庆, 何潇, 郭新良, 等. 铝合金在乙二醇溶液中的腐蚀研究进展[J]. 热加工工艺, 2019, 48(2): 36-40.

[42] 陶佃彬. 长效丙二醇防冻冷却液的研究开发[D]. 北京: 北京化工大学, 2012.

[43] 黄赵鑫, 朱志平, 周攀, 等. 换流站阀冷系统中丙二醇防冻液的腐蚀特性研究[J]. 中国腐蚀与防护学报, 2022, 42(3): 471-478.

[44] 程正波, 高超, 黄岳奎. 阀冷均压电极结垢检查及隐患分析[J]. 低碳世界, 2016, 125(23): 63-65.

[45] 吴俊杰, 刘凯, 唐洪, 等. 高压直流输电阀冷系统水质控制与管理探究[J]. 湖南电力, 2018, 38(01): 51-54.

[46] 张朝辉, 梁秉岗, 林康照. 高压直流换流阀冷水系统优化措施[J]. 电工技术, 2019, (22): 35-37.

第7章
绝缘子污闪与防护

7.1
绝缘子污闪问题

7.1.1　概述

在电力系统中，绝缘子是将电位不同的导电体在机械上相互连接的重要部件。绝缘子在电气上起着绝缘的作用，在机械上起着支撑的作用，其性能的优劣对整个输电系统的安全运行非常关键。尤其是在户外运行的绝缘子，除了应具有一定的电气绝缘性能和一定强度的机械性能之外，还应耐受自然环境和污染等的侵袭以保证安全供电的条件。

绝缘子由绝缘体和金属附件构成。绝缘子按用途一般可分为线路绝缘子、变电站支持绝缘子和套管三大类；依绝缘子的材料分，有瓷、玻璃和有机复合绝缘子（图7-1）。目前，输电线路上使用的绝缘子主要有三大类：盘形悬式瓷绝缘子、盘形悬式玻璃绝缘子、棒形悬式复合绝缘子。

(a) 瓷绝缘子　　　　　　　　　　(b) 玻璃绝缘子　　　　　　　　(c) 有机复合绝缘子

图7-1　绝缘子类型

高压输电线路运行故障多数是由绝缘不良引起的,而线路绝缘子是电网绝缘的薄弱环节。绝缘子在运行中发生故障的类型很多,其中对电力系统影响较大,且比较频繁的事故是在运行电压下输变电设备绝缘子的污秽闪络事故。闪络是指在高电压作用下,气体或液体介质沿绝缘表面发生的破坏性放电。绝缘子闪络的类型主要有污闪、雨闪、冰闪、雷闪和操作闪络。污秽闪络,简称污闪,是指聚积在绝缘子表面上的具有导电性能的污秽物质,在潮湿天气受潮后,使绝缘子的绝缘水平大大降低。污闪有独特的放电机理,它与绝缘子表面积污、表面污层湿润以及绝缘子本身耐污特性诸因素有关[1]。

污闪通常有两大特点:

① 多点同时,即在雾、小雨等潮湿天气条件下会同时发生在多条线路的多基杆塔和变电站多个设备上;

② 重合闸不易成功而造成线路与变电站永久性接地事故。

输电线路外绝缘的污闪事故是对电力系统输配电可靠性危害极大的频繁性事故,在电气设备发生污闪时,重合闸的成功率极低,从而使断电保护失灵,往往会导致大面积停电,将严重影响电力系统的安全运行。污闪具有区域性特点,事故面积大,持续时间长,会造成电力系统恶性事故。同时污闪中所伴随的强力电弧还经常导致电气设备的损坏,从而使停电时间延长,这种大面积、长时间的停电给工农业生产和人民生活带来了严重的危害,杜绝电网污闪事故的发生,可以大大提高电网稳定运行的可靠性[2]。

7.1.2　绝缘子污闪过程

运行中绝缘子的表面污秽物是工业排放物、汽车尾气以及自然扬尘等逐渐积累起来的,其主要成分是 CH_4N_2O、$C_6H_{14}N_2O_2 \cdot HCl$、$C_7H_7N_2O_4$ 等有机物以及由 F^-、Cl^-、NO_3^-、SO_4^{2-}、K^+、Ca^{2+}、Na^+、Mg^{2+}、Zn^{2+} 等组成的无机物。在直流电压下,存在静电积尘效应,使直流绝缘子积污比交流绝缘子更加严重。通过对运行中直流绝缘子表面污秽取样分析,发现对其表面积污特性影响最大的是绝缘子材质,其次是污染源,最后是直流极性。对绝缘子表面积污影响最大的是工业污染源,交通污染源次之,农业污染源最小[3]。

运行的绝缘子在自然环境中,长期遭受工业污秽和自然污秽的污染,在干燥条件下,污秽尘埃的电阻很大,绝缘性能不会降低,但在雾、露、小雨等空气湿度较大的情况下,绝缘表面的污物受潮湿润后,污物中的可溶物质会逐渐溶于水中,在绝缘表面形成一层导电膜,再加上绝缘表面的泄漏距离较小,湿污层的电阻较小,因而会出现较强烈的放电现象。泄漏电流的焦耳热效应会使污秽层的水分蒸发,由于绝缘子各个部分污秽层分布的几何尺寸不一样,钢帽、钢脚附近或支持绝缘子的杆径处,几何尺寸较小,电流密度较大,焦耳热效应显著,首先形成相对其他部分的干燥区。由于干燥区电位显著提高,而其他潮湿区的电位较低,当高电位场强达到临界时,该处就会对低电位放电,在这种条件下跨越干区的放电形式称为电弧放电,电弧呈黄红色并做频繁伸缩的树枝状,放电通道中的温度可增高至热游离的程度。而对应的泄漏电流脉冲值则较大,可达数十或数百毫安。若此时污秽层再继续受潮,局部小电弧越强烈,相应的泄漏电流值越大,就会逐步向沿面发展,形成整个沿面放电,电弧由黄红色树枝状变为耀眼的青白色闪光,并伴有巨大的声响,导致污闪事故[4](图 7-2)。

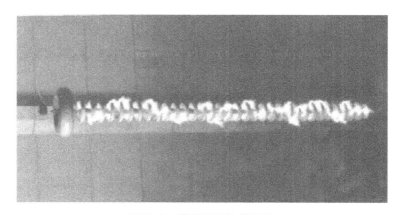

图 7-2　发生污闪的绝缘子

由此可见，污秽闪络必须经过 4 个阶段：

① 绝缘子表面的积污过程；

② 绝缘子表面污层湿润的过程；

③ 干燥区形成和局部电弧过程；

④ 局部电弧发展成完全闪络[5]。

(1) 绝缘子表面积污过程　绝缘子表面沉积的污秽，来源于该地大气环境的污染（包括远方传送来的），也受大气条件的影响（例如风吹和雨淋），还与绝缘子本身的结构、表面粗糙度有着密切的关系。长期的运行经验表明，城市工业区及大气污染严重的地区，一般绝缘子表面的积污也多。工业规模愈大，对周围影响的范围也愈大。中国电力科学院等单位的研究表明，对于大气扩散和传送能力强的地区，大城市工业污染扩散对电力系统污染的影响范围可达 20～30km 以上。一般来说，距工业污染源愈远，影响愈弱，绝缘子表面积污的盐密值也逐渐减少。等值盐密法是把绝缘子表面的导电污秽物密度转化为相当于每平方厘米多少毫克 NaCl 的表示方法。据重点工业城市对 44 条输电线路上绝缘子表面沉积污秽的盐密（等值盐密、附盐密度）值统计，其值可用下式表达：

$$ESDD = Ae^{-BL} \tag{7-1}$$

式中，ESDD 为绝缘子表面污秽物盐密值，mg/cm^2；L 为距污源的距离，m；A、B 为常数。

特别是大气污染比较严重地区的浓雾，对绝缘子表面的污染也是明显的。研究表明，城市工业区的浓雾的雾水电导率可达 2000μS/cm 左右，一次来雾可稳定地维持数小时。城市工业区的边缘及邻近农村的浓雾的雾水电导率也可达数百至 1000μS/cm 以上。雾对绝缘子表面的实际污染在北京地区的清河和草桥两个试验站进行了实测，其结果是一次大、中型雾 8～10h，绝缘子表面盐密值可增加 0.01mg/cm² 左右。人工模拟试验表明，当雾水电导率为 2000μS/cm 时，XP-160 绝缘子受雾 6～10h，盐密值可增加 0.03～0.04mg/cm²。雾水电导率为 2000μS/cm 的雾可使设备的污闪电压比蒸馏水雾下降 20%左右。如果雨、雪中含有较高的电导率物质，则对绝缘子有增加污染的作用。如果是大雨，则又有洗涤绝缘子使其净化的作用。某地 10 月份（雨季后）测得的绝缘子表面盐密值，普遍比同年 3 月份（无雨积污期）低，雨水的冲洗效果都很明显，平均冲洗效率为 28%。

由上所述，大气环境中充满了各种气态、液态污染物和固体微粒。固体微粒中直径较大者，在重力作用下垂直降落。直径较小的微粒呈悬浮状态，也在绝缘子周围运动着。绝缘子表面污秽的积聚，一方面取决于促使微粒接近绝缘子表面的力，另一方面也取决于微粒和表面接触时保持微粒的条件。

微粒在绝缘子表面上的沉积，受风力、重力、电场力的作用，其中风力是最主要的。重力只对直径较大的微粒起作用，且主要影响污染源附近的绝缘子的上表面。微粒在交流电场中做振荡运动，作用在中性微粒上的电场力指向电力线密集的一端。空气运动的速度和绝缘子的外形决定了绝缘子表面附近的气流特性，在不形成涡流的光滑表面附近（例如 XWP2 双层伞形和 XMP 草帽形），微粒运动速度快，从而减少了它们降落在绝缘子表面的可能性。反之，下表面具有高棱和深槽的绝缘子表面附近则易形成涡流，使气流速度下降，创造了污秽沉积的有利条件。

由于风力对绝缘子表面积污起主要作用，因此，有风、无风及风大、风小均对微粒的沉积影响较大，也直接影响绝缘子上、下表面积污的差别。另外，绝缘子表面的光洁度等也影响微粒在其表面的附着。因此，新的、光洁度良好的绝缘子与留有残余污秽的或者表面粗糙的绝缘子相比，其沉积污秽的速度应该是不同的。

(2) 污层的湿润　大多数污物在干燥状态下是不导电的，该状态下绝缘子放电电压和洁净干燥时非常接近。大、中雨有利于污秽的冲洗。冰雪不能使污秽受潮，因此这两种潮湿气象条件不会引起绝缘子的污秽闪络。只有在易使绝缘子表面污秽受潮湿润而又不会流失的气象条件下，使污秽层表面的电阻变小，耐受电压水平降低，才有可能引起绝缘子的污秽闪络，其中闪络电压降低的程度与污层的电导率有关。污秽绝缘子表面的湿润可由小雨、雾、露、融冰、融雪等直接产生，也可由相对湿度、绝缘子表面与周围空气的温差等条件产生。相对湿度增高，绝缘子表面附着的电解质会吸潮、湿润。开始吸湿的相对湿度因电解质的种类而异，取决于电解质水溶液的饱和蒸汽压，例如盐的开始吸湿相对湿度为 75%左右，氯的流入，均可导致吸湿。绝缘子表面的吸湿量随相对湿度、温差、附盐密度的增高而增大。

(3) 干燥区和局部电弧的形成　绝缘子表面污秽受潮后，污秽层表面电阻率降低，沿面泄漏电流增大，泄漏电流的焦耳热效应会使绝缘子表面水分蒸发。在绝缘子伞盘直径较小的部位泄漏电流的密度较大，如在悬式绝缘子的钢帽、钢脚附近，泄漏电流的焦耳热效应首先使这些区域产生局部干燥区。干燥区具有很高的表面电阻，又可限制泄漏电流，使其他表面污层继续受潮，承受的电压逐渐下降，而钢帽、钢脚附近的干燥区承受大部分的工作电压，使沿绝缘子表面的电压分布随之发生变化。干燥区承受较高电压，产生局部放电。当泄漏电流被干燥区表面污秽的高电阻限制到很小值或中断后，泄漏电流对污秽的烘干作用终止，大气中的潮湿空气使干燥区污秽重新湿润。而在某个场强较高处又会出现新的污秽干燥区，产生新的局部放电。局部污秽干燥区表面电弧的高温使干燥区范围扩大，当局部干燥区表面承受的电压提高到其无法承受时，干燥区表面击穿、电弧熄灭。在潮湿环境中绝缘子又继续受潮，新的干燥区和局部电弧又会产生，如此不断循环发展。

(4) 电弧迅速发展直至完全闪络的过程　在三个过程中的这种间歇性放电现象的发生和发展是随机的、不稳定的。局部放电发展直至闪络或表面充分干燥后使电弧熄灭、放电停止，取决于绝缘子表面的污秽量、外施电压等条件。

当条件合适，绝缘子表面脏污严重，污秽受潮充分，沿绝缘子表面流过的电流较大，间歇性的局部放电现象强烈，局部放电电弧会沿绝缘子表面伸展，出现跨区域的局部放电长电弧，最终电弧迅速发展，直至贯通绝缘子表面，从而完成闪络过程。

瓷、玻璃绝缘子污秽闪络的充分与必要条件是运行电压、污秽物质、潮湿，三者缺一不可，而干燥区的出现是污秽绝缘子表面局部放电发展的必要条件。

7.1.3　绝缘子污闪的原因

（1）绝缘子本身的影响　绝缘子在制备过程中制造工艺的不当会引起微观结构不稳定，绝缘子的性能会下降，在高负荷和高电压运行环境中其击穿电压下降，变为零值绝缘子。绝缘子在运输过程中由于机械碰撞也会产生裂痕，引发局部放电，最终引起污闪。

（2）环境因素的影响　输电线路上的绝缘子是在户外运行工作的，空气中的灰尘、工业、废气、自然界的盐碱及鸟粪等污染源都不同程度在绝缘子外绝缘表面沉积，这些污染物的成分主要为硅、硫的氧化物及盐类，沿海地区的水汽中则含有大量的钠盐。这些物质在干燥时对绝缘子运行状况无影响，但是一旦被润湿，其导电能力增强，形成导电层，很容易引起闪络。

（3）气象条件的影响　污闪事故的发生同样与当地气象条件密切相关，在干燥情况下，绝缘子即使积污其绝缘电阻依旧很大，不易发生闪络；在大雨中，绝缘子表面的污秽物会被雨水冲洗，也不容易发生闪络。但是当污秽层在干燥天气下积累到一定程度后，在雾霾、细雨及空气湿度大的情况下被润湿，绝缘子形成了导电层，绝缘性能降低，相应的表面泄漏电流则增加，当泄漏电流达到某一极限值则发生闪络。

此外，绝缘子污闪事故的发生，还会受到输变电线路电流类型、电压等级及当地海拔高度等影响。一般直流电发生污闪的概率大于交流电，海拔越高污闪可能性越大，电压等级越高越易发生污闪[6]。

7.1.4　绝缘子直流污闪特性研究

7.1.4.1　直流绝缘子自然积污特性

污秽沉积于绝缘子表面的过程主要由两方面决定，一方面是使污秽颗粒向绝缘子运动的力，主要有风力、重力和电场力等，其中风力的作用最大，电场力作用最小，另一方面是使污秽颗粒吸附在绝缘子表面的力，主要包括范德华力和毛细力。此外，积污量还与污秽颗粒粒径、污秽成分、相对湿度、降雨强度和时间等因素相关。不同类型的绝缘子其自然积污特性不同，了解自然积污特性有助于研究绝缘子耐污闪性能[7]。

伞形结构、伞裙参数、布置情况等对积污有影响。马仪等[8]研究发现在直流电压下，对于悬式绝缘子，双伞和三伞形玻璃、瓷绝缘子积污情况与钟罩形玻璃、瓷绝缘子相似，而复合绝缘子积污情况较钟罩形绝缘子严重；对于支柱绝缘子，大小伞积污情况比深棱伞的情况略重，大小伞支柱绝缘子积污情况随伞间距的减小而变得严重。高海峰等[9]以三伞形和钟罩形绝缘子为试品，在相似运行环境下进行带电积污试验，结果表明三伞形绝缘子积污水平低于钟罩形绝缘子；对布置方式对积污的影响进行了试验，发现直线串布置绝缘子积污程度较耐张串严重。张楚岩等[10]对不同伞形结构的支柱绝缘子在人工积污室和风洞中进行了积污试验，结果表明等径深棱伞和大小伞的瓷支柱绝缘子污秽水平相差不多，换流站外绝缘设计时应当因地制宜，根据实际运行环境和气候条件等因素选择相应伞裙结构的支柱绝缘子。

不论何种类型的绝缘子，其上下表面积污情况差异明显。宿志一等[11]在北方某内陆地区的直流自然污秽试验站对盘形瓷绝缘子进行了自然积污试验，结果表明上下表面积污比在1：1.79 和 1：4.34 间，雨水对上表面污秽冲刷作用明显强于下表面。清华大学李震宇等[12]自建自然积污试验站，对悬式复合绝缘子进行了带直流电积污试验，结果表明雨水对绝缘子上表面的冲刷作用明显强于下表面。宿志一[13]对多个换流站户外试验场和自然积污试验站的污秽测量数据进行了总结分析，结果表明：相同环境、带直流电压下，深棱伞形和大小伞形瓷支柱绝缘子下表面盐密并不明显高于上表面盐密，而上表面灰密甚至大于下表面灰密，且支柱绝缘子的伞裙上下表面污秽分布情况比盘形绝缘子均匀。谭捷华等[14]在位于高海拔地区的自然积污试验站对三种不同伞裙结构支柱绝缘子进行了污秽测量，结果表明：支柱绝缘子上下表面盐密、灰密比值有所不同，其中盐密比在 1.1～1.7 范围内，而伞裙结构不同灰密比不同，对于深棱伞形绝缘子，其上表面灰密大于下表面，大小伞形绝缘子情况相反。

同一绝缘子不同高度污秽情况不同。对于穿墙套管，高低压端积污较中部严重。对于支柱瓷绝缘子，直流电压下高低压端（顶端和底端）盐密较为严重，而中部相对较轻。马仪等[8]对大小伞形支柱绝缘子在直流电压下污秽分布进行了测量，结果表明，垂直布置的大小伞支柱绝缘子污秽分布由高压端（顶端）向低压端（底端）逐渐增加，而深棱伞形支柱绝缘子污秽分布则呈两端重、中间轻。谭捷华等[14]对天广直流输电工程线路运行绝缘子串进行了污秽测量，结果发现整串绝缘子上表面盐密随高度变化区别不大，下表面盐密分布则呈两端高、中间低。美国 BPA 在专门用于试验的线路上对运行绝缘子进行了测量，结果表明绝缘子串下部积污情况最严重，其积污量是串中其他部分积污量的两倍左右。日本和瑞典的研究人员均认为绝缘子两端积污情况较中部严重，且中部污秽分布较为均匀[15]。

7.1.4.2 高海拔绝缘子直流污闪特性

目前世界上的直流输电线路主要分布在中国、英国、美国、法国、日本、加拿大等国家。除中国外，其直流输电走廊主要经过平原地区，很少遇到高海拔带来的问题。而我国由于西电东送、地理环境等原因，多条特高压线路需经过高海拔地区。高海拔地区气压低，其污闪电压以及闪络过程的放电现象与平原地区有所区别。目前普遍认为绝缘子闪络电压与气压的关系可表达如下：

$$U = U_0 \left(\frac{P}{P_0} \right)^n \tag{7-2}$$

式中，U_0 和 U 分别为常压 P_0 及低气压 P 对应的污闪电压值；n 为下降指数，用来表示气压对污闪电压影响的程度。

目前对下降指数 n 的研究，不同研究者得出的结论各异。日本研究了气压对正、负极性直流污闪电压的影响，结果发现二者的下降指数分别为 0.4～0.44 和 0.35[16-17]。

重庆大学在高海拔地区对不同类型绝缘子的直流污闪特性展开了研究，结果表明：电压类型、绝缘子型号和污秽程度等均会对下降指数 n 造成影响，n 值大小与试品和试验的条件有关；直流电压下，绝缘子的下降指数 n 一般在 0.35～0.56 之间，可取 0.44 作平均值。

清华大学在高海拔地区对几种悬式绝缘子的直流污闪特性展开了研究，结果表明：悬式绝缘子的下降指数 n 大多在 0.12～0.34 的范围内，且绝缘子类型、污秽程度以及电压极性对下降指数值也有影响，正极性和负极性电压下，下降指数分别为 0.25 和 0.31。除了以绝缘子做试品外，清华大学还对平板模型在高海拔条件下的交、直流污秒放电特性展开了一系列研究，结果发现正极性及负极性直流电压下，下降指数 n 在 0.15～0.17 的范围内[18-20]。

为得到直流污闪电压与海拔高度之间的关系，清华大学对气压与污闪电压的非线性关系式（7-2）进行推导，得到海拔高度与直流污闪电压之间的线性关系式，如式（7-3）所示，并利用人工污秒试验对该式的准确性进行了验证。

$$\frac{U}{U_0} = 1 - kH \tag{7-3}$$

式中，U_0 为低气压 P_0 下的污闪电压；U 为试验气压 P 下的污闪电压；H 为海拔，km；k 为海拔高度对污闪电压的影响系数。将非线性关系式（7-2）变为线性式（7-3），能更直观、方便地研究海拔高度与污闪电压的关系[21]。

7.1.4.3 绝缘子直流污闪特性的影响因素

绝缘子直流污闪特性受多种因素的影响，诸如盐密、灰密、污秒不均匀分布、电压形式、材质、伞形结构、伞裙参数等。

大量人工污秒试验的研究成果表明：在导电物质为 NaCl 且绝缘子表面均匀染污的条件下，试验盐密（SDD）对绝缘子污闪电压（U_f）的影响符合幂函数关系，可以表示为

$$U_f = A(SDD)^{-n} \tag{7-4}$$

式中，U_f 为人工污秒试验得到的污闪电压值，kV；A 为与绝缘子伞形结构、材质、污秒程度等有关的常数；SDD 为盐密值，mg/cm²；n 为表征盐密对污闪电压影响的特征指数值。

关于盐密对污闪电压影响的特征指数 n 的值，各研究机构得出的结果不尽相同。对瓷、玻璃及复合绝缘子在直流电压下的盐密影响特征指数进行试验研究，结果表明：瓷、玻璃绝缘子 n 值在 0.30～0.37 的范围内，复合绝缘子 n 值在 0.20～0.28，即盐密对复合绝缘子污闪电压影响较瓷和玻璃绝缘子要小，其原因可能是复合绝缘子表面污层具有憎水性[21-24]。蒋兴良等[25]对在人工污秒实验室对复合绝缘子短样开展人工污秒试验，结果表明盐密对污闪电压影响特征指数 n 与复合绝缘子伞裙结构、材质等因素相关，在 0.25～0.30 范围内，比瓷和玻璃绝缘子 n 值要小。

重庆大学的研究人员在人工污秒实验室中，以用于 110kV 线路的复合绝缘子为样品，研究了等值盐密（ESDD）和灰密（NSDD）对污闪电压的影响[26-27]，研究结果表明：随盐密或灰密值增加，复合绝缘子污闪电压均下降，且符合幂函数关系，盐密和灰密的影响特征指数均与绝缘子伞裙结构、材料等因素相关，110kV 复合绝缘子污闪电压与盐密、灰密值的关系可表示为

$$U_f = 110.0 \rho_{ESDD}^{-0.106} \rho_{NSDD}^{-0.104} \tag{7-5}$$

即盐密影响特征指数为 0.106，灰密影响特征指数为 0.140，灰密影响大于盐密。

清华大学[28]在海拔高度 1970m 的地区对四种不同伞裙结构的复合支柱绝缘子和两种瓷支柱绝缘子以恒压升降法进行了直流污闪试验，对高海拔低气压条件下，盐密和灰密对绝缘子直流污闪特性影响展开了研究，结果表明：随盐密、灰密增加，污闪电压下降，且盐密和灰

密对污闪电压影响是相互独立的，并利用最小二乘法进行公式推导，得到给定型号复合支柱绝缘子的直流污闪电压计算公式：

$$U_f = 24.57 \rho_{ESDD}^{-0.332} \rho_{NSDD}^{-0.108}$$ (7-6)

污秽分布不均匀也会对绝缘子污闪特性产生影响。

清华大学张福增[29]以复合支柱绝缘子为试品，采用恒压升降法研究了伞裙上下表面污秽分布情况对污雨闪特性的影响，结果表明：复合支柱绝缘子伞裙上下表面污秽分布不均匀时，其直流污雨闪电压比上下表面污秽均匀分布时低，但相差较小，在 5%以内，不必对此进行修正，在对复合支柱绝缘子结构高度设计时，需考虑 5%的余量。

南方电网公司对复合绝缘子进行人工污秽试验，研究其有不均匀污秽时的直流闪络特性[30]，结果表明：绝缘子上下表面污秽不均匀分布对复合绝缘子污闪电压的影响没有瓷或玻璃绝缘子的影响大，得到了直流电压条件下复合绝缘子上下表面污秽不均匀分布的校正系数公式，其校正系数为 1.065。此研究为用于超、特高压直流线路的复合绝缘子设计和应用提供了参考和依据。

7.1.5 绝缘子污闪模型

由于污秽绝缘子表面局部电弧的产生、发展及最终形成闪络是一个极其复杂的过程，国内外对沿绝缘染污表面的放电机理一直没有统一的看法，一般认为电弧放电不是单纯的空气间隙击穿，而是发生在空气的水蒸气中的特殊形式的放电，是受电、热、化学等各种因素影响的过程。因局部电弧产生后，绝缘子表面的电场分布、电位分布、电弧及其附近的污层温度都不断变化，影响局部电弧继续发展最终导致闪络的因素极其复杂，所以不同研究者对局部电弧发展至完全闪络这一过程的观点不一致[31-32]。

7.1.5.1 Obenaus 串联模型

德国学者 Obenaus 于 1958 年提出了著名的定量分析污闪过程的电路模型。他认为污秽闪络是一段局部电弧和剩余污层电阻相串联的等效模型，如图 7-3 所示。图中，X 为局部电弧长度；L 为爬电距离；HV 表示高压端。

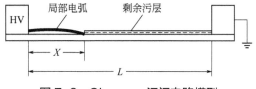

图 7-3 Obenaus 污闪电路模型

该串联模型的数学表达式为

$$U = AXI^{-n} + R_c I$$ (7-7)

式中，U 为外施电压；X 为局部电弧长度；I 为电弧电流或泄漏电流；R_c 为剩余污层电阻；A，n 为反映电弧特性的常数，其数值与电弧周围介质和电弧冷却情况有关。根据电弧的

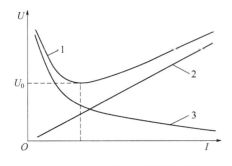

图 7-4　染污放电电压分量关系

1—外施电压 U；2—污层电阻压降 $R_c I$；

3—局部电弧压降 AXI^{-n}

下降型伏安特性，AXI^{-n} 代表局部电弧压降，它随泄漏电流增加而减少；$R_c I$ 代表剩余污层电阻上的压降，它随泄漏电流增加而增加；外施电压 U 为二者之和，如图 7-4 所示。显然，对某一确定电弧长度 X 必有一外施电压的最小值 U_0。如果外施电压小于 U_0，则电弧不能维持；大于 U_0，则电弧可以维持并发展，并可知电弧沿污层延伸，当达到临界点时电弧将失去平衡发生闪络。

Alston 和 Zoledziouski 在 Obenaus 串联模型的基础上求得的污秽闪络的临界电压 U_c、临界弧长 X_c 和临界电流 I_c 分别为

$$U_c = A^{\frac{1}{n+1}} L r_c^{\frac{n}{n+1}} \tag{7-8}$$

$$X_c = L / (n+1) \tag{7-9}$$

$$I_c = (A / r_c)^{\frac{1}{n+1}} \tag{7-10}$$

根据 Obenaus 串联模型，当局部电弧产生后，如果其单位长度电弧电阻 R_{arc} 小于单位长度剩余污层电阻 r_c 且外加电压不变，局部电弧将发展成完全闪络，即局部电弧发展成完全闪络的条件为

$$R_{arc} < r_c \tag{7-11}$$

Obenaus 串联模型得到了普遍认同，在此基础上，发展了针对矩形平板模型、圆盘模型以及实际绝缘子污闪的静态模型和动态模型。

7.1.5.2　能量模型

Hampton 用一定电导率的水柱做试验，从能量角度提出的局部电弧伸长并完成闪络的条件为

$$\begin{cases} E_a < E_p \\ di / dx > 0 \end{cases} \tag{7-12}$$

式中，E_a 为局部电弧柱内电位梯度；E_p 为局部电弧前沿水柱内电位梯度；i 为电弧电流；x 为电弧长度。当局部电弧柱内电位梯度 E_a 小于局部电弧前沿水柱内电位梯度 E_p 时，电弧就能伸长发展，即 $di / dx > 0$，局部电弧发展成完全闪络。

Wilkins 等通过试验研究了半导体釉层长棒形绝缘子的污闪过程，从能量角度提出局部电弧发展成完全闪络的条件为

$$dP / dx > 0 \tag{7-13}$$

式中，P 为电弧从电源处获得的能量。上式表明，如果局部电弧延伸过程中从电源获得

的能量增加，局部电弧则能发展成完全闪络。

7.1.5.3　动态模型

Sundararajan 等在 Obenaus 串联模型和能量模型的基础上，假设绝缘子表面均匀污秽、均匀湿润，并且沿绝缘子表面只有一条电弧起主导作用，同时忽略电弧和污层的热特性，提出了分析污秽绝缘子直流闪络特性的动态模型。在人工直流污秽试验时其电压方程可表示为

$$U = U_a + U_c + AXI^{-n} + R(x)I \tag{7-14}$$

式中，U 为绝缘子施加的外电压；U_a 为电弧阳极压降；U_c 为电弧阴极压降；AXI^{-n} 为弧柱压降；A，n 为常数。阴极和阳极的总长度一般不超过 10^{-4}cm，在局部电弧长度大于几厘米时，电弧电压基本上由弧柱压降承担，忽略电弧阳极和阴极上的压降，可以近似认为电弧压降就是弧柱压降。$R(x)$ 是与剩余污层电导率和绝缘子形状系数有关的量：

$$R(x) = \frac{1}{\sigma} \int_x^L \frac{\mathrm{d}l}{2\pi r} \tag{7-15}$$

式中，σ 为剩余污层电导率；r 为绝缘子半径。绝缘子污层电阻随电弧的发展而不断变化，形状系数是随绝缘子剩余污层长度变化的一个动态的物理量。根据此动态模型可知发生闪络的必要条件是：电弧的电场强度小于剩余污层电阻的电场时，电弧将自动发展延伸导致闪络；电弧电场强度大于等于剩余污层电阻的场强时，电弧将熄灭或不能继续发展。由污闪的静态模型可以计算污闪的临界条件，动态模型可以解释污闪发展过程中电流、电弧电压等特征量的变化趋势，所建模型与人工污秽试验数据比较一致。

清华大学将真实绝缘子处理为一不规则平板模型，得到的剩余污层电阻 $R(x)$ 为

$$R(x) = \frac{1}{\pi r_e} \ln \frac{L-x}{r_0} \tag{7-16}$$

式中，r_e 为有效污层电导率（或称临界电导率）；L 为模型表面爬电距离；x 为局部电弧长度；r_0 为弧根半径，$r_0 = \sqrt{I/(1.45\pi)}$。由于直流绝缘子表面电弧容易飘离，其污闪电压可用下式估算：

$$U = AK_x I^{-n} + \left(\frac{K_t I}{\pi r_e}\right) \ln\left(\frac{L-x}{K_t r_0}\right) \tag{7-17}$$

式中，K_x 为局部电弧长度与绝缘子表面爬电距离之比，大于 1 时表示电弧飘离表面，小于 1 时表示伞间或棱间电弧桥接；K_t 为局部电弧串联的污层数。

7.1.5.4　低气压下绝缘子污秽闪络模型

国内外对染污绝缘子闪络机理的研究主要是基于 Obenaus 的串联模型展开的，且主要针对一般海拔地区，对低气压下染污绝缘子闪络机理研究相对较少，对污闪电压随气压变化的规律，绝缘子形状、污秽、电压类型等对低气压绝缘子串污闪电压变化规律的影响仍缺乏明确的结论和合理的解释。

重庆大学张志劲等[33]研究发现在低气压下，绝缘子表面往往存在飘弧现象，且海拔越高，飘弧现象越严重。根据 Obenaus 串联模型来描述低气压染污直流绝缘子串放电过程与实际情

况存在较大差异，因此提出了高海拔、低气压下直流染污绝缘子放电机理。低气压下绝缘子放电过程是沿面电弧和空气间隙电弧与剩余污层电阻的动态变化过程，其简化的电路模型如图 7-5 所示。图中，x_1 为绝缘子串中所有绝缘子的沿面电弧长度总和，cm；x_2 为绝缘子串中所有空气间隙电弧长度之和，cm；x_3 为绝缘子串中所有剩余污层电阻长度之和，cm。

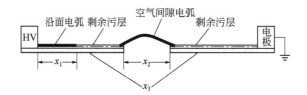

图 7-5　低气压污闪放电模型

此时外施电压为

$$U = A_1 (P/P_0)^{m_1} I^{n_1} x_1 + A_2 (P/P_0)^{m_2} I^{n_2} x_2 + r_c I x_3 \tag{7-18}$$

式中，I 为泄漏电流或局部电弧电流；A_1，m_1，n_1 为反映沿面电弧特性的常数；A_2，m_2，n_2 为反映空气间隙电弧特性的常数；r_c 为单位长度剩余污层电阻。

在染污直流绝缘子串放电发展过程中，空气间隙电弧的存在将使染污绝缘子串的部分泄漏距离被短接，即染污绝缘子串放电路径长度不大于绝缘子串表面的总爬电距离。对于 N 片绝缘子串，应满足下式：

$$x_1 + x_2 + x_3 = k_1 NL \tag{7-19}$$

式中，L 为单片绝缘子的爬电距离；k_1 为绝缘子串污闪放电路径长度与绝缘子串总爬电距离之比，$0 < k_1 \leqslant 1$。

当局部电弧均为纯沿面电弧（$x_2 = 0$）时，对式（7-18）求极值，得到的低气压下绝缘子串污秽闪络的临界电压为

$$U_c = A_1^{\frac{1}{n_1+1}} (P/P_0)^{\frac{m_1}{n_1+1}} NL r_c^{\frac{n_1}{n_1+1}} \tag{7-20}$$

当局部电弧均为纯空气间隙电弧（$x_1 = 0$）时，假定产生的空气电弧长度为其对应所短接的绝缘子串爬电距离长度的 k 倍，对式（7-18）求极值得到的低气压下绝缘子串污秽闪络的临界电压为

$$U_c = (kA_2)^{\frac{1}{n_2+1}} (P/P_0)^{\frac{m_2}{n_2+1}} NL r_c^{\frac{n_2}{n_2+1}} \tag{7-21}$$

由式（7-20）和式（7-21）可知：直流绝缘子串临界污闪电压与沿面电弧特性、污秽度、气压、绝缘子串串长、爬电距离等有关；染污绝缘子串直流污闪电压与串长呈线性关系，但与气压、污秽度呈非线性关系；气压、污秽度对染污绝缘子串闪络电压的影响程度与低气压染污绝缘子串放电过程中产生的局部电弧的特性有很大关系，即局部电弧中沿面电弧和空气间隙电弧所占的比重将直接影响气压影响特征指数和污秽影响特征指数。

7.2

绝缘子防污闪措施

7.2.1 概述

我国是电力能源大国，同时也是发生污闪事故较多的国家之一。绝缘子污闪事故影响范围广，重合闸成功率低，大面积污闪直接导致电网大面积停电，曾经是影响电网安全的最主要故障原因，对我国电力行业造成了较大的直接和间接经济损失。我国电力系统的污闪事故五六十年代已有发生，且多集中在工业比较发达的地区，随着电网容量的增大和额定电压等级的升高，电力系统输变电设备外绝缘的污闪事故日益增多。据不完全统计，在 20 世纪 70 年代，我国输电线路共发生 1126 起污闪事故，761 起变电设备污闪事故。20 世纪 80 年代，共发生 1907 起输电线路污闪事故，695 起变电设备污闪事故。1990—2001 年，大范围的污闪事故更加突出，污闪面积也在扩大，仅仅跨省区的重大污闪事故就有 3 次：1990 年华北污闪事故，1996 年华东污闪事故，2001 年华北、辽宁等地的大范围污闪事故，这三次事故影响范围大，持续时间长，都造成了极其严重的经济损失。2001 年后的一段时间，我国环境污染进一步加重，尤其是雾（霾）天气出现的概率以及严重程度急剧增加，城市工业区、沿海等部分地区出现了高导电性浓雾，雾水电导率最高可达 2000～3000μS/cm，高电导率雾会对输电线路绝缘子造成更大威胁，"雾闪"事故频发[34-35]。我国目前正处于特高压电网的快速发展建设期，截至 2020 年 9 月，我国已经建成投运的特高压直流输电线路多达 23 条，我国已经成为世界上直流输电工程最多、输电距离最远、输送容量最大的国家。在特高压输电工程中，系统输送功率大、输电线路距离长，同时部分地区海拔高，对电气设备和输电线路的绝缘性能要求更高。有相关研究表明，直流绝缘子的表面积污可以达到交流的 2～3 倍，因此，在特高压直流工程中，绝缘子的表面积污速度更快，更容易发生绝缘子的闪络。目前在运维特高压线路的过程中已经发现了不同的绝缘子缺陷和隐患，特高压线路一旦出现污闪故障，不仅会出现大范围停电，而且由于特高压线路本身的输送容量大及本身检修难度较大，供电恢复较为困难，会造成巨大经济损失甚至影响社会和谐安全[36-37]。

为了有效防止绝缘子污闪事故的发生，保障电力系统的稳定运行，相关电力部门制定了一系列防污闪措施，并投入大量人力、物力解决输变电设备的防污闪问题，收到了相当大的效果。但这些防污闪措施都是建立在耗费大量人力物力的基础上，比如定期清扫绝缘子表面，加大线路巡回检查力度等。这些措施并不能及时发现和排除绝缘子故障，绝缘子污闪事故仍时有发生。

7.2.2 绝缘子污闪预防措施

绝缘子污闪是一个复杂的过程，通常可分为积污、受潮、干区形成、局部电弧的出现和发展四个阶段。绝缘子污闪的预防主要是采取措施抑制或阻止其任一阶段的发展和完成。随着环境污染状况日益严重、电力系统规模的持续扩大及输电等级的升高，预防污闪事故的发生一度成为十分重要的课题。随着国内外对绝缘子技术、防污闪技术认识的提高，在总结历年防污闪工作、绝缘子运行经验和应用科研成果下，近年来，我国输变电设备尤其是线路污闪事故明显减少。其中，绝缘子污闪预防措施主要有以下几种[38-40]。

7.2.2.1 加大爬电距离

这是目前比较有效的防污闪措施，包括增加绝缘子片数和采用爬距较大的防污型绝缘子。爬电距离是指沿绝缘表面测得的两个导电部件之间或导电部件与设备界面之间的最短距离，而爬电比距是指外绝缘爬电距离与系统最高工作电压之比。绝缘子的污闪电压总体来说是和绝缘子串串长成正比的，加大爬电距离可以限制通过绝缘子表面电导层的泄漏电流，提高污闪电压。但现场运行经验表明，有些绝缘子虽然爬电比距大，但由于伞间距太小，运行中伞间电弧桥接导致闪络。因此，现场应根据当地污秽等级合理选择爬电比距、伞形结构，应充分兼顾各影响因素。目前我国已经对高压线路、发电厂、变电站外绝缘的最小爬电比距和污秽等级给出了标准，具体的地区根据本地区的污秽等级加强绝缘，可以大大降低污闪事故的发生。

李保泉等介绍的变电站绝缘子瓷套加装硅橡胶伞裙是一种既有效又经济的防污闪、防雨闪辅救补救措施。硅橡胶伞裙由有机硅橡胶添加白炭黑、氢氧化铝等物质经高温硫化成型，具有良好的耐电弧性、耐候性和绝缘性能，具有良好的憎水性和一定的憎水迁移性。硅橡胶伞裙能增加电瓷设备的爬电距离，有效地阻断电瓷设备上流淌的污水。硅橡胶伞裙良好的憎水性能抑制瓷件表面的泄漏电流，表面电弧不易发展，总的爬电距离增加，其污闪电压得到一定程度提高。伞裙的作用不仅仅在于所增加的有限的爬距，更主要的是其突出瓷裙的裙边和憎水性能所表现出的对污湿带、污水流、浮冰、鸟粪和电弧的"阻断"作用，从而起到事半功倍的防污闪效果。按规定要求安装硅橡胶伞裙数量和部位合理，平均提高污闪电压30%左右。

7.2.2.2 涂防尘涂料

防污闪涂料是防止电力设备外绝缘污秽闪络的重要手段。前些年，随着工业排放量的增大和环境污染的加重，输变电设备的污闪越来越频繁。在输电线路绝缘子串的爬电距离得到普遍调整之后，变电设备的防污闪问题更加突出，防污闪涂料在变电站中的使用也与日俱增，已经成为变电设备防污闪的重要手段。

在绝缘子表面涂刷防污闪涂料后，潮湿环境中表面会形成水珠，污秽层不易形成连续的导电液薄膜，增加了绝缘子的表面电阻，使泄漏电流下降，从而抑制了污闪的发展，提高了污闪电压。目前在污闪季节到来前涂刷一次，一般就可以安全度过污闪季节。该措施的局限性在于涂料老化后遇到大雨会自动脱落，需要经常涂刷，耗费大量人力物力。

防污闪涂料使用的硅油是二甲基硅油，外观为无色透明的油状液体，具有优良的耐高、低温性能。它的闪点高、挥发分低、表面张力小，特别是具有优良的电气绝缘性能和憎水防潮性能，对落至表面的污秽还具有吞噬作用，所以在电力设备防污闪中得到一定应用。使用时在电瓷外绝缘上可以停电刷涂，也可利用绝缘工具带电喷涂，要求涂覆均匀、涂层有一定厚度但不能流挂，硅油涂用后不固化，仍呈现油湿状态。有效期为 6 个月，一般秋季清扫后涂敷，春季清除，只能使用一个污闪季节，因此在防污闪中适用于短期、临时措施和不能停电设备的补救措施，只在特别严重的污秽地区才使用。

20 世纪 80 年代，出现了新型防污闪涂料——室温硫化（Room Temperature Vulcanized，RTV）防污闪涂料，它以其特有的憎水性、憎水迁移性，优良的耐污闪特性，以及长效、耐候、耐臭氧、免维护等优点，成为电力系统输变电设备防污闪的首选涂料。RTV 防污闪涂料由有机硅橡胶、填充剂和添加剂，经化学物理过程改性制造而成。RTV 防污闪涂料涂刷在绝缘子表面后，在正常的环境温度下固化为一层橡胶膜，并与绝缘子表面牢固连接。它不但具有与硅油硅脂一样的憎水性，而且独具很强的长周期憎水迁移性，交联的硅橡胶中有游离的小分子聚合物，由于分子的运动聚合物会逐渐迁移到污秽层的表面，使得污秽层也具有憎水性。由于绝缘子表面的污秽是逐渐形成的，而 RTV 防污闪涂料的憎水迁移时间不大于 2h，憎水性可以及时迁移到污层表面，因此在潮湿气候条件下，凝结在绝缘子表面的水分很难成片连续浸润，从而使绝缘子耐污性能大大提高。

实践证明，RTV 防污闪涂料具有较好的防污闪性能，现已广泛应用于输电线路、变电站的瓷绝缘子和玻璃绝缘子上。但是它与有机复合绝缘子类似：涂料本身的材质较软，易沾染污秽物，且难以清洗，随着时间的延长，表面污秽层增厚，使得 RTV 防污闪涂料的小分子迁移速率下降，涂料防污闪性能也会相应下降；涂料成本较高。

7.2.2.3　定期清扫

清扫可以说是预防污闪的根本措施，可以在现场采用人工擦洗、带电水冲洗、带电气吹，也可以更换下来清洗。我国电网发生污闪的时间基本在 12 月底至来年 3 月份，传统的秋季清扫时间一般集中在 10～12 月，清扫开始时一般雨季刚过不久，真正的积污却在清扫之后，经过 2～4 个月时间的积污，绝缘子表面已积有一定的污层，此时正是各种致污闪气象出现的时期，污秽易被高湿度的各种气象条件浸润而造成闪络。事实上由于输电设备多、清扫任务重、停电限制等原因，加之污闪时间的不确定性，做到及时清扫是不现实的，同时由于清扫质量难以全面保证，因此清扫的有效性较差。污秽清扫的工作量和劳动强度都很大，而且定期清扫的效率很低。还有可能污秽度还很轻时，却已经到了定期清扫的计划时间，大量浪费人力物力。

7.2.2.4　使用其他材质的绝缘子

（1）半导体釉绝缘子　普通釉表面电阻率为 10^{10}～$10^{13}\Omega\cdot m$，半导体釉的表面电阻率为 10^6～$10^9\Omega\cdot m$。利用半导体釉层通过均匀的泄漏电流加热表面，将润湿的导电层烘干，并使绝缘子表面温度较周围温度高 1～5℃，阻止污层吸潮，从而使污闪难以发生。半导体釉的另一优点是串中各绝缘子片的电压分布比较均匀，因为半导体釉绝缘子的电导电流较一般绝缘子的表面泄漏电流大，因此杂散电容电流的影响相对减小。半导体釉绝缘子由于长期通过较大电流，釉及釉与金属附件间发生老化，寿命约为 10～15 年。半导体釉悬式绝缘子为解决釉层热老化问题，采用间断上釉结构（易于积灰的三个伞槽处不上釉），在干燥天气泄漏电流很小；在湿润天气，伞槽的污秽导电，靠短时间通过较大泄漏电流烘干污层来提高污闪电压。日本 NGK 公司曾经开发出用于交流线路的半导体釉绝缘子，在我国天津沿海地区试运行了 3 年，取得了良好的效果，比同地区相同环境的复合绝缘子有更高的闪络电压。

（2）有机复合绝缘子　有机复合绝缘子的防污闪性能优于普通瓷绝缘子。有机复合绝缘子是由承受外力负荷的芯棒（内绝缘）和保护芯棒免受大气环境侵袭的伞套（外绝缘）通过粘接层组成的。玻璃钢芯棒是用玻璃纤维束浸渍树脂后通过引拔模加热固化而成，有较高的抗拉强度，制造伞套最理想的材料是硅橡胶，它有优良的耐候性和高低温稳定性。经填料改性的硅橡胶还能耐受局部电弧的高温，由于硅橡胶是憎水性材料，因此在运行中不需清扫，其污闪电压比瓷绝缘子高得多。除优良的防污闪性能外，有机复合绝缘子还具有重量轻、体积小、抗拉强度高、制造工艺简单等优点。有机复合绝缘子虽然具有如此多的优点，但是它仍然存在着严重的缺点，因为是高分子化合物制备得到的，高分子化合物的耐老化性比瓷绝缘子、玻璃绝缘子差，且硅橡胶本身的材质比较软。

7.2.2.5　划分污秽等级和绘制污区分布图

20 世纪 70 年代，工业较发达地区发生的污闪使人们逐渐认识到，应将电网根据所受污染程度的不同划分为不同的区域，依此进行绝缘配置。1983 年 4 月，原水利电力部颁发了我国首个划分电网污秽等级的标准《高压架空线路和发变电所电瓷外绝缘污秽分级标准》。与此同时，原北京供电局等先后根据污秽等级的划分绘出了所辖电网的污区图。

2001 年，华北再次发生的大面积污闪，终于使人们充分认识到，无论是从电网的安全可靠性还是从最大经济效益和社会效益方面考虑，现代化电网防治大面积污闪的根本出路都是提高输变电设备特别是输电线路的绝缘水平，对于超、特高压输电工程尤其如此，为此，国家电网公司提出了"绝缘到位，留有裕度"的基本原则。绝缘到位，就是依靠输变电设备（特别是输电线路）本体绝缘水平来保障电网的安全可靠运行，而不是把电网的安全寄托在线路的"一年一清扫"和变电设备的"逢停必扫"上；留有裕度，要求考虑大气污染日益增长和局部污源不断增多的威胁，以及在可能出现灾害性浓雾的地区必须考虑湿沉降的影响。

从 20 世纪 90 年代起，国家电力部门制定了一系列防污闪技术管理政策和管理规定，包括《电力系统污区分级与外绝缘选择标准》《电力系统绝缘子质量全过程管理规定》《合成绝缘子使用指导性意见》《防污闪辅助伞裙使用指导性意见》和《防污闪 RTV 涂料使用指导性意见》等文件，从基础性的污秽等级划分、设备外绝缘要求方面开展治理，全国电力系统防污闪工作逐渐步入了规范化的轨道。主要体现在对新建输变电工程的前期和初期运行阶段采取以下措施：各地绘制以地理信息系统为底图的电子版污区图，缩短图的修订周期（每年修订），划分污区等级；依据不同的污区等级选择标准化的防治措施，目标是按照饱和等值盐密及有效盐密下的耐受电压配置外绝缘，在中等及以下污秽地区可采用传统电瓷，在重污秽地区须采用硅橡胶复合绝缘，线路在不改变目前杆塔结构尺寸的情况下使用复合绝缘子，变电设备使用复合支柱和套管或在瓷套管喷涂长效电瓷喷涂 RTV 硅橡胶涂料；在运行初期就做好输变电设备盐密和腐蚀等相关成分分析的记录和整理，对设备材料、防护方法进行专门的分类管理，以便为设备腐蚀防护和设备损坏预测及状态检修提供参考[2, 41]。

7.2.3　绝缘子在线检测方法

绝缘子的在线检测方法按其原理分可分为电量检测法和非电量检测法；按其检测方式可以分为接触式和非接触式；按自动化程度又可以分为远程在线检测法和非远程检测法[42-43]。

7.2.3.1　非电量检测法

（1）直接观察法　此法是用望远镜在塔下观察绝缘子，观察其伞裙及芯棒有无异常，例如伞裙表面的粗糙程度，有无明显的受侵蚀的痕迹，有无明显的裂痕。此方法设备简单，易于操作，在目前的线路检修中仍然在使用，但是直接观察法只能通过外部观察并凭借操作人员的经验判断绝缘子的好坏，误差较大，并且对绝缘子的内绝缘性能无法检测，仅作为辅助检测方法。

（2）紫外成像法　绝缘子在局部放电过程中会放出紫外线，紫外成像法可检测到绝缘子因局部放电而形成的碳化通道和蚀损，并能检测到绝缘子的金具和均压环的电晕放电信息。目前，已经出现了可以白天使用的紫外成像仪，但是紫外成像法均需要在局部放电发生时使用，且此时环境温度较高（往往局部放电在阴天甚至是雨天发生），这给检测带来相当大的难度。此外，紫外成像仪也较昂贵，不利于绝缘子在线检测的普及。

（3）红外测温法　红外测温法是一种实用、便捷的现场在线检测方法，它利用导线、接头、套管以及绝缘子因泄漏电流或者内绝缘缺陷而引起的局部过热现象来检测绝缘子的性能。目前已出现了可以白天使用的高档红外热成像测温仪。在局部温度高于主体温度情况下，红外测温仪可准确地测量局部温度以判断绝缘子的损伤程度。这些局部过热的部位多表现为发黑、粉化、变脆、变硬甚至严重丧失憎水性。但是，红外测温法对早期绝缘缺陷缺乏有效的检测，并且在绝缘子已大面积绝缘损伤时定位不准确，同时易受日光、风和环境温度和湿度的影响[44]。

（4）超声检测法　超声波从一种介质进入另一种介质时，在两介质交界面上会发生反射、折射和模式变换，利用这一原理，如果绝缘子有裂纹，就可在超声波图像上观察到裂纹的反射波。清华大学梁曦东等[45]运用模拟裂纹试验分析了超声检测法对裂纹检测的有效性。图 7-6 分别为槽深 0.2mm、1.2mm 的裂纹超声检测图，其中 R 为沟槽处的反射波。

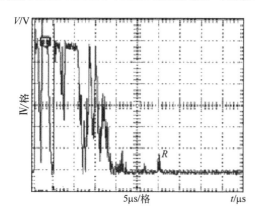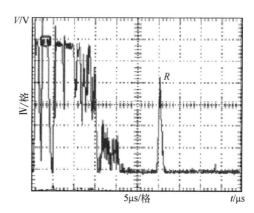

图 7-6　槽深 0.2mm、1.2mm 时反射波形

超声检测法对机械缺陷检测相当有效，且操作简单，抗干扰能力强。但是此法因其耦合和衰减及超声波换能器性能问题还不适合现场检测，目前只用于企业生产在线检测和实验室检定。

激光多普勒振动法是利用已开裂的绝缘子的振动中心频率与正常时不同的特点，通过外力如敲击铁塔或将超声波发生器所产生的超声波用抛物型反射镜对准被测绝缘子，或用激光源对准被测绝缘子，以激起绝缘子的微小振动，然后将激光多普勒仪发出的激光对准被测绝缘子，根据对反射回来的信号的频谱的分析，获得该绝缘子的振动中心频率值，据此判定该绝缘子的好坏。

（5）等值盐密法（ESDD） 目前世界上很多国家和地区的标准都采用等值盐密法来划分绝缘子污秽等级。其基本原理是用一定量的蒸馏水将绝缘子表面的污秽全部洗下，并测量溶液的电导率，根据 NaCl 的温度和浓度曲线将原溶液等效为 NaCl 溶液的数量，则等效的 NaCl 的质量除以绝缘子的表面积就得到了等值盐密度（Equivalent Salt Deposit Density， ESDD），用 mg/cm^2 为单位来表示。等值盐密法因其直观易懂，对人员和测量设备要求不是很高，在国内从 20 世纪 70 年代开始已普遍使用。我国国家标准 GB/T 16434—1996 推荐了高压架空线路和发电厂及变电站外绝缘污秽等级和对应的盐密值，如表 7-1 所示。

表 7-1 高压线路和发电厂、变电站污秽等级

污秽等级	盐密/（mg/cm^2）		污秽等级	盐密/（mg/cm^2）	
	线路	发电厂、变电站		线路	发电厂、变电站
0	≤0.3		Ⅲ	>0.10～0.25	>0.10～0.25
Ⅰ	>0.03～0.06	≤0.06	Ⅳ	>0.25～0.35	>0.25～0.35
Ⅱ	>0.06～0.10	>0.06～0.10			

另外，等值盐密法在操作时消耗时间太长，也不适合绝缘子的在线检测，并且得出的结论仅仅是绝缘子整体污秽的平均水平，不能真实反映绝缘子的绝缘性能。所以此法多用作绝缘子的污秽等级确定，或者从整体上对一个地区的污秽等级评级，这也可以为该地区绝缘子的选型提供参考。

7.2.3.2 电量检测法

（1）电势测量法 电势测量法是很简单的检测法，它利用短路叉跨接在绝缘子串中一片绝缘子的两端，然后听声音，若这片绝缘子两端存在电压，则可听到放电的声音，若该片绝缘子两端电压为零值，绝缘子则不会发出放电的声音。此方法在过去相当一段时期内针对瓷绝缘子应用较广泛，但是其操作危险性较高，受到影响的因素也较多，所以目前已很少使用。

（2）电阻测量法 早期的电阻测量法是利用高阻计对绝缘子做离线检测，比较适合绝缘子出厂或安装前的检定。绝缘子的电阻值可直接从其测量单元读取，直观、方便，但是电阻测量法仅适用于低压线路，对于高压、超高压线路的长绝缘子串操作十分不方便。

（3）电场法（电压分布检测法） 一串正常的绝缘子外围的电场分布应是均匀的，从高压侧到低压侧等势线逐渐降低，所有的等势线构成一梨形。任何情况下电场线总是垂直于等势线，于是在正常绝缘子串中，因等势线是梨形的，也就是说等势线并不同绝缘子串的轴线平行。但是如果绝缘子串中存在缺陷绝缘子甚至是零值绝缘子，则该绝缘子两端的电压接近相等或者相等，此时绝缘子串的等势线就近似平行或者平行于绝缘子串的轴线，相应的此处的电场线也将接近垂直或者垂直于绝缘子串的轴线。所以通过检测绝缘子串的电场就可以得知绝缘子的绝缘性能，特别对零值绝缘子很有效。

高压线路上的绝缘子可简化为夹在两金属电极间的连续绝缘材料，绝缘子的伞裙对电场

分布无影响。图 7-7 简化模型中根据电场理论计算的电场强度和电势沿绝缘子轴向的变化曲线 *A* 在正常时光滑,当绝缘子存在导通性缺陷时,该处电位变为一常数,故其电场强度突然减小,电场分布曲线不再光滑,在相应的位置上有畸变(如曲线 *B*),中间下陷,两端上升。因此,测量合成绝缘子串的轴向电场分布可找出绝缘子的内绝缘导通性故障。

电场法可直接反映绝缘子的绝缘状况,受到干扰、影响较小,操作简单,但对某些不影响电场分布的绝缘损伤灵敏度不高,并且此法需登高操作,十分不方便,也增加了操作人员的劳动强度。虽然过去很长一段时间电场法曾得到广泛应用,但在目前条件下电场法使用较少。

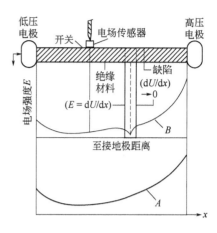

图 7-7 电场分布测量法示意图

(4)泄漏电流法(绝缘电阻法) 绝缘子串的泄漏电流与其表面的状况密切相关,所以可通过对泄漏电流的测量与分析来监测绝缘子的绝缘性能。目前已成功研制出适合用于检测泄漏电流的传感器,并利用现代计算机信息技术,比如模糊理论、人工神经元网络以及专家系统再加入天气状况(如温度、湿度、风速、风向等)和运行年限等因素对绝缘子进行综合评定。国外在这方面起步较早,主要是根据泄漏电流的峰值和在一定范围内的电流极值的个数建立与绝缘子性能的关系,从而判断绝缘子的运行状况。但是泄漏电流的检测需要在每个绝缘子串上安装相应的设备,成本较高,且泄漏电流还受很多因素的影响,与此同时,这种方法在判断出绝缘子存在绝缘缺陷之后留给检修人员的时间相当有限,不利于绝缘子检修工作的开展。

(5)脉冲电流法 脉冲电流法的原理是:劣化绝缘子电阻很小,它在绝缘子串中承受的电压很小,于是其他正常绝缘子在绝缘子串中承担的电压会明显增大,而回路总阻抗减小,绝缘子电晕现象加剧,电晕脉冲电流必将变大,根据线路上存在劣质绝缘子时电晕脉冲个数的增多、幅值增大的现象,利用宽频带电晕脉冲电流传感器套入杆塔接地引线取出电晕脉冲电流信号,通过信号处理达到在低压端检出不良绝缘子的目的。研究发现,脉冲电流法检测不良绝缘子分辨率主要有以下四个规律:不良绝缘子的阻值越低,检测分辨率越高;不良绝缘子在串中的位置越靠近导线侧,检测分辨率越高;绝缘子串的片数越少,检测分辨率越高;正常绝缘子的电晕起始电压越低,检测分辨率越高。

7.3

RTV 防污闪涂料

7.3.1 概述

2001 年初,大雾笼罩我国北方地区的部分电网,造成了一次大面积污闪停电事故。辽宁、华北和河南电网发生大面积污闪事故。此次事故是继 1990 年、1996 年以来的又一次电网大面积污闪事故，停电线路多达 238 条，34 座变电站跳闸 972 次，这在我国电网历次大面积污闪事故中也是空前的。此次事故给社会经济和人民生活带来了严重损失，暴露出电网方面在防污闪工作中存在的诸多不足[46]。值得一提的是，在此次大面积污闪事故中，京津、河北、河南和辽宁电网凡全线使用合成绝缘子的线路几乎没有发生停电事故。尤其是原天津电力局在输电线路上除采用合成绝缘子外，在没有条件更换合成绝缘子的线路上，全部涂覆了室温硫化（RTV）硅橡胶涂料，另外在所有的变电站也采用了 RTV 涂料。在这次污闪事故中，凡是涂了 RTV 涂料的设备都经受住了考验。更重要的是，采用 RTV 涂料后，减少了设备的清扫周期，降低了维护费用，消除了设备运行的安全隐患。因此，绝缘子表面刷涂 RTV 涂料被认为是电力系统防止污闪事故经济、有效的方法之一。

RTV 涂料是当前国内外公认的耐污闪性能优异的固体涂层。从 20 世纪 70 年代，美国、德国等国家就开始了 RTV 涂料在电力系统的现场运行性能研究。到了 20 世纪 80 年代中期，我国一些科研实验室和高等院校也开始进行了这方面的研究，这些研究成果很快得到了电力运行部门的肯定，进行了推广应用。目前常用高温硫化（High Temperature Vulcanization, HTV）硅橡胶和室温硫化（Room Temperature Vulcanized，RTV）硅橡胶充当绝缘子的外绝缘材料，其对应的措施分别为：复合绝缘子和 RTV 涂料。喷涂 RTV 涂料的瓷、玻璃绝缘子不仅具有传统瓷、玻璃绝缘子良好的力学性能，也具有与复合绝缘子一样优异的防污闪性能[47]。

7.3.2 RTV 涂料组成及其性能要求

7.3.2.1 RTV 涂料组成

RTV 硅橡胶涂料是由硅橡胶、交联剂和填充剂等组分复配制备而成。即以聚硅氧烷为基料，采用白炭黑等补强填料进行补强，加入氢氧化铝等填料提高涂料的耐烧蚀等性能，针对防污闪的技术要求引入特殊助剂，制成性能优异的 RTV 防污闪涂料。RTV 涂料按交联机理可分为缩合型和加成型两种。由于多数加成型产品需要在稍微加热的条件下方能快速固化，因而缩合型 RTV 硅橡胶涂料是 RTV 防污闪涂料的主体。RTV 硅橡胶按其缩合交联时脱除的副产物又分为脱醋酸型、脱酮肟型、脱丙酮型、脱胺型及脱醇型等。脱醇型 RTV 硅橡胶硫化时仅脱出醇（ROH），不腐蚀电器或金属零部件，因而国外 RTV 硅橡胶涂料多为脱醇型产品，使用方便快捷，但价格不菲[48-50]。

（1）基材 RTV 涂料的基础材料是室温硫化硅橡胶，它是 20 世纪 50 年代发展起来的一种有机硅弹性体，室温硫化硅橡胶的名称为 α,ω-二羟基聚二有机硅氧烷，在 RTV 中它属于反应性基础聚合物，又称基胶。它以较低分子量（≤105）羟基（或乙酰氧基）封端的聚有机硅氧烷为基础胶料，与交联剂和催化剂配合，能在常温条件下交联成三维网状结构。

（2）补强填料 补强填料按其补强目的可分为结构控制型填料和耐电蚀型填料。

结构控制型填料：由于聚有机硅氧烷分子间的作用力很小，生胶硫化后的力学性能差，为了提高其力学性能，必须用结构控制型填料补强。加入结构控制型填料的硅橡胶硫化后，存在着以下几种交联：聚合物之间的共价交联和缠结交联；结构控制型填料与聚合物之间的共价交联、氢键交联以及填料与聚合物之间的范德华力交联；结构控制型填料与聚合物分子链的缠结交联；填料被聚合物浸润（聚合物分子进入填料空隙）引起的交联和填料之间的交联。这些交联的存在，使得补强后的硅橡胶机械强度大为提高。

结构控制型填料按补强效果又分为补强性填料和弱补强性填料。前者主要采用白炭黑（轻质 SiO_2），其生产工艺不同，补强效果也存在差异。后者常用的有硅藻土、氧化锌、钛白粉、石英粉、硅酸锆、碳酸钙和氧化铁等。在 RTV 涂料配方设计中，弱补强性填料经常与白炭黑并用，它不仅可以改善涂料的工艺性能，调节涂料硫化后的硬度，提高其耐油性，而且还起到着色剂和降低成本的作用。

耐电蚀型填料：在污秽地区以及恶劣气候条件下，涂料表面可能产生放电现象，涂料的耐电弧烧蚀能力的强弱无疑会影响它的使用效果。因此有必要在涂料中添加一些无机阻燃材料提高其耐电弧烧蚀能力。一般情况下，耐电蚀型填料选择氢氧化铝。氢氧化铝是一种很好的阻燃材料，它在硅橡胶中用以提高耐电蚀能力的机理是：当电弧烧灼材料表面时，材料局部温度显著上升，氢氧化铝在 220℃时会迅速分解并吸收大量的能量，其分解产物 H_2O 挥发进一步吸收了热量，从而降低了材料表面温度。具体反应如下：

$$2Al(OH)_3 \xrightarrow{220℃} Al_2O_3 + 3H_2O \tag{7-22}$$

（3）偶联剂　偶联剂用以改善硅橡胶与基材的黏附力，一般选用硅烷偶联剂。

硅烷偶联剂是一类具有特殊结构的有机硅化合物，可用下式表示：

$$Y—R—SiX_3 \tag{7-23}$$

式中，Y 为可以和有机化合物反应的基团；X 为可以进行水解反应生成 Si—OH 的基团。硅烷偶联剂可以通过化学反应将有机材料与玻璃、矿物质填料和金属等无机材料牢固地黏合在一起。正确使用偶联剂，可以提高涂料的使用效果。

7.3.2.2　RTV 涂料性能要求

涂料的不同组成成分决定了涂料不同的电气性能和物理性能。影响涂料性能的主要因素有：三水氧化铝的型号和数量、交联程度、偶联剂含量及其他填料和可在涂料中移动的小分子成分。涂料与瓷件的黏附力、涂料的憎水性及提高闪络电压的能力是涂料的重要特性[51-52]。

（1）憎水性　根据表面化学理论可知，与水的表面张力差值越大的物质，憎水性越好，所以实现涂层的耐污能力最基本的要求是涂层具有较低的表面能。除氟碳聚合物以外，有机硅材料是表面张力最小的物质，故含氟聚合物和有机硅材料是制备防污闪涂料的最佳基料。由于氟碳聚合物的价格较高，所以一般选择有机硅作为 RTV 防污闪涂料的基料。

（2）憎水长效性　防污闪涂料另一关键要求是保持涂料的长期疏水疏油性，也就要求涂料具有优良的憎水长效性。为获得憎水长效性，有两种思路，一种是使污物不能附着在涂层表面，这一般通过低表面能和特殊的表面结构来实现；另一种是能够使污物及时疏水化，一般是在涂料中加入小分子量的聚硅氧烷来实现。

（3）RTV 涂料的附着力　由于硅橡胶的表面能较低，RTV 硅橡胶涂料的附着力低是该类涂料存在的共性问题。为提高涂料的附着力一般需要加入合适的有机硅烷偶联剂，尤其以氨丙基硅烷偶联剂为主。比如 γ-氨丙基三乙氧基硅烷、γ-氨丙基三甲氧基硅烷或 N-(β-氨乙基)-γ-氨丙基三甲氧基硅烷等。由于偶联剂常含有强极性基团，为保证体系的绝缘性，要控制偶联剂的用量。另外，为提高涂料的附着力，可在聚合物侧链上引入环氧基团或三甲氧基硅烷基团。

7.3.3　RTV 涂料的优点与缺陷

7.3.3.1　RTV 涂料优点

（1）长效高可靠性　在附盐密度相同的情况下，应用 RTV 涂料的输变电设备，其外绝缘污闪电压幅值可提高 200%，起始放电电压可提高 100% 以上。应用 RTV 涂料的输变电设备，其外绝缘雾闪电压和湿闪电压可分别提高近 160% 和 130%。应用 RTV 涂料的电力设备，在 5 年内不做任何防污闪专业处理（包括清扫和水洗等）的情况下，其外绝缘污闪电压幅值仍比未应用涂料的同类绝缘子的高 30%～50%。同时，其他电气与绝缘性能亦良好。

运行 5 年以上（最长达 15 年）的 RTV 涂层，不起皮，不龟裂，完整无损。表明其附着强度高，耐候性、耐电晕和耐电弧性能强，可长期抵御自然风、暴雨和机电的综合作用。运行 5 年以上的 RTV 涂层仍具有良好的憎水性和憎水迁移性。其表面与去离子水的接触角大多仍能达到 90° 以上（特别是伞裙下表面）；憎水性迁移时间大多在数小时内；雨水冲刷后，涂层表面憎水性恢复时间大多亦在数小时。

（2）良好的适应性　RTV 涂层本身能广泛适应多种自然污秽（如沿海地区和重度盐碱荒地等酸、碱、盐污秽）和工业污秽（如化工厂、水泥厂等酸碱气体、粉尘污秽）。同时，能长期在各种污源中保持良好的耐污能力。10～500kV 电压等级的各类输变电（包括电厂升压站）设备（包括自立式、悬挂式；充油、充气、容性、感性设备等）的电瓷及钢化玻璃外绝缘，均能应用 RTV 涂料，而不会产生负面影响（如不会影响设备预试等）。

（3）长期少维护或免维护　应用 RTV 涂料的电力设备，在一般污秽地区长期（一般 5 年以上）不进行清扫和水洗等维护工作，其外绝缘表面涂层仍能保持良好的耐污性能和较高的抗污能力，可免除周期性大工作量的清扫维护工作。在特殊重污秽区段，可视盐密监测情况，3～5 年复涂 1 次。应用 RTV 涂料年限较长（如 5 年及以上）的电力设备，若未进行复涂，可进行抽样检查，以跟踪监测。同时，在恶劣气候（如持续多天的大雾和毛毛雨天气）条件中，可有针对性地进行运行监视。运行 5 年以上（最长达 15 年）的 RTV 涂层，在不做清除，只扫掉表面浮土的情况下，可再复涂 1 层，其附着强度不减，且各项电气性能可恢复到新涂层状态，继续长期运行。

（4）施涂工艺要求简单　施涂前不需将设备电瓷外绝缘表面污垢清除干净，仅扫掉表面浮土即可施涂。RTV 涂层附着力不降低，其电气和绝缘性能亦不受影响。施涂 RTV 涂料厚度，一般只需达 0.2～0.5mm；可分 2 次刷涂（或喷涂）完成。施涂工艺简单，可采取刷涂或喷涂等多种方法，适于各类运行设备现场施涂。

（5）污闪事故率极低　多年来，在各地区电网的实践表明：应用 RTV 防污闪涂料技术措施的各污区、各电压等级的输变电设备，与采用复合绝缘子及加装增爬裙等防污闪技术措施相比较，投资最少，可靠性高，事故率低。

（6）安全经济成效高　应用 RTV 防污闪涂料技术取代调整设备外绝缘爬距，解决了常规定型输变电设备电瓷外绝缘爬距无法达到重污秽区外绝缘国家电力行业标准要求这一全国性技术难题。输变电设备应用 RTV 涂料技术的防污闪效果，远好于调整自身外绝缘爬距，因而节省了大量的设备更新费用。应用 RTV 防污闪涂料技术，取代了设备外绝缘周期性清扫和水洗：免除了每年度短时效、低可靠性的大工作量清扫和水洗工作，节省了大量周期性的维护人力和维护费用；免除了每年度输变电设备周期性大面积、长时间的清扫工作，使电网少停电、多供电。因此，产生巨大的直接经济效益和社会效益，投入产出比达 1：9 以上。

（7）改进 PRTV 防污闪涂料　随着纳米复合材料的广泛研究和材料科学的飞速发展，防污闪涂料技术经过 20 多年的不断改进和不断完善，对普通 RTV 硅橡胶涂料不断进行性能改进，已经研制出新一代 RTV 涂料——复合室温硫化（PRTV）硅橡胶涂料。PRTV 涂料是针对防污闪涂料的技术要求，在普通 RTV 硅橡胶涂料配方中加入具有补强作用的物质，主要引入含氟聚合物，并配上合适的纳米填料，使纳米材料在有机高分子聚合物基体中充分发挥其纳米效应，进一步提高了普通 RTV 涂料的电气绝缘性、阻燃性、机械强度、使用寿命等性能。PRTV 涂料相比于普通涂料具有更强的防水性，同时还能充分抵御油性物质的侵蚀，并且在使用过程中不会与其他物质发生粘连。其使用效果稳定，不会发生任何的性状改变，而且这种涂料不会对空气产生污染，其燃烧时产生的气体没有任何毒性，非常稳定和安全。因诸多的优异性能，其已经在工业电气设备的维护中得到广泛的应用和普及。

7.3.3.2　RTV 涂料缺陷

虽然 RTV 涂料及改性涂料已经被广泛用于输变电线路绝缘子的防污闪，但是依旧存在一些问题急需解决[53]。

（1）虽然 RTV 涂料及改性涂料具有优异的憎水性能、憎水性迁移及憎水恢复性能，但是由于涂料本身质地较软，极易积聚污秽物，运行一段时间以后，随着污秽层不断加厚，涂料的会出现憎水性丧失现象，导致其疏水效果变差，降低了涂料的防污闪性能。这就要求防污闪涂料必须具有更好的憎水性能、电气绝缘性能及力学性能。

（2）硅橡胶本身具有可燃性，RTV 防污闪涂层的阻燃性有待提高，优良的阻燃性可以对输变电设备起到保护作用，必要的时候可以避免发生重大电路火灾事故。

（3）工业污染严重，绝缘设备的工作条件恶化，要求防污闪涂料必须能够抵御风沙、冰雹等的袭击，也要能进行高压水冲洗或清扫，因此需要涂层具有较好的机械强度。

7.3.4　RTV 绝缘子老化特征与评估方法

RTV 绝缘子在各种老化因素的作用下，随着运行时间的增加，出现了涂层损坏、憎水性降低、表面放电等老化现象，在阴雨天气或轻度污秽时，绝缘子容易发生空气击穿放电，持续的放电会导致涂层材料的彻底破坏，从而使 RTV 绝缘子丧失其优良的防污闪性能。目前，国内外学者针对 RTV 绝缘子表面涂层的老化问题开展了一系列研究，通过对 RTV 绝缘子表面涂层的老化分析和人工加速老化 RTV 涂层，对涂层的老化因素和表征方法进行研究，探究涂层的老化机理，分析涂层的有效老化特征参量[54]。

7.3.4.1　老化影响因素

RTV 绝缘子的老化因素分为外在因素和内在因素，外在因素即环境因素，主要包括紫外线、温湿度、污秽、表面放电和酸雨等，内在因素包括 RTV 涂层填料、涂层厚度等。

（1）紫外线　高海拔地区紫外线辐射强度大，年太阳辐射总量可达 6500MJ/m²，紫外线波长较短，能量较高，其键能约为 314～419kJ/mol，而硅橡胶材料中的 Si—O 键键能为

301kJ/mol、447kJ/mol，C—H 键键能为 414kJ/mol，O—H 键键能为 345kJ/mol、463kJ/mol，Si—C 键键能为 318kJ/mol，因此紫外线能够破坏硅橡胶材料中的某些化学键。陈晓春等对硅橡胶绝缘子进行了 600h 紫外老化，结果表明紫外作用导致硅橡胶分子主链和交联基团中的 Si—O 键，以及侧链甲基 Si—CH₃ 的吸收峰出现一定程度的下降。覃永雄等采用自制紫外老化试验箱对硅橡胶进行了紫外老化，结果表明紫外照射后，紫外线切断硅橡胶分子中的 Si—C 键，侧链甲基 Si—CH₃ 发生氧化反应，分子中出现亲水性的—OH 基团，硅橡胶分子极性增加，导致涂层憎水性下降，同时，氧化作用的发生也导致硅橡胶表面出现颗粒状物质、孔洞。B.Venkatesulu 等对硅橡胶绝缘子进行 3000h 的多因素老化试验，分析了紫外线强度对硅橡胶的影响，认为紫外辐射对硅橡胶试品的影响较小。刘洋等利用 UV-A 和 UV-B 紫外灯对硅橡胶进行了老化，发现 UV-B 对硅橡胶的影响更大，随着紫外老化时间的增加，硅橡胶材料的硬度呈线性方式逐渐增加，体积电阻率、介质损耗正切值等介电特性逐渐降低，材料的拉伸强度、撕裂强度等机械特性变化较小。S.M.Gubanski 等发现在自然污秽情况下，绝缘子即使较长时间处于重污秽地区也不会失去其绝缘性能，并认为这是绝缘子表面污秽层吸收紫外线造成的。Z.Farhadinejad 等研究了硅橡胶暴露在紫外线情况下的老化过程，结果表明：紫外辐射导致硅橡胶材料热老化温度降低，绝缘子的泄漏电流出现小幅升高。I.Ahmadi-Joneidi 等对 3 种型式的绝缘子进行了 5000h 的紫外老化试验，发现在不同湿度和污秽条件下，老化绝缘子的闪络电压和疏水性随着紫外照射时间的增加而下降；高能量 UV-C 辐射可以通过将长链断裂成短链来影响链的结构，从而降低疏水性并增加泄漏电流。

（2）温湿度　运行条件下，绝缘子长时间处于高低温循环的过程，高低温冷热交替会对硅橡胶材料的老化产生一定的影响。高温会导致硅橡胶材料分子链段的热运动，加速材料的氧化作用，分子主链中键能低的化学键容易断裂。郑有婧等对硅橡胶材料进行了热老化性能研究，结果表明硅橡胶材料的拉伸特性和断裂伸长率随老化温度、老化时间的增加而逐渐降低。徐志钮等研究了温度在电晕老化中的影响，结果表明当环境温度上升时，电晕老化导致硅橡胶材料憎水性丧失的速度减缓，同时硅橡胶材料憎水恢复速度加快。周远翔等研究了温度和热老化时间对硅橡胶电树枝老化特征的影响，结果表明随着温度的增加，起树电压逐渐降低，电树枝形态发生变化，起树电压随老化时间的增加呈现先上升后下降的变化趋势，并认为硅橡胶交联结构的破坏是引起起树电压、电树枝形态变化的主要影响因素。

（3）污秽　RTV 绝缘子在运行条件下，会受到二氧化硫、氮氧化物及一些颗粒性尘埃的影响，这些物质逐渐沉积到绝缘子表面，在雾、露、霜、小雨等潮湿天气下，绝缘子表面的污秽容易吸附水分形成高电导率的水膜，造成泄漏电流增大，绝缘子的电气性能大幅下降，增加了绝缘子串发生污闪事故的概率。梁曦东等发现绝缘子表面高温电弧的灼烧会导致表面污秽出现固着现象，固着现象的发生会影响涂层的憎水性和憎水性迁移速率，在一定程度上可以提高闪络电压。汪佛池等研究了不同污区及运行年限硅橡胶伞裙的老化特性，结果表明绝缘子伞裙老化随着电场强度增加、污秽环境加重、运行年限的增加呈现正相关的变化趋势，伞裙老化速度呈现先慢后快再变慢的趋势，同时认为运行年限对伞裙老化的影响最大，电场强度次之，运行环境影响较弱。魏远航等研究了硅橡胶表面污秽与憎水性的关系，结果表明其憎水性随污秽盐密的增加的逐渐降低，污秽附着时间越长表面憎水性越强。

（4）表面放电　电晕放电现象在 RTV 绝缘子运行过程中较为常见，该现象主要由绝缘子本身缺陷和环境因素引起。电晕放电会导致硅橡胶涂层结构破坏、憎水性短暂丧失，持续放电会使材料表面产生漏电起痕和电蚀损，导致硅橡胶材料的永久损坏失效。

S.H.Kim、V.M.Moreno、H.Hillborg 等学者发现在电晕放电的不均匀电场环境中，硅橡胶试品在短时间内表面憎水性就出现明显的下降，硅橡胶的力学性能、介电特性、表面粗糙度也出现明显下降。由于电晕放电能在短时间内迅速降低硅橡胶材料的性能，因此实验室常采用"针-板"电极模拟不均匀电场，对硅橡胶材料进行人工加速老化试验。Y.Zhu、J.Kim、贾志东、梁曦东、高岩峰等采用不同规格、尺寸的"针-板"电极对硅橡胶材料进行了人工加速老化试验。Y.Zhu 发现电晕放电等离子体撞击会对 SR 表面造成物理和化学损伤，电晕放电产生的亲水性—OH 基团会替代疏水性—CH$_3$ 基团，从而使硅橡胶材料的憎水性逐渐下降。J.Kim 通过获得硅橡胶小分子的试验发现 LMW 的形成和迁移是造成硅橡胶材料憎水性变化的主要原因。梁曦东和高岩峰等发现电晕老化前后硅橡胶发生了化学结构的变化，造成材料的憎水性出现一定程度的下降，表面电阻率、机械强度、材料元素组成发生明显变化，如表面电阻率下降 1～2 个数量级，Si 元素含量增加，并且 Si 元素各化合态含量出现明显差异。

（5）RTV 涂层填料　RTV 涂料主要由硅橡胶基底、氢氧化铝（Al(OH)$_3$，ATH）和白炭黑组成，ATH 主要用于提高材料的耐热性能和电气性能，而白炭黑主要用于提高材料的机械强度。在环境应力下，RTV 涂层中 ATH 和低分子量硅氧烷链段（LMW）逐渐迁移到表面，微观形貌中涂层表面出现颗粒状物质，涂层表面裂纹和孔洞数量也逐渐增多，进而引起涂层憎水特性、机械强度、介电特性的差异。谢从珍采用正交法筛选机电性能优异的硅橡胶优选配方，确定了气相白炭黑、甲基乙烯基硅橡胶、铝粉和铁红粉等填料的比例。方苏等研究了不同 SiO$_2$ 对硅橡胶材料力学性能的影响，结果表明颗粒度较小的 SiO$_2$ 具有更好的力学性能补强效果，随 SiO$_2$ 含量的增加，硅橡胶材料的力学性能逐渐提升，其憎水迁移性能逐渐降低，并且填料的添加量对其补强效果有着重要影响。

（6）涂层厚度　RTV 绝缘子在运行过程中受到刮风、降雨、紫外线等环境因素作用，涂层容易出现龟裂、粉化等老化现象，且随着运行时间的增加，涂层不可避免地受到磨损而出现涂层厚度下降。RTV 绝缘子涂层的涂覆以现场喷涂和刷涂为主，该方式受人为因素和环境因素影响较大，容易造成厚度不均匀、漏涂等现象。RTV 涂层厚度的不均容易引起表面电场分布和涂层中硅橡胶含量的差异，在环境应力作用下，导致涂层 LMW 迁移速率、硅橡胶损耗量、涂层憎水性、介电特性等宏观特征的差异。R.Hackam，S.H. Kim 等对 0.17～0.99mm 厚的 RTV 硅橡胶涂层进行了电老化和盐雾老化，结果表明：涂层厚度对 RTV 瓷棒的电气特性存在影响，盐雾老化后涂层的表面粗糙度随涂层厚度的增加而增加，涂层中 LMW 损耗量随涂层厚度的增加而下降，LMW 的迁移率随着涂层厚度的增加呈现上升的趋势。S.A.Seyedmehdi 等研究了 RTV 硅橡胶涂层的生产方法、硅油、橡胶类型和厚度对疏水性的影响，结果表明：有机硅流体可以降低涂层的疏水性，由含二氧化硅填料的硅橡胶制备的涂层具有较低的接触角和较高的滑动角度；当涂层厚度低于 0.16mm 时，涂层厚度的增加在一定程度上可以降低涂层的疏水性，降低表面粗糙度。

7.3.4.2　硅橡胶老化特征及评估方法

运行多年的 RTV 绝缘子出现老化问题不可避免，如何评估其运行状态、预测使用寿命是保证电力系统安全可靠运行的核心问题，也是各运行单位极为关注的问题。国内外学者为此开展了大量研究[54-56]，通过人工加速老化方法研究 RTV 绝缘子的老化特征，提出了一系列老化评估因子和评价手段。硅橡胶的老化特征包括材料特性和电气特性。

(1) 材料特性

① 外观状态　RTV 绝缘子的外观状态检查是诊断绝缘子老化最直接的方式，包括涂层颜色、粗糙度、粉化、黏附力、电蚀损痕迹等。RTV 绝缘子运行多年后，表面涂层不可避免地出现粉化、褪色、起皮、脱落等明显的老化现象，可以通过肉眼直接观察这些老化现象，评估其大致的老化状态。

② 憎水性　憎水性是 RTV 绝缘子最重要的特性，憎水性的好坏与涂层的老化程度密切相关。憎水性测试方法主要有三种，即静态接触角法（CA 法）、表面张力法、喷水分级法（HC 法）。紫外老化和电晕老化一段时间后，硅橡胶涂层由原来的疏水性变为亲水性，这称为憎水性的短暂丧失；在静置一段时间后，涂层的憎水性会逐渐恢复，这称为憎水性的恢复。国内外学者对憎水性、憎水性的丧失和憎水性的恢复特性进行了大量研究。贾志东等认为 RTV 绝缘子在电晕放电下，材料表面憎水性随电晕强度和电晕老化时间的增加而逐渐下降，电晕放电的高能粒子造成表面甲基基团损耗、Si—O 链段水解生成亲水性硅羟基、硅橡胶分子主链失去了侧链甲基基团的屏蔽、材料表面形成亲水性的硅氧密集交联层，导致涂层憎水性的下降。同时也认为绝缘子憎水性的恢复主要与硅橡胶填料水平、交联密度和电晕老化程度有关。陈晓春等认为紫外作用导致硅橡胶的主链和交联基团中的 Si—O 键，以及侧链甲基 Si—CH₃ 的吸收峰有相对减弱，使得表面疏水性基团变为亲水性基团，从而使硅橡胶的憎水性下降。

③ 表面污秽　RTV 绝缘子在运行条件下，会受到二氧化硫、氮氧化物及一些颗粒性尘埃的影响，这些物质逐渐沉积到绝缘子表面，随着运行年限的增加，绝缘子表面的污秽度逐渐增加。对于绝缘子表面的污秽，常用等值盐密（ESDD）、等值灰密（NSDD）进行表征。律方成等研究了特高压直流绝缘子的自然带电积污特性，表明绝缘子伞裙上下表面污秽水平差异较大，绝缘子材质、串型及伞型结构都会影响其积污水平。李震宇等发现自然运行条件下，绝缘子上下表面污秽 ESDD 和 NSDD 不均匀度存在差异，ESDD 不均匀度明显高于 NSDD 不均匀度。

④ 化学特性分析　随着科研技术和方法的创新，扫描电镜（SEM）、傅里叶变换红外光谱（FTIR）、热重分析（TG）、光电子能谱分析（XPS）、热刺激电流（TSC）等仪器分析技术逐步引入。SEM 常用于观测老化后硅橡胶涂层的微观形貌；XPS 常用于分析材料表面的原子浓度和元素含量，也可以用来量化元素的不同化学价态含量；FTIR 可以分析材料不同波数范围对应的峰值，分析材料化学键的变化情况。P.D.Blackmore 等利用 FTIR 评估了三元乙丙橡胶复合绝缘子的运行状况，采用峰高法对伞裙老化状态进行分析，提出了氧化指数和粉化指数对硅橡胶表面氧化量和分化量进行量化分析。C.Chen 等采用 SEM 研究了电晕老化后硅橡胶表面形貌和粗糙度变化，并采用 FTIR 研究了不同电晕老化时间后特征官能团的变化，发现 Si—(CH₃)₂ 降解过程中比骨架更脆弱，Si—O/Si—C 吸收比可以用来表征 LSR 的降解程度，热交联反应引起的热/光氧化结晶是降解发生的主要原因。

(2) 电气特性

① 闪络电压　闪络电压测试能够准确评估绝缘子的电气性能，但是重复性的闪络试验可能导致硅橡胶绝缘子表面材料的老化，降低表面涂层的憎水性，进而导致绝缘子表面闪络电压的降低，对测量结果产生偏差。舒立春等对复合绝缘子、瓷绝缘子和玻璃绝缘子进行了直流污闪试验，发现复合绝缘子直流污闪电压受污秽程度影响较小，绝缘子型式、结构、材质对污闪特性有着重要影响。蒋兴良等发现复合绝缘子 U_f 受污秽程度的影响较小，在污秽严重

地区，复合绝缘子由于其良好的憎水性、防污闪特性具有较大优势；在高海拔地区，复合绝缘子不具有优势。

② 泄漏电流 泄漏电流是污秽、潮湿条件、闪络电压等因素的综合反映，可以有效反映绝缘子的运行状态。目前国内外学者比较认可的泄漏电流特征量包括时域特征值和频域特征值。时域特征值主要包括运行电压下泄漏电流最大脉冲幅值、脉冲数目、泄漏电流有效值、均方差、波形因子、波形形状、电荷量等；频域特征值主要通过 FFT 分析、功率谱分析及小波分析等获得。泄漏电流的波形可以提供有用的信息，泄漏电流幅值可以作为绝缘子清洗、失效及更换的标志，RTV 绝缘子表面的泄漏电流一般在 10~30mA。

除了闪络电压和泄漏电流，目前还有采用体积电阻率、相对介电常数、介质损耗正切值作为电气特征参量对 RTV 绝缘子涂层进行评估的。体积电阻率可以反映绝缘材料整体绝缘性能的好坏，梁英等发现硅橡胶涂层的离子电导率会随着其内部自由体积的增加而增加，RTV 绝缘子运行后，其表面涂层出现 μm 级别的化学结构变化，影响涂层的体积电阻率。

目前，RTV 绝缘子老化特征研究仍存在一些问题：第一，RTV 绝缘子表面涂层的老化特征目前主要侧重于涂层的外观状态、憎水性及憎水迁移性能的变化，而对涂层中材料分子结构的变化和相对介电常数等介电特性的变化研究较少，对于运行老化和人工加速老化引起涂层失效的机理尚存在争议。第二，老化因素中涂层厚度、电晕放电强度对 RTV 涂层老化特征的影响规律尚不明确。现阶段人工加速老化试验主要模拟污秽、盐雾、紫外线等因素对涂层老化特征的影响，对于涂层厚度和电晕放电强度对涂层老化特征的研究较少，但随着 RTV 绝缘子的运行时间的增加，涂层厚度和电晕放电强度对涂层老化特征的影响程度逐渐明显，因此需要对其开展研究。

7.3.5 RTV 涂料改性研究

针对实际运行过程中 RTV 涂料力学性能差、易老化、寿命较短、憎水性丧失后恢复慢等问题，国内外研究者在改进 RTV 涂料性能方面做了大量工作，积累了丰富经验[55-56]。

（1）改善基体材料 C—F 键键长极短、键能高，采用含氟物质做基体，可使涂料具有良好的稳定性、高耐久性、高耐腐蚀性以及高防污憎水性。朱志平等以氟碳树脂（FEVE）为成膜物质，以金红石型纳米 TiO_2 为填料制备了新型防污闪氟碳涂料，它具有优良的耐水性、耐化学试剂性、耐盐雾性等理化性能。黄静等采用 FEVE 为成膜物，成功制备了符合国家标准的新型防污闪氟碳涂料，其憎水性良好，涂层水性接触角超过 120°。张俊双等用氟硅橡胶、气相 SiO_2 和耐烧蚀复合物改进防污闪涂料，解决了现有防污闪复合涂料抗寒性能较差、使用寿命较短等问题。刘江等采用复配法将质量分数为 5% 的聚四氟乙烯（PTFE）加入到 RTV 涂料中，可以有效提高涂层的耐腐蚀性，并且在一定范围内憎水性、耐热性能也有所提高，同时不影响涂层的力学性能和阻燃性能。钟娴[53]等以 FEVE 为成膜物，以改性纳米 TiO_2 和 PTFE 微粉为复合填料，制备了一种新型的有自清洁效应的纳米 TiO_2/PTFE 复合氟碳涂料。改性纳米 TiO_2 和 PTFE 通过化学键合作用在复合氟碳防污闪涂层表面构建了微纳复合粗糙结构，与水静态接触角达 134°，涂层不仅具有优良的理化、电气绝缘性能，而且还具有有效的自清洁功能和疏水性保持性能。

（2）填料改性 RTV 涂料的填料种类很多，最常见的、最成熟的填料是白炭黑，其他填料还有碳酸钙、钛白粉、硅藻土、石英粉、云母粉等，它们的作用是赋予硅橡胶各项性能。根据其作用不同，通常分为补强填料和功能性填料两大类。

① 补强填料　顾名思义，补强填料可以增加基体材料的强度，因为未补强的 RTV 涂料力学性能极差，几乎没有实际应用价值。未补强的聚二甲基硅氧烷硫化后的抗拉强度仅为 0.3～0.5MPa，通过补强后其抗拉强度可超过 13MPa。卢明等通过实验证明，当白炭黑的质量分数为 5%时，RTV 涂料的憎水性以及憎水迁移性最好，添加过多则会影响涂料的憎水性和憎水迁移性。也可以将补强填料和半补强填料结合使用，Hiroaki 等在 RTV 涂料中加入白炭黑和 $CaCO_3$ 后，发现 RTV 涂料的耐湿性、耐热性和附着强度都有改善。

② 功能性填料　为了使 RTV 涂料具有某些特定的性能，如耐电腐蚀、耐高低温、阻燃等，一般会添加一些功能性填料。Wang 等通过掺杂具有针状结构的 α-FeO(OH)纳米粒子，使 RTV 涂料的热稳定性大大增加，抗老化性也有所改善。Madidif 等研究了 TiO_2 用量的增加对 RTV 涂料相对介电常数的影响，结果发现 TiO_2 用量越大，介电性能越好。氧化铝作为最常见的阻燃材料，对其研究较多，卢明等发现当氧化铝质量分数为 10%时，RTV 涂料的憎水性和憎水迁移性效果最好。艾国金等研究发现，当氢氧化镁与氢氧化铝的质量比为 1:4时，阻燃效果最佳，垂直燃烧等级为 FV-0 级，抗拉强度小于 4MPa。王恒芝等研究了氢氧化铝、氢氧化镁和阻燃协效剂对 RTV 阻燃性能的影响，最佳配方条件下制得的硅橡胶抗拉强度为 2.8MPa，垂直燃烧等级为 FV-0 级。丘善棋等将十溴二苯醚和氢氧化铝组成复合阻燃填料，并配合少量硼酸锌，结果发现极大地提高了防污闪涂料的阻燃效果。防污闪涂料的垂直燃烧等级达到 FV-0 级，撕裂强度 9.12kN/m，抗拉强度 4.06MPa。夏兵等发现纳米尺寸水滑石（又称双金属氢氧化物）是一种高效、无卤、无毒、低烟的新型阻燃剂，具有良好的应用前景。

(3) 助剂改性　RTV 涂料的助剂有偶联剂、交联剂、分散剂以及催化剂等。防污闪涂料最常用的表面改性剂就是偶联剂，它是一种两性结构的物质，可以增强基体和填料之间相互作用。李清坤等采用开环共聚反应与硅氢加成反应得到一种新型含氟偶联剂，将其应用到防污闪涂料中后，有效提高了涂层的附着力、憎水性和自清洁性。Seyed 等在 RTV 涂料中加入含氟颗粒和氢氧化铝后，所得涂料的接触角大于 145°，而且有良好的憎水迁移性和抗老化性。周永言等[60]比较了钛酸酯偶联剂 TM-JTBT 和氟硅烷偶联剂 G502 两种偶联剂对氟碳涂料憎水性的影响，发现采用 TM-JTBT 改性的涂层憎水性丧失和恢复都好于 G502 改性的涂层，而且价格也低，故前者替代后者具有可行性。

不同结构、性能的交联剂对提高 RTV 涂料的综合性能也具有重要影响。韩雁明等将 POMS 交联剂用作硅橡胶的固化剂，可以形成高交联密度的 POMS 相。Chen 等使用 POSS 作为交联剂，硅橡胶的热稳定性和力学性能都有明显改善。

(4) 构筑微纳二重结构　Bartihlott 等观察植物叶片表面的微观结构后，发现超憎水表面最大的特点是具有微米和纳米级别的粗糙结构和表面蜡状物，如荷叶、鳞翅目昆虫的翅膀、水黾腿等表面，都具有超憎水憎油性和自洁性。基于此研究基础，研究人员做了大量的研究来改善防污闪涂料的性能。如赵悦菊等采用有机-无机杂化纳米技术，添加不同粒径级别的纳米及微米改性无机 SiO_2 粒子，通过在 RTV 涂层表面构筑微纳结构的方式制备了表面具有高自洁性的防污闪涂料。刘辉等通过加入多胺基有机硅氧烷和纳米活性金属氧化物来降低涂层表面的电阻和增加涂层表面光滑程度，从而提高涂料自洁性能。雷清泉等将多胺基有机活性集团改性的纳米粒子和聚乙烯基及酯基引入到聚硅氧烷分子链上，不仅降低涂料的表面电阻，而且提高了聚硅氧烷体系涂层表面的粗糙度，有利于构建疏水结构，改善了聚硅氧烷憎水、抗污能力。

— 7.4 —

氟碳防污闪涂料

7.4.1　概述

以氟树脂为主成膜物的涂料称为氟树脂涂料，氟树脂涂料是氟树脂的一种应用形式。在欧美等国家和地区把以氟烯烃聚合物或氟烯烃和其他单体的共聚物等为成膜物的涂料称为"氟碳涂料"（fluorocarbon coating）。在我国简称氟碳漆、氟碳涂料、氟涂料、有机氟涂料、氟树脂涂料等。

7.4.1.1　氟碳涂料的特性

氟碳涂料中氟树脂成膜物和聚烯烃一样，都是以 C—C 键为主链的聚合物，不同的只是由氟原子代替了聚烯烃上的氢原子。就分子结构而言，一般聚烯烃分子的碳链呈锯齿形，如将氢原子换成氟原子，由于氟原子电负性大，原子半径小，C—F 键短，键能高达 485kJ/mol（C—H 键键能为 410kJ/mol，C—C 键键能为 368kJ/mol），而且相邻氟原子相互排斥，使氟原子不在同一平面内，主链中 C—C—C 键角由 112° 变为 107°，使 C—C 主键形成一种螺旋结构，碳链上的氟原子可相互紧密接触，将 C—C 键覆盖形成一个完整圆柱体（即每一个 C—C 键都被螺旋式三维列的氟原子紧紧包围），对 C—C 键起着屏蔽性保护作用。因氟原子的共价半径非常小，两个氟原子的范德华半径之和是 2.7×10^{-10}m，两个氟原子正好把两个碳原子之间的空隙（两个碳原子之间距离为 2.54×10^{-10}m）填满，使任何反应试剂难以插入，保护了碳碳主链。由于是对称分布，整个分子呈非极性，又因氟原子极化率低，氟碳化合物的介电常数和损耗因子均很小，所以其聚合物是高度绝缘的，在化学上突出的表现是高热稳定性和化学惰性。另外,通常太阳能中对有机物起破坏作用的是可见光-紫外光部分，即波长为 700～200nm 之间的光子，而全氟有机化合物的共价键键能达 544kJ/mol，接近 220nm 光子所具有的能量。由于太阳光中能量大于 220nm 的光子所占比重极小，所以氟涂料耐候性极好。

7.4.1.2　氟碳树脂类型

氟碳树脂包括三类，一是以 **PTFE**（聚四氟乙烯，polytetrafluoroethylene）为主的高温烘烤型的四氟涂料，二是以 **PVDF**（聚偏二氟乙烯，polyvinylidene fluoride）为主的热熔型氟树脂涂料，三是以 **FEVE**（氟烯烃-乙烯基醚共聚物，fluoroalkenes-vinyl ether copolymerization）为主的常温固化交联型氟树脂涂料。

（1）**PTFE**　1934 年德国赫司特公司发现了聚三氟氯乙烯，1938 年美国 Plunket 博士发现四氟乙烯室温下聚合生成白色粉末，1946 年美国杜邦公司生产聚四氟乙烯树脂，开发出"特氟龙"不粘涂料，它是将聚四氟乙烯（PTFE）以微小颗粒状态分散在溶剂中，然后以 360～380℃的高温烧结成膜，该涂层可长期在−195～250℃下使用，其耐化学稳定性超过所有聚合物，主要应用于不粘涂层，如不粘锅内涂膜、聚合反应釜内衬。

（2）**PVDF**　20 世纪 60 年代，ElfAto Chem 公司开发出"Kynar500"为商标的聚偏二氟乙烯（PVDF）氟碳树脂，随后，将其应用于氟碳涂料之中。它具有优良的耐候性、耐水性、耐污染性、耐化学稳定性，尤其用于建筑物的外部装饰时，有其他涂料无法相比的优点。但由于 PVDF 树脂不溶于普通溶剂，涂膜的形成需要 230～250℃的高温烧结，所以只能应用在有固定加工场所、有烘烤设备的铝幕墙板、铝型材、彩钢板等耐高温的外墙装饰材料的基材上，这限制了它的使用。

（3）**FEVE**　1982 年，日本旭硝子公司开发出了氟烯烃-乙烯基醚共聚物（FEVE）树脂。该树脂在氟烯烃的基础上引进了溶解性官能团、附着性官能团、交联固化性官能团、促进流变性官能团，不仅秉承了氟树脂的所有优良品质，而且还具有在常温下溶解于芳烃、脂类、酮类等常规溶剂，常温下交联固化等性能。该树脂应用到氟碳涂料中，使得氟碳涂料的应用领域扩大到了不耐高温的 PVC 型材、塑钢型材、玻璃钢、有机玻璃等有机材质，无法进入烘箱的大型钢板、钢结构，需要现场施工的道路桥梁结构、建筑外墙，以及有色金属、玻璃材质、陶瓷制品、石头木器材质等。

7.4.1.3　氟碳树脂理化性质

表 7-2 给出了主要氟碳涂料产品的性能比较。

表 7-2　主要氟碳涂料产品的性能比较

性能	PTFE	PVDF	FEVE
耐候性	—	好	好
耐腐蚀性	极好	良好	良好
成膜温度	380～435℃	230～250℃	常温
不黏性	极好	较好	好
装饰性（光泽）	极好	一般	较好
耐化学稳定性	极好	较好	较好
阻燃性	不然	自熄	自熄
低摩擦性（不粘性）	极好	一般	较好

7.4.2　FEVE 氟碳树脂

FEVE 氟碳树脂中的氟碳单体可以是三氟氯乙烯或四氟乙烯，不含氟的单体可以是乙烯基醚或乙烯基酯，根据其不同比例的调配，可以得到性能各异的 FEVE 氟碳树脂，其结构如图 5-13 所示。

FEVE 氟碳树脂与其他氟碳树脂相比，具有以下特性：

① FEVE 氟碳涂料实现了常温固化，在保持氟碳涂料优异性能的同时，扩展了氟碳涂料的用途。

② FEVE 氟碳树脂中引入的乙烯基基团，使 FEVE 氟碳树脂具有溶剂可溶性，甚至可形成水溶性的氟碳涂料，有利于环境保护和氟碳涂料的改性。

③ FEVE 氟碳树脂中引入的基团，使 FEVE 氟碳涂料的附着力得到了改善。FEVE 氟碳涂料的施工工艺简单，可重涂性强。

此外，FEVE 氟碳涂料与其他涂料相比，具有以下优异特性：

① FEVE 氟碳涂料的耐候性强。日本旭硝子公司生产的 FEVE 氟碳涂料在户外使用 10 年后，曝光率仍然在 80%以上，并且优于 PVDF 氟碳涂料。

② FEVE 氟碳涂料的耐盐雾性能优异。日本大金株式会社生产的 GK570 氟碳涂料的耐盐雾性能达到 2000h 以上。

③ FEVE 氟碳涂料具有优异的耐化学稳定性能。日本大金株式会社生产的 GK570 氟碳涂料耐 10%酸、10%碱的性能达到 10 天，耐盐水性能可达 300 天以上。

④ FEVE 氟碳涂料具有优异的不黏性和抗沾污性，涂膜具有憎水和憎油性能，摩擦系数小。

⑤ FEVE 氟碳涂料还具有优异的综合性能，其装饰性强，重涂性好，附着力强，硬度高，韧性好，涂膜不易燃烧，能抵御严寒酷暑、干湿交替的环境，使用范围广。

一般涂覆在室外的普通涂料最长的使用寿命是 5 年，而氟碳涂料使用年限可达 20 年。这是因为氟碳树脂表面的氟对所有的可见光不吸收，而对大部分的紫外线也不吸收，能吸收的紫外线占总紫外线量的比例很小，所以氟碳树脂的耐候性非常好，远远超过其他的丙烯酸树脂、硅橡胶树脂和聚氨酯树脂，使用十几年都不发生发黄、龟裂、起皮、粉化和脱落等现象。因此，氟碳涂料的耐化学稳定性、耐水性、抗老化性等理化性能都优于其他涂料。

7.4.3　防污闪氟碳涂料配方研究与优化

本项研究从氟碳涂层的微纳结构着手，选择憎水性优良的颜填料，并以偶联剂改性颜填料理化特性，添加了一系列功能性助剂，制备出一种新型防污闪氟碳涂料。

根据文献资料和各种助剂的性能，确定涂料配方由氟碳树脂、偶联剂、固化剂、颜料、填料、催化剂、助剂和溶剂等组成（表 7-3）。

表 7-3　涂料配方

成分	比例/%	成分	比例/%
FEVE	40～85	填料	1～30
固化剂	1～30	颜料	1～30
催化剂	0.0001～1	助剂	0.01～10
溶剂	30～50	偶联剂	1～30

（1）成膜树脂　FEVE 氟碳涂料成膜树脂按照氟单体的类型，可分为三氟氯乙烯型和四氟乙烯型两类；按照共聚单体的类型，可分为乙烯基醚和乙烯基酯两类，而乙烯基醚和乙烯基酯还有不同的细分品种。选择了国内已有的性价比较高的乙烯基酯类，除非特殊说明，本项

目以下研究的氟碳树脂都是乙烯基酯树脂。

① 三氟树脂 目前国内性能较好的三氟树脂是大连振邦公司生产的 ZB-F100 树脂，其属于三氟氯乙烯-乙烯基醚的聚合物，其氟含量为 22%，固体含量为 54%，羟基含量为 1.39%（固），为淡黄色液体。本研究选择该树脂作为主要的成膜物质。

② 四氟树脂 国内的四氟树脂生产厂家只有济南华临化工有限公司，其生产的 HLR-2 树脂适合做低表面能憎水性涂料，其属于四氟乙烯-乙烯基酯，氟含量为 27.5%，固体含量为 52%，羟基含量为 1.61%，为黄色液体。

日本大金株式会社生产的四氟树脂 GK570 在全世界享有盛誉，其固体含量为 63%，羟值 55mgKOH/树脂 g，酸值为 1.5mgKOH/树脂 g，为白色透明液体。

(2) 颜料 TiO_2 颜料的加入不仅使涂料具有装饰性，有的颜料还具备特殊的性能。有一种颜料能吸收的光线只有少量的紫外线，同时能分解光线，阻止紫外线穿透，提高涂膜的耐候性，并可以调整涂膜的流动性和光泽，提高涂膜的抗粉化性能。因此本项研究使用该颜料。

(3) 填料 为了提高涂料的特殊性能，填料的加入至关重要。根据填料的特性，本项研究使用了两种不同的填料，以改善涂料的憎水性。

① 填料 1 纳米材料 SiO_2。其分子中的 Si—O 键能比 C—F 键稍低，与 C—F 具有类似的性质。研究表明，填料 1 因其较低的表面能和纳米结构，加入到涂料中容易迁移到涂料的表面，有助于形成"荷叶效应"，从而达到憎水的性能。

② 填料 2 微米级聚四氟乙烯蜡粉。填料 2 具有 FEVE 树脂中的部分结构，键能大。研究表明，加入到涂料中能起到增强涂膜的耐磨性能、降低涂膜表面能、增强憎水性能、增加涂膜的粗糙度等作用。

(4) 助剂 涂料中因加入了各种填料或颜料等，往往存在分散不均、分散过程中产生气泡、流挂、发花等影响涂料性能和美观的现象，因此加入各种助剂的作用是消除这些现象，使涂料保持良好的性能。此外，不同的助剂还可改善涂料附着力、憎水性等性能。初期实验准备的助剂有助剂 1、助剂 2。

此外，氟碳树脂在固化过程中，在催化剂的作用下会发生反应，生成一定数量的 CO_2，当涂料被涂覆后，CO_2 分子向表层扩散，并且在漆膜表面聚集形成宏观可见的气泡。由于漆膜表面张力的改变，气泡最终破裂，在涂膜表面形成很多气孔，严重影响了涂膜的性能。助剂 1 为一种消泡剂，可以破坏和抑制气泡壁薄膜的形成，并达到破泡的目的，其特殊的界面性质使涂层能获得均一平整的表面。

在氟碳涂料中，无机物在氟碳体系中很难溶解，加入的助剂 2 为分散剂，目的是使氟碳树脂与填料和颜料在溶剂中能被充分分散。

(5) 溶剂 氟碳树脂具有难溶解的特性，因此，在选用溶剂时，优先根据氟碳树脂的溶解性能选用。

(6) 偶联剂 偶联剂能提高氟碳树脂涂膜的附着力及对颜填料的分散性，使颜填料与氟碳树脂之间形成化学键，连接成一个均匀体系。偶联剂的极性基团可以与极性分子之间相互亲和，而非极性基团可以与 FEVE 氟碳树脂之间亲和，既可以提高颜填料的分散性，也可以提高涂料基底的附着力，是涂料中不可缺少的部分。具有甲氧基极性基团的偶联剂对基底具有很强的结合力，增强了涂料的附着力。因此，选用偶联剂 1 G502 和偶联剂 2 TSL 8233。

（7）固化剂　固化剂的加入是为了构建双组分，使得涂料能在短时间内完全固化。其加入的量增大，涂膜的硬度增大。

（8）催化剂　在氟碳涂料制备工艺中，催化剂具有催化—NCO 和—OH 基团反应的作用，在反应的末期，涂料中的—NCO 和—OH 的量很少，反应速率与羟基浓度的平方成正比，残存的羟基浓度已经很低，特别是当环境温度较低时更为明显。加入催化剂可以催化其反应，使涂料的固化时间缩短，减少固化时间。但其加入量过大，则会导致涂膜的附着力下降，抗冲击强度降低，漆液的活化期缩短。

由于涂层的性能主要取决于涂层的结构，而涂层的结构则由整个体系组分共同决定，因此本项目通过研究各组分对涂层的性能影响来确定最佳的配方体系。

涂层固体含量测试依照标准 GB/T 1725—2007《色漆、清漆和塑料 不挥发物含量的测定》进行；附着力的测试依照标准 GB/T 9286—1998《色漆和清漆 漆膜的划格试验》（现为 GB/T 9286—2021）进行；憎水性接触角的测定使用接触角测定仪，按照 DL/T 864—2004《标称电压高于 1000V 交流架空线路用复合绝缘子使用导则》的静态法进行；涂层硬度的测试使用铅笔硬度方法，依据 ASTM D 3363—2005 进行；耐化学稳定性的测试包括耐酸性、耐碱性和耐盐水性，依据 DL/T 627—2012《绝缘子用常温固化硅橡胶防污闪涂料》测试方法进行；外老化性能的测试方法主要依据三个标准，分别是 GB/T 9276—1996《涂层自然气候曝露试验方法》、GB/T 9754—2007《色漆和清漆 不含金属颜料的色漆漆膜的 20°、60°、85°镜面光泽的测定》、GB/T 1766—2008《色漆和清漆 涂层老化的评级方法》）。

本项研究制备的 TiO_2/PTFE-FEVE 和改性 TiO_2/PTFE-FEVE 复合氟碳涂料，按照标准对涂层的理化、电气绝缘性能进行测定，其测试结果见表 7-4。采用氟硅烷对纳米 TiO_2 粒子进行改性后，憎水性达到 110°以上，将改性 TiO_2 与 PTFE 作为复合填料制备的涂料对基底附着力达到 0 级，由于 PTFE 具有不粘性，导致材料与基底的黏结能力差而不能单独作为填料使用，以改性 TiO_2 与 PTFE 作为复合填料能够增强涂层材料与基底的黏结能力。TiO_2/PTFE 改性 FEVE 复合氟碳涂料具有优良的耐水性、耐化学稳定性、耐盐雾性。将上述制备的试样送至中国电力科学研究院电力工业电气设备质量检验测试中心检测其电气绝缘性能，其体积电阻率为 $2.5×10^{10}Ω·m$；击穿场强为 21.1kV/mm；耐漏电起痕及电蚀损为 TMA2.5 级、最大电蚀深度为 1.20～2.74mm。研究结果表明其具有优良的防污闪性能[57-62]。

表 7-4　TiO_2/PTFE-FEVE 纳米复合氟碳涂层的性能测试结果

性能	测试结果	
	TiO_2/PTFE-FEVE 涂层	改性 TiO_2/PTFE-FEVE 涂层
附着力	1 级	0 级
硬度	5H	7H
耐水性	>168h	>168h
耐化学试剂性	无失光、变色、脱落等现象	无失光、变色、脱落等现象
耐盐雾性	>1000h	>1000h
体积电阻率	$1.4×10^9Ω·m$	$2.5×10^{10}Ω·m$
击穿场强	19.4kV/mm	21.1kV/mm
耐漏电起痕及电蚀损	TMA2.5 级、最大电蚀深度为 1.33～3.04mm	TMA2.5 级、最大电蚀深度为 1.20～2.74mm

黄静、朱志平等[57]针对现有 RTV 防污闪涂料寿命短、难复涂的问题，以 FEVE 氟碳树脂为成膜物质，以纳米气相 SiO_2、微米聚四氟乙烯蜡粉、纳米金红石型 TiO_2 等为填料与钛酸酯偶联剂及其他功能助剂制备了一种新型防污闪氟碳涂料。结果表明：

① 通过对偶联剂添加工艺、改性纳米填料添加工艺及消泡工艺的研究，提高了涂层的疏水性能，工艺改性后的涂层外检电气绝缘性能满足防污闪要求。

② 经过工业污染严重的佛山地区户外暴露一年半，防污闪氟碳涂层综合老化性能为 0 级，憎水性接触角依旧可达 118°，憎水性丧失率为 5.6%，具备优良的憎水性保持性能，满足防污闪要求。

③ 防污闪氟碳涂料经过带电试运行后，涂层污秽严重程度控制在 E1 内，运行中未出现刷状放电情况，表明涂层耐污闪性能优良。

④ 现场应用研究结果表明，氟碳涂料具备优良的防污闪性能，可应用于输变电线路高压绝缘子防污闪。

7.5

复合绝缘子的老化、裂纹与修复

7.5.1 概述

在电力系统中，绝缘子用来支撑、隔离或包容高压带电导体。长期以来，在高压输电领域，主要由瓷或者玻璃等无机材料制成的绝缘子占据垄断地位，但随着近几十年来有机材料的不断发展，越来越多的以硅橡胶为代表的有机材料制成的复合绝缘子出现在高压线路中。与瓷或玻璃绝缘子相比，复合绝缘子具有如下明显的优势：机械强度高、重量轻；湿闪污闪电压高；运行维护简便；不易破碎，防止意外事故等。

由于复合绝缘子的绝缘材料为有机硅橡胶，随着电压等级的提高和运行环境的劣化，使其老化问题更为突出。污秽地区恶劣的运行环境会加速复合绝缘子的老化，而环境的明显差异也导致复合绝缘子在老化机理上存在差异。因此如何评估复合绝缘子的运行状态继而判定更换时间成为迫切需要解决的问题。复合绝缘子的现场运行状态必须要有合理、简单、可靠的老化判据，在合理判据的基础上才能客观正确地评判复合绝缘子的现场情况和老化阶段。复合绝缘子老化状态的评估方法分为两类：

① 整串绝缘子评估，包括闪络电压、泄漏电流等宏观测试，但存在对于老化初期的反应不够灵敏、测试设备要求较高等局限性；

② 复合绝缘子局部性能分析，如憎水性、表面显微观察、红外光谱分析及热刺激电流测试等，这类方法具有取材容易、精度较高的特点，从而得到较为广泛的应用。

复合绝缘子最早起源于美国、德国、法国、苏联等国家。20 世纪 50 年代，国外开始复合绝缘子的研究和使用，起初采用的绝缘材料主要是乙丙橡胶、环氧树脂、聚四氟乙烯等，性能较差。直到 20 世纪 70 年代后期采用硅橡胶材料，复合绝缘子才得以推广。随着填料添加剂的引入和高温硫化硅橡胶的出现，复合绝缘子以良好的电气性能、耐腐蚀性、强憎水性以及憎水迁移性得到了广泛使用。EPRI 统计资料显示，销售至北美地区的复合绝缘子及支柱数量在 2008 年已经超过 400 万只，在整个北美市场，复合绝缘子占 70%～75% 的份额，新建输电工程多数采用复合绝缘子。在国内，复合绝缘子起步比较晚，20 世纪 80 年代初才开始在电网中使用。借鉴国外的使用和研发经验，国内发展初期采用的绝缘材料主要为硅橡胶，起点较高，发展较快。近几年，随着交直流特高压输电线路逐渐投入运行，国内复合绝缘子技术得以大幅度提升。在国内重点输电工程 1000kV 特高压交流和 ±800kV 特高压直流输电工程中，外绝缘是关键技术之一。复合绝缘子的大量采用，使得特高压输电线路外绝缘问题得到满意的解决，大幅度降低了工程造价。在复合绝缘子的工艺研制、材料选取、试验方法、老化问题等方面，科研人员进行了大量研究，为国内复合绝缘子的发展和质量保障提供了技术支撑[63]。

复合绝缘子是至少由两种绝缘部件（即内部芯棒和装配有金属附件的外套）组成的一种聚合物绝缘子。芯棒是复合绝缘子的内绝缘件，通常由树脂基体和玻璃纤维构成，用来保证绝缘子的机械特性。外套又称伞裙护套，是复合绝缘子的外绝缘部件，用来提供必要的爬电距离并保护芯棒不受气候影响，可以由多种材料构成，包括硅橡胶、乙丙橡胶、环氧树脂和聚四氟乙烯等。金具主要起传递机械应力与连接固定的作用。我国复合绝缘子芯棒多采用环氧玻璃钢芯棒，外套多采用经过硫化的硅橡胶材料来制造。高压输电线路复合绝缘子的典型结构如图 7-8 所示。

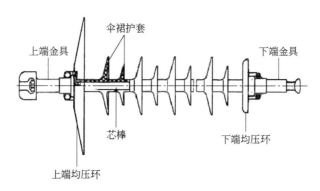

图 7-8　高压输电线路复合绝缘子结构示意图

在高压输电线路上大量采用硅橡胶绝缘子主要是由于其优异的耐污闪和耐湿闪性能，正是传统的瓷和玻璃绝缘子无法比拟的。硅橡胶绝缘子优异的耐污闪性能源于作为伞裙护套的硅橡胶材料具有优异的憎水性和憎水迁移性，使其表面积聚的污层同样获得不同程度的憎水性，从而大大抑制泄漏电流及绝缘子表面放电路径的形成与发展，起到了很好的输电线路外绝缘作用。硅橡胶绝缘子固然有其优异的电气外绝缘性能，但是它的缺点同样也不能忽视，即伞裙护套是有机材料，因此比传统的瓷和玻璃绝缘子更容易老化。复合绝缘子的老化一旦发生，各种优异的电气外绝缘特性自然也就丧失，反而使绝缘子成为电气外绝缘中最薄弱的一个环节，严重危害高压输电线路的安全，给电网安全稳定造成巨大影响，甚至造成巨大损失。

7.5.2　复合绝缘子老化机理

复合绝缘子老化的主要因素有表面电晕放电、紫外照射、电应力、酸雨和臭氧等，其中紫外照射和酸雨具有很强的地域特性[64]。

硅橡胶是一种以重复的 Si—O 键为主链，硅原子上直接连接有机基团的聚合物，线性硅氧烷的化学结构式为

$$\left[\begin{matrix} R \\ Si \\ R \end{matrix} - O \right]_m \left[\begin{matrix} R' \\ Si \\ R'' \end{matrix} - O \right]_n \tag{7-24}$$

式中，R，R′，R″分别为甲苯基、乙烯基、三氟丙基；m，n 为聚合度，体系黏度随着 m、n 增大而增大。硅橡胶材料的有机大分子为共价键，键和力较强，比如 Si—C 键的键能为 318kJ/mol，而 Si—O 键的键能为 447kJ/mol。

强电场作用下的局部放电、冷热聚变、受潮水解和紫外线等高能射线辐射的长期作用，是导致复合绝缘子老化的主要原因，绝缘子的机电性能会因老化而减退。局部放电引起硅橡胶材料劣化损伤的机理大致如下：

① 局部放电产生的带电粒子撞击硅橡胶表面，使有机硅橡胶分子的主链断裂，发生解聚或部分变成小分子；

② 局部放电使绝缘子表面局部温度上升，放电区域内的高温能使硅橡胶材料发生化学分解；

③ 局部放电产生的活性气体 O_3、NO、NO_2 等的氧化及腐蚀作用能使硅橡胶材料逐渐劣化；

④ 局部放电产生的紫外线或波长较长的 X 射线，导致硅橡胶材料分解、解聚。

硅橡胶材料表面憎水性强弱随着环境条件的不同而变化。硅橡胶是有机高分子主链上唯一不含碳原子的聚合物，它是兼有无机和有机性质的高分子弹性材料，对大量运行中的高温硫化硅橡胶绝缘子进行外观检查，发现有些硅橡胶伞裙表面出现局部放电痕迹，憎水性逐渐减弱或丧失，外绝缘伞裙护套材料脆化、开裂、蚀损、漏电起痕及表面有电弧烧伤的痕迹。

硅橡胶合成绝缘子的老化过程大致如下：当硅橡胶绝缘子是新的时，表面具有很强的憎水性，流过绝缘子表面的电流是容性电流，绝缘子表面保持优异的憎水性；随着时间的推移，雨水和风沙等污染绝缘子表面，加大了表面粗糙度，形成染污的绝缘子表面，局部电晕放电同时也导致表面不断粗糙，使得污秽物质容易在表面积聚；硅橡胶内小分子量物质扩散到外表面，包容了外表面积聚的污秽物，使得外表面同时也具有憎水性；雨水在绝缘子表面有些滑落，有些形成细微的小水滴，局部电场较高，电晕容易发生，电晕放电产生的热量使得硅橡胶绝缘子表面局部和暂时性的憎水性消失；随着憎水性的消失，表面开始变得潮湿，并且一些污秽物质开始溶解形成导电层，绝缘子表面一些小分子量物质开始溶解，绝缘子表面憎水性进一步丧失，同时，潮湿区域改变了电场分布；上述过程连续发生，直到表面形成一层连续的导电层，一部分导电层是在电场作用下由水滴拉长而形成的，此时绝缘子表面形成水带，泄漏电流开始增加，与瓷绝缘子相比，复合绝缘子表面水膜的厚度更薄，泄漏电流更小；在某些局部大电流密度区或高电阻区，表面局部导电层被烘干，干燥带逐渐形成；此时干燥

带电弧放电和持续的电晕放电引起表面憎水性的进一步丧失，表面发生侵蚀和电痕。上述过程是一个反复潮湿和烘干的过程，当表面烘干时，老化暂时停止，表面将通过小分子量物质的扩散而开始恢复憎水性，这个阶段反复而连续发生。硅橡胶绝缘子的特性由硅橡胶的构成、绝缘子的设计和绝缘等级决定，如果表面导电层的电导率高，此时将发生滑闪，不会严重影响绝缘子的憎水性，如果绝缘子设计不当或者伞裙表面硅橡胶材料不充足，那么硅橡胶伞裙将发生侵蚀，并且玻璃钢芯棒暴露出来，此时通过酸碱物质的侵蚀，将造成严重后果并最终使性能直线下降。

硅橡胶材料的老化分为电老化、热老化、机械应力老化和环境老化。热老化是硅橡胶绝缘子老化的主要原因之一，可以用以下几种方法提高硅橡胶材料的耐热性：改变主链结构和侧链基团结构；消除硅羟基；加入耐热添加剂 [Al(OH)$_3$ 等]；加入少量硅树脂。

硅橡胶绝缘子独特的憎水性及憎水迁移性限制了表面泄漏电流的形成和发展，一般情况下，硅橡胶材料被腐蚀破坏的速度是非常缓慢的，但泄漏电流路径一旦形成就可能导致击穿现象的发生。因此，硅橡胶绝缘子在使用过程中，要采取有效措施防止或减缓泄漏电流路径的形成，从而有效减缓硅橡胶绝缘子的老化过程。

7.5.3　复合绝缘子老化评估方法

老化作为一个指标、一个判据，反映的是材料不可逆转的劣化。复合绝缘子老化状态的评估就是基于硅橡胶材料老化导致其内、外特征的变化而进行的。国家电网公司现场运行的复合绝缘子的数据显示，绝缘子硅橡胶老化主要表现在以下 6 方面[65-68]：

① 表面的憎水性下降、憎水迁移时间变长和恢复能力变差；

② 表面出现粉化现象；

③ 在重污染工厂周边运行的复合绝缘子，硅橡胶伞裙材料及护套可能会发生电蚀损、漏电起痕等严重的老化状况；

④ 硬度增加、抗撕裂能力变差；

⑤ 伞裙表面其他杂质化学元素增多，硅橡胶化学结构遭到严重破坏；

⑥ 表面粗糙，孔洞增多，材质疏松。

目前，老化状态评估手段主要体现在以下 3 方面：一是利用复合绝缘子伞裙及护套表面的状态评估其老化状态；二是在实验室采用常规的伞裙表面测试手段评估其老化状态，并探究各种因素对老化的作用机制以寻求遏制老化的方法；三是利用硅橡胶材料的空间电荷检测及直流电导测试技术对复合绝缘子的老化状态进行评估。

根据复合绝缘子老化现象及其特点，形成了以下复合绝缘子老化评估方法：

① 通过喷水分级法（Hydrophobicity Class，HC）测量憎水性能，级别越高说明绝缘子老化程度越严重。

② 通过复合绝缘子的泄漏电流的测量判断硅橡胶的老化程度，泄漏电流越大说明憎水性被破坏越严重，老化程度越严重。

③ 利用扫描电镜（Scanning Electron Microscope，SEM）观察绝缘子表面的微观镜像，微观表面孔洞、缺陷越多说明老化越严重。

④ 通过能谱分析复合绝缘子各层面存在的化学元素，其他杂质元素（尤其是金属元素）

含量越高说明老化越严重。

⑤ 通过观察表面粉化、测量硬度和抗拉能力等评估绝缘子老化状态。

近年来，又有一些新的老化状态评估方法诞生，如基于热刺激电流（Thermally Stimulated Current，TSC）的检测法、傅里叶红外光谱分析法（Fourier Transform Infrared Spectroscopy，FTIR）、紫外成像分析法、基于核磁共振的老化检测法等也得到了较广泛的应用。

7.5.3.1 传统的老化评估方法分析

常用的老化评估方法主要包括 HC 分级法、泄漏电流监测、SEM 观察、硬度测试及粉化观察等，表 7-5 给出了几种方法应用于老化评估的判据及优缺点[64]。

表 7-5　复合绝缘子的传统老化评估方法

特征量	检测方法	表征参量	优点	缺点
憎水性	HC 分级法	HC 数值(HC1～HC7)	简单易行	主观影响大、误差大
憎水性	静态接触角法	接触角大小	测量精确	操作复杂
泄漏电流	泄漏电流监测	电流值大小	真实可信	装置复杂、现场受环境影响
表面观察	SEM 观察	表面粗糙度、孔洞深度、密度观察	获得表面显微结构	实验室操作、设备昂贵
伞裙元素分析	能谱分析	杂质元素种类与含量	结果精确	实验室操作、设备昂贵
电晕放电测试	紫外成像分析	破损点放电观察	结果精确	定性测试

（1）HC 分级法　HC 分级法是用材料表面的憎水性等级来表示其憎水性好坏的方法，其将固体材料表面的憎水性分为 7 个等级，按照憎水性状态分别表示为 HC1～HC7，憎水性等级越低表示材料憎水性越好。通过目测观察复合绝缘子表面水滴状态来判断憎水性级别。若喷水后绝缘子表面为细小水珠，形状为分布均匀的规则圆球则说明憎水性等级低，憎水性好；反之，若表面为大片水膜、水渍清晰等情况，则说明憎水性等级高，憎水性差。

HC 分级法是最常用的判断复合绝缘子老化的方法，尤其适合在现场中应用，HC 等级更是现场绝缘子是否需要清洗的直接判据。但是作为评估绝缘子老化的常用方法，精度无法保证，因为该方法是通过目测观察来判断憎水性的，测量结果有很大的主观因素。

（2）静态接触角法　评估憎水性最准确的方法就是测量水滴在绝缘子表面的静态接触角。一般情况下，接触角大小为 80°～120°，接触角越大说明憎水性越好。

接触角是指水、空气、材料交会处的倾斜角。憎水好的硅橡胶复合绝缘子表面结果完整，滴水后自然形成圆形水珠，这样测量的静态接触角度肯定比较大；反之，复合绝缘子发生老化后，滴水后表面形成的是各种水膜，那么水、空气、硅橡胶之间的夹角要明显小于水珠与空气、硅橡胶之间的夹角，也就是说老化后复合绝缘子的接触角小。

传统的接触角测量是用量角器、显微镜或缩放照相机来测量。现代测量接触角使用的是数字化接触角测量仪，利用数码相机和计算机软件系统采集试验图像，并自动对图像进行接触角测量。测量系统通过数码相机拍照，并将图像传入计算机软件分析系统，再通过软件计算得到试品接触角的数值。图 7-9 给出了利用美国科诺工业有限公司生产的 SL200B 型接触角分析仪测量接触角的效果图。

图 7-9　静态接触角测量图像

静态接触角测量是最简单、最直接、最准确的评估复合绝缘子老化的方法之一，得到了比较广泛的应用，接触角也能准确地反映憎水性好坏，从而反映复合绝缘子的老化程度。但是其对测量工具要求比较高，工序也比较麻烦，实现起来有一定难度。

（3）泄漏电流监测　影响复合绝缘子性能的主要因素是憎水性的丧失与否，憎水性的破坏更是绝缘子老化的重要特征。憎水性破坏导致绝缘子泄漏电流增大，泄漏电流增大与放电又导致憎水性破坏加重，这样形成了恶性循环，从而加速了复合绝缘子的老化。由于泄漏电流既反映老化程度，又能加速老化，所以对泄漏电流的监测在实验室和现场的研究工作中得到了广泛的应用。

由泄漏电流大小可以直接判断复合绝缘子表面的老化状况，表面材质疏松导致电阻率下降，从而泄漏电流增大，泄漏电流越大说明表面憎水性越差、老化越严重。现场应用中，通常以泄漏电流最大幅值和其超过一定幅值的次数来判断绝缘子的老化程度。

泄漏电流测量系统主要由电流传感器、传感器保护电路、数据采集卡和计算机分析软件4 个部分组成。工作时泄漏电流通过电流传感器采样，转换成模拟信号，再由数据采集卡进行 A/D 转换，输出到计算机进行存储和在线监测。泄漏电流测量原理图如图 7-10 所示。

泄漏电流监测是最能说明复合绝缘子老化程度的方法，其结果精确、评估准确，但其测量装置比较复杂，成本高，不适合对现场运行的复合绝缘子进行老化状态评估。

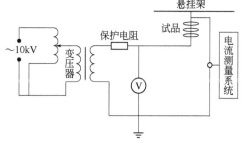

图 7-10　泄漏电流测量原理图

（4）硬度测试　硅橡胶材料的老化还表现在硬度变硬，这是老化使高分子结构发生变化的缘故，属于硅橡胶内部的化学老化。硅橡胶的化学键在光、热、机械作用力等因素作用下，分子键发生断裂，产生大量的自由基，断裂后的自由基再相互作用产生交联结构，使得材料变硬、变脆、伸长率下降。因此，硅橡胶的硬度是衡量复合绝缘子老化程度的重要指标。

（5）粉化观察　硅橡胶材料表面粉化也是其老化的重要特征，粉化观察可以作为评估老化程度的辅助方法。但是该现象不太容易观察，受天气状况（风吹、雨水冲洗）影响比较大。

（6）SEM 观察　SEM 是用来观察硅橡胶伞裙表面微观的一种高精度仪器，能实现对物体的几千倍放大，从而实现对物体的表面状况的微观观察。图 7-11 给出了相关试品的 SEM图像。

表面硬度增加、粗糙、材质疏松，有微孔、裂纹等，这些现象通过肉眼观察很难察觉。通过扫面电镜放大 2000 倍后，物体的微观镜像就能很好地呈现，根据微观状况来判断绝缘子是否发生了老化及老化的程度。表面微观镜像是判断其老化与否的直接判据，SEM 观察是评估绝缘子老化程度必不可少的方法。

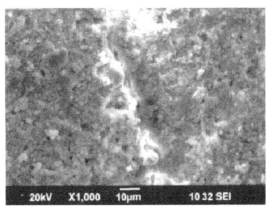

图 7-11 硅橡胶伞裙的 SEM 图像

　　(7) 能谱分析　能谱分析是探究绝缘子表面、内部的化学元素组成，从而探究表面积灰、污物、盐分等在硅橡胶材料中的扩散和迁移过程，通过元素组成来判别硅橡胶的老化程度。该方法测量结果精确，主要适用于因污秽所导致的老化的评估。

7.5.3.2　老化评估新技术

　　(1) TSC 检测法　工作原理：硅橡胶的老化导致大量分子键的断裂，从而产生大量的自由基和离子，继而导致硅橡胶内部陷阱密度的增加。在极化电压和加热条件下，产生大量的载流子（内部激发和电极注入的），在加热条件下，内部载流子加速运动，从而使所测得的热刺激电流加大。

　　测量方法：TSC 的基本测试方法是将试样加热到一定温度，然后在该温度下对其施加一个直流的极化电压，并保持一段时间，随后立即降温至较低温度，使各类载流子冻结，撤除直流极化电压，然后对试样进行升温，测量试样两端的短路电流。该电流与温度的关系曲线（I-T）即为试品的 TSC 曲线。

　　优缺点分析：相对于憎水性测试及其他老化评估方法，TSC 测试结果能够更为准确地评估复合绝缘子硅橡胶伞裙材料的老化状况。但是目前该方法的研究结果具有一定的狭隘性，还需要收集更多的现场运行试样进行研究，以使基于 TSC 测量的老化评估方法得到广泛的应用。

　　(2) 傅里叶红外光谱分析法　工作原理：硅橡胶是以高分子聚二甲基硅氧烷（PDMS）为基体，与多种填充料按照一定比例进行填充、混炼后经过高温加压硫化后而成的。聚二甲基硅氧烷主要由 Si—O—Si、Si—CH$_3$ 及甲基—CH$_3$ 基团组成，其中 Si—CH$_3$ 及—CH$_3$ 为硅橡胶复合绝缘子的憎水性基团。

　　研究表明，当硅橡胶复合绝缘子老化后，其表面的憎水性部分丧失，使得 Si—O、Si—C、C—H 键发生断裂而减少，憎水性下降。傅里叶红外光谱分析法就是研究老化前后憎水性基团 Si—CH$_3$ 及—CH$_3$ 的变化情况，根据其含量判定复合绝缘子的老化程度。

　　测量方法：从试验绝缘子的伞裙切下硅橡胶片作为试品，用酒精擦拭干净，干燥后放入红外光谱分析仪，从计算机上记录波形及数据。

　　优缺点分析：傅里叶红外光谱分析法能够实现对复合绝缘子的憎水性基团 Si—CH$_3$ 及—CH$_3$ 准确的定量研究，准确地判定复合绝缘子的憎水性，从而判定老化程度。图 7-12 是红外光谱分析结果图，从图上可以清晰地看出试品表面的憎水性基团明显低于中心层，说明试品表面的老化程度更为严重。

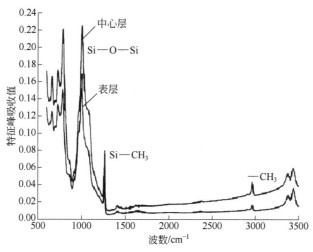

图 7-12　试品红外光谱分析结果

（3）紫外成像分析法　紫外成像分析法采用紫外成像相机对加压的复合绝缘子进行拍照，若硅橡胶材料出现老化及破损状况，破损点必然会出现电晕现象，这种现象就会被紫外成像相机观察到。图 7-13 是紫外成像图，此试品芯棒护套损坏，加压到一定数值时即可发现损坏部位。紫外成像分析法能够准确地检测出试品的损坏部位，但不能够实现定量研究。鉴于它是在运行电压下进行的检测，故对现场复合绝缘子状态的检测及评估具有很大的价值。

（4）核磁共振　由于复合绝缘子长期在电晕、臭氧、强紫外线等恶劣的环境中运行，其硅橡胶材料分子主链上的 Si—O 键的键能会明显衰减，甚至发生断裂情况，导致材料老化。当 Si—O 键的键能发生减弱时，为达到平衡 Si 原子键能的目的，Si 原子对应侧链上的甲基或乙烯基基团间的键能也会随之变化，基团中 H 原子状态会受其影响而变化。故复合绝缘子用硅橡胶分子式中的 H 原子数量变化与其老化状态的变化相互对应，探究其材料分子式中 H 原子的变化状况可以反映复合绝缘子的老化状态。

核磁共振原理是利用基团中 H 原子核的磁共振特性，探究硅橡胶材料中 H 原子核的性质及其状态，分析其内部结构。因此，利用材料中 H 原子核的磁共振对硅橡胶复合绝缘子老化状态进行评估，可直

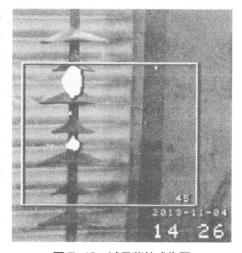

图 7-13　试品紫外成像图

接反映硅橡胶中 H 原子含量及 H 原子状态的变化，从而准确地反映复合绝缘子的老化状态。

参考文献

[1]　刘永生. 污秽绝缘子在线监测技术的研究[D]. 成都：西南交通大学，2004.

[2]　宿志一，李庆峰. 我国电网防污闪措施的回顾和总结[J]. 电网技术，2010, 34(12): 124-130.

[3] 李恒真, 刘刚, 李立涅. 绝缘子表面自然污秽成分分析及其研究展望[J]. 中国电机工程学报, 2011, 31(16): 128-137.

[4] 钟庆东, 希华, 祝铭, 等. 防污闪涂料的防污闪机理研究进展及应用. 上海电力学院学报, 2005, 21(3): 271-274.

[5] 陈智巧. 绝缘子防污闪涂料的研制[D]. 长沙: 湖南大学, 2008.

[6] 黄静. 防污闪氟碳杂化涂层的理化电气性能研究[D]. 长沙: 长沙理工大学, 2014.

[7] 薛艺为. 高海拔特高压换流站复合支柱绝缘子积污和污闪特性研究[D]. 广州: 华南理工大学, 2014.

[8] 马仪, 侯亚非, 文华, 等. 高海拔特高压直流换流站外绝缘自然积污状况研究[J]. 云南电力技术, 2007, 35(3): 26-32.

[9] 高海峰, 樊灵孟, 李庆峰, 等. ±500kV 高肇直流线路绝缘子积污特性对比分析[J]. 高电压技术, 2010, 36(3): 672-677.

[10] 张楚岩, 关志成, 张福增, 等. 换流站支柱绝缘子在高海拔地区的污秽外绝缘特性[J]. 高电压技术, 2012, 38(10): 2568-2574.

[11] 宿志一, 刘燕生. 我国北方内陆地区线路与变电站用绝缘子的直、交流自然积污试验结果的比较[J]. 电网技术, 2004, 28(10): 13-17.

[12] 李震宇, 梁曦东, 王彬, 等. 直流电压下复合绝缘子的自然积污试验[J]. 电网技术, 2007, 31(14): 10-14.

[13] 宿志一. 换流站直流绝缘子的自然积污特性与直交流积污比[C]. 中国电机工程学会高压专委会学术年会, 2007.

[14] 谭捷华, 肖勇, 蔡炜, 等. 直流线路绝缘子串自然污秽盐密测量方法[J]. 高电压技术, 2003, 29(9): 52, 58.

[15] 顾乐观, 孙才新. 电力系统的污秽绝缘[M]. 重庆: 重庆大学出版社, 1990.

[16] Kawamura T, Ishii M, Akbar M, et al. Pressure dependence of DC breakdown of contaminated insulators. IEEE Transactions on Electrical Insulation, 1982, 17(1): 39-45.

[17] Mizuno Y, Kusada H, Naito K. Effect of climatic conditions on contamination flashover voltage of insulators. IEEE Transactions on Dielectrics and Electrical Insulation, 1997, 4(3): 286-289.

[18] 张星海. 高海拔地区直流绝缘子直流染污放电特性[D]. 中国电机工程学会高压专业委员会高压学术年会, 1988.

[19] 关志成, 张仁豫, 黄超锋. 低气压条件下绝缘子污闪特性的研究. 清华大学学报(自然科学版), 1995, 35(1): 17-24.

[20] 黄超锋. 高海拔地区染污绝缘放电特性的研究[D]. 北京: 清华大学, 1993.

[21] 周军. 高海拔区绝缘子染污放电特性和选型研究[D]. 北京: 清华大学, 2004.

[22] Matsuoka R, Shinokubo H, Kondo K, et al. Assessment of basic contamination withstand voltage characteristics of polymer insulators[J]. IEEE Transactions on Power Delivery, 1996, 11(4): 1895-1900.

[23] Montesinos J, Gorur R S, Burnham J. Estimation of flashover probability of aged nonceramic insulators in service[J]. IEEE Transactions on Power Delivery, 2000, 15(2): 820-826.

[24] Ramos N G, Campillo R M T, Naito K. A study on the characteristics of various conductive contaminants accumulated on high voltage insulators[J]. IEEE Transactions on Power Delivery, 1993, 8(4): 1842-1850.

[25] 李立涅, 蒋兴良, 孙才新, 等. ±800kV 直流复合绝缘子短样人工污秽闪络特性研究[J]. 中国电机工程学报, 2007, 27(10): 14-19.

[26] 蒋兴良, 陈爱军, 张志劲, 等. 盐密和灰密对110kV复合绝缘子闪络电压的影响[J]. 中国电机工程学报, 2006, 26(9): 150-154.

[27] 陈爱军. 不同盐密和灰密对110kV复合绝缘子污秽闪络特性的影响研究[D]. 重庆: 重庆大学, 2006.

[28] 杨皓麟, 张福增, 赵锋, 等. 高海拔地区±800kV复合支柱绝缘子直流污闪特性[J]. 高电压技术, 2009, 35(4): 749-754.

[29] 张福增. 高海拔地区直流输电工程外绝缘问题研究[D]. 北京: 清华大学, 2008.

[30] 罗兵, 饶宏, 黎小林, 等. 直流复合绝缘子不均匀污秽闪络特性研究[J]. 高电压技术, 2006, 32(12): 133-136.

[31] 罗利云. 超、特高压直流输电线路用典型绝缘子污闪特性研究[D]. 重庆: 重庆大学, 2007.

[32] 张志劲, 蒋兴良, 孙才新. 污秽绝缘子闪络特性研究现状[J]. 电网技术, 2006, 30(2): 35-40.

[33] 张志劲. 低气压下绝缘子(长)串污闪特性及直流放电模型研究[D]. 重庆: 重庆大学, 2007.

[34] 马建杰. 基于优化BP神经网络的电网故障分析技术研究[D]. 北京: 华北电力大学, 2019.

[35] 周松松. 高电导率雾环境下瓷绝缘子交流污闪特性研究[D]. 北京: 华北电力大学, 2016.

[36] 刘振亚. 特高压电网[M]. 北京: 中国经济出版社, 2005.

[37] 刘泽洪. 复合绝缘子使用现状及其在特高压输电线路中的应用前景[J]. 电网技术, 2006, 30(12): 1-7.
[38] 吴光亚, 钱之银, 肖勇, 等. 防污闪技术的现状与发展趋势[J]. 电力设备, 2005, 6(3): 5-9.
[39] 王振山. 变电设备污闪防治的经验[J]. 山西电力, 2009, (1): 40-42.
[40] 关志成, 王绍武, 梁曦东, 等. 我国电力系统绝缘子污闪事故及其对策[J]. 高电压技术, 2000, 26(6): 37-39.
[41] 吴维宁, 吴光亚, 张锐. 输变电设备污闪原因及对策[J]. 高电压技术, 2004, (7): 9-11.
[42] 李波, 黄嬝. 国内外绝缘子在线检测方法的研究[J]. 电气技术, 2011, (9): 1-5.
[43] 王海跃, 李香龙, 汲胜昌, 等. 合成绝缘子在线检测方法的现状与发展[J]. 高电压技术, 2005, 31(4): 37-42.
[44] 王祖林, 黄涛, 刘艳, 等. 合成绝缘子故障的红外热像在线检测[J]. 电网技术, 2003, 27(2): 17-20.
[45] 梁曦东, 戴建军, 周远翔, 等. 超声法检测绝缘子用玻璃钢芯棒脆断裂纹的研究[J]. 中国电机工程学报, 2005, 25(3): 112-116.
[46] 胡毅. "2.22 电网大面积污闪"原因分析及防污闪对策探讨[J]. 电瓷避雷器, 2001, (4): 3-6.
[47] 朱可能, 关志成, 贾志东. RTV 硅橡胶涂料防污闪技术及其在天津电网中的应用[J]. 中国电力, 2002, 35(5): 57-61.
[48] 李金辉, 邵会梅, 张敏, 等. RTV 硅橡胶防污闪涂料的研究进展[J]. 化工新型材料, 2012, 40(1): 25-27.
[49] 吉翠萍. 新型防污闪涂料的研制[D]. 济南: 山东大学, 2016.
[50] 孙健, 施利毅, 钟庆东, 等. 高压绝缘防污闪涂层的研究进展[J]. 高电压技术, 2007, 33(11): 80-83.
[51] 李星. RTV 涂层损伤对绝缘子交流污闪特性的影响研究[D]. 重庆: 重庆大学, 2015.
[52] 徐志钮. RTV 涂层憎水性及对绝缘子电场和污闪特性影响的研究[D]. 北京: 华北电力大学, 2011.
[53] 钟娴. 新型纳米复合 FEVE 氟碳防污闪杂化涂层材料的设计与合成[D]. 长沙: 长沙理工大学, 2014.
[54] 钟睿. RTV 涂料绝缘子表面涂层老化特性试验研究[D]. 重庆: 重庆大学, 2018.
[55] 窦如婷, 冷祥彪, 顾方, 等. 室温硫化硅橡胶防污闪涂料的研究现状分析[J]. 化工新型材料, 2018, 46(5): 32-34.
[56] 贾伯岩, 刘杰, 陈灿, 等. 室温硫化硅橡胶防污闪涂料老化分析及评估方法研究[J]. 高压电器, 2019, 55(9): 126-133.
[57] 黄静, 周永言, 朱志平, 等. 防污闪氟碳涂料的制备及应用研究[J]. 涂料工业, 2014, 44(5): 25-30.
[58] 朱志平, 周艺. 金红石型纳米 TiO₂ 改性纳米复合氟碳涂层的制备与性能研究[J]. 涂料技术与文摘, 2014, 35(10): 14-18, 32.
[59] Zhou Yi, Li Mengyao, Zhong Xian, et al. Hydrophobic composite coatings with photocatalytic self-cleaning properties by micro-nanoparticles mixed with fluorocarbon resin[J]. Ceramics International, 2015, 41(4): 5341–5347.
[60] 周永言, 钟娴, 刘嘉文, 等. TiO₂/PTFE 改性氟碳防污闪涂层材料的研究[J]. 中南大学学报(自然科学版), 2015, 46(2): 452-458.
[61] 钟娴, 刘海, 李超成, 等. 改性纳米 TiO₂/PTFE 复合氟碳防污闪涂层的制备及其性能[J]. 材料保护, 2015, 48(11): 11-14.
[62] 郭小翠. 防污闪改性氟碳涂料的研究[D]. 长沙: 长沙理工大学, 2012.
[63] 杨成. 复杂环境下硅橡胶绝缘子老化与闪络现象研究[D]. 天津: 天津大学, 2008.
[64] 陈奇. 高压复合绝缘子应用及老化状态研究综述[J]. 绝缘材料, 2016, 49(4): 7-13, 18.
[65] 张锐. 复合绝缘子用硅橡胶材料的配方设计与老化性能评估[J]. 电瓷避雷器, 2012, 250(6): 39-45.
[66] 宿志一, 陈刚, 李庆峰, 等. 硅橡胶复合绝缘子伞裙护套的老化及其判据研究[J]. 电网技术, 2006, 30(12): 53-57.
[67] 屠幼萍, 陈聪慧, 佟宇梁, 等. 现场运行复合绝缘子伞群材料的老化判断方法[J]. 高电压技术, 2012, 38(10): 2522-2527.
[68] 黄成才, 李永刚. 复合绝缘子老化状态评估方法研究综述[J]. 电力建设, 2014, 35(9): 28-34.